通信工程专业系列教材

现代通信网

罗国明　主编

陈庆华　乔庐峰　朱　磊　副主编

姜立宝　徐作庭　于守宁　编

電子工業出版社

Publishing House of Electronics Industry

北京·BEIJING

内 容 简 介

本书系统地介绍与现代通信网相关的基本概念和工作原理，并对推动通信网演进和发展的新技术进行讨论。全书共分 8 章，主要内容包括概论、传送网、电路交换与电话通信网、信令系统、分组交换与数据通信网、移动交换与移动通信网、软交换与下一代网络、光交换与光通信网。

本书的特点是概念准确、系统性强、论述严谨、教学功能突出、内容新颖、图文并茂。既注重基本概念和基本原理的阐述，又力图反映通信网技术的最新发展，同时重视理论与实际的结合。本书可作为高等教育通信工程本科专业自学考试教材，也可作为通信领域工程技术人员的培训教材或参考书。

图书在版编目（CIP）数据

现代通信网/罗国明主编. —北京：电子工业出版社，2020.4

ISBN 978-7-121-36479-2

Ⅰ.①现…　Ⅱ.①罗…　Ⅲ.①通信网－高等学校－教材　Ⅳ.①TN915

中国版本图书馆 CIP 数据核字（2020）第 002794 号

责任编辑：刘小琳　　特约编辑：武瑞敏

印　　刷：北京捷迅佳彩印刷有限公司

装　　订：北京捷迅佳彩印刷有限公司

出版发行：电子工业出版社

北京市海淀区万寿路 173 信箱　邮编：100036

开　　本：787×1 092　1/16　印张：20　　字数：500 千字

版　　次：2020 年 4 月第 1 版

印　　次：2020 年 4 月第 1 次印刷

定　　价：88.00 元

凡所购买电子工业出版社图书有缺损问题，请向购买书店调换。若书店售缺，请与本社发行部联系，联系及邮购电话：（010）88254888，88258888。

质量投诉请发邮件至 zlts@phei.com.cn，盗版侵权举报请发邮件至 dbqq@phei.com.cn。

本书咨询联系方式：（010）88254538，liuxl@phei.com.cn。

出版说明

军队自学考试是经国家教育行政部门批准的、对军队人员进行的、以学历继续教育为主的高等教育国家考试，以个人自学、院校助学和国家考试相结合的形式组织学习和考试，同时也是部队军事职业教育的重要组成部分。军队自学考试自1989年开办以来，培养了大批人才，为军队建设作出了积极贡献。随着国防和军队改革的稳步推进，在军委机关统一部署下，军队自学考试专业调整工作于2017年启动，此次调整中新增通信工程（本科）和通信技术（专科）两个专业，专业建设相关工作由陆军工程大学具体负责。

陆军工程大学在通信、信息、计算机科学等领域经过数十年的建设和发展，积累了实力雄厚的师资队伍和教学实力，拥有2个国家重点学科、2个军队重点学科和多个国家级教学科研平台、全军重点实验室及全军研究（培训）中心，取得了丰硕的教学科研成果。

自承担通信工程（本科）和通信技术（专科）两个军队自学考试专业建设任务以来，陆军工程大学精心遴选教学骨干，组建教材建设团队，依据课程考试大纲编写了自建课程配套教材，并邀请军地高校、科研院所及基层部队相关领域专家、教授给予了大力指导。所建教材主要包括《现代通信网》《战术互联网》《通信电子线路》等17部教材。秉持“教育+网络”的理念，相关课程的在线教学资源也在同步建设中。

衷心希望广大考生能够结合实际工作，不断探索适合自己的学习方法，充分利用课程教材及其他配套教学资源，努力学习，刻苦钻研，达到课程考试大纲规定的要求，顺利通过考试。同时也欢迎相关领域的学生和工程技术人员学习、参阅我们的系列教材。希望各位读者对我们的教材提出宝贵意见和建议，推动教材建设工作的持续改进。

陆军工程大学军队自学考试专业建设团队

2019年6月

前 言

“现代通信网”作为人类科学技术高度发展的结晶，是一个极其庞大而精妙的系统，也是人类社会赖以生存的基础设施。为适应高等职业教育转型需要，反映人才培养方案对教学内容的要求，体现通信网技术发展、演进和应用特色，系统、全面地介绍通信网组网控制原理和技术，我们编写了《现代通信网》教材。

全书从信息传递与控制的角度对现代通信网进行阐述。全书共分 8 章。

第 1 章概论，介绍通信网的基本概念、通信网的组织结构、通信网的交换方式、通信网的服务质量和通信网的发展演进。

第 2 章介绍传送网，主要包括传输介质、多路复用和主要的传送网技术（PDH、SDH、MSTP、OTN）。

第 3 章介绍电路交换与电话通信网，包括电话交换机的软硬件组成、数字交换原理和呼叫处理原理、电话网组网结构和路由编号、网同步和话务理论等。

第 4 章介绍信令系统，包括随路信令、公共信道信令、信令网等有关信令方面的基本知识，重点是七号信令系统的功能结构和典型信令流程。

第 5 章介绍分组交换与数据通信网，包括分组交换原理与体系结构、典型的分组交换技术、局域网和宽带 IP 通信网技术。

第 6 章介绍移动交换与移动通信网，包括移动通信的基本概念，移动通信网的组网结构、移动交换原理，移动核心网技术及其发展演进。

第 7 章介绍软交换与下一代网络，包括下一代网络的基本概念，软交换组网设备与主要协议，IP 多媒体子系统的基本概念、网络结构和工作原理，以及 IMS 的发展应用。

第 8 章介绍光交换与光通信网，包括光交换的基本概念、光交换器件、光交换系统和自动光交换网络等。

本书第 1、4 章由罗国明编写，第 2、8 章由乔庐峰编写，第 5、7 章主要由陈庆华编写，第 3、6 章主要由朱磊编写，此外，姜立宝、徐作庭、于守宁分别参与了第 3 章、第 5 章和第 8 章部分内容的编写和整理，全书由罗国明负责统稿总成。

在本书编写过程中，得到陆军工程大学职教中心和陆军工程大学通信工程学院领导的大力支持，通信工程学院军事通信网教研室为此提供了许多方便，谨此表示感谢。

由于通信网络技术发展迅速，加之作者水平有限，书中错误及不当之处在所难免，敬请读者批评指正。

作　者

2019 年 7 月于南京

目　　录

第1章　概　　论

1.1　通信网的基本概念

1.1.1　通信网的定义与构成

1. 通信网的产生

信息需要从一方传送到另一方才能体现它的价值。如何准确而经济地实现信息的传输，这就是通信要解决的问题。从一般意义上讲，通信是指按约定规则而进行的信息传送。由“通信”到“电信”，仅一字之差，却牵动了一场革命，拉开了通信技术发展的帷幕，今天人们所说的通信，通常是指电通信，信息以电磁波形式进行传输，即电信。如图 1-1 所示，一个电信系统至少应由发送或接收信息的终端和传输信息的媒介组成。终端将包含信息的消息（如话音、数据、图像等）转换成适合传输媒介传输的电磁信号，同时将来自传输媒介的电磁信号还原成原始消息；传输媒介则负责把电磁信号从一端传输到另一端。这种只涉及两个终端的通信系统称为点对点通信系统。

图 1-1　点对点通信系统

点对点通信系统还不是通信网，要实现多个用户之间的通信，则需要采用一种合理的组织方式将多个用户有机地连接在一起，并定义标准的通信协议，以使它们能够协同地工作，这样就形成了通信网。要实现一个通信网，最简单、最直接的方法就是将任意两个用户通过线路连接起来，从而构成如图 1-2 所示的网状结构。该方法中每一对用户之间都需要一条通信线路，通信线路使用的物理媒介可以是铜线、光纤或无线信道。显然，这种方法并不适用于构建大型通信网，其主要原因如下。

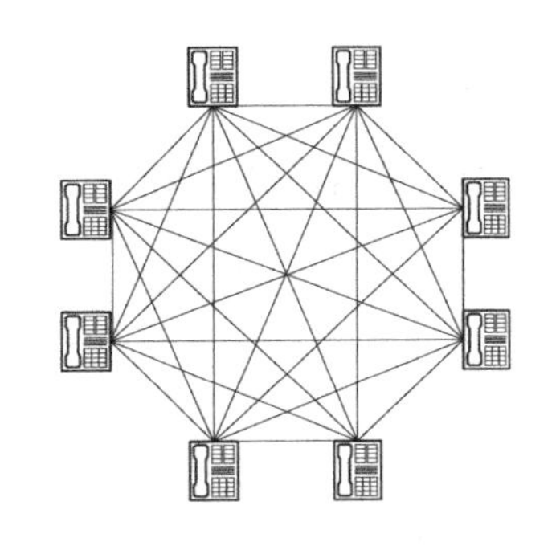

图 1-2　全互连通信网示意图

（1）当用户数量较大时，任意一个用户到其他 N-1 个用户都需要一条直达线路，构建成本高、可操作性差。

（2）每一对用户之间独占一条永久通信线路，信道资源无法共享，造成巨大的浪费。

（3）这样的网络结构难以实施集中的控制和网络管理。

为解决上述问题，通信网引入了交换节点（或交换机），组建如图 1-3 所示的交换式通信网。在交换式通信网中，直接连接电话机或终端的交换机称为本地交换机或市话交换机，相应的交换局称为端局或市话局；主要实现与其他交换机连接的交换机称为汇接交换机。当交换机相距很远，必须使用长途线路连接时，这种情况下的汇接交换机就称为长途交换机。交换机之间的连接线路称为中继线。在交换式通信网中，还有一种交换机称为用户交换机（Private Branch Exchange，PBX），用于公众网的延伸，主要用于内部通信。在交换式通信网中，用户终端都通过用户线与交换节点相连，交换节点之间再通过中继线相连，任何两个用户之间的通信都要通过交换节点进行转接。在这种网络中，交换节点负责用户的接入、业务集中、通信链路的建立、信道资源的分配、用户信息的转发，以及必要的网络管理和控制功能。交换式通信网具有以下优点。

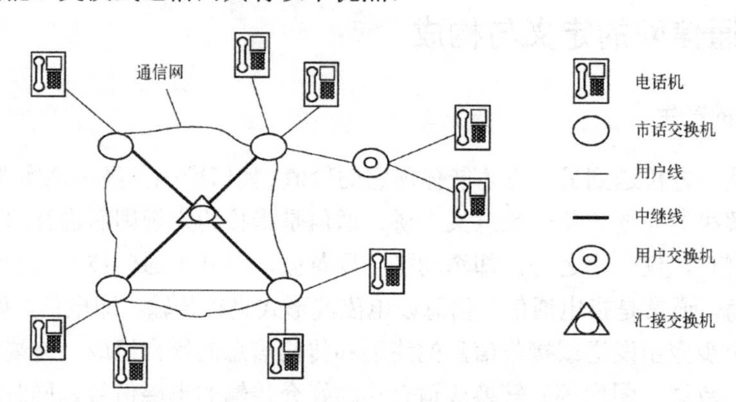

图 1-3　交换式通信网示意图

一是通过交换节点很容易组成大型网络。由于大多数用户并不是全天候需要通信服务，因此通信网中交换节点之间可以用少量的中继线路以共享的方式为大量用户服务，这样大大降低了网络的建设成本。

二是交换节点的引入增加了通信网扩展的方便性，同时便于网络的控制与管理。

实际应用中，大型通信网大都具有复合型的网络结构，为用户建立的通信连接往往涉及多段线路、多个交换节点。

在计算机局域网中也有被称为 LAN Switch 的交换机，俗称网络交换机。LAN Switch 的基本任务是将来自输入端口的数据包根据其目的地址转发到输出端口，只要目的地址不变，出、入端口之间的对应关系就保持不变，相当于建立了端口之间的连接。因此，LAN Switch 和电话交换机具有类似的功能。

2．通信网的定义

对于通信网的定义，从不同的角度可以得出不同的结论。从用户角度看，通信网是一个信息服务设施，甚至是一个娱乐设施，用户可以利用它获取信息、发送信息、参与娱乐等；而从工程师角度看，通信网则是由各种软硬件设施按照一定的规则互连在一起，完成信息传送任务的系统。工程师希望这个系统应能可管、可控、可运营。因此，通信网的通俗定义为：通信网是由一定数量的节点（包括端系统、交换机）和连接这些节点的传输系统有机地组织在一起的，按照约定规则或协议完成任意用户之间信息交换的通信体系。用户使用它可以克服空间、时间等障碍进行有效的信息传送。

在通信网中，信息的交换可以在两个用户之间进行，在两个设备之间进行，还可以在用户和设备之间进行。交换的信息包括用户信息（如话音、数据、图像等）、控制信息（如信令信息、路由信息等）和网络管理信息三类。由于信息在网络中通常以电磁形式进行传输，因此现代通信网也称为电信网。通信网要解决的是任意两个用户之间的通信问题，由于用户数目众多、地理位置分散，并且需要将采用不同技术体制的各类网络互连在一起，因此通信网必然涉及组网结构、编号、选路、控制、管理、接口标准、服务质量等一系列在点对点通信中原本不是问题的问题，这些因素增加了设计一个实际通信网的复杂度。

在通信网中，将信息由信源传送至信宿具有面向连接（Connection Oriented，CO）和无连接（Connectionless，CL）两种工作方式。这两种方式可以比作铁路交通和公路交通。铁路交通是面向连接的，如从北京到南京，只要铁路信号提前往沿线各站一送，道岔一合（类似于交换），火车就可以从北京直达南京，一路畅通，准时到达。公路交通是无连接的，汽车从北京到南京一路要经过许多立交或岔路口，在每个路口都要进行选路，遇见道路拥塞时还要考虑如何绕行，路况对运输影响的结果是：或者延误时间，或者货物受到影响，时效性（通信中称为服务质量）难以得到保证。

1）面向连接网络

面向连接网络的工作原理如图 1-4 所示。假定终端 A 有三个数据分组需要传送到终端 C，A 首先发送一个“呼叫请求”消息到节点 1，要求网络建立到终端 C 的连接。节点 1 通过选路确定将该请求发送到节点 2，节点 2 又决定将该请求发送到节点 3，节点 3 决定将该请求发送到节点 6，节点 6 最终将“呼叫请求”消息传送到终端 C。如果终端 C 接受本次通信请求，就响应一个“呼叫接受”消息到节点 6，这个消息通过节点 3、2 和 1 原路返回到 A。一旦连接建立，终端 A 和 C 之间就可以经由这个连接（图中虚线所示）来传送（交换）数据分组了。终端 A 需要发送的三个分组依次通过连接路径传送，各分组传送时不再需要选择路由。因此，来自终端 A 的每个数据分组，依次穿过节点 1、2、3、6，而来自终端 C 的每个数据分组依次穿过节点 6、3、2、1。通信结束时，终端 A、C 任意一方均可发送一个“释放请求”信号来终止连接。

面向连接网络建立的连接可以分为两种：实连接和虚连接。用户通信时，如果建立的连接是由一段接一段的专用电路级联而成的，无论是否有信息传送，这条专用连接（专线）始终存在，且每一段占用恒定的电路资源（如带宽），那么这种连接就称为实连接（如电话交换网）；如果电路的分配是随机的，用户有信息传送时才占用电路资源（带宽根据需要分配），无信息传送就不占用电路资源，对用户信息采用标记进行识别，各段线路使用标记统计占用线路资源，那么这些串接（级联）起来的标记链称为虚连接（如分组交换网）。显而易见，实连接的资源利用率较低，而虚连接的资源利用率较高。

2）无连接网络

无连接网络的工作原理如图 1-5 所示。同样，如果终端 A 有三个数据分组需要送往终端 C，A 直接将分组 1、2、3 按顺序发给节点 1。节点 1 为每个分组独立选择路由。在分组 1 到达后，节点 1 得知输出至节点 2 的队列较短，于是将分组 1 放入输出至节点 2

的队列。同理，对分组 2 的处理方式也是如此。对于分组 3，节点 1 发现当前输出到节点 4 的队列最短，因此将分组 3 放在输出到节点 4 的队列中。在通往 C 的后续节点上，都做类似的选路和转发处理。这样，每个分组虽然都包含同样的目的地址，但并不一定走同一路由。另外，分组 3 先于分组 2 到达节点 6 也是完全可能的，因此，这些分组有可能以不同于它们发送时的顺序到达 C，这就需要终端 C 重新对分组进行排列，以恢复它们原来的顺序。

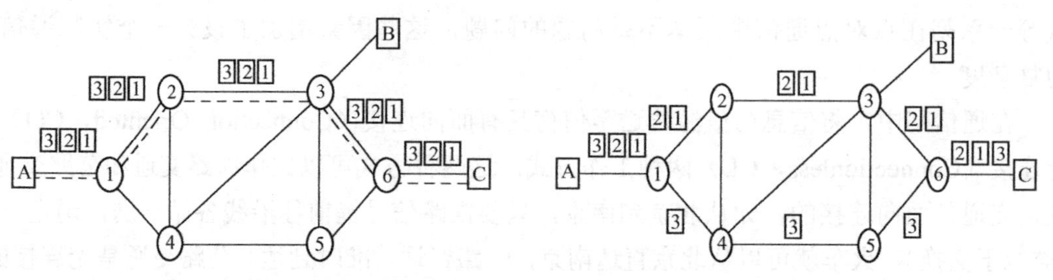

图 1-4　面向连接网络的工作原理　　　图 1-5　无连接网络的工作原理

上述两种工作方式的主要区别如下。

（1）面向连接网络对每次通信总要经过连接建立、信息传送、连接释放 3 个阶段；而无连接网络则没有建立和释放的过程。

（2）面向连接网络中的节点必须为相关的呼叫选路，一旦路由确定连接即建立，路由中各节点需要为后面进行的通信维持相应的连接状态；而无连接网络中的节点必须为每个分组独立选路，但节点中并不维持连接状态。

（3）用户信息较长时，采用面向连接方式通信效率较高；反之，无连接方式要好一些。

3. 通信网的构成

实际的通信网是由软件和硬件按特定方式构成的一个通信系统，每一次通信都需要软硬件设施的协调配合来完成。从硬件组成来看，通信网由终端节点、交换节点和传输系统构成，它们完成通信网的基本功能（接入、交换和传输）。软件设施则包括信令、协议、控制、管理、计费等，它们主要完成通信网的控制、管理、运营和维护，实现通信网的智能化。下面重点介绍通信网的硬件组成要素。

1）终端节点

最常见的终端节点有电话机、传真机、计算机、移动终端、视频终端和 PBX 等，它们是通信网上信息的产生者，同时也是通信网上信息的使用者。其主要功能如下。

（1）用户信息的处理：主要包括用户信息的发送和接收，将用户信息转换成适合传输系统传输的信号及相应的反变换。

（2）信令信息的处理：主要包括产生和识别连接建立、业务管理等所需的控制信息。

2）交换节点

交换节点是通信网的核心设备，最常见的有电话交换机、分组交换机、路由器、转发器等。如图 1-6 所示，交换节点负责集中、转发终端节点产生的用户信息，但它自己并不产生和使用这些信息。其主要功能如下。

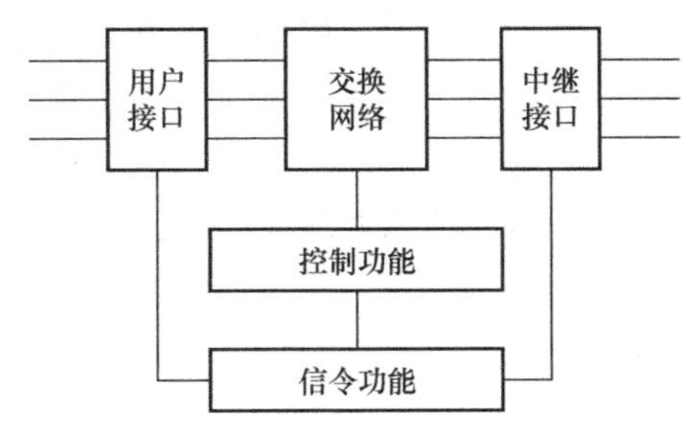

图1-6 交换式节点的功能结构

（1）用户业务的集中和接入功能：通常由各类用户接口和中继接口组成。

（2）交换功能：通常由交换矩阵完成任意入线到出线的数据交换。

（3）信令功能：负责呼叫控制和连接的建立、监视、释放等。

（4）其他控制功能：路由信息的更新和维护、计费、话务统计、维护管理等。

3）传输系统

传输系统为信息的传输提供传输信道，并将网络节点连接在一起。通常传输系统的硬件组成应包括线路接口设备、传输媒介、交叉连接设备等。

传输系统一个主要的设计目标就是如何提高物理线路的使用效率，因此通常传输系统都采用了多路复用技术，如频分复用、时分复用、波分复用等。另外，为保证交换节点能正确接收和识别传输系统的数据流，交换节点必须与传输系统协调一致，这包括保持帧同步和位同步、遵守相同的传输体制（如PDH、SDH、OTN）等。

1.1.2 通信网的类型

通信网可以根据其提供的业务、采用的交换技术、传输技术、服务范围、运营方式等不同进行分类，下面给出几种常见的分类方式。

1. 按业务类型划分

按业务类型，可以将通信网分为电话通信网，如公用交换电话网（Public Switched Telephone Network，PSTN）、公用陆地移动通信网（Public Land Mobile Network，PLMN）；数据通信网，如X.25、Internet、帧中继网、ATM等；广播电视网等。

2. 按服务范围划分

按服务的范围大小，电信网具有长途网和本地网之分，计算机网络具有广域网（Wide Area Network，WAN）、城域网（Metropolitan Area Network，MAN）和局域网（Local Area Network，LAN）之分。

3. 按信号传输方式划分

按信号传输方式，可以将通信网分为模拟通信网和数字通信网。

4. 按运营方式划分

按运营方式，可以将通信网分为公用通信网和专用通信网。

需要注意的是，从管理和工程的角度看，网络之间本质的区别在于所采用的实现技术的不同，其主要包括三方面：交换技术、控制技术及业务实现方式。而决定采用哪种技术实现网络的主要因素则有用户的业务特征、用户要求的服务性能、网络服务的物理范围、网络的规模、当前可用的软硬件技术的信息处理能力等。

1.1.3 通信网的业务

目前，各种网络为用户提供了大量的不同业务，业务的分类并无统一的标准，好的业务分类有助于运营商进行网络规划和运营管理。这里借鉴传统 ITU-T 建议的方式，根据信息类型的不同将业务分为四类：话音业务、数据业务、图像业务、视频和多媒体业务。

1. 话音业务

话音业务主要是电话业务，目前通信网提供固定电话业务、移动电话业务、VoIP、会议电话业务和电话语音信息服务业务等。该类业务不需要复杂的终端设备，所需带宽小于 64kbps，采用电路或分组方式承载。

2. 数据业务

低速数据业务主要包括电报、电子邮件、数据检索、Web 浏览等。该类业务主要通过分组网络承载，所需带宽小于 64kbps。高速数据业务包括局域网互连、文件传输、面向事务的数据处理业务，所需带宽均大于 64kbps，采用电路或分组方式承载。

3. 图像业务

图像业务主要包括传真、CAD/CAM 图像传送等。该类业务所需带宽差别较大，G4 类传真需要 2.4～64 kbps 的带宽，而 CAD/CAM 则需要 64 kbps～34 Mbps 的带宽。

4. 视频和多媒体业务

视频和多媒体业务包括可视电话、视频会议、视频点播、普通电视、高清晰度电视等。该类业务所需的带宽差别很大，例如，会议电视需要 64 kbps～2 Mbps，而高清晰度电视需要 140 Mbps 左右。

此外，还有另一种广泛使用的业务分类方式，即按照网络提供业务的方式不同，将业务分为三类：承载业务、用户终端业务和补充业务。承载业务和用户终端业务的实现位置如图 1-7 所示。其中，承载业务与用户终端业务合起来称为基本业务。

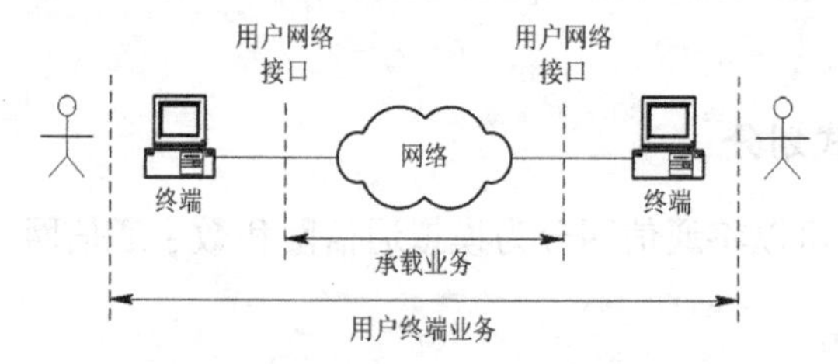

图 1-7 承载业务与用户终端业务的实现位置

1）承载业务

承载业务是网络提供的单纯的信息传送业务，具体地说，是在用户网络接口处提供的一种服务。网络用电路或分组交换方式将信息从一个用户网络接口（User Network Interface，UNI）透明地传送到另一个用户网络接口，而不对信息进行任何处理和解释，它与终端类型无关。一个承载业务通常用承载方式（分组或电路交换）、承载速率、承载能力（语音、数据、多媒体）来定义。

2）用户终端业务

用户终端业务指所有各种面向用户的业务，它在人与终端的接口上提供。它既反映了网络的信息传递能力，又包含了终端设备的能力，终端业务包括电话、电报、传真、数据、多媒体等。一般来讲，用户终端业务都是在承载业务的基础上增加高层功能而形成的。

3）补充业务

补充业务又称为附加业务，是在承载业务和用户终端业务的基础上由网络提供的附加业务特性。补充业务不能单独存在，它必须与基本业务一起提供。常见的补充业务有主叫号码显示、呼叫转移、三方通话、闭合用户群等。

未来通信网提供的业务应呈现以下特征。

（1）移动性，包括终端移动性、个人移动性。

（2）带宽按需分配。

（3）多媒体性。

（4）交互性。

1.2 通信网的组织结构

从组织结构上，通信网具有拓扑结构、功能结构和协议体系结构之分，其中协议体系结构在计算机网络等课程介绍，这里不再赘述。

1.2.1 通信网的拓扑结构

在通信网中，网络节点之间按照某种方式进行互连便形成了一定的拓扑结构。通信网的基本拓扑结构示意图如图1-8所示。

1. 网状结构

网状结构如图1-8（a）所示。它是一种全互连网络，网内任意两个节点间均由直达线路连接，N个节点的网络需要N（N-1）/2条传输链路。其优点是线路冗余度大，网络可靠性高，任意两点间可直接通信；缺点是线路利用率低，网络建设成本高，另外网络的扩容也不方便，每增加一个节点，就需增加N条线路。

网状结构通常用于节点数目少，同时对可靠性要求很高的场合。

2. 星形结构

星形结构如图1-8（b）所示。星形结构网呈辐射状，与网状结构相比，增加了一个中心转接节点，其他节点都与转接节点有线路相连。*N* 个节点的星形网需要 *N*-1 条传输链路。其优点是网络建设成本较低，线路利用率高；缺点是网络的可靠性较差，中心节点发生故障或转接能力不足时，全网通信都会受到影响。

通常在传输链路费用高于转接设备，可靠性要求又不高的场合，可以采用星形结构，以降低建网成本。

3. 复合结构

复合结构如图 1-8（c）所示。它是由网状结构和星形结构复合而成的。以星形结构为基础，在业务量较大的转接中心之间采用网状结构，因此整个网络结构比较经济且稳定性较好。

由于复合结构兼具星形结构和网状结构的优点，因此在电信骨干网和规模较大的局域网中广泛采用分级的复合结构，在设计时通常以转接设备和传输链路的总费用最小为原则。

4. 总线结构

总线结构如图 1-8（d）所示。属于共享传输介质网络，总线结构中的所有节点都连至一个公共总线上，任何时候只允许一个用户占用总线发送或接送数据。其优点是需要的传输链路少，节点间通信无须转接，控制简单，增减节点也很方便；缺点是网络服务性能稳定性差，节点数目不宜过多，网络覆盖范围受限。

总线结构主要用于计算机局域网、电信接入网等网络中。

5. 环形结构

环形结构如图 1-8（e）所示。所有节点首尾相连组成一个环，*N* 个节点的环网需要 *N* 条传输链路。环网可以是单向环，也可以是双向环。其优点是结构简单，容易实现，双向自愈环结构可以对网络进行自动保护；缺点是节点数较多时转接时延无法控制，并且环形结构不易扩容，每加入一个节点都要破坏原网络。

环形网结构目前主要用于局域网、光纤接入网、城域网、光传输网等网络中。

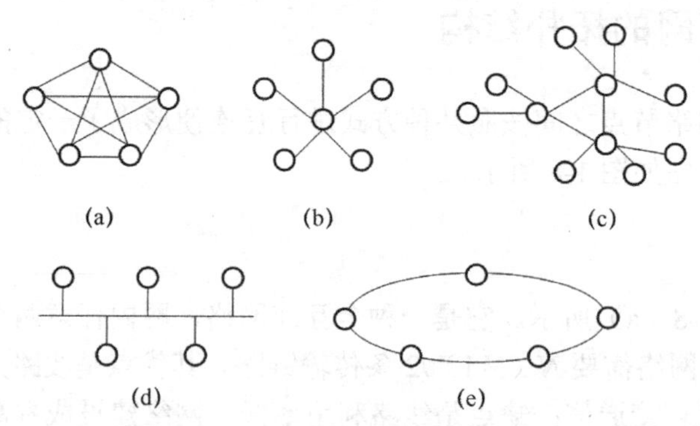

图 1-8　通信网基本拓扑结构示意图

1.2.2　通信网的功能结构

通信网种类繁多，提供的服务各不相同，但在网络结构、基本功能、实现原理上具有一定的相似性，它们都实现了下列 4 个主要的网络功能。

（1）信息传送。这是通信网的基本任务，传送的信息主要包括用户信息、信令信息和管理信息。端到端的信息传送主要由交换节点和传输系统完成。

（2）信息处理。网络对信息的处理对用户是透明的，主要目的是增强通信的有效性、可靠性和安全性，信息最终的语义解释一般由终端应用来完成。

（3）信令机制。这是通信网上任意两个通信实体之间为实现某一通信任务，进行控制信息交换的机制，如电话通信网上的信令、计算机网络上的各种路由信息协议、TCP 连接建立协议等均属于此范畴。

（4）网络管理。它负责网络的运营管理、维护管理、资源管理，以保证网络在正常和故障情况下的服务质量。它是整个通信网中最具智能的部分。例如，常用的网络管理标准有：电信管理网标准 TMN 系列，计算机网络管理标准 SNMP 等。

通信网的功能结构又可从网络功能和用户接入的角度进行划分，即采用垂直和水平两种划分。

1. 垂直划分

如图 1-9 所示，从网络的功能角度看，通信网是一个网络集合或网系，一个完整的通信网可分为业务网、传送网、支撑网 3 个相互依存的部分。

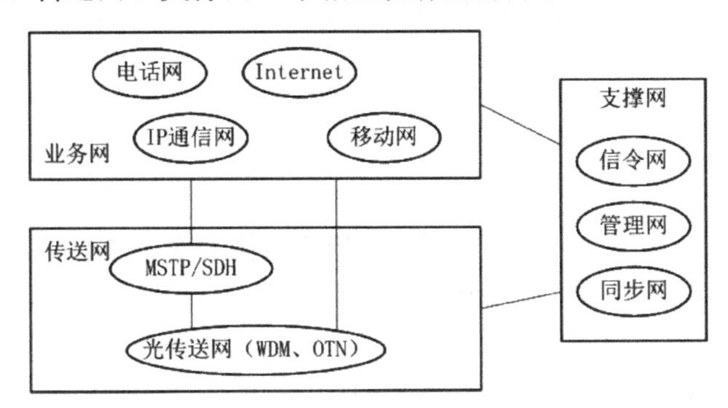

图 1-9 通信网功能结构——垂直划分

1）业务网

业务网负责向用户提供各种通信业务，如基本话音、数据、多媒体、租用线、虚拟专用网（VPN）等，采用不同交换技术的交换节点设备通过传送网互连在一起就形成了不同类型的业务网。

构成一个业务网的主要技术要素有以下几方面内容：网络拓扑结构、交换节点技术、编号计划、信令技术、路由选择、业务类型、计费方式、服务性能保证机制等，其中交换节点设备是构成业务网的核心要素。各种交换技术的异同将在 1.3 节介绍。

2）传送网

传送网是随着光通信技术的发展，在传统传输系统的基础上引入管理和交换智能后形成的。传送网独立于具体业务网，负责按需为交换节点之间提供联网传输通道，此外还包括相应的管理功能，如电路调度、网络性能监视、故障切换等。构成传送网的主要技术要素有：传输介质、复用体制、传送网节点技术等，其中传送网节点主要有分插复用设备（ADM）和交叉连接设备（DXC）两种类型，它们是构成传送网的核心要素。

传送网组网节点与业务网交换节点具有相似之处，即传送网节点也具有交换功能。不同之处在于业务网交换节点的基本交换单位本质上是面向终端业务的，粒度较小，如一个时隙、一个虚连接；而传送网节点的基本交换单位本质上是面向一个中继方向的，因此粒度较大，如 SDH 中的基本交换单位是一个虚容器（最小为 2Mbps），而在光传送网中基本的交换单位则是一个波长（目前骨干网上至少为 10Gbps）。另一个不同之处在于业务网交换节点的连接是在信令系统的控制下建立和释放的，而光传送网节点之间的连接则主要是通过管理层面来指配建立或释放的，每一个连接需要长期化维持和相对固定。目前主要的传送网有 SDH 和光传送网（OTN）两种类型。

3）支撑网

支撑网负责提供业务网正常运行所必需的信令、同步、网络管理、业务管理、运营管理等功能，以提供用户满意的服务质量。支撑网包括以下 3 个部分：

（1）同步网。它处于数字通信网的最底层，负责实现网络节点设备之间和节点设备与传输设备之间信号的时钟同步、帧同步及全网的网同步，保证地理位置分散的物理设备之间数字信号的正确接收和发送。

（2）信令网。对于采用公共信道信令的通信网，存在一个逻辑上独立于业务网的信令网，它负责在网络节点之间传送业务相关或无关的控制信息流。

（3）管理网。管理网的主要目标是通过实时和近实时来监视业务网的运行情况，并相应地采取各种控制和管理手段，以达到在各种情况下充分利用网络资源，以保证通信的服务质量。

2．水平划分

从用户接入的角度，通信网可分为用户驻地网、接入网和核心网 3 个部分，如图 1-10 所示。其中，用户驻地网与接入网之间的分界点称为用户网络接口（User Network Interface，UNI)，接入网与核心网之间的分界点称为业务节点接口（Service Node Interface，SNI)。在现代通信网中，UNI 和 SNI 一般都为标准化的接口。

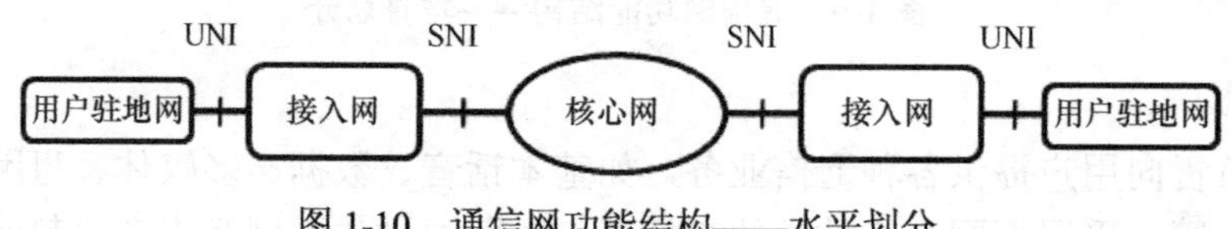

图 1-10　通信网功能结构——水平划分

1）用户驻地网

用户驻地网（Customer Precede Network），CPN 是用户自有网络，指用户终端至用户驻地业务集中点之间所包含的传输及线路等相关设施。小至电话机，大至局域网，可以把零散用户和业务集中起来，将大量的小用户变成大用户。

2）核心网

核心网（Core Network，CN）是通信网的骨干，由现有的和未来的宽带、高速骨干传输网和大型交换节点构成。核心网的发展方向是统一的 IP 核心网，即所有的业务（从固定电话、移动电话、数据、多媒体通信，到娱乐、游戏、电子商务、综合信息服务，乃至交互式高清电视业务、虚拟现实等）全部都由统一的 IP 核心网来承载，区别仅在于接入部分。统一的 IP 核心网采用统一的网络和设备，这样可以大大降低建设和运营成本。

3）接入网

接入网（Access Network，AN）是连接终端用户、用户驻地网和核心网的关键设施。根据传输介质和接入手段不同，接入网包括有线、无线及有无线综合接入等方式。有线接入方式具体包括铜线接入、光纤接入及混合光纤/同轴电缆接入。无线接入方式可以分为固定无线接入和移动无线接入。综合接入方式可以分为光纤与电缆的综合接入及有线与无线的综合接入方式。

用户驻地网是业务网在用户端的自然延伸，接入网也可以看成是传送网在核心网之外的延伸，而核心网则包含业务、传送、支撑等网络功能要素。

1.3 通信网的交换方式

交换机的任务是完成任意两个用户之间的信息交换。按照所交换信息的特征，以及为完成交换功能所采用的技术不同，出现了多种交换方式。目前，在电信网和计算机网中使用的主要交换方式如图 1-11 所示。

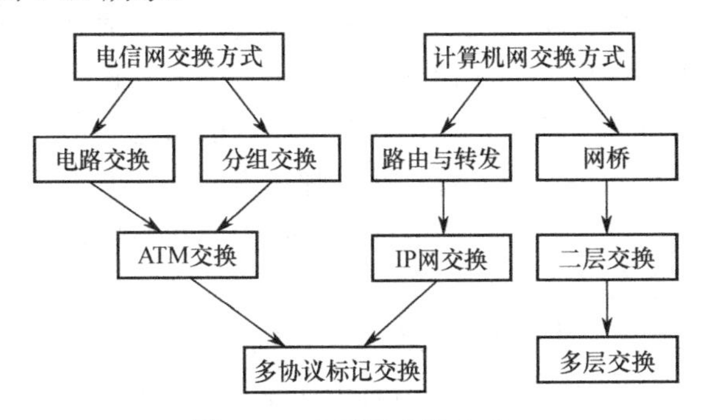

图 1-11 主要的交换方式

下面对各种交换方式进行简要说明。

1.3.1 电路交换

电路交换（Circuit Switching，CS）是最早出现的一种交换方式，主要用于电话通信。电路交换的基本过程包括呼叫建立、信息传送（通话）和连接释放 3 个阶段，如图 1-12 所示。

在双方开始通信之前，发起通信的一方（通常称为主叫方）通过一定的方式（如拨号）将被叫方的地址告诉网络，网络根据地址在主叫方和被叫方之间建立一条电路，这个过程称为呼叫建立（或称为连接建立）。然后主叫和被叫进行通信（通话），通信过程中双方所占用的电路将不为其他用户使用。通信结束后，主叫或被叫通知网络释放通信电路，这个过程称为呼叫释放（或称为连接释放）。通信过程中所占用的电路资源在释放后，可以为其他用户通信所用。这种交换方式就称为电路交换。包括最早使用的磁石电话在内的人工电话交换通常都采用电路交换方式（直至 20 世纪 90 年代 IP 电话出现）。

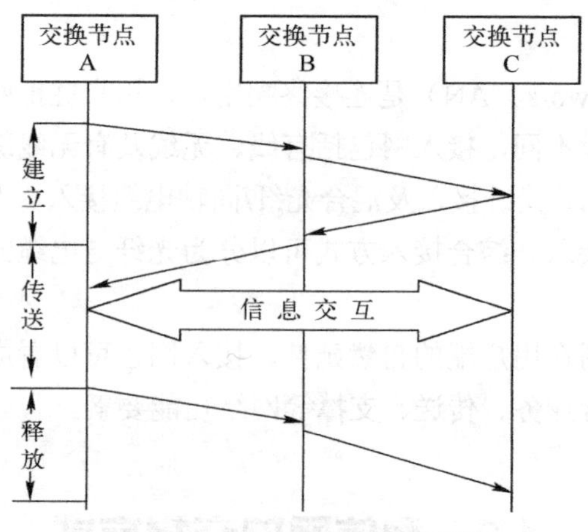

图 1-12 电路交换的基本过程

电路交换是一种实时交换，当任一用户呼叫另一用户时，交换机应立即在两个用户之间建立通话电路；如果没有空闲的电路，呼叫将损失掉（称为呼损）。因此，对于电路交换而言，应配备足够的电路资源，使呼叫损失率控制在服务质量允许的范围内。

电路交换采用固定分配带宽（物理信道），在通信前要先建立连接，在通信过程中一直维持这一物理连接，只要用户不发出释放信号，即使通信（通话）暂时停顿，物理连接也仍然保持。因此，电路利用率较低。由于通信前要预先建立连接，因此有一定的连接建立时延；但在连接建立后可实时传送信息，传输时延一般可忽略不计。电路交换通常采用基于呼叫损失制的方法处理业务流量，过负荷时呼损率增加，但不影响已经接受的呼叫。此外，由于没有差错控制措施，因此用于数据通信时可靠性不高。

（1）电路交换的主要优点如下。

① 信息的传输时延小，对一次接续而言，传输时延固定不变。

② 交换机对用户信息不进行处理，信息在通路中“透明”传输，信息的传输效率较高。

（2）电路交换的主要缺点如下。

① 电路资源被通信双方独占，电路利用率低。

② 由于存在呼叫建立过程，因此电路的接续时间较长。当通信时间较短（或传送较短信息）时，呼叫建立的时间可能大于通信时间，网络的利用率较低。

③ 有呼损，即可能出现由于被叫方终端设备忙或通信网络负荷过重而呼叫不通的情况。

④ 通信双方在信息传输速率、编码格式等方面必须完全兼容，否则难于互通。

电路交换通常适合于电话通信、文件传送、高速传真等业务，而不适合突发性强，对差错敏感的数据通信。

1.3.2 分组交换

分组交换来源于报文交换，采用“存储-转发（Store and Forward）”方式，同属于可变比特率交换范畴。为此，下面先介绍报文交换（Message Switching）。

1．报文交换

报文交换又称为存储-转发交换。与电路交换不同，网络不需为通信双方建立实际电路连接，而是将接收的报文暂时存储，然后按一定的策略将报文转发到目的用户。报文中除了用户要传送的信息以外，还有源地址和目的地址，交换节点要分析目的地址和选择路由，并在选择的端口上排队，等待线路空闲时才发送（转发）到下一个交换节点。

报文交换中信息的格式以报文为基本单位。一份报文包括报头、正文和报尾3个部分。报头包括发端地址（源地址）、收端地址（目的地址）及其他辅助信息；正文为用户要传送的信息；报尾是报文的结束标志，若报文具有长度指示，则报尾可以省略。报文交换采用“存储-转发”方式，因此易于实现异构终端之间的通信。但交换时延大，不利于实时通信。

2．分组交换

电路交换的电路利用率低，且不适合异种终端之间的通信；报文交换虽然可以进行速率和码型的变换，具有差错控制功能，但信息传输时延较长且难以控制，不满足数据通信对实时性的要求（注意：数据通信系统的实时性要求是指利用计算机进行通信时用户可以实时地交互信息，相比于话音的时延要求，数据通信的实时性要求要宽松得多）。分组交换可以较好地解决这些问题。

分组交换同样采用“存储-转发”方式，但不是以报文为单位，而是把报文划分成许多比较短的、规格化的“分组（Packet）”进行交换和传输的。分组长度较短，且具有统一的格式，便于交换机进行存储和处理。分组进入交换机后只在主存储器中停留很短的时间进行排队处理，一旦确定了路由，就很快输出到下一个交换机。分组通过交换机或网络的时间很短（为毫秒级），能满足绝大多数数据通信对信息传输的实时性要求。根据交换机对分组的不同处理方式，分组交换有两种工作模式：数据报（Datagram）和虚电路（Virtual Circuit）。

数据报方式类似于报文交换，只是将每个分组作为一个报文来对待。每个数据分组中都包含目的地址信息，分组交换机为每一个数据分组独立地寻找路径，因此，一个报文包含的多个分组可能会沿着不同的路径到达目的地，在目的地需要重新排序。

虚电路方式类似于电路交换，两台用户终端在开始传输数据之前，同样必须通过网络建立连接，只是建立的是逻辑上的连接（虚电路）而不是物理连接。一旦这种连接建立之后，用户发送的数据（以分组为单位）将顺序通过该路径传送到目的地。当通信完成之后用户发出拆链请求，网络清除连接。由于分组在网络中是顺序传送的，因此不需要在目的地重新排序。

1）分组交换的主要优点

（1）可为用户提供异种终端（支持不同速率、不同编码方式和不同通信协议的数据终端）的通信环境。

（2）在网络负荷较轻的情况下，信息传输时延较小，能够较好地满足计算机实时交互业务的通信要求。

（3）实现了线路资源的统计复用（一种对线路资源的共享方式），通信线路（包括中继线和用户线）的利用率较高，在一条物理线路上可以同时提供多条信息通路。

（4）可靠性高。分组在网络中传输时可以在中继线和用户线上分段进行差错校验，使信息传输的比特差错率大大降低，一般可以达到10^{-10}以下。由于分组在网络中传输的路由是可变的，当网络设备或线路发生故障时，分组可以自动地避开故障点，因此分组交换的可靠性高。

（5）经济性好。信息以分组为单位在交换机中存储和处理，不要求交换机具有很大的存储容量，便于降低设备造价；对线路的统计复用也有利于降低用户的通信费用。

2）分组交换的主要缺点

（1）分组中开销信息较多，对长报文通信的效率较低。按照分组交换的要求，一份报文要分割成许多分组，每个分组要加上控制信息（分组头）。此外，还必须附加许多控制分组，用以实现管理和控制功能。可见，在分组交换网内除了传输用户数据之外，还要传输许多辅助控制信息。对于那些长报文而言，分组交换的传输效率可能不如电路交换或报文交换。

（2）技术实现复杂。分组交换机需对各种类型的分组进行处理，为分组的传输提供路由，并且在必要时自动进行路由调整；为用户提供速率、编码和通信协议的变换；为网络的维护管理提供必要的信息等。因此技术实现复杂，对交换机的处理能力要求也较高。

（3）时延较大。由于节点处理任务较多，信息从一端传送到另一端，穿越网络的路径越长、节点越多，分组时延越大。因此，传统的分组交换主要用于数据通信，很难应用于实时多媒体业务。

3. 快速分组交换

传统的分组交换是基于 ITU-T 提出的 X.25 协议发展而来的。X.25 协议采用 3 层结构，第 1 层为物理层，第 2 层为数据链路层，第 3 层为分组层，对应于开放系统互联（Open System Interconnection，OSI）参考模型的下 3 层，每一层都包含了一组功能。

X.25 协议是针对模拟通信环境设计的。随着光通信技术的发展，光纤逐渐成为通信网传输媒介的主体。光纤通信具有容量大、质量高的特点，其误码率远远低于模拟信道。在这样的通信环境下实现数据通信，显然没有必要像 X.25 那样设计烦琐的差错与流量控制功能。快速分组交换（Fast Packet Switching，FPS）就是在这样的背景下提出的。

快速分组交换可理解为尽量简化协议，只保留核心的链路层功能，以提供高速、高吞吐量、低时延服务的交换方式。广义的 FPS 包括帧中继（Frame Relay，FR）与信元中继（Cell Relay，CR）两种交换方式。

与 X.25 协议相比，帧中继是一种简化的协议，它只有下两层，没有第 3 层，在数据链路层也只保留了核心功能，如帧的定界、同步及差错检测等。与传统的分组交换相比，帧中继具有两个主要特点：①帧中继以帧为单位来传送和交换数据，在第 2 层（数据链路层）进行复用和传送，而不是在分组层，简化的协议加快了处理速度；②帧中继将用户面与控制面分离，用户面负责用户信息的传送，控制面负责呼叫控制和连接管理，包括信令功能。

帧中继取消了 X.25 协议中规定的节点之间、节点与用户设备之间每段链路上的数据差错控制，将逐段链路上的差错控制推到了网络的边缘，由终端负责完成。网络只进行差错检测，错误帧予以丢弃，节点不负责重发。帧中继的这种设计思路是基于一定的技术背景的。正如前面所述，由于采用了光纤作为数据通信的主要手段，数据传输的误码率很低，链路上出现差错的概率大大减小，传输中不必每段链路都进行差错控制。同时，随着终端智能和处理能力的增强，原本由网络完成的部分功能可以推到网络边沿，在终端实现。

4. ATM交换

从前面的介绍中可以看出，电路交换和分组交换具有各自的优势和缺陷，两者实际上是互补的。电路交换适合实时的话音业务，但对数据业务效率不高；而分组交换适合数据业务，却对实时业务的支持不够好。显然，能够适应综合业务传送要求的交换技术必须具有电路交换和分组交换的综合优势，这正是ITU-T提出异步传送模式ATM（Asynchronous Transfer Mode）的初衷。

ATM交换的基本特点如下。

1）采用定长的信元

与采用可变长度分组的帧中继比较，ATM采用固定长度的信元（Cell）作为交换和复用的基本单位。信元实际上就是长度很短的分组，只有53个字节（Byte），其中前5个字节称为信头（Cell Header），其余48个字节称为信息域或称为净荷（Pay Load）。定长的信元结构有利于简化节点的交换控制和缓冲器管理，获得较好的时延特性，这对综合业务的传送十分关键。

信头中包含控制信息的多少，反映了交换节点的处理开销。因此，要尽量简化信头，以减少处理开销。ATM信元的信头只有5个字节，主要包括虚连接的标志、优先级指示和信头的差错校验等。信头中的差错校验是针对信头本身的，这是非常必要的功能，因为信头如果出错，将导致信元丢弃或错误选路。

2）面向连接

ATM采用面向连接方式。在用户传送信息之前，先要有连接建立过程；在信息传送结束之后，要拆除连接。这与电路交换方式类似。当然，这里不是物理连接，而是一种虚连接。

为了便于应用和管理，ATM的虚连接分成两个等级：虚信道（Virtual Channel，VC）和虚通路（Virtual Path，VP）。物理传输信道可包含若干个VP，每个VP又可划分为若干个VC。

3）异步时分交换

电路交换属于同步时分（Synchronous Time Division，STD）交换，ATM则属于异步时分（Asynchronous Time Division，ATD）交换。

为了说明ATD的概念，先介绍STD的概念。关于同步时分交换的详细介绍，读者可以参见第3章，这里只做简要说明。时分意味着复用，即一条物理信道可以由多个连接所共享，各自占用不同的时间位置。各个连接属于不同的呼叫，在交换过程中必须加以区分，也就是要判别每个时间位置（时隙）中的信息是属于哪个连接的。以数字传输系统PCM30/32为例，每帧有32个时隙，假如在呼叫建立过程中将TS10分配给连接A，则每帧的TS10始终用于传送连接A的用户信息，周而复始，直到连接释放。

ATD复用的各个时间位置相当于各个信元所占的位置，即一个信元占有一个时间位置。ATD与STD不同的是，属于某个连接的多个信元不占用固定的时间位置，而是根据该连接所需的带宽，或多或少的占用时间位置。也就是说，属于同一连接的信元可以或密或疏地在传输信道上出现。因此，它不是固定分配时隙的同步方式，而是灵活分配带宽的异步方式，因此可以适应各种不同带宽业务的传输要求。

为便于比较，图 1-13 所示简明地示意了 STD 与 ATD 概念的区别。图 1-13（a）所示为 STD，A、B、C 表示不同的呼叫连接，它们周期性地占用固定分配的时隙位置；图 1-13（b）所示为 ATD，X、Y、Z 表示不同虚连接所属的信元，它们在信道上的位置是随机分配的。

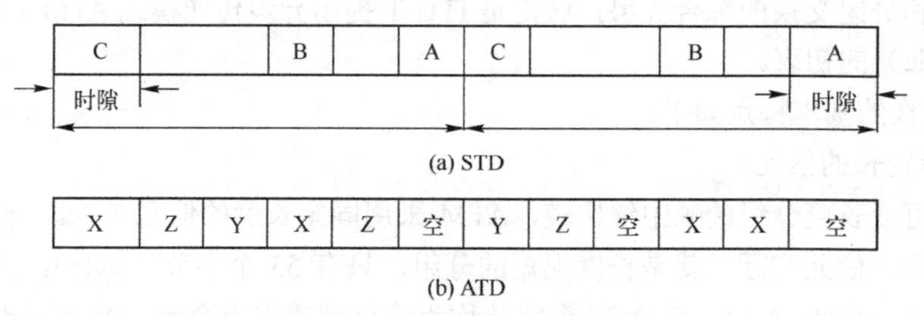

图 1-13　STD 与 ATD 的概念

综上所述，ATM 交换综合了电路交换和分组交换的优点，既具有电路交换的优点，支持实时业务；同时又具有分组交换的优点，支持可变比特率业务的优点，并能对业务信息进行统计复用。因而，ATM 很快被通信界所接受，并成为早期宽带综合业务数字网（Broadband Integrated Service Digital Network，B-ISDN）的首选技术。有关 ATM 交换技术将在第 5 章中介绍。

1.3.3 IP 网交换

本书所述“IP 网交换”主要是指计算机网络中的交换方式。

计算机网络是利用通信设备和传输线路将不同地理位置、功能独立的多个计算机系统互连在一起，通过一系列的协议实现资源共享和信息传送的系统。从服务范围看，计算机网络分为局域网（LAN）、城域网（MAN）和广域网（WAN）。随着局域网技术，特别是电信级以太网技术（Carrier Ethernet，CE）的发展，它的应用范围正在向城域网甚至广域网延伸。

局域网技术包括以太网、令牌环、光纤分布式数据接口（FDDI）、ATM 等，但真正得到广泛应用的是美国电气和电子工程师学会 IEEE 802 委员会制定的以太网标准和技术。早期出现的局域网为共享传输介质的以太网（由集线器连接）或令牌环，对信道的占用采用竞争方式。随着用户数量的增加，信道冲突加剧、网络性能下降，每个用户实际获得的带宽急剧减小，甚至引起网络阻塞。解决这一问题的方法是在网络中引入两端口或多端口网桥，网桥的作用是将网络划分成多个网段以减小冲突域，提高网络传输性能。由于网桥隔离了冲突域，在一定条件下具有增加网络带宽的作用。但在一个较大的网络中，为保证响应速度，往往要分割很多网段，不但增加了建设成本，而且使网络的结构和管理也变得复杂。

主流的局域网交换技术是在多端口网桥的基础上于 20 世纪 90 年代初发展起来的，它是一种改进的网桥技术，与传统的网桥相比，它能提供更多的端口，端口之间通过空分交换矩阵或存储转发部件实现互连。局域网交换机的引入，既提高了网络性能和数据传输的可靠性，又增强了网络的扩展性。

1．第二层交换

局域网交换机工作在数据链路层，它能够读取数据帧中的MAC地址并根据MAC地址进行信息交换，这也是称为第二层交换的原因。在这种交换机中，内部通常有一个地址表（地址池），地址表的各表项标明了 MAC 地址和端口的对应关系。当交换机从某个端口收到一个数据帧时，它首先读取帧头中的源MAC地址，这样它就可知道MAC地址所属的终端连接在哪个端口上。然后，它再读取帧头中的目的 MAC 地址，并在地址表中查找相应的表项。如果找到与该MAC地址对应的表项（MAC地址-端口号），就把数据帧从这个端口转发出去；如果在表中找不到相应的表项，则把数据帧广播到除输入端口之外的所有端口上。当目的主机响应广播数据帧时，交换机就在地址表中记下响应主机的 MAC 地址与所连接端口的对应关系，这样，在下次传送数据时就不再需要对所有端口进行广播了。第二层交换机就是这样通过自动学习和广播机制建立起自己的地址表的。由于第二层交换机一般具有高速的交换总线，因此可以同时在很多端口之间交换数据。与网桥相比较，第二层交换机具有更多的端口和更高的交换速率。传统网桥大都基于软件实现，转发时延为毫秒级。第二层交换机的工作大都由硬件完成，如FPGA、ASIC芯片或网络处理器等，转发时延为微秒级。因此，可以实现线速转发，使局域网的交换性能得到明显的提升。

2．路由与互连

第二层交换机在一定程度上减少了网络冲突，提高了数据转发性能。但由于交换机采用端口地址自动学习和广播相结合的机制没有根本改变，仍会导致广播风暴，难以满足大型网络的组网需要，因此又引入了路由器。用路由器来实现不同局域网之间的互连，在不同子网之间转发分组。路由器可以彻底隔离广播风暴，适应大型组网对性能、容量和安全性的要求。路由器具有路由选择功能，不但可为跨越不同局域网的分组选择最佳路径，而且可以避开失效的节点或网段，还可以进行不同网络协议的转换，实现异构互连。路由器可将很多分布在各地的局域网互连起来构成广域网，实现更大范围的资源共享和信息传送，如图1-14所示。目前，最大的计算机广域网就是国际互联网（Internet）。

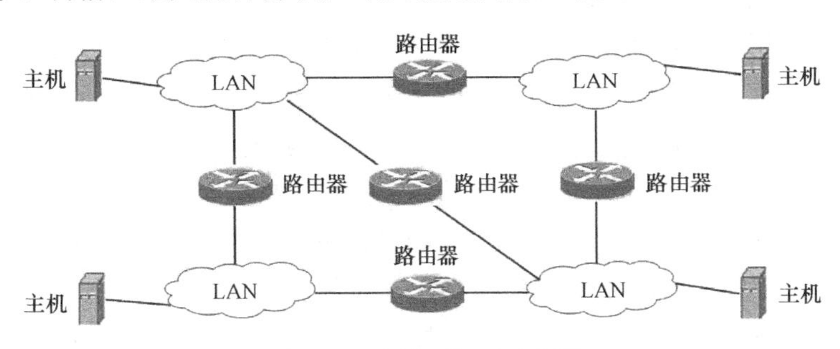

图1-14 广域网组网示意图

路由器是计算机网络的典型组网设备，其工作在网络层，使用无连接技术，对进入节点的每个分组进行逐包检查，并采用“最长地址匹配”等原则将每个分组的目的地址与路由表中的表项逐个进行比较，选择合适的路由并将分组转发出去。传统的路由器对每个分组都要进行一系列复杂的处理，如差错控制、流量控制、路由处理、安全过滤、策略控制等，并需支持多种协议以便实现异构互连。这些功能和操作大都是通过软件实现的。随着网络通信量的增加，路由器的处理能力不堪重负，因此，网络拥塞在所难免，网络的服务质量无法得到保证。尽管路由器在互连功能上具有优势，但价格相对较高，报文转发速度较低。为了解决局域网互连对转发速率和安全性的要求，人们在第二层交换的基础上，引入了虚拟局域网（Virtual Local Network，VLAN）技术和第三层交换技术。

3．虚拟局域网

虚拟局域网（VLAN）是指在交换式局域网的基础上，通过网管配置构建的可跨越不同网段、不同网络的端到端的逻辑网络。一个 VLAN 组成一个逻辑子网，即一个广播域，它可以覆盖多个网络设备，允许处于不同地理位置的用户加入一个逻辑子网中。对网络交换机而言，每个端口可对应一个网段，由于子网由若干网段构成，通过对交换机端口的组合，可以逻辑形式划分子网。广播报文只限定在子网内传播，不能扩散到其他的子网，通过合理划分逻辑子网，能够达到控制广播风暴的作用。VLAN 技术不用路由器就能解决广播风暴的隔离问题，且 VLAN 内网段与其物理位置无关，即相邻网段可以属于不同的 VLAN，相隔甚远的两个网段可以属于同一个 VLAN，而属于不同 VLAN 的终端之间不能相互通信。VLAN 可以基于端口、基于 MAC 地址和基于 IP 路由等方式进行划分。对于采用 VLAN 技术的网络来说，一个 VLAN 可以根据部门职能将不同物理位置的网络用户划分为一个逻辑网段。在不改变网络物理连接的情况下可以任意地将工作站在 VLAN 之间移动。利用 VLAN 技术，不但可以有效控制广播风暴，提高网络性能和安全性，而且可以减轻网管和维护负担，降低网络维护成本。

4．第三层交换

第三层属于网络层。但第三层交换并非只使用第三层的功能，也不是简单地把路由器的软硬件叠加在局域网交换机上，而是把第三层的路由器与第二层的交换机两者的优势有机地结合起来，利用第三层路由协议中的选路信息来增强第二层交换功能，以实现分组的快速转发。按照 OSI/RM 模型的功能划分，网络层的主要任务是寻址、选路和协议处理。传统路由器由于使用软件和通用 CPU 实现数据包转发，同时还要完成包括路由表创建、维护和更新等协议处理，因此处理开销大，转发速度受到限制，难以满足局域网高速互连对转发速率的要求。而第二层交换在解决大型局域网组网的扩展性、抑制广播风暴和安全性控制等方面又力不从心，为了解决这些问题，第三层交换应运而生。第三层交换技术的出现，既解决了局域网中 VLAN 划分之后，子网必须依赖路由器进行互连和管理的问题，又解决了传统路由器低速、复杂所造成的网络瓶颈问题。

在硬件结构方面，第二层交换机的接口模块是通过高速背板（速率可高达数十吉比特每秒）实现数据交换的，在第三层交换机中，与路由有关的第三层路由模块也连接在高速背板上，这使得路由模块可以与需要路由的其他模块高速交换数据。在软件结构方面，第三层交换机也有重大的改进，它将传统的基于软件的路由器功能进行了界定，其做法是：对于数据包的转发，如 IP/IPX 包的转发，通过线路板卡中的专用集成芯片（ASIC）高速实现。对于第三层路由软件，如路由信息的更新、路由表维护、路由计算、路由的确定等功能，采用优化、高效的软件实现。第三层交换技术主要包括逐包式和流式交换，局域网第三层交换机主要采用逐包式交换技术，流式交换技术主要用于广域网。

目前，在计算机网络领域，出现了多种交换与组网技术，如局域网中的二层交换、三层交换、四层交换、七层交换等，广域网中的IP交换、标签交换、多协议标记交换等。

1.3.4 光交换

随着光通信技术的不断进步，波分复用系统在一根光纤中已经能够提供太比特每秒的信息传输能力。传输系统容量的快速增长给交换系统的发展带来了巨大的压力和动力。通信网交换系统的规模越来越大，运行速率也越来越高，未来的大型交换系统将需要处理总量达几百上千太比特每秒的信息。但是，目前的电子交换和信息处理能力已接近电子器件的极限，其所固有的RC参数、钟偏、漂移、响应速度慢等缺点限制了交换速率的进一步提高。为了解决电子器件的瓶颈问题，通信界在交换系统中引入了光交换。

光交换技术是在光域直接将输入的光信号交换到不同的输出端，完成光信号的交换。光交换的优点在于，光信号在通过光交换单元时，不需经过光电、电光转换，因此它不受检测器、调制器等光电器件响应速度的限制，对比特速率和调制方式透明，可以大大提高交换系统的吞吐量。目前，光传送网已实现由点对点波分复用系统发展到面向波长的光分插复用器/光交叉连接器，并在向融合电路交换和分组交换的自动交换光网络演进。

光交换网络的交换对象将从光纤、波带、波长向光分组发展，光交换必将成为未来全光网络的核心技术。

1.4 通信网的服务质量

1.4.1 服务质量总体要求

对通信网的服务质量要求一般从可访问性、透明性和可靠性3个方面来进行衡量。

1. 可访问性

可访问性是对通信网的基本要求之一，即网络保证合法用户随时随地能够快速、有保证地接入到网络以获得信息服务，并在规定的时延内传递信息的能力。它反映了网络保证有效通信的能力。影响可访问性的因素主要有网络的物理拓扑结构、可用资源数目及网络设备的可靠性等。实际应用中常用接通率、接续时延等指标来进行评定。

2. 透明性

透明性也是对通信网的基本要求之一，即网络保证用户业务信息准确、无差错传送的能力，也即网络无损传递信息的能力。它反映了网络保证用户信息具有可靠传输质量的能力，无法保证信息透明传输的通信网是没有实际意义的。实际应用中常用用户满意度和信号的传输质量来评定。

3．可靠性

可靠性是指整个通信网连续、不间断稳定运行的能力，它通常由组成通信网的各系统、设备、部件等的可靠性综合确定。一个可靠性差的网络会经常出现故障，导致正常通信中断，但实现一个绝对可靠的网络实际上也不可能，网络可靠性设计不是追求绝对可靠，而是在经济合理的前提下，满足业务服务质量要求即可。通信网可靠性指标主要有以下几种。

（1）失效率：系统在单位时间内发生故障的概率，一般用 λ 表示。

（2）平均故障间隔时间（Mean Time Between Failure，MTBF）：相邻两次故障发生的间隔时间的平均值，$\text{MTBF}=1/\lambda$。

（3）平均修复时间（Mean Time To Restoration，MTTR）：修复一个故障的平均处理时间，μ 表示修复率，$\text{MTTR}=1/\mu$。

（4）系统不可利用度（U）：在规定的时间和条件内，系统丧失规定功能的概率，通常假设系统在稳定运行时，μ 和 λ 都接近于常数，则

$$U=\frac{\lambda}{\lambda+\mu}=\frac{\text{MTTR}}{\text{MTBF}+\text{MTTR}}$$

1.4.2 电话网服务质量

电话通信网的服务质量一般从呼叫接续质量、传输质量和稳定性质量 3 个方面来定义。

1．接续质量

接续质量反映的是电话网接续用户电话的速度和难易程度，通常用接续损失（呼叫损失率，简称呼损）和接续时延来评定。

2．传输质量

传输质量反映的是电话网传输话音信号的准确程度，通常用响度、清晰度、逼真度这 3 个指标来评定。实际应用中对上述 3 个指标一般由用户主观来评定。

3．稳定性质量

稳定性质量反映电话网的可靠性，主要指标与上述一般通信网的可靠性指标相同，如平均故障间隔时间、平均修复时间、系统不可利用度等。

1.4.3 数据网服务质量

数据通信网大多采用分组交换技术，由于用户业务在传送时一般没有独占的信道带宽，在整个通信期间，服务质量会随着网络环境的变化而变化，因此数据网服务质量的表征采用了更多的参数指标来评定。例如：

（1）服务可用性（Service Availability）。服务可用性是指用户与网络之间服务连接的可靠性。

（2）传输时延（Delay or Latency）。传输时延是指在两个参考点之间，发送和收到一个分组的时间间隔。

（3）时延变化（Delay Variation）。时延变化又称为抖动（Jitter），是指沿相同路径传输的同一个业务流中的所有分组传输时延的变化。

（4）吞吐量（Throughput）。吞吐量是指在网络中分组的传输速率，可以用平均速率或峰值速率来表示。

（5）分组丢失率（Packet Loss Rate）。分组丢失率是指分组在通过网络传输时允许的最大丢失率，通常分组丢失都是由于网络拥塞造成的。

（6）分组差错率（Packet Error Rate）。分组差错率是指单位时间内的差错分组与传输的总分组数目的比率。

1.4.4 服务质量保障机制

任何网络都不可能保证100%的可靠，在日常运行中，它们通常要面对数据传输的差错和丢失、网络拥塞、交换节点和物理线路故障这三类问题。要保证稳定的服务性能，网络必须提供相应的机制来解决上述问题，这对网络的可靠运行至关重要。目前，网络采用的服务性能保障机制主要有以下四类。

1. 差错控制

差错控制机制负责将数据传输时丢失和损坏的部分恢复过来。这种控制机制包括差错检测和差错校正两部分。

对电话网，由于实时话音业务对差错不敏感，对时延很敏感，偶尔产生的差错对用户之间通话质量影响可以忽略不计，因此网络对话路上的话音信息不提供差错控制机制。

对数据网，情况则正好相反，数据业务对时延不敏感，对差错却十分敏感。因此必须提供相应的差错控制机制。目前，分组数据网主要采用基于帧校验序列（Frame Check Sequence，FCS）的差错检测和发端重发纠错机制来实现差错控制。在分层网络体系中，差错控制是一种可以在多个协议层级上实现的功能。例如，在X.25网络中，既有数据链路层的差错控制，又有分组层的差错控制。随着传输系统的数字化、光纤化，目前大多数分组数据网均将用户信息的差错控制由网络转移至终端来做，在网络中只对分组头中的控制信息做必要的差错检测。

2. 拥塞控制

通常，拥塞发生在通过网络的数据量开始接近网络数据承载和处理能力时出现的现象。拥塞控制的目标是将网络中的数据量控制在一定的水平之下，超过这个水平，网络的性能将会急剧恶化。

在电话网中，由于采用电路交换方式，拥塞控制只在网络入口处进行，在网络内部则不再提供拥塞控制机制。一方面，由于呼叫建立时已为用户预留了网络资源，通信期间，用户信息总是以恒定预约的速率通过网络，因此已被接纳的用户产生的业务量不可能导致网络拥塞。另一方面，呼叫建立时，如果网络无法为用户分配所需资源，呼叫将在网络入口处就会被拒绝，因而在这种体制下电话网内部无须提供拥塞控制机制。因此电话网在拥塞发生时，主要是通过拒绝后来用户的服务请求来保证已有用户的服务质量的。

实质上，采用分组交换的数据网可以看成是一个由队列组成的网络，网络采用基于存储转发的排队机制转发用户分组，在交换节点的每个输出端口上都有一个分组队列。当发生拥塞时，网络并不是简单的拒绝以后的用户分组，而是将其放到指定输出端口的队列中等待资源空闲时再进行发送。由于此时分组到达和排队的速率超过交换节点对分组的传输速率，队列长度会不断增长，如果不进行及时的拥塞控制，每个分组在交换节点经历的转发时延就会变得越来越长，但不管何时，用户获得的总是当时网络的平均服务性能。如果对局部的拥塞不加控制，则最终会导致拥塞向全网蔓延，因此在分组数据网中均提供了相应的拥塞控制机制。例如，X.25 中的阻流分组（Choke Packet）、互联网中 ICMP 协议的源站抑制分组（Source Quench）均是用于拥塞节点向源节点发送的控制分组，以限制其业务量流入网络。

3. 路由选择

在通信网中，灵活的路由选择可以帮助网络绕开发生故障或拥塞的节点，以提供更可靠的服务质量。

电话通信网通常采用静态路由技术，即每个交换节点的路由表是由人工预先设置的，网络也不提供自动的路由发现机制，但一般情况下，到任意目的地，除正常路由之外，都会配置两三条迂回路由，以提高呼叫接续的可靠性。这样，当发生故障时，故障区域正在进行的呼叫将被中断，但后续产生的呼叫通常可走迂回路由，一般不受影响。采用虚电路方式的分组数据网，情况与此类似。它们的主要问题是没有提供自动的路由发现机制，网络运行时交换节点不能根据网络的变化，自动调整更新本地路由表。

在分组数据网中，如果采用数据报方式，一般都支持自适应的路由选择技术，即路由选择的决定将随着网络情况的变化而改变，主要是故障或拥塞两方面。例如，在互联网中，IP 路由协议实际就是动态的路由选择协议。使用路由协议，路由器可以实时更新自己的路由表以反映当前网络拓扑的变化，因此即使发生故障或拥塞，后续分组也可以自动绕开，从而提高了网络整体的可靠性。

4. 流量控制

流量控制是一种使目的端通信实体可以调节源端通信实体发出数据流量的协议机制，可以调节数据发送的数量和速率。

在电话通信网中，网络体系结构保证通话双方工作在同步方式下，并以恒定的速率交换数据，因此无须再提供流量控制机制。而在分组数据网中，必须进行流量控制。其原因如下。

（1）在目的端必须对每个收到的分组的头部进行一定的协议处理，由于收发双方工作在异步方式下，源端可能试图以比目的端处理速度更快的速度发送分组。

（2）目的端也可能将收到的分组先缓存起来，然后重新在另一个输入/输出（I/O）端口进行转发，此时它可能需要限制进入的流量以便与转发端口的流量相匹配。

与差错控制一样，流量控制也可以在多个协议层次实现，如实现网络各层流量控制。常见的流量控制方法有在分组交换网中使用的滑动窗口法，在互联网的 TCP 层实现的可变信用量方法，在 ATM 中使用的漏桶算法等。

1.5 通信网的发展演进

影响和制约通信网发展的因素很多，其中主要有技术、市场、成本和政策4个方面。首先，现代通信网作为一个物理实体，其发展不能超越基本的物理学定律和当时软硬件技术条件的限制，如量子力学、麦克斯韦电磁理论、广义相对论等，它们构成了当代微电子、集成电路技术的理论基础，信息的传播速度也不可能超越光速。其次，通信网作为一个国家的信息基础设施和面向营运的服务设施，其发展必然会受到市场需求、成本、政策等因素的制约。但有限的网络资源和不断增长的用户需求之间的矛盾始终是通信网及其技术发展的根本动力。如果以1878年第一台电话交换机投入使用作为现代通信网的开端，那么通信网已经经历了140余年的发展，这期间由于交换技术、信令技术、传输技术、业务实现方式的发展，现代通信网大致经历了以下4个发展阶段。

1. 第一阶段

第一阶段为1880—1970年，是典型的模拟通信网时代，网络的主要特征是模拟化、单业务单技术。这一时期电话通信网占统治地位，电话业务也是电信运营商的主要业务和收入来源，因此整个通信网都是面向话音业务来优化设计的，其主要的技术特点如下。

（1）交换技术：由于话音业务量相当稳定，且所需带宽不高，因此采用控制相对简单的电路交换技术，为用户业务静态分配固定的带宽资源，虽然存在带宽资源利用率不高的缺点，但它并不是这一时期网络的主要矛盾。

（2）信令技术：通信网采用模拟的随路信令系统。它的主要优点是信令设备简单，缺点是功能较弱，只支持简单的电话业务。

（3）传输技术：终端设备、交换设备和传输设备基本是模拟设备，传输系统采用频分复用FDM技术、铜线传输介质，网络上传输的是模拟信号。

（4）业务实现方式：通信网通常只提供单一电话业务，并且业务逻辑和控制系统是在交换机中用硬件逻辑电路实现的，网络几乎不提供任何新业务。

由于通信网主要由模拟设备组成，存在的主要问题是建设和运营成本高、可靠性差、远距离通信的服务质量差。另外，在这一时期，数据通信技术还不成熟，基本处于试验阶段。

2. 第二阶段

第二阶段为1970—1995年，是骨干通信网由模拟网向数字网转变的阶段。这一时期数字通信技术和计算机技术在网络中被广泛使用，除传统公用电话交换网（PSTN）外，还出现了多种不同的业务网。网络的主要特征是数模混合、多业务多技术并存，这一阶段电信界主要是通过数字计算机技术的引入来解决话音、数据业务的服务质量。这一时期网络技术主要的变化有以下几方面。

（1）数字传输技术：基于PCM技术的数字传输设备逐步取代了模拟传输设备，彻底解决了长途信号传输质量差的问题，降低了传输成本。

（2）数字交换技术：数字交换设备取代了模拟交换设备，极大地提高了交换的速度和可靠性。

（3）公共信道信令技术：公共信道信令系统取代了随路信令系统，实现了话路系统与信令系统之间的分离，提高了整个网络控制的灵活性。

（4）业务实现方式：在数字交换设备中，业务逻辑采用软件方式来实现，使得在不改变交换设备硬件的前提下，电信网提供新业务成为可能。

在这一时期，电话业务仍然是电信运营商主要的业务和收入来源，骨干通信网仍是面向话音业务来优化设计的，因此电路交换技术仍然占主导地位。一方面，基于分组交换的数据通信网技术在这一时期发展已成熟，X.25、帧中继、TCP/IP 等都是在这期间出现并发展成熟的，但数据业务量与话音业务量相比，所占份额还很小，因此实际运行的数据通信网大多是构建在电话通信网的基础设施之上的。另一方面，光纤通信技术、移动通信技术、智能网（IN）技术也是在此期间出现的。

在这一时期，形成了以 PSTN 为基础，互联网、移动通信网等多种业务网络交叠并存的结构。

这种结构主要的缺点是：对用户而言，要获得多种电信业务就需要多种接入手段，这增加了用户的成本和接入的复杂性；对电信运营商而言，不同的业务网都需要独立配置各自的网络管理和后台运营支撑系统，也增加了运营商的成本，同时由于不同业务网所采用的技术、标准和协议各不相同，使得网络之间的资源和业务很难实现共享和互通。因此在 20 世纪 80 年代末，在主要的电信运营商和设备制造商的主导下，开始研究如何实现一个多业务、单技术的综合业务网，其主要的成果是窄带综合业务数字网（N-ISDN）、宽带综合业务数字网（B-ISDN）和 ATM 技术。

总体来看，这一时期是现代通信网重要的一个发展阶段，它奠定了未来通信网发展的所有技术基础，如数字技术、分组交换技术。这些技术奠定了未来网络实现综合业务的基础；公共信道信令和计算机软硬件技术的使用奠定了未来网络智能和业务智能的基础；光纤通信技术奠定了宽带网络的物理基础。

3. 第三阶段

第三阶段为 1995—2005 年，这一时期可以说是信息通信技术发展的黄金时期，是新技术、新业务产生较多的时期。在这一阶段，骨干通信网实现了全数字化，骨干传输网实现了光纤化，同时数据通信业务增长迅速，独立于业务网的传送网也已形成。由于电信政策的改变，电信市场由垄断转向全面的开放和竞争。在技术方面，对网络结构产生重大影响的主要有以下 3 个方面。

（1）计算机技术。在硬件方面，计算成本进一步下降、计算能力大大提高；在软件方面，面向对象技术、分布处理技术、数据库技术的发展成熟极大地提高了大型信息处理系统的处理能力。技术进步使得 PC 得以普及，智能网 IN、电信管理网 TMN 得以实现，这些为网络智能和业务智能的发展奠定了基础。另外，终端智能化使得许多原来由网络执行的控制和处理功能可以转移到终端完成，骨干网的功能可由此而简化，有利于提高其稳定性和信息吞吐能力。

（2）光传输技术。大容量光传输技术的成熟和成本的下降，使得基于光纤的传输系统在骨干网中迅速普及并取代了铜线技术。实现宽带多媒体业务，在网络带宽上已不存在问题了。

（3）IP 互联技术。在 1995 年以前，SDH 和 ATM 还被认为是宽带综合数字业务网（B-ISDN）的基本技术，在 1995 年以后，电信界推崇的 ATM 受到计算机界宽带 IP 技术的严重挑战。基于 IP 技术的互联网的发展和迅速普及，使得数据业务的增长速率超过电话业务，并逐渐成为运营商的主营业务和主要收入来源。宽带 IP 网络的基础是先进的密集波分复用（DWDM）光纤技术和 MPLS 技术，基于 IP 实现多业务汇聚，骨干网采用 MPLS 技术和 WDM 技术来构建成为这一阶段业界的共识。随着相关标准及技术的发展和成熟，下一代网络将是基于 IP 的宽带综合业务网。

4．第四阶段

第四阶段从 2005 年左右到目前，这一时期电信网、互联网和有线电视网，固定通信网与移动通信网的业务逐步走向融合。移动、数据和应用逐步成为全社会关注的焦点，社会生产、社会管理、生活服务和大众娱乐等全方位的信息化进一步向广度和深度发展。在技术方面，对现代通信网产生重大影响的主要有以下几个方面。

1）智能光网络技术

随着 IP 业务的持续快速增长，对网络带宽的需求变得越来越高，同时由于 IP 业务流量和流向的不确定性，对网络带宽的动态分配要求越来越迫切。为了适应 IP 业务的特点，光传输网络由固定分配带宽向支持动态分配要求的智能光网络发展。在这种趋势下，自动交换光网络（Automatically Switched Optical Network，ASON）应运而生。ASON 网络是由信令控制实现光传输网内链路的连接/拆线、交换、传送等一系列功能的新一代光网络。ASON 使得光网络具有了智能性，代表了下一代网络的发展方向。

2）NGN 与软交换技术

在 21 世纪的前几年，世界主要运营网络的数据业务量就已经超过了话音业务量。这样的发展态势给运营商带来了巨大的压力。传统的电路交换由于其封闭性无法适应快速变化的市场环境和多样化的用户需求。为了摆脱这种极为不利的局面，电信界经过认真的反思和系统的总结，推出了下一代网络（Next Generation Network，NGN）体系和解决方案。以软交换为核心并采用 IP 分组传送技术的 NGN 具有网络结构开放、运营成本低等特点，能够满足未来业务发展的需求，2005 年以后电信运营商纷纷采用软交换技术对网络进行改造，积极向 NGN 演进和融合。软交换及其相关技术在网络互通、服务质量、网络安全和业务开放等方面还存在一些不足，但软交换作为发展方向已经获得了业界的广泛认同，并在国内、外固定和移动网络建设中得到大量成功的应用。随着技术发展和市场应用的进一步拓展，基于软交换、特别是 IP 多媒体子系统（IMS）的 NGN 逐渐在固定和移动网络融合的演进过程中发挥重要作用。

3）新型互联网技术

近十年来，新型网络技术始终是全球学术和产业界关注的焦点，广大科技人员为此提出了各种解决思路及相应的技术方案，并已在多种场景下初步应用并展现出强大生命力，特别是基于开放架构的软件定义网络（Software Defined Network，SDN）和网络功能虚拟化（Network Functions Virtualization，NFV）等技术蓬勃发展，预计在未来 5～8 年内将成为信息基础设施的主流技术架构，并进入成熟应用阶段，为互联网技术的持续创新与演进奠定基础。

4）4G/5G 移动技术

蜂窝移动通信经历了 1G、2G、3G 和 4G 系统，目前正在向 5G 系统演进。每一代移动通信技术的发展时间都在 10 年左右，且都有创新。在过去十年中，移动通信的迅速发展使用户彻底摆脱了终端设备的束缚，实现了完整的个人移动性。

在由 3G 向 4G 的演进过程中，3GPP 提出的长期演进计划（Long Term Evolution，LTE）得到了业界的广泛认同，其基于全 IP 承载、扁平化网络结构和控制与承载分离的技术可进一步提高系统容量和性能、降低系统建设成本。4G 彻底取消了电路交换技术推出了全 IP 系统，它使用 OFDM 来提高频谱效率，MIMO 和载波聚合等技术进一步提高了整体网络容量。4G 具有超高数据传输速度，下行速率达到 100Mbps，可以满足大部分用户对无线移动服务的要求。

5G 是面向 2020 年以后的移动通信需求而发展的新一代移动通信系统。根据移动通信的发展规律，5G 将具有超高的频谱利用率和能效，在传输速率和资源利用率方面较 4G 又提高了一个量级或更高，其无线覆盖性能、传输时延、系统安全和用户体验将得到显著的提高。5G 将与其他移动通信技术密切结合，构成新一代无所不在的移动信息网络，满足未来 10 年移动互联网流量增加 1000 倍的发展需求。5G 系统的关键技术主要包括毫米波通信技术、超密集异构网络技术、全双工技术、MIMO 技术、新型多天线技术等，有些是 4G 和 5G 通用的技术。5G 的发展和应用将使信息突破时空限制，最终实现“信息随心至，万物触手及”。

本章小结

为降低用户线路投资，解决任意两个用户之间的通信问题，在通信网中引入了交换。通信网络包括终端、传输系统和交换节点，其中交换节点是通信网的核心。通信网的类型可根据其提供的业务、采用的交换技术、传输技术、服务范围、运营方式等进行划分。根据信息类型的不同通信网业务可分为话音业务、数据业务、图像业务、视频和多媒体业务。在通信网中，网络节点之间按照某种方式进行互连便形成了一定的拓扑结构，如网状结构、星形结构、复合结构、总线结构和环形结构。从网络功能角度看，通信网是一个网络集合或网系，一个完整的通信网可分为业务网、传送网、支撑网 3 个相互依存的部分。从用户接入的角度看，通信网又可分为用户驻地网、接入网和核心网 3 个部分。

通信网交换技术可从电信网和计算机网两个范畴进行划分。电信网交换技术主要有电路交换和分组交换两大类。电路交换经历了模拟交换和数字交换的发展，分组交换经历了 X.25、FR 和 ATM 的发展历程。计算机网络使用的交换技术经历了网桥、第二层交换、路由与转发、第三层交换、IP 交换等发展历程。随着网络的融合发展，将 IP 路由的灵活性与 ATM 交换的高效性融合形成了多协议标记交换 MPLS 技术。光交换技术是在光域直接将输入的光信号交换到不同的输出端，完成光信号的交换。光交换对象将从光纤、波带、波长向光分组交换发展，光交换必将成为未来全光网络的核心技术。

通信网的服务质量一般可从可访问性、透明性和可靠性3个方面来进行衡量。电话通信网的服务质量一般从呼叫接续质量、话音传输质量和稳定性质量3个方面来定义。数据通信网大多采用分组交换技术，由于用户业务在传送时一般没有独占的信道带宽，在整个通信期间，服务质量会随着网络环境的变化而变化，因此数据网服务质量的表征采用了更多的参数指标来评定。例如，服务可用性、传输时延、时延变化、吞吐量、分组丢失率和分组差错率等。为提高通信网的服务质量，网络采用了差错控制、拥塞控制、路由选择和流量控制等措施。

通信网的发展经历了140余年，这期间由于交换技术、信令技术、传输技术、业务实现方式的发展，现代通信网大致经历了4个发展阶段。第一阶段（1880—1970）是典型的模拟通信网时代，网络的主要特征是模拟化、单业务单技术。第二阶段（1970—1995）是骨干通信网由模拟网向数字网转变的阶段。这一时期数字通信技术和计算机技术在网络中被广泛使用，除传统公用电话交换网外，还出现了多种不同的业务网。第三阶段（1995—2005）是信息通信技术发展的黄金时期，是新技术、新业务产生较多的时期。在这一阶段，骨干通信网实现了全数字化，骨干传输网实现了光纤化，同时数据通信业务增长迅速，独立于业务网的传送网也已形成。第四阶段（2005年以来）电信网、互联网和有线电视网，固定通信网与移动通信网的业务逐步走向融合。移动、数据和应用逐步成为全社会关注的焦点，社会生产、社会管理、生活服务和大众娱乐等全方位的信息化进一步向广度和深度发展。

目前，通信网处于不断演化之中，多种网络技术同时存在。随着通信网向数字化、综合化、宽带化、智能化和个人化方向的快速发展，各种交换技术将按下一代网络（NGN）框架在控制、业务等层面进行融合，传统固定网、移动网、宽带互联网甚至有线电视网等网络之间的界限将会逐步消失。核心业务网将逐步引入IP多媒体子系统（IMS）技术；在接入网领域，将呈现多样化和IP化趋势，可以支持固定、移动、窄带、宽带等多种接入技术。终端则呈现多模化和智能化趋势，网络运营商将实现全业务运营。以软件定义网络（SDN）和网络功能虚拟化（NFV）为代表的新型互联网技术将逐渐成为信息基础设施的主流技术架构，为互联网技术的持续创新与演进奠定基础。在移动通信领域，5G将与其他移动通信技术密切结合，构成新一代无所不在的移动信息网络，最终实现“信息随心至，万物触手及”的发展愿景。

习题与思考题

1.1 什么是通信网？通信网主要有哪些类型？

1.2 在通信网中引入交换机的目的是什么？

1.3 无连接网络和面向连接网络各有什么特点？

1.4 按照业务提供方式不同，ITU-T将通信网业务划分为哪些类型？

1.5 通信网的基本拓扑结构有哪些？

1.6 从网络功能的角度看，一个完整的通信网包括哪几个组成部分？

1.7 从用户接入的角度看，通信网可分为哪几个组成部分？

1.8 电路交换具有什么特点？

1.9 构成现代通信网的要素有哪些？它们各自完成什么功能？

1.10 在数据通信网中，衡量其服务质量的指标有哪些？

1.11 NGN、IMS、SDN的含义是什么？

1.12 到2020年，移动通信经历了哪几个发展阶段？

第 2 章　传送网

2.1　传输介质

所谓传输介质，是指传输信号的物理线路。任何数据在传输时都会被转换成电信号或光信号的形式在传输介质中传输，数据能否成功传输则依赖于两个因素：被传输信号本身的质量和传输介质的特性。在通信网络中，传输介质可以划分为有线传输介质和无线传输介质两大类。典型的有线传输介质主要包括同轴电缆、双绞线和光纤等。双绞线是目前计算机局域网中最为常用的传输介质，光纤是高速局域网、广域网干线传输中常用的传输介质。在无线介质中，电磁波信号通过地球外部的大气或外层空间进行传输，大气或外层空间并不对信号本身进行制导，因此可认为是在自由空间传输。根据所使用电磁波频段的不同，无线信道又可以划分为无线电、微波、红外线。近年来，为了进一步提升无线信道的容量，自由空间激光通信、可见光通信技术也在不断发展。对于传输系统来说，无论采用哪种传输介质，通常最为关心的是它能够提供的传输带宽和信道质量。

双绞线（Twisted Pair，TP）由一对相互绝缘、相互绞合的铜导线构成。双绞线的信道带宽受限，主要用于短距离传输，成本较为低廉。双绞线按照是否有外部屏蔽层可以分为无屏蔽双绞线和有屏蔽双绞线两种类型。无屏蔽双绞线没有外部金属屏蔽层，直径较小，成本低，易于弯曲和布线，广泛应用于局域网中，其缺点是存在电磁泄漏，不适用于对网络安全要求较高的场合。屏蔽双绞线的外部有金属屏蔽层，可以防护外部干扰，同时减少对外的电磁泄漏，防止信息被窃听，用于对网络安全要求较高的场合。另外，根据传输速率，可以将双绞线划分为 5 类、超 5 类、6 类及更高类别的双绞线。无屏蔽的 5 类双绞线（Unshielded Twisted Pair CAT5）广泛用于百兆和千兆以太网中；超 5 类、6 类线主要用于千兆以太网中；超 6 类和 7 类线主要用于万兆以太网中。

随着制造成本的不断降低，光纤已成为现代通信网络中最为常用的高性能传输介质。如图 2-1 所示，光纤是利用光由光密媒质进入光疏媒质时存在的全反射现象而设计和制造的光波导。在光纤通信系统中，常用的光工作波长为 850nm、1310nm 和 1550nm，这是光纤的 3 个低损耗窗口。

在这 3 个窗口中，每千米光纤的传输损耗较低，如图 2-2 所示。以光波作为载波时，光纤信道能够提供高达 *T* 比特级的巨大传输带宽，可以满足现代传输系统对带宽的要求。光纤可以分为多模光纤和单模光纤两种类型。多模光纤芯层直径较大，制造相对容易，但由于存在多种光导波模式，不同模式之间存在模间色散，会造成码间串扰，使得传输容量和传输距离受限，主要用于短距离传输。单模光纤制造难度较高，但不存在模间色散，主要用于长距离传输。

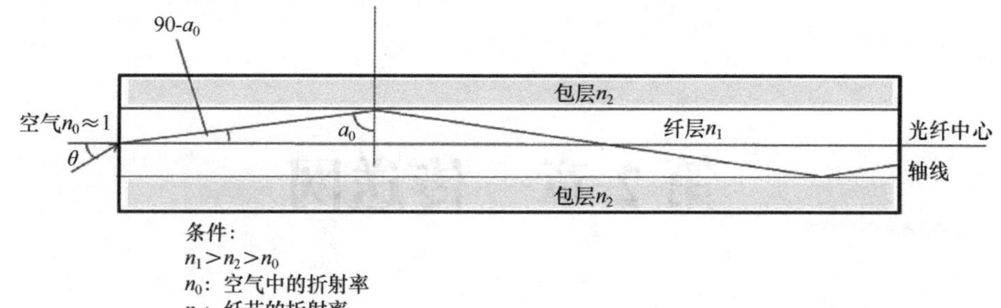

图 2-1　光纤导波原理

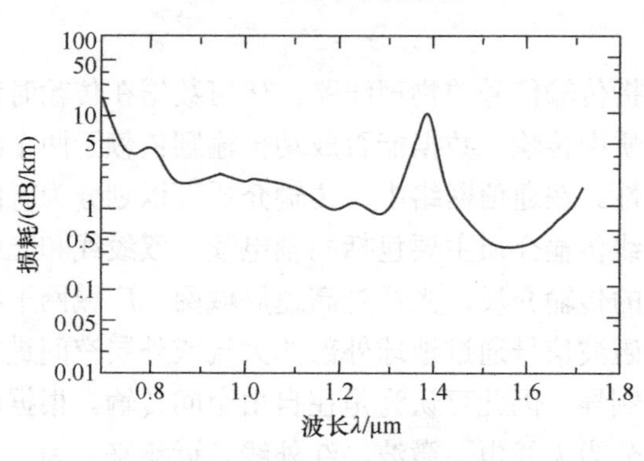

图 2-2　光纤传输损耗

无线传输介质中，无线电又称为广播频率（Radio Frequency，RF），其工作频率范围为几兆赫兹到 200 兆赫兹。其中，短波和超短波通信具有机动灵活和抗毁顽存的特点，是军事通信的重要手段。短波的工作频率范围为 3～30MHz，超短波的工作频率范围为 30～300MHz。短波信号主要以地波和天波传播方式为主，能轻易地穿越建筑物，适合长距离通信。但短波信道是变参信道，信号传输稳定性差；此外，大气和工业无线电噪声对其也有干扰。超短波高频信号趋向于沿直线传播，容易在障碍物处形成反射，存在传输损耗大、衰落严重等特点。短波和超短波信道都易受外界电磁场的干扰，由于其传播距离较远，用户之间也会相互形成干扰，因此，各国对无线频段的使用都由相关的管理机构进行频段使用的分配管理。

微波频段范围为 300 MHz～30 GHz，因为其波长在毫米范围内，所以产生了微波这一术语。微波信号的主要特征是在空间沿直线传播，因此它只能在视距范围内实现点对点通信，通常微波中继距离为 80 km，具体由地理、气候等外部环境决定。微波的主要缺点是信号易受环境的影响（如降雨、薄雾、烟雾、灰尘等），频率越高影响越大，另外高频信号也很容易衰减。微波通信适合于地形复杂和特殊应用需求的环境，目前主要的应用有专用网络、应急通信系统、无线接入网、陆地蜂窝移动通信系统，卫星通信也可归入为微波通信的一种特殊形式。

红外线也是一种无线传输介质，其频段范围为 10^{12}～10^{14}Hz。与微波相比，红外线最大的缺点是不能穿越固体物质，因此它主要用于短距离、小范围内的设备之间的通信。由于红外线无法穿越障碍物，也不会产生微波通信中的干扰和安全性等问题，因此使用红外传输，无须向专门机构进行频率分配申请。红外线通信目前主要用于家电产品的远程遥控，便携式计算机通信接口等。

2.2 多路复用

为了充分利用信道带宽，通信线路通常采用复用技术将多路低速信号合成一路高速信号，其中最为常用 x 频分复用传输系统，无线电广播系统属于典型的无线频分复用系统，如图 2-3 所示。

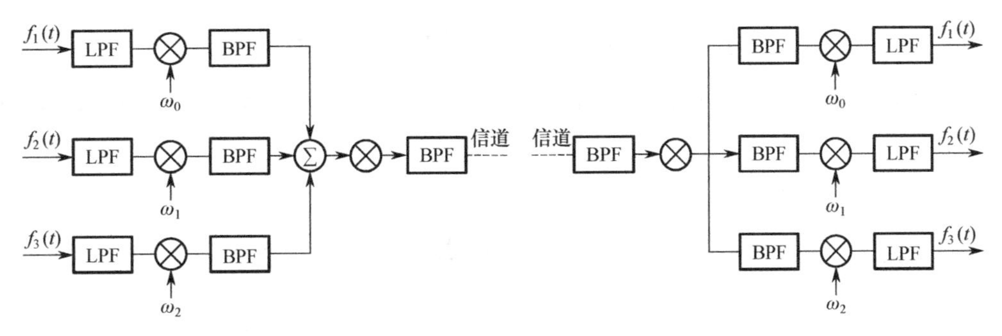

图 2-3　频分复用传输系统

时分复用（Time Division Multiplexing，TDM）是目前数字传输系统中广泛使用的复用技术，其基本原理如图 2-4 所示。传输信道被分割为多个互不重叠的时间片（称为时隙），不同的时隙传输来自不同用户的数据。传输系统通常使用帧传输来自不同用户的数据，每帧具有固定的结构，包括固定数量的时隙。传输帧周期性重复，持续为不同用户周期性地传输数据。在接收端，分属不同时隙的业务通过解复用（分接）操作后进入不同的用户电路。

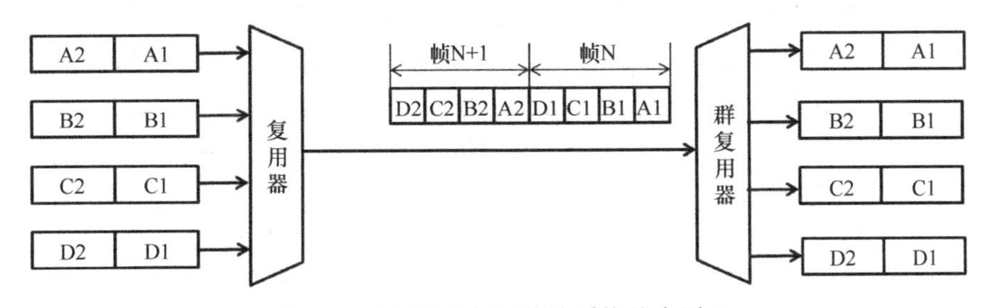

图 2-4　典型时分复用传输系统基本原理

波分复用是频分复用的一种特殊形式。在光传输系统中，通常以光载波的波长代表一个信道，而不像频分复用中用不同的载波频率代表不同的信道。这主要是因为对于光通信来说，某一个光载波的频率实在是太高了，通常达到 10^{14} 量级，使用起来不方便，因此直接使用波长来表示不同的频分复用信道，此时称为波分复用。图 2-5 所示为一个光波分复用传输系统的基本构成示意图，它由合波器（复用器）、分波器（解复用器）、掺铒光纤放大器（Erbium Doped Fiber Amplifier，EDFA）及承载在不同波长上的业务构成。其中，合波器是一种特殊的光学器件，用于将多个输入端口、不同工作波长、承载不同业务的光信号合并进入一根光纤，使得单一光纤上传输的数据带宽大大增加。EDFA 是可以对一定波长范围内光信号进行直接放大的设备，它可以直接将光信号进行强度放大，从而大大简化中继器的设计复杂度，可以实现超长距离的全光通信。分波器用于将单一输入光纤中的不同波长分离进入不同的输出端口，以便于分别进行处理。波分复用系统可以有效提升单一光纤内的数据传输容量，广泛应用于现代传输系统中。

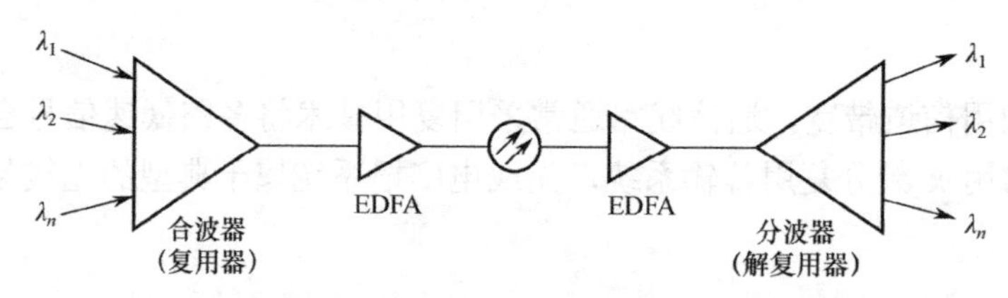

图 2-5　典型波分复用传输系统的基本构成示意图

本章重点介绍以 PDH、SDH 和 OTN 为代表的传输网的技术体制、关键技术和组网应用特点。

2.3　PDH

2.3.1　PDH 简介

脉冲编码调制（Pulse Code Modulation，PCM）技术包括抽样、量化和编码 3 个基本过程，用于将模拟信号转换为二进制的数字流。在电话网中，话音信号经过 PCM 编码后成为 64kbps 的数字基带信号。

多个用户的话音经过 PCM 编码后，按照一定的规范进行时分复用，可以构成更高速率的数字信号，然后可以通过传输系统进行长距离传输。1965 年，美国制订了称为 T1 标准，可将 24 个经过 PCM 编码的话音信号加上帧定位比特组成 1544kbps 的二进制码流。1968 年，欧洲提出了类似的技术标准，可将 30 路 PCM 编码的话音信号、帧定位码组和用于传送信令的通道组成 E1 帧结构，其标准速率为 2048kbps。E1 的帧结构如图 2-6 所示。

说明：

(1) TS：Time Slot，时隙，每个时隙包括8比特。

(2) 每个E1帧包括32个时隙，256比特。

(3) 每帧125μs，每秒钟可以传送8000帧。

(4) TS0主要用于插入一个固定的编码，称为帧同步码，用于供接收方识别一个帧的TS0。

(5) TS16为信令时隙，主要用于传送与30个话路对应的信令信息。

图 2-6　E1 帧结构

通过 PCM 编码后，T1 将一路话音信号的速率称为 DS0（64kbps），以 T1 和 E1 为基础，世界上形成了以欧洲和北美为核心的两种 PDH 传输体系。将 T1（其速率为 DS1）或 El 向更高速率复用，可以构成高次群数字流，以提高单一信道上的信号传输速率。图 2-7 所示为两种体制的复用结构。

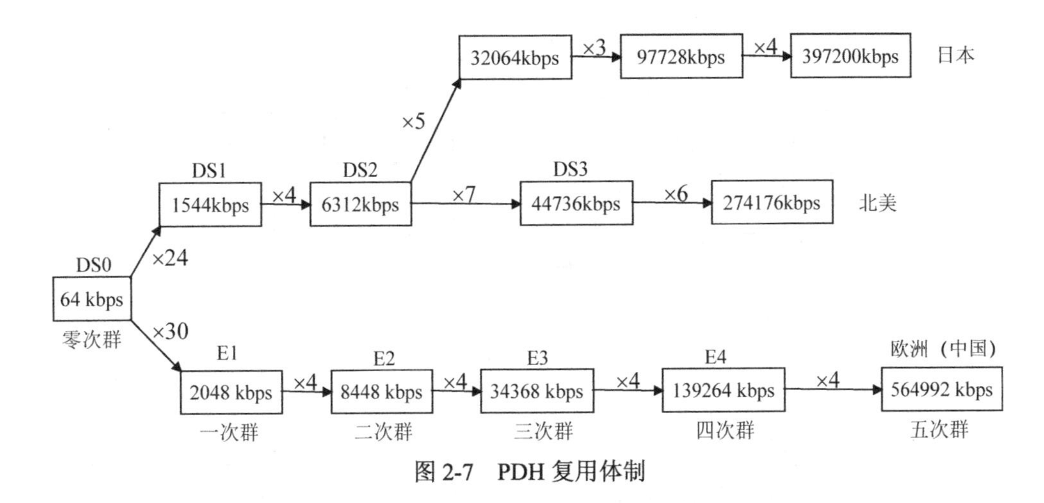

图 2-7　PDH 复用体制

PDH 传输系统具有如下特点。

（1）采用逐级复用技术。从图 2-7 中可以看出，在欧洲（中国）（中国采用欧洲制式）复用体制中，4 个 E1（通常称为一次群）被复用成一个 E2，速率为 8448kbps；4 个 E2 被复用成一个 E3，速率为 34368kbps；4 个 E3 被复用成一个 E4，速率为 139264kbps；4 个 E4 被复用成一个速率为 564992kbps 的数字流（可以认为是 E5，但未标准化）。北美和日本的 DS1 向上复用的方式与欧洲体系类似，但不是按 4 的倍数向上复用的。

（2）采用准同步复用方式。在逐级复用时，被复用支路的时钟频率具有相同的标称值，允许存在规定范围内的误差，这种复用体制称为准同步数字体系，用 PDH（Plesiochronous Digital Hierarchy，Plesio 是希腊语词根，表示'近似的'）表示。例如，E1 的标准速率为 2048kbps±50ppm（ppm 表示百万分之一，即 10^{-6}），此时，实际 E1 信号速率可以允许的偏差约为 102bps。

根据图 2-7 可以看出，E2 的比特率比 E1 比特率的 4 倍更高一些，并且每一级复用都是如此，这也是因为采用了准同步复用的原因，相关技术将在后续章节中进行讨论。

（3）PDH 复用设备的标准化程度高，可以在多种不同类型的媒质中传输。相关国际标准化组织针对 PDH 制定了严格的规范，这主要包括每个复用等级的帧结构、信号速率、允许的速率偏差、接口编码方式及接口信号波形等。在全球范围内，符合相关接口规范的设备都可以实现互联。图 2-8 所示为常见的提供 PDH 接口的传输系统。

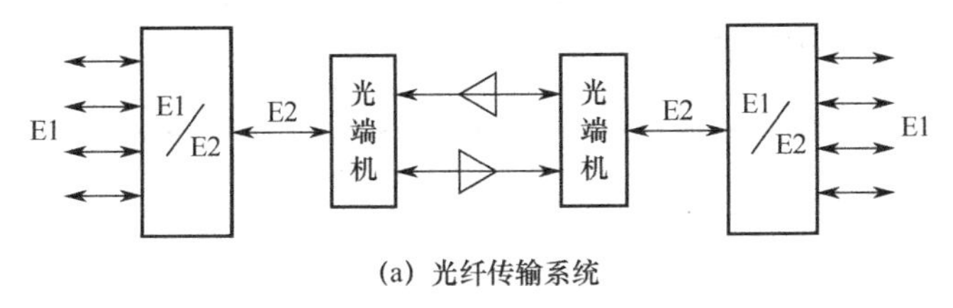

(a) 光纤传输系统

图 2-8　提供 PDH 接口的传输系统

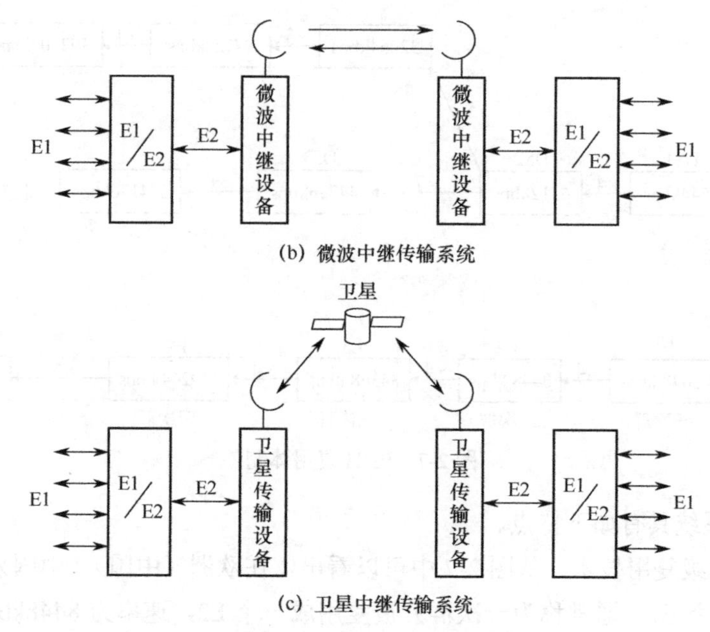

(b) 微波中继传输系统

(c) 卫星中继传输系统

图 2-8　提供 PDH 接口的传输系统（续）

2.3.2　同步复用与准同步复用

1. 同步复用技术

图 2-9 所示为同步复用的基本过程。图中有 4 个低速的支路信号 CH1～CH4，它们采用同一个支路时钟工作，因此各支路中的每比特都是严格对齐的。用于对这 4 个支路信号进行复接的时钟（也称为群路时钟）频率是支路时钟频率的 4 倍，群路时钟必须与支路时钟是同源的，也就是说群路时钟是将支路时钟锁相倍频得到的，或者支路时钟是将群路时钟分频得到的，此时才能保证二者之间是严格的 4 倍关系。在进行复接时，一个支路时钟周期内，群路时钟依次读取 4 个支路的输出信号，得到 4 个采样值，等到一个新的支路时钟周期开始时，重复这一采样过程。

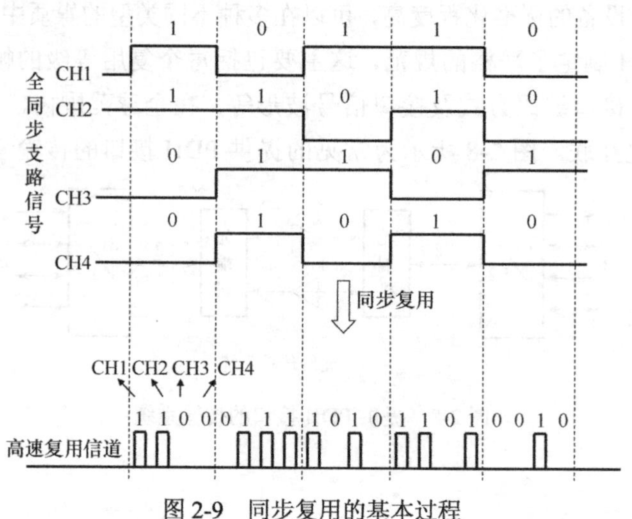

图 2-9　同步复用的基本过程

由于群路时钟和支路时钟同源，可以保证二者之间有着严格的 4 倍关系，因此不会出现将某个支路的 1 比特采样两次（重读）和漏掉某个支路比特（漏读）的情况。图 2-10 给出了对 A、B、C、D 4 个支路进行同步复用的电路原理示意图，其核心是一个 4 输入 1 输出的选择器，其输入支路信号的时钟为 CLK1，选择器的工作时钟为 CLK2，CLK2 和 CLK1 是同源的，且 CLK2 是 CLK1 的 4 倍。由此可以看出，同步复用电路结构较为简单，容易实现高速复接。

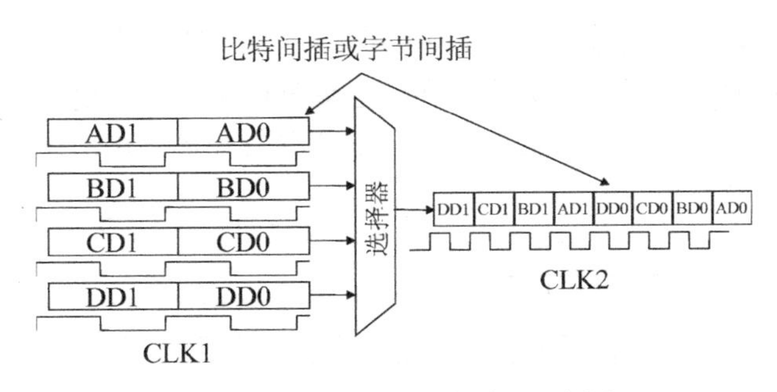

图 2-10　同步复用电路原理示意图

2. 准同步复用技术

如果参与复接的 4 个支路时钟有不同的来源，它们标称值相同、精度符合一定的标准，那么仍然采用同步复接方式会发生什么情况呢？图 2-11 中，CH1～CH4 为 4 个准同步支路信号（也称为异源信号），它们的工作时钟具有相同的标称值，误差符合规范要求，其中 CH1 的支路时钟频率低于标称值，因此每比特位宽度略高于其他支路。群路时钟具有规定的标称值，误差同样符合规范。如图 2-11 所示，在采用同步复用方式进行复接时，第一个时钟周期内，高速时钟依次采样 4 个支路信号，得到 1100；在第二个时钟周期内，实际采样得到的是 1111，CH1 的第一个比特由于位宽略大，在第二个周期被重复采样了，造成复用错误。如果 CH1 支路时钟略高于其他支路，可以想象，其比特位宽度会略小于其他支路，当这种误差累积到一定程度时，会出现某些比特被漏读（漏采）的情况。

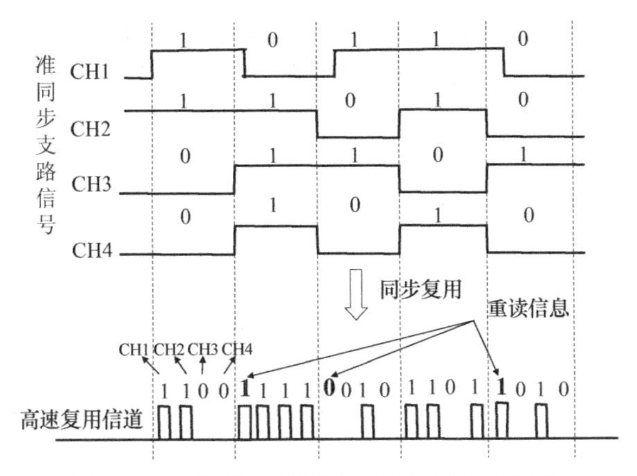

图 2-11　以同步复用的方式复用准同步信号

图 2-12 所示为同步复用方式对准同步信号进行复用时发生重读和漏读的情况。

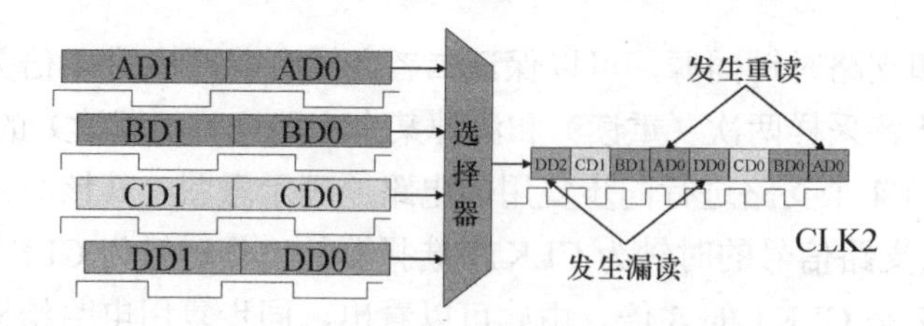

图 2-12　以同步复用电路复用准同步信号

对于准同步信号如何实现复用呢？此时需要使用码速调整技术。

在介绍码速调整技术之前，首先介绍在码速调整电路中经常使用的关键器件：异步先入先出存储器 FIFO（First In First Out）。异步 FIFO 是常见的商用电子元件，其典型工作时序如图 2-13 所示。

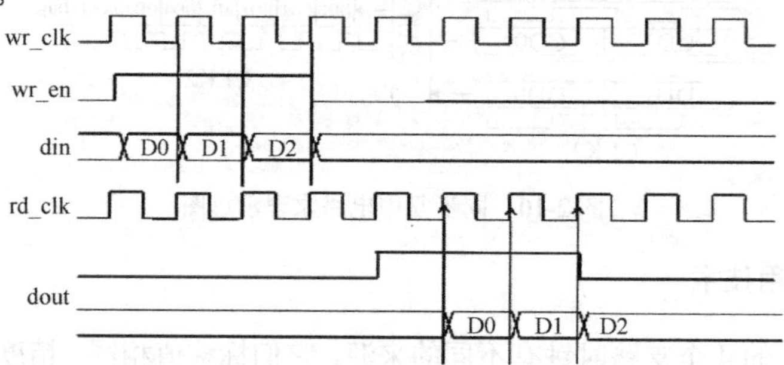

图 2-13　异步 FIFO 的工作时序

异步 FIFO 有两个工作时钟，一个是写入时钟（wr_clk），另一个是读出时钟（rd_clk）。当写入时钟上升沿出现时，如果写入控制信号 wr_en 为 1，当前数据输入信号线（din）上的数据就被写入到异步 FIFO 中；当读出时钟上升沿出现时，如果读出控制信号 rd_en 为 1，则当前 FIFO 内部排在队首的数据通过输出信号线（dout）被读出。除了上述信号外，异步 FIFO 还提供缓冲区空（empty）、满（full）和深度指示信号（depth）供外部电路使用。当异步 FIFO 被写满时，新到达的数据不能被继续写入，当异步 FIFO 被读空后，如果继续进行读操作，那么最近一次被读出的数据将被重复读出，这两种情况都是要避免的。

图 2-14 所示是采用码速调整电路后实现准同步复用功能的电路结构，它包括码速调整电路和同步复用电路两个基本组成部分。图中的输入部分为 4 个准同步支路信号 A、B、C 和 D，它们有各自的工作时钟，分别为 CLKA、CLKB、CLKC 和 CLKD，它们具有相同的

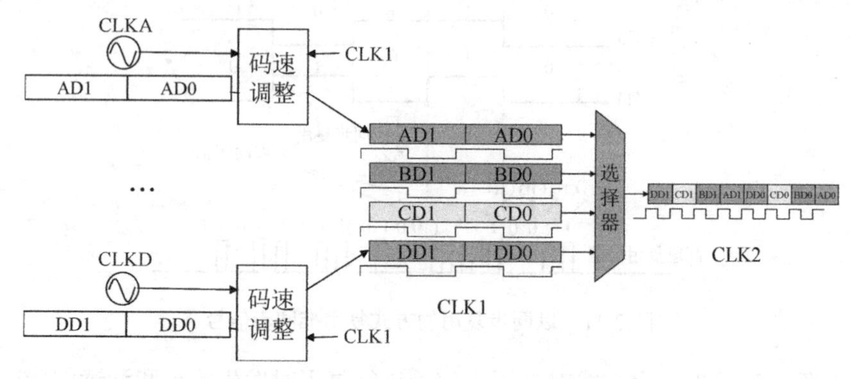

图 2-14　准同步复用技术原理

标称值和规定范围内的频率偏差。图中的 CLK2 和 CLK1 是同源时钟，CLK2 四分频可以得到 CLK1，二者具有严格的 4 倍关系。以 E1 复用到 E2 为例，此时的 CLKA～CLKD 的标称值均为 2.048MHz±50ppm，CLK2 为 8.448MHz±30ppm，此时，CLK1 的频率标称值为 2.112MHz。准同步复用电路首先将各个支路信号独立进行码速调整，形成 2.112Mbps 的数据流，然后采用同步复用方式形成 E2 数据流。

具体实现码速调整功能的电路结构如图 2-15 所示。下面以 E1 复接到 E2 为例分析其工作方式。在写入端口，写入时钟（wr_clk）为支路时钟，标称值为 2.048MHz，误差为±50ppm，此时支路信号被当作透明的数据流，每比特都被写入异步 FIFO 中，因此 wr_en 始终保持为 1。异步 FIFO 的读出时钟为 2.112MHz，rd_en 不能始终为 1，否则异步 FIFO 会经常处于被读空的状态。控制电路会监视异步 FIFO 中的数据深度，通过 rd_en 信号控制从异步 FIFO 中读出数据的操作。如果控制电路从异步 FIFO 读出数据，那么它会控制输出端的选择器，使选择器输出信号（dout）选择异步 FIFO 的输出（dout 0）。控制电路会周期性地在某些固定的时刻不从异步 FIFO 中读出数据，此时它会控制选择器，使输出数据（dout）选择控制电路输出的内容（dout 1）。控制电路会监视异步 FIFO 中的数据深度与调整门限（预先设定的深度门限值）的关系，确定对异步 FIFO 的读出操作。

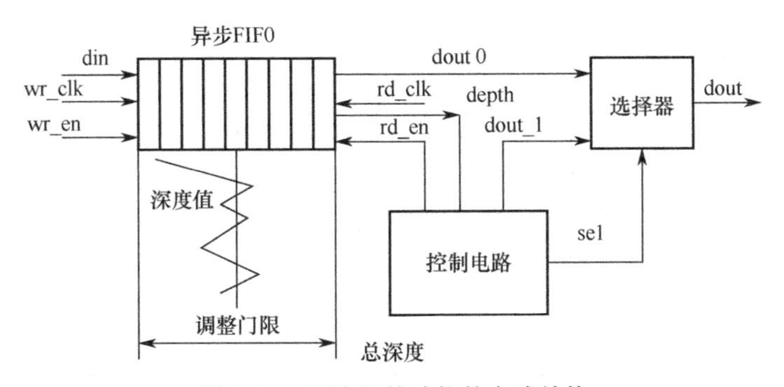

图 2-15　码速调整功能的电路结构

码速调整电路输出的数据流具有一定的帧结构，E1-E2 复接时，dout 的帧结构如图 2-16 所示。dout 的一帧包括 212 比特，划分为 4 组，每组 53 比特。第一组的前 3 比特固定填充特定的信息，第 2、3、4 组的第一个比特是调整指示位，当这 3 比特均为 1 时，说明第 4 组中的比特 161 是从异步 FIFO 中读出的支路信息，不是控制电路填充的数据；当调整指示位均为 0 时，表示比特 161 为控制电路填充的数据，非从异步 FIFO 中读出的用户信息。比特 161 是否为用户信息，由异步 FIFO 中的数据深度决定。当异步 FIFO 中的数据深度高于预先设定的调整门限时，控制电路会在下一帧中将 3 个调整指示位均置 1，在比特 161 位置插入从异步 FIFO 中读出的数据，若异步 FIFO 中的数据深度低于调整门限，控制电路在下一帧中会将调整指示位置 0，在比特 161 位置填充一个无用的数据。正常工作时，异步 FIFO 中的数据深度应在调整门限附近上下波动。根据图 2-16 给出的帧结构，可以计算出码速调整电路的最大调整能力。当 V_i 均填充无用数据时，调整电路可以发送的从异步 FIFO 中读出的信息速率为

$$2.112\text{Mbps}\times(212-7)/212\approx2.042\text{Mbps}$$

当 V_i 均为来自异步 FIFO 的用户数据时，调整电路可以发送的从异步 FIFO 中读出的信息速率为

$$2.112\text{Mbps} \times (212-6)/212 \approx 2.052\text{Mbps}$$

可以看出，这一信号速率范围远大于输入信号速率的误差范围，因此码速调整电路可以传输所有的用户信息，不会造成任何用户信息的丢失。

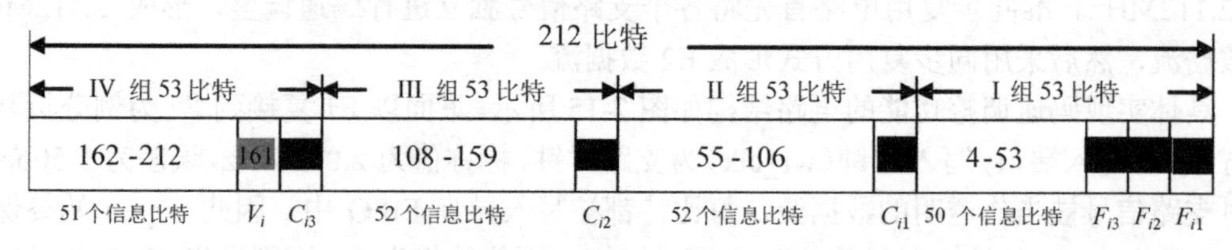

图 2-16　E1 完成码速调整后的帧结构

图 2-17 所示为经过码速调整后准同步复接电路的工作过程。经过码速调整后，4 个支路信号被调整为 4 个 2.112Mbps 的支路信号，其具有相同的帧结构，不同之处在于比特 161 的位置上是否填充信息，这完全是由各自支路中异步 FIFO 的数据深度状态决定的。经过码速调整后的 4 个支路信号经过同步复用后得到了最终的 E2 数据流，其帧结构为 4 个支路帧结构合并后的结果。

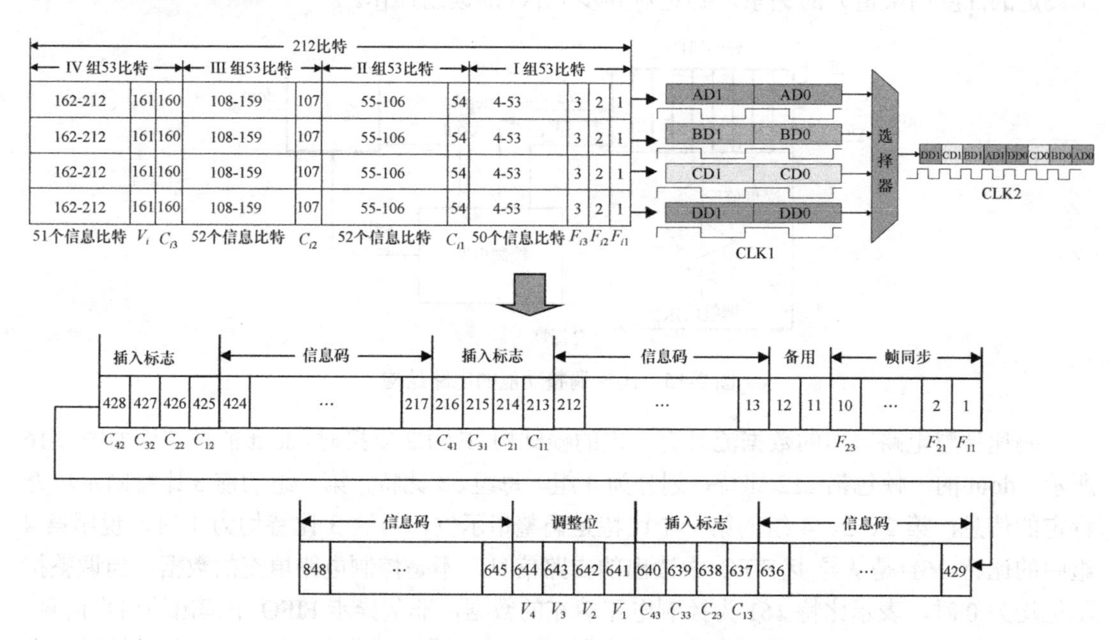

图 2-17　4 路 E1 复用成 E2 过程中的帧结构变化

E2～E1 的分接过程与复用过程相反。分接时，首先将 8.448Mbps 的数据流进行帧同步，确定每帧的开始位置，然后按照 1:4 的方式进行分接，得到 4 个 2.112Mbps 的支路数据流，每个 2.112Mbps 的数据流根据其帧结构和调整指示位将数据帧中的用户数据提取出来，写入到异步 FIFO 中，读出电路将异步 FIFO 中的支路数据连续读出。需要注意的是，读出电路可以根据异步 FIFO 中的数据深度微调本地时钟的振荡频率（微调后的时钟频率仍然满足 2.048Mbps±50ppm 的要求），使得异步 FIFO 中的数据既不会被读空，也不会发生写入溢出（缓冲区满后继续写入）。

PDH 中的其他复接分接过程采用类似的方法。

根据对准同步复用技术的分析可以得出以下结论。

（1）低速支路信号和高速群路信号的工作时钟可以是非同源的，但各自的信号速率标称值及其允许的偏差应符合规范。

（2）低速支路信号需要首先通过码速调整得到中间帧结构，然后采用同步复用技术得到最终的群路帧结构。低速支路信号只能逐级复用成高速群路信号，无法将低速支路信号“跨级”复用成高速群路信号。

（3）复用过程中，不对支路信号的帧结构进行识别。

（4）解复用时，应先进行群路帧同步，然后逐比特分接得到中间帧结构，再通过码速调整技术得到支路信号，无法将高速群路信号“跨级”解复用得到低速支路信号。

2.3.3　PDH 传输系统的应用

采用 PDH 传输设备，可以构建不同拓扑的传输系统，图 2-18 所示为采用 PDH 复用体制的光传输系统的典型应用示意图。

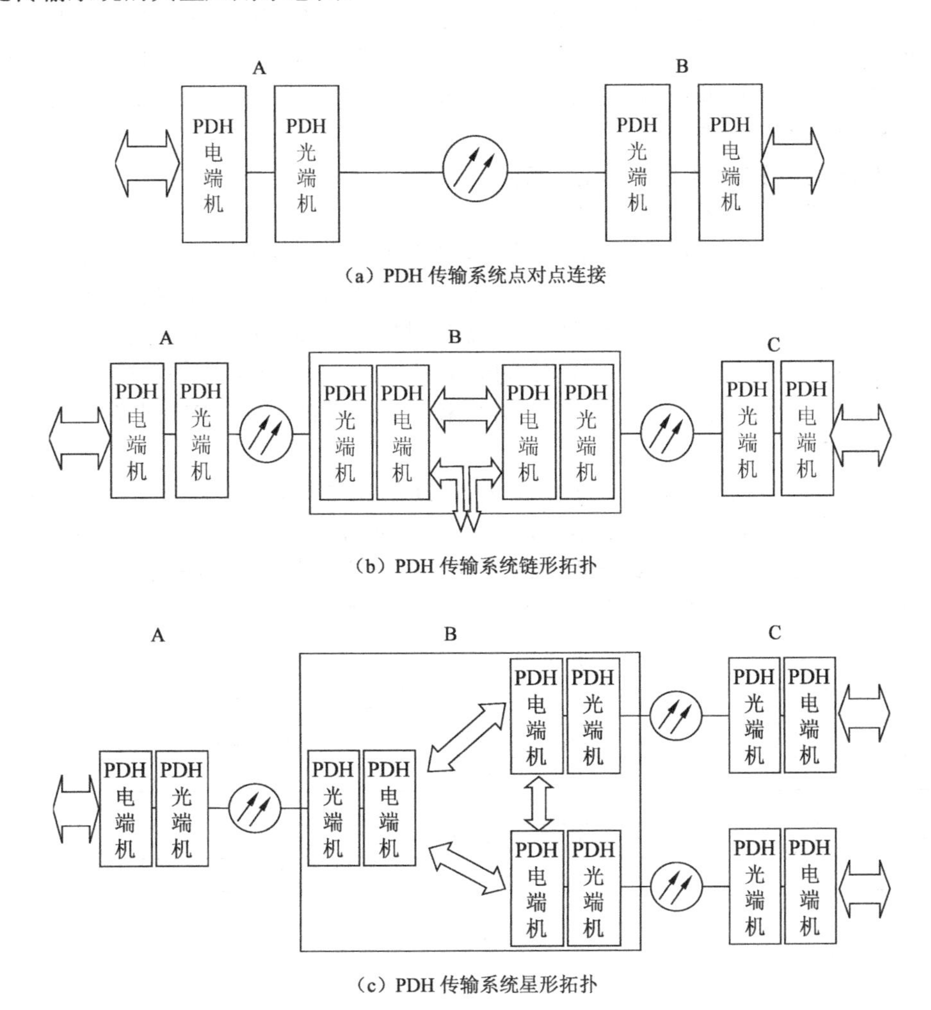

图 2-18　PDH 设备典型组网应用示意图

PDH定义了不同速率等级的帧结构、接口速率、接口信号波形等参数，使之成为高度标准化的复用和传输体制。PDH最初并不是只针对光纤传输介质而设计的，没有定义标准的光接口，不同光端机生产厂家在信道编码、光波长选择、光发送功率和接收灵敏度等方面没有建立统一的标准，因此多数情况下一根光纤的两端只能采用同一个厂家的产品，不同厂家的光端机无法互通。

与传统的传输系统相比，PDH光纤传输系统可以提供较大的传输容量，但随着覆盖全球的通信网络的不断发展，PDH在技术体制兼容性、光接口标准化、网络可管理性、组网灵活性等方面的不足逐渐显现，推动了同步数字体系（Synchronous Digital Hierarchy，SDH）的产生和发展。

2.4 SDH

2.4.1 SDH的发展与特点

针对PDH存在的问题，美国贝尔实验室进行了同步光传输体系的研究。1985年美国国家标准协会根据贝尔实验室的构想发布了同步光网络（Synchronous Optical NETwork，SONET）规范，以此为基础，CCITT（国际电信联盟ITU的前身）于1986年制定了同步数字体系SDH的系列标准。

与PDH相比，SDH具有以下显著特点。

1）采用同步复用技术

PDH采用的是逐级复用技术，我国是按4的倍数逐级向上进行复接的，每次复接需要先进行码速调整，然后进行逐比特同步复接形成高次群数据流。分接时也必须逐级进行与复接相反的操作，复接和分接操作不能“越级”进行。例如，从一个三次群（E3）中取出一个E1支路时，必须首先进行E3到E2的分接操作，然后取出对应的E2支路，此后对相应的E2进行E2到E1的分接操作，最终才能得到所需要的E1，PDH设备无法直接从E3中取出相应的E1。

SDH采用同步复用方式，表2-1给出了SDH的速率等级。可以看出，STM-4的数据速率是STM-1的4倍，STM-16是STM-1接口速率的16倍。这种全同步的复用方式简化了高速复接和分接电路的设计复杂度。表2-1中同时给出了北美SONET的速率等级及对应的数据速率，可以看出，在多个速率等级上它与SDH是兼容的。

表2-1 SDH速率等级

SDH		SONET		俗称
等级	速率（kbps）	等级	速率（kbps）	
STM-1	155520	STS-1	51840	
		STS-3	155520	155M
STM-4	622080	STS-9	466560	
		STS-12	622080	622M
		STS-18	933120	
		STS-24	1244160	
		STS-36	1866240	
STM-16	2488320	STS-48	2488320	2.5G
		STS-96	4976640	
STM-64	9953280	STS-19	9953280	10G

SDH 帧结构中，所有开销和支路信号数据按照预定的规律排列，可以按照规范直接在各级 SDH 帧中插入和提取支路信号。SDH 系统中，可以直接从高速业务中取出或插入低速支路业务，这大大简化了设备的复杂度，同时可以方便地进行业务的调度和管理，适应快速变化的业务配置和调度管理的需求。

2）定义了标准的光接口

SDH 定义了标准光接口，包括光接口的工作波长、线路编码方式、链路帧结构、开销定义、发送光功率、接收灵敏度等，这使得 SDH 设备标准化程度高，在同一个网络中，不同厂家的设备可以在光接口上实现互联互通。

3）具有丰富的开销，可以支持强大的网管功能

SDH 的帧结构中定义了丰富的开销，提供公务电话通道、数据通信通道、在线传输误码监视、自动保护切换及告警指示等功能，这在 PDH 帧结构中是严重缺乏的。基于 SDH 提供的丰富开销，可以构建标准化的网络管理平台，实现对网络的全面监控和维护管理，大大提升了网络的运维水平和通信保障能力。

4）兼容现有的 PDH 传输网络，能满足将来的业务传输需求

SDH 采用全球统一的标准，能够传送原有的欧洲（中国）和北美的 PDH 业务，同时支持 ATM 等分组业务的传输需求，在全球范围内被广泛接受，为建立覆盖全球的标准传输网络提供了支持。

2.4.2　SDH 的帧结构

图 2-19 所示为一个典型 SDH 链形网络示意图，它包括位于南京和上海的终端复用器（TM）和位于无锡的分插复用器（ADM）及位于南京和无锡之间的再生中继器。图中的终端复用器位于链路的两端，主要完成包括 PDH 业务在内的不同业务的端接、复接和分接、STM-*N* 帧的形成发送和接收处理等功能。分插复用器位于链路的中部，用于从链路中取出和插入业务，分插复用器中的大部分业务属于通过业务，取出和插入的业务属于一小部分。再生中继器用于对信号进行再生中继，在光信号的功率衰减到接收灵敏度以下之前，进行信号接收和恢复，然后继续向下游发送，再生中继器不对用户业务进行处理。图 2-19 中的整个链路包括两个复用段和 3 个再生段，其中无锡和上海之间的既是一个再生段也是一个复用段。

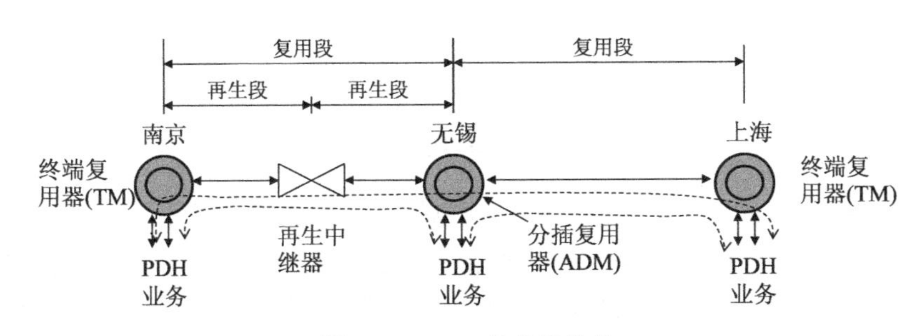

图 2-19　SDH 的分段结构

图 2-20 所示是一个复杂 SDH 网络的示意图，它是由多个环形网相交构成的。该网络提供了 PDH 业务的互联，ATM 交换机之间的业务互联和数据网之间的业务互联。除了进行业务传输之外，SDH 的帧结构中还存在大量与网络管理维护有关的开销字节。例如，在 SDH 的再生段和复用段，SDH 分别为公务电话提供了专用的话音数据信道，每个通道的带宽为 64kbps；为设备之间的管理数据交互提供了专用的数据通信信道；为再生段、复用段误码性能在线监视提供了奇偶校验字节开销；为发生链路故障时进行快速业务保护切换提供了专用开销字段等。

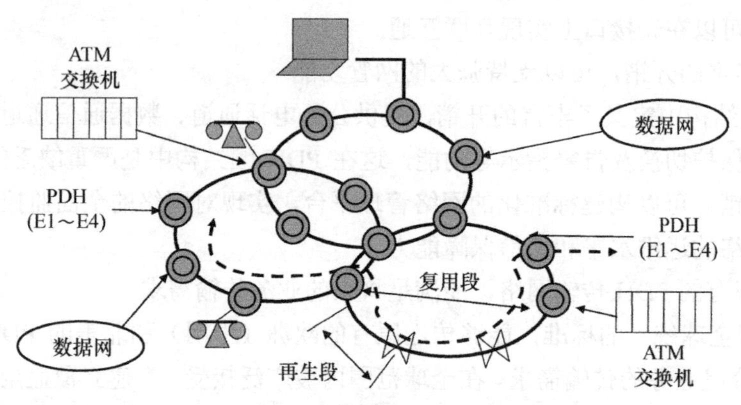

图 2-20　多环相交的 SDH 网络

如图 2-21 所示，SDH 的帧开销主要包括 4 个基本类别：再生段（或者称为中继段）开销（RSOH）、复用段开销（MSOH）、高阶通道开销（HPOH）和低阶通道开销（LPOH）。

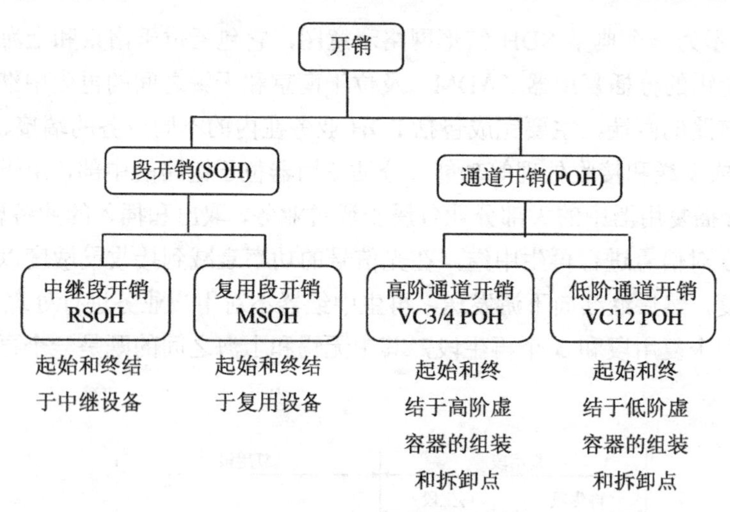

图 2-21　SDH 的开销分类

STM-N 的帧结构如图 2-22 所示，每一帧包括 9 行和 270×N 列。对于 STM-1，N=1，一帧包括 9 行、270 列。STM-N 帧包括 4 个部分：位于左上侧的段开销区（再生段开销）、左下侧的段开销区（复用段开销）、再生段开销和复用段开销之间的管理单元指针区和位于右侧的净负荷区。图 2-23 中的下方给出了 STM-N 帧的基本参数和说明。

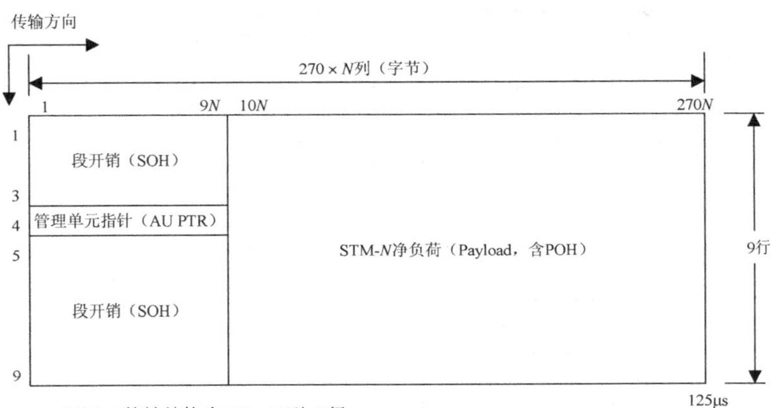

图 2-22　STM-N 的帧结构

图 2-23 所示为 STM-1 数据帧的发送与接收处理过程。发送时，一个 STM-1 帧从第一行开始发送，连续发送 9 行，形成发送字节流，此时字节流的时钟频率为 19.44MHz。在线路发送侧，使用了 Serdes（串并-并串变换芯片），19.44MHz 的时钟经过 8 倍频，形成 155.52MHz 的线路时钟，将并行的字节流变换为串行的比特流，然后经过电-光变换发送至光纤线路。在接收方向上，输入的 STM-1 光信号经过光-电变换、接收放大、时钟恢复和判决后得到 155.52Mbps 的数据流和 155.52MHz 的接收时钟，此时需要进行 STM-1 的帧同步以寻找接收数据流的字节边界和帧边界，然后将接收数据流串并变换为 19.44MHz 的字节流，从中可以恢复出 STM-1 的完整帧结构，以便于进行开销和净负荷处理。

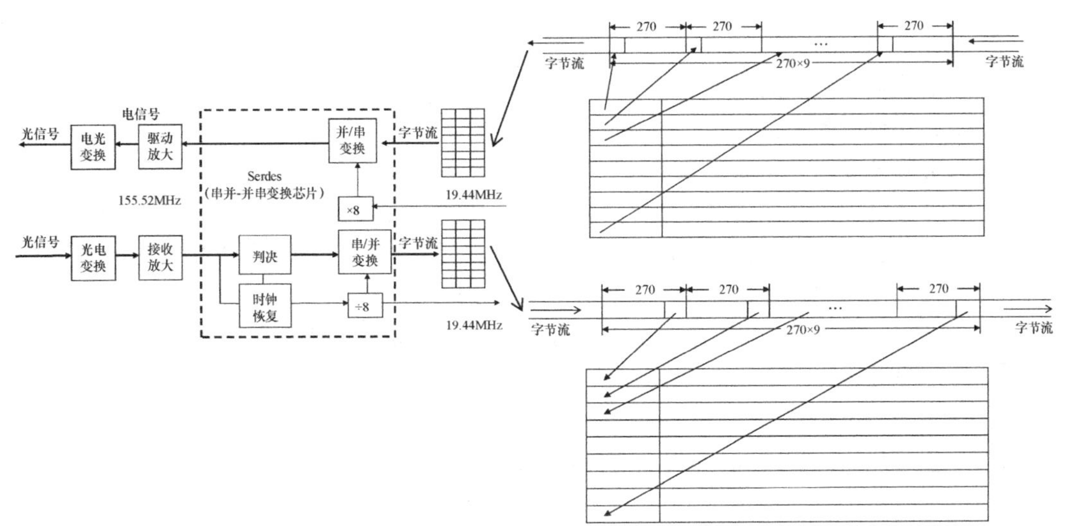

图 2-23　STM-1 数据帧的发送和接收过程

SDH 中提供了多个层次、内容丰富的开销字节。图 2-24 所示为 STM-1 中再生段开销（RSOH）和复用段开销（MSOH）的具体字节定义。

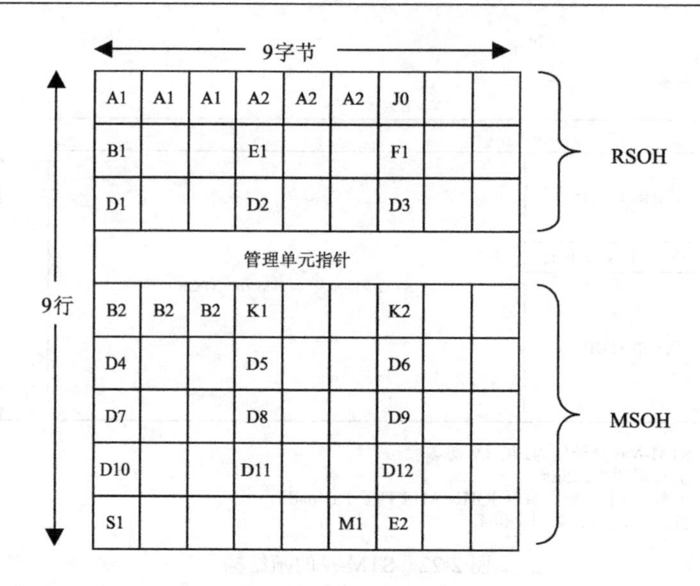

图 2-24 STM-1 的开销

再生段（中继段）开销字段的功能如下。

（1）帧定位字节 A1、A2。

① A1＝11110110，A2＝00101000

② A1、A2 的组合序列构成帧定位码型，用于识别 STM-1 帧的起始位置。

③ 在 STM-1 中，帧同步码为 A1A1A1A2A2A2，共 48 位。每 125μs 出现一次。

④ 在接收方向上，进入帧同步状态之后，就可以根据帧结构对任何字节进行定位。

（2）中继段踪迹字节 J0。用于追踪中继段踪迹：该字节重复发送“段接入点识别符”，以便让段接收机能确认它与预定的发送端是否处于持续的连接状态，其具体编码格式可以参考 G.831 规范。

（3）BIP-8 特点。

① 每个校验位对应的是前一帧中的 270×9 比特。

② 能够发现奇数个错误。

③ 每次最多发现 8 个误码块。

④ 误码检出概率高。误码率低于 10^{-6} 时，检出概率接近 100%。误码率为 10^{-5} 时，检出概率优于 99%。误码率进一步增大为 10^{-4} 时，误码检出概率将降到 90%左右。

（4）公务联络字节 E1。

① E1 是中继段开销（RSOH）的一部分，在中继段接入，用于中继段之间的公务联络。

② 话音编码后比特率为 64kbps。

（5）使用者通路字节 F1。

留给使用者，供网络提供者或系统操作者使用，主要为特殊维护目的提供临时数据/音频的公务联络通路。

（6）中继段数据通信通路（DCC）字节 D1～D3。

① 在 SDH 设备内部都有用于实现对设备管理功能的嵌入式处理系统，这些嵌入式处理系统通过 DCC 通道互连，为网管平台对整个 SDH 网络实施管理提供支撑，如图 2-25 所示。

② D1～D3 通道合并提供一个 192kbps 的数据互联通道。

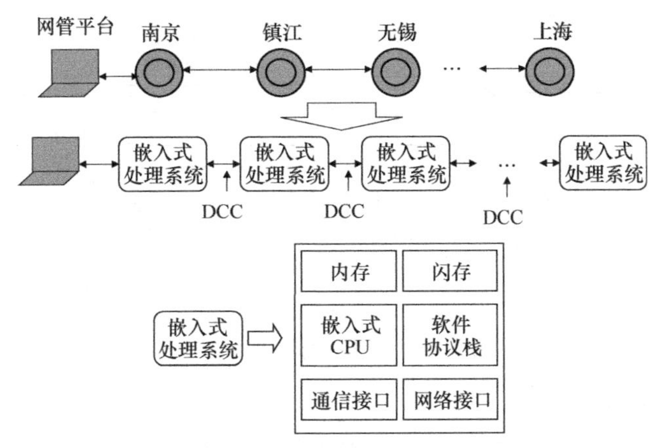

图 2-25 DCC 通道及其功能

复用段开销的主要功能如下。

（1）复用段误码监视字节 B2（3 字节）。

① 复用段的误码监测，将前一帧除再生段开销以外的字节划分为 24 块，每块单独进行偶校验，校验结果存储在 B2 的 1 比特中。

② 在一个复用段开始时计算生成，在一个复用段结束时进行校验检查。

（2）自动保护倒换通路字节 K1～K2。

① SDH 可以支持多种网络保护方式，当发生链路故障时，SDH 可以通过 K1 和 K2 字节传送与网络保护有关的控制信息，实现快速业务保护。

② K2 的 6、7、8 三个比特用于告警指示与远端缺陷指示功能。

（3）复用段 DCC 通道 D4～D12。复用段上的数据通信通道，总带宽为 576kbps。其功能与 D1～D3 类似，但起始和终结于一个复用段，而不是一个中继段，如图 2-26 所示。

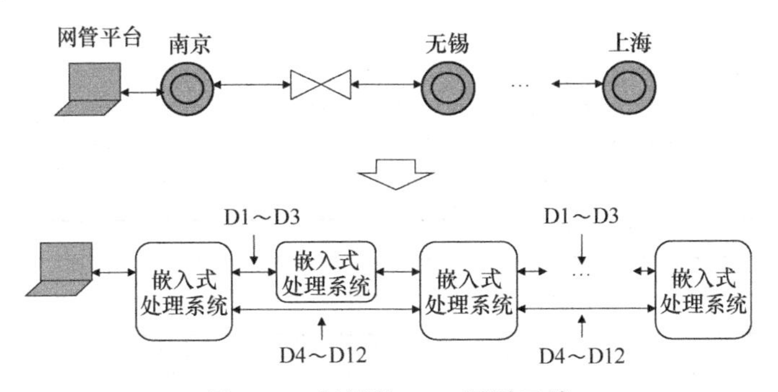

图 2-26 复用段 DCC 通道开销

（4）同步状态字节 S1。用于指示当前 SDH 链路或网络同步质量等级，供设备选择系统工作时钟时进行参考。

（5）复用段远端误码指示（MS-REI）字节 M1。将本端通过 B2 检测到的误码块数量通过 M1 通知对端，供发端统计其发送方向上的链路误码性能。图 2-27 所示为 B2 和 M1 字段的功能，通过这两个开销字节，每台 SDH 设备都可以评估出该复用段双向链路的误码性能。

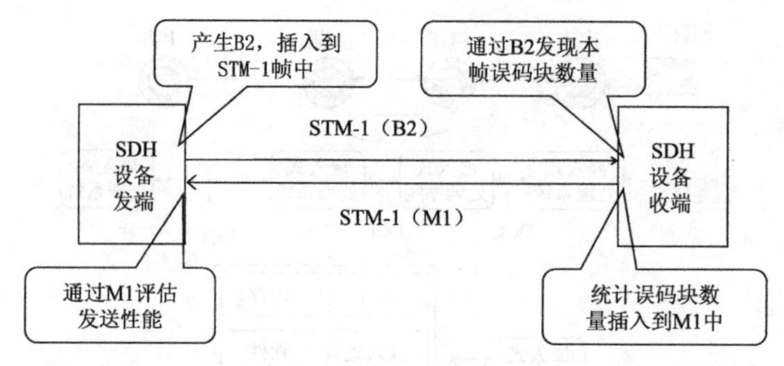

图 2-27　B2 和 M1 字段的功能

（6）公务联络字节 E2。

① E2 是复用段开销的一部分，在复用段终端接入，用于各复用段站点之间的公务联络。

② 比特率为 64kbps。

③ E1 和 E2 分别对应再生段和复用段公务联络，如图 2-28 所示。

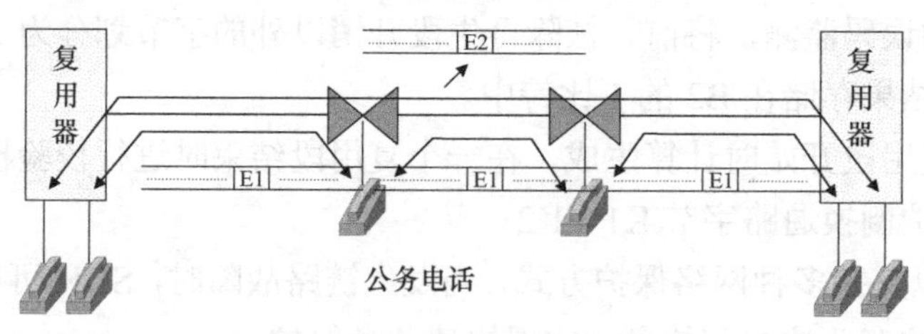

图 2-28　E1 和 E2 的功能

STM-*N* 帧是将 *N* 个 STM-1 帧按照字节间插方式得到的。STM-4 帧是将 4 个 STM-1 帧按照字节间插方式复用后得到的，其帧头结构如图 2-29 所示，它占据了 9 行 36 列，图中给出了其各种开销字节的具体位置。

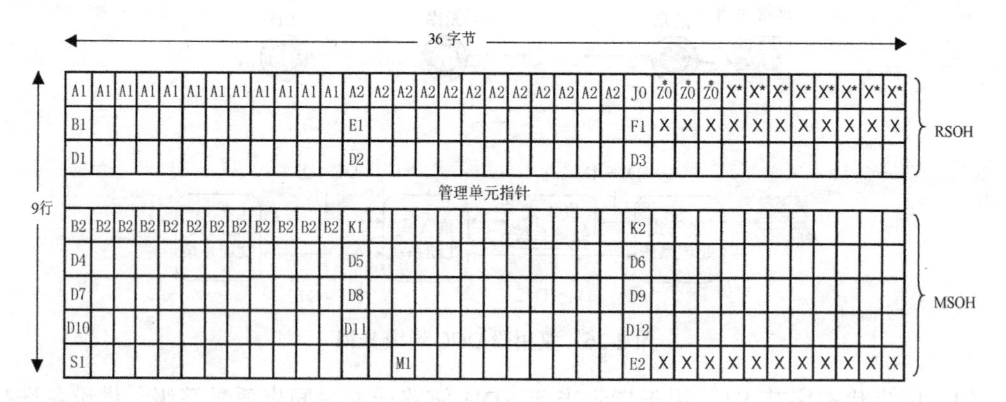

X 为国内使用保留的字节。

*不扰码字节。

注：所有未标记的字节均由将来国际标准确定（如与媒质有关的应用，增加的国内使用和其他用途）。

J0 Z0 用于新设备，老设备该字节为 C1。

图 2-29　STM-4 帧开销

2.4.3 SDH 的复用映射原理

将低速支路信号复用成高速信号通常有两种方式。

第一种是 PDH 中采用的码速调整方法。它利用在固定位置插入的调整指示位指出另外固定位置的调整位是否塞入了用户数据。这种方法的优点是允许被复用的支路数据之间存在较大的频率差异，缺点是无法从高速信号中直接分接出支路信号，需要先对高速信号进行帧同步，然后进行同步分接，最后根据调整指示位恢复出原始的支路数据。当复用层次较多时，这种逐级复接、分接的方式会增大复用设备自身的复杂度，也会增加网络中业务调度和管理的复杂度。

第二种是固定位置映射法。其与同步复用方法类似，基本思路是在高速信号中为低速同步支路信号分配固定的比特位置来携带低速支路数据。这种方法要求各个支路信号与高速信号之间严格同步，否则会造成数据重读或漏读错误。这种方法在数字程控交换机使用较多时较为可行，此时可以将传输信号都同步于交换机的网络时钟。使用这种方法时，可以方便地插入和取出支路数据，但不能保证高速信号和低速支路信号之间的相位对准，以及由于时钟分配网络故障或某些设备工作于准同步状态时带来的微小频差，因此在复用设备接口处需要使用缓冲区进行相位对准和频率校正，这可能导致支路信号延迟和滑动性损伤。

SDH 中采用了净负荷指针技术，这样可以避免接口处进行数据缓冲和接口滑动，同时又允许接入同步净负荷。例如，AU-4 指针指出了作为净负荷的 VC-4 的第一个字节在 STM-1 帧中的具体位置。TU-12 指针指出了 VC-12 在帧首字节 TU-12 中的位置。当净负荷时钟频率存在微小波动时，只要增加或减小对应的指针即可。从复用后的高速信号中恢复相应的低速信号时，根据指针值就可以找到支路信号的帧头字节。这种方式结合了码速调整和固定位置映射法的优点，缺点是需要进行指针处理，相关电路较为复杂。

1. SDH 的复用映射结构

由于需要考虑兼容原有欧洲和北美两大 PDH 传输体制，SDH 提供了较为复杂的复用映射方式。图 2-30 所示是目前 SDH 所支持的复用映射结构，它兼容了欧洲和北美 PDH 体制，图 2-31 所示为我国所采用的复用映射结构。

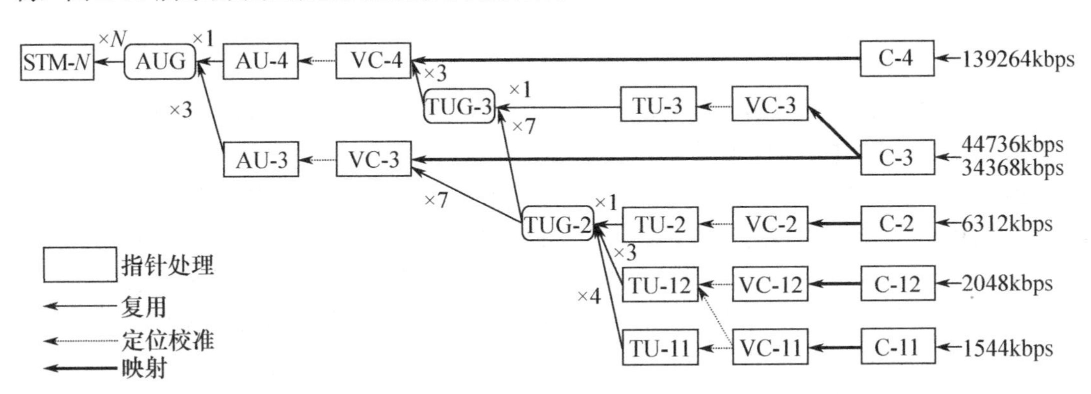

图 2-30　SDH 复用映射结构

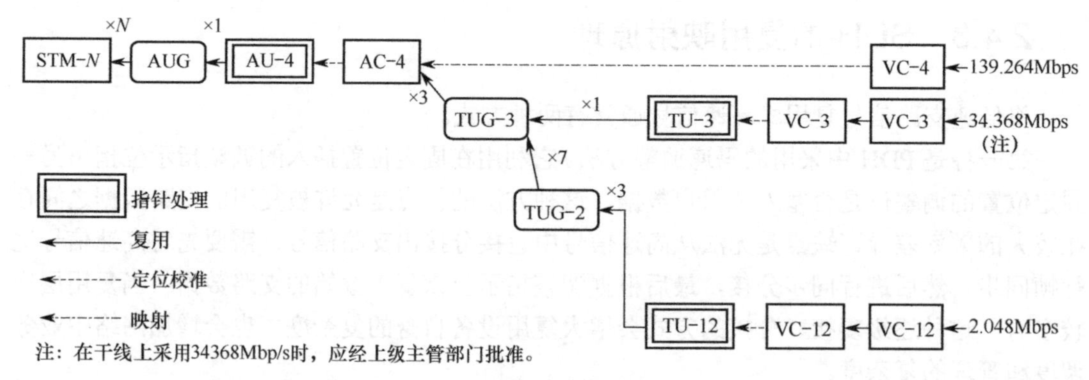

图 2-31　我国采用的复用映射结构

2．SDH 中的映射操作

在 SDH 网络的边缘，用户业务（如原有的 PDH 业务）接入 SDH 网络的过程中，需要进行映射操作。针对业务承载，在 SDH 中引入了虚容器（Virtual Container，VC）的概念。虚容器本质上是一种专门设计的周期发送的数据帧，它按照一定的格式封装、承载用户输入的数据，然后加上相应的开销字节，这一过程称为映射。VC 形成于用户业务进入 SDH 网络的时刻，终结于用户业务离开 SDH 网络的时刻，VC 的传输通路称为虚通道。虚容器的形成需要两个基本操作，一是将用户业务装载到容器中，二是生成 VC 开销。

下面以 E4 到 VC-4 的映射过程为例加以说明。

一个 VC-4 帧共 261×9 字节，包括用于承载用户数据的 C-4（容器 4，260×9 字节）和 9 字节的 VC-4 开销。一个 C-4 其最大可以承载的用户信息速率为：260×9×8×8000= 149.76Mbps 这一速率大于 E4 的 139.264Mbps 的数据速率，因此一路 E4 业务可以被 C-4 完全承载。由于二者能够传输的数据速率不同，因此需要使用码速调整技术，其原理和 E1-E2 准同步复用时采用的码速调整过程相同，只是具体帧结构存在差异。

C-4 形成后，SDH 会根据当前帧和 SDH 网络中该 VC-4 虚通路的状态生成 VC-4 开销，形成当前的 VC-4 帧。

针对 E3 映射到 VC-3、E1 映射到 VC-12，SDH 都定义的具体的帧结构和实现方式，这里不再赘述。

3．SDH 中的复用操作

在 SDH 中可以通过多级复用将低速支路信号复用成一个高速信号，下面以 4 个 VC-4 复用构成 STM-4 的过程为例加以分析。

图 2-32 中，4 个 VC-4 支路可能具有不同的来源（来自不同的 SDH 设备），虽然理想情况下 SDH 采用全网同步的工作方式，但不同 SDH 设备之间的工作时钟虽然可能同源，但相互之间难免存在微小的短时频率误差和相位误差，因此图中指针调整电路右侧的 4 个 VC-4 帧的首字节并不是对齐的。在指针调整电路的左侧，4 个 AU-4 是完全同步并且是对应字节严格对齐的，只需要进行同步复用、段开销插入就可以构成 STM-4 帧了。此时 AU-4 支路时钟频率为 19.44MHz 的字节流，而 STM-*N* 侧时钟频率为 77.76MHz 的字节流，二者是严格同源的。

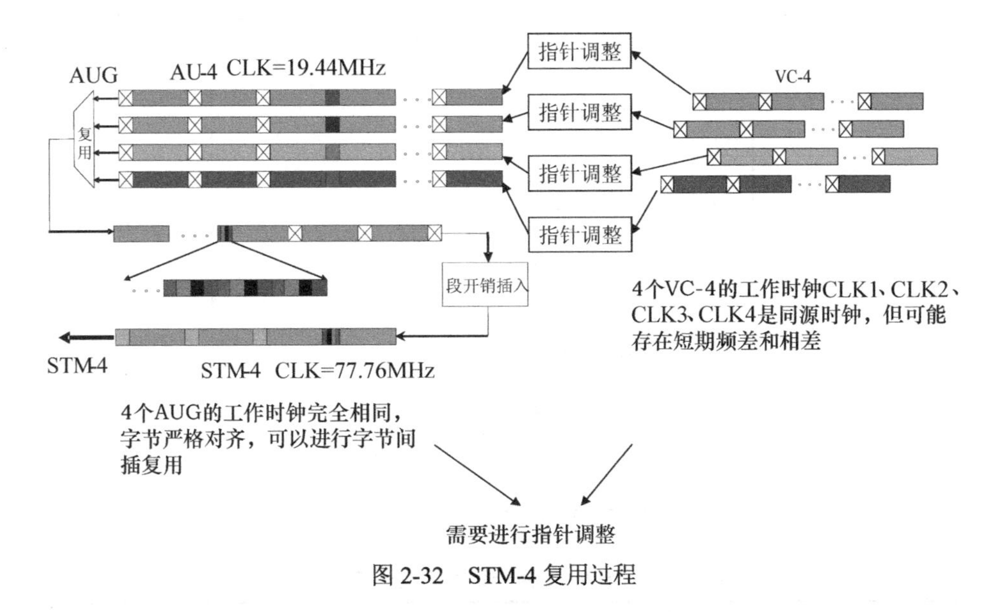

图 2-32　STM-4 复用过程

与码速调整电路类似，指针调整电路的核心是一个异步 FIFO，其两侧的时钟是同源的，但可能存在瞬时微小频差或相差。这里不需要进行码速调整操作，需要使用 AU-4 指针指出 VC-4 帧的首字节在 AU-4 中的具体位置，在接收端，只需要查看指针就可以直接提取出 VC-4 数据帧。VC-4 首字节的位置在 AU-4 中可以浮动，因此容纳支路时钟和群路时钟之间可能存在的微小瞬时偏差。

如图 2-31 所示，根据不同的用户业务速率，SDH 提供了灵活的复用路径。对于 E1 支路，SDH 首先将其映射成 VC-12，然后 3 个 VC-12 经过 TU-12 指针调整后按照字节间插方式同步复用成 TUG-2，7 个 TUG-2 按照字节间插、同步复用方式构成一个 TUG-3，此后 3 个 TUG-3 按照字节间插方式同步复用成一个 VC-4。可见，一个 VC-4 中最大可以承载 63 个 E1 支路。对于一个 E3 支路，可以映射成一个 VC-3，经指针调整形成一个 TU-3（此时 TU-3 和 TUG-3 一致），然后可以与其他 TUG-3 同步复用成为一个 VC-4。可以看出，VC-4 中可以同时承载 E1 和 E3 支路业务。由于 E3 映射到 VC-3 的过程中填充位占用的带宽较大，带宽浪费严重，因此使用较少。

4．SDH 中的通道开销

SDH 中，VC-3 和 VC-4 称为高阶通道，VC-12 称为低阶通道。高阶通道开销形成于 E3、E4 业务映射到 VC-3 或 VC-4 时，或者低阶通道复用构成高阶通道时，终结于 E3、E4 从 SDH 网络输出或解复用成为低阶通道时。通道开销用于监视、管理从虚容器形成到终结过程中整个通道的工作状态，可能跨越多个再生段和复用段。图 2-33 给出了 VC-4 开销的具体定义，表 2-2 对再生段、复用段、高阶通道和低阶通道开销进行了分类整理，对于通道开销的具体细节不再进一步说明。

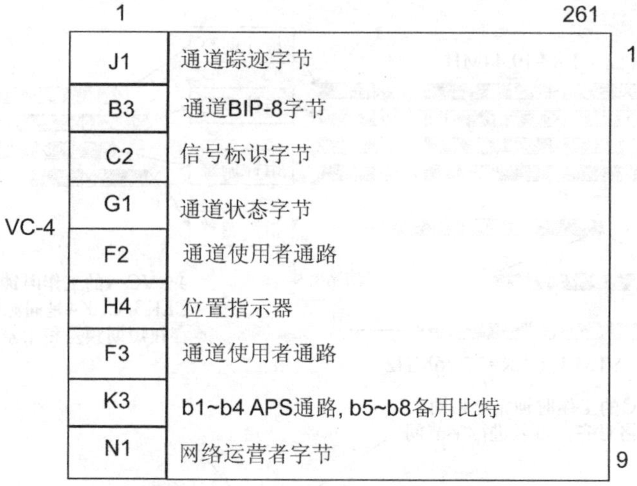

VC-4 (1~261)		
1	J1	通道踪迹字节
	B3	通道BIP-8字节
	C2	信号标识字节
	G1	通道状态字节
	F2	通道使用者通路
	H4	位置指示器
	F3	通道使用者通路
	K3	b1~b4 APS通路, b5~b8备用比特
9	N1	网络运营者字节

图 2-33　VC-4 通道开销字节定义

表 2-2　SDH 各类开销定义及基本功能

分类	再 生 段	复 用 段	高阶通道	低阶通道
标识	J0	—	J1	J2
公务电话	E1	E2	—	—
网管数据	D1～D3	D4～D12	—	—
误码监视	B1	B2	B3	V5
远端状态指示	—	K2[8:6]、M1	G1	V5，K4[7:5]
自动保护切换	—	K1、K2	K3[4:1]	K4[4:1]
预备信道	F1	—	F2、F3	K4[8]
其他	—	S1	C2、H4、N1	N2

2.4.4　SDH 分层模型

SDH 传送网具有如图 2-34（a）所示的分层结构。图中的电路层网络是通过 SDH 传送网所支撑的业务网，较为典型的包括由 SDH 互联的电话交换机构成的电话网，由 SDH 互联的路由器构成的计算机网络等，如图 2-34（b）所示。通道层网络通过不同类型的虚容器为不同的支路业务提供端到端的通道层连接，并提供所需的管理、监视和保护功能。图 2-34（b）中，支路均为 E1 接口，在 SDH 中通过 VC-12 进行承载，3 台电话交换机之间组成的是一个环形网，而 3 台路由器之间组成的是一个链形网。与电话网对应的是一个 VC-12 环形通道层网络，与路由器网对应的是一个 VC-12 的链形网。可以看出，通道层网络的拓扑与传输媒质层已经不同，用户可以在传输媒质层网络之上构建灵活的通道层网络。通道层网络又可以进一步划分为低阶通道层和高阶通道层两个层次。段层网络为通道层网络主要提供同步和复用功能，其自身具有丰富的开销，可以对段层网络进行维护、监视、管理和保护，以保证为通道层提供可靠的服务。段层网络包括复用段层和再生段层。

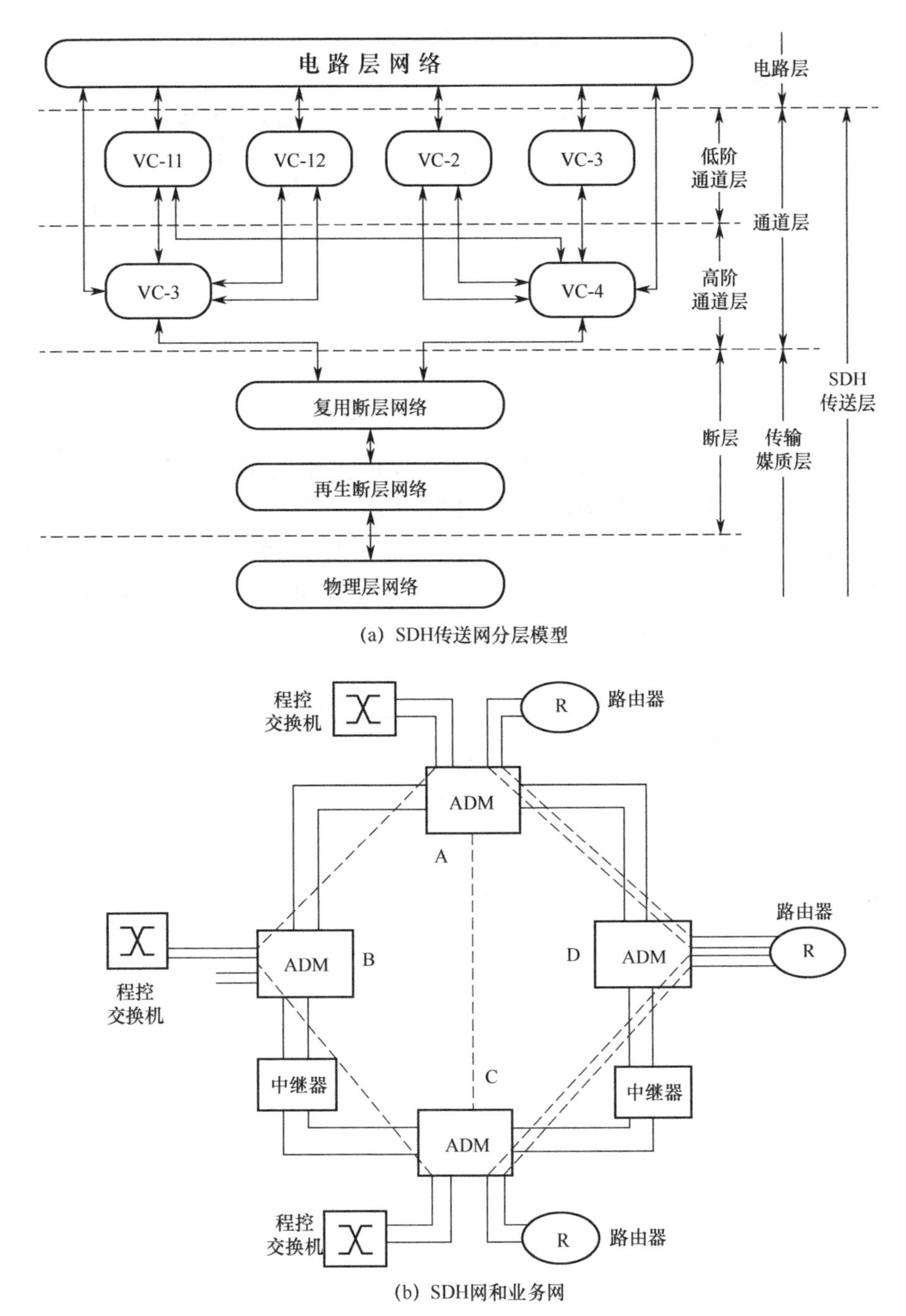

(a) SDH传送网分层模型

(b) SDH网和业务网

图 2-34　SDH 传送网的分层模型

2.4.5　SDH 的典型组网应用模式与业务保护

1. SDH 的典型设备及其组网应用模式

SDH 对其设备类型进行了划分，对不同类型的设备具有的功能进行了标准化，这有利于 SDH 设备的研发和网络的建设。SDH 网络中的设备主要包括终端复用器（Termination

Multiplexer，TM）、分插复用器（Add/Drop Multiplexer，ADM）和数字交叉连接设备（Digital Cross Connect，DXC）。

TM 的主要功能包括用户业务映射进入相应的虚容器及从虚容器中恢复用户业务，将低阶虚容器复用构成高阶虚容器及将高阶虚容器分接成为低阶虚容器，进行复接和分接过程中的指针处理，生成各种开销及处理各类开销等。图 2-35 给出了 TM 的典型应用模式。

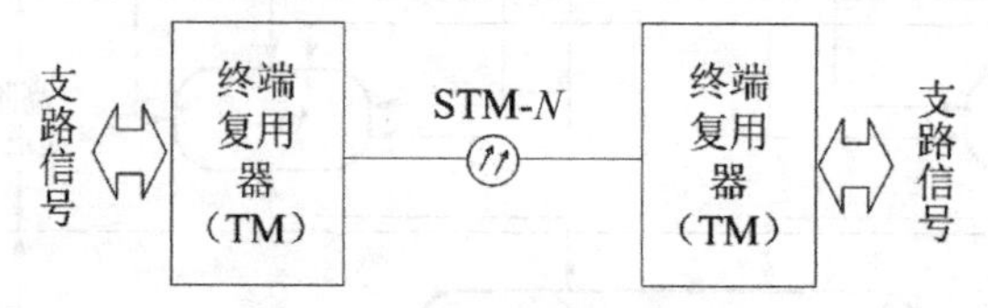

图 2-35　TM 的典型应用模式

ADM 主要用于 SDH 网络中需要进行业务上下的位置。ADM 中部分业务直接通过，部分业务在本地上下，其典型应用模式如图 2-36 所示。ADM 广泛应用于 SDH 环形网中，如图 2-37 所示。在实际应用中，SDH 环形网被大量应用，这种拓扑可以在网络发生线路故障（如光缆断开）时仍然保持设备之间的连接关系，结合 SDH 网络保护机制，可以实现快速的业务保护切换，避免业务中断。

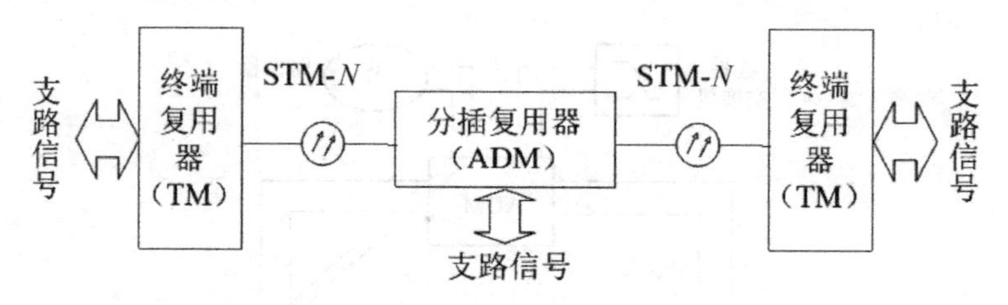

图 2-36　ADM 应用于链形网中

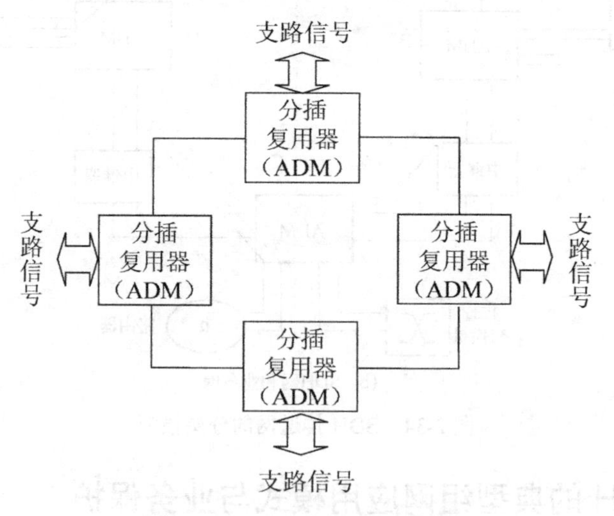

图 2-37　ADM 应用于环形网中

DXC 通常用于 SDH 网络的枢纽节点，该设备不进行用户业务的上下，主要对虚容器进行交叉连接（可视为一种大颗粒度的电路交换），用于不同用户业务在网络中的灵活调度与分配。DXC 的应用模式如图 2-38 和图 2-39 所示。

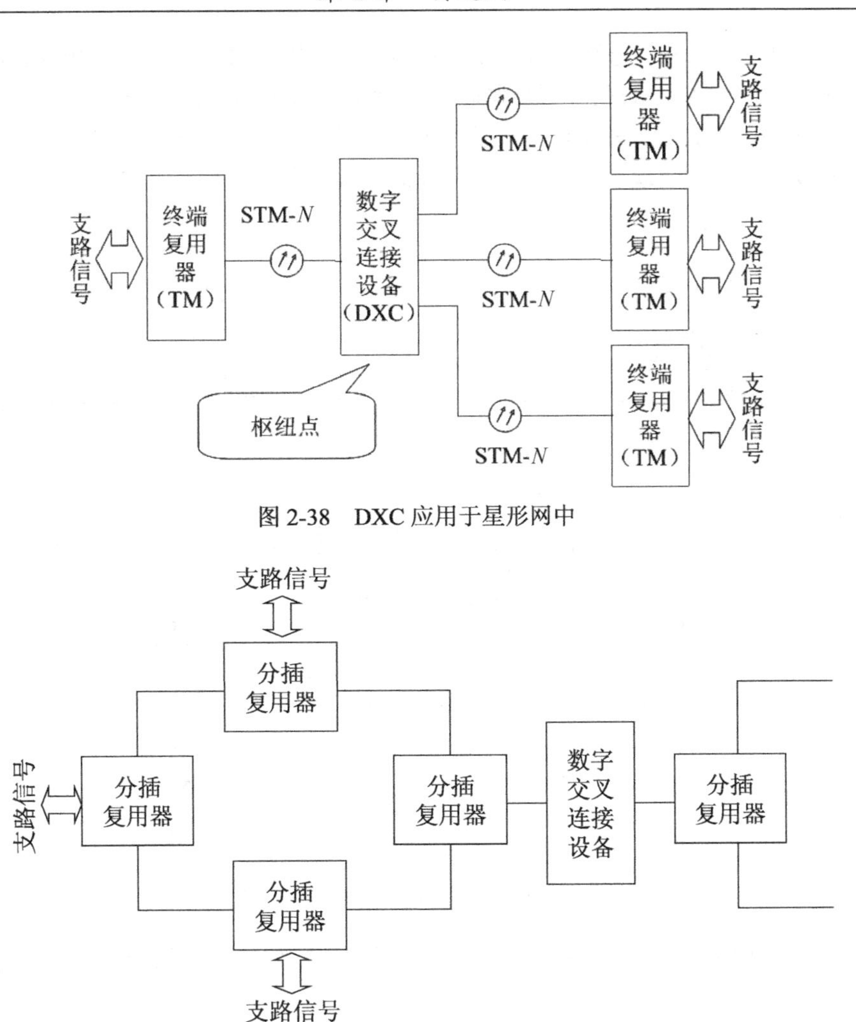

图 2-38　DXC 应用于星形网中

图 2-39　DXC 连接两个 SDH 环

2．SDH 的业务保护模式

SDH 网络中大量使用环形拓扑以便于进行业务保护，SDH 环通常被称为自愈环，也就是说在发生网络线路故障时，SDH 环网可以迅速检测到故障并实施业务保护切换，整个切换时间可以小于 50ms，保护切换过程完全按照预案自动完成，不需要人工干预。SDH 支持的保护模式有很多种，基本可以划分为通道保护环和复用段保护环两个主要类别，下面分别举例加以介绍。

1）通道保护环

通道保护环一般包括双纤单向通道保护环和双纤双向保护环，双纤单向通道保护环的基本结构如图 2-40（a）所示。整个环路包括两根光纤，其中内侧的环为主环，按照逆时针方向传输业务，外侧的环为备环，按照顺时针方向传输业务。图中的 A、B、C、D 为 4 台 ADM 设备。设备 A-C 的业务从设备 A 进入 SDH 环路，从 C 下来，C-A 的业务从设备 C 进入，从设备 A 下来。正常工作时，业务的上下都在主环上进行，如图 2-40（a）所示中的虚线部分。在设备 A 上，A-C 的业务完成虚容器封装后，同时进入主环和备环，称为“并发”；在设备 C 上，同时可以接收主环和备环上的业务，但正常工作时只处理主环上到达的业务，这种接收方式称为“选收”。从 C-A 的业务采用相同的工作方式。当出现如图 2-40（b）所示的线路故障时，A-C 的业务不受影响，仍然按照原来的方式工作；C-A 的业务无法通过主环到达 A，A 可以收到来自 B 的相关通道的告警信息并进行设备切换，接收来自备环的相关通道的业务，从而实现了业务的保护，此时的业务收发关系如图 2-40（b）所示中的虚线部分。

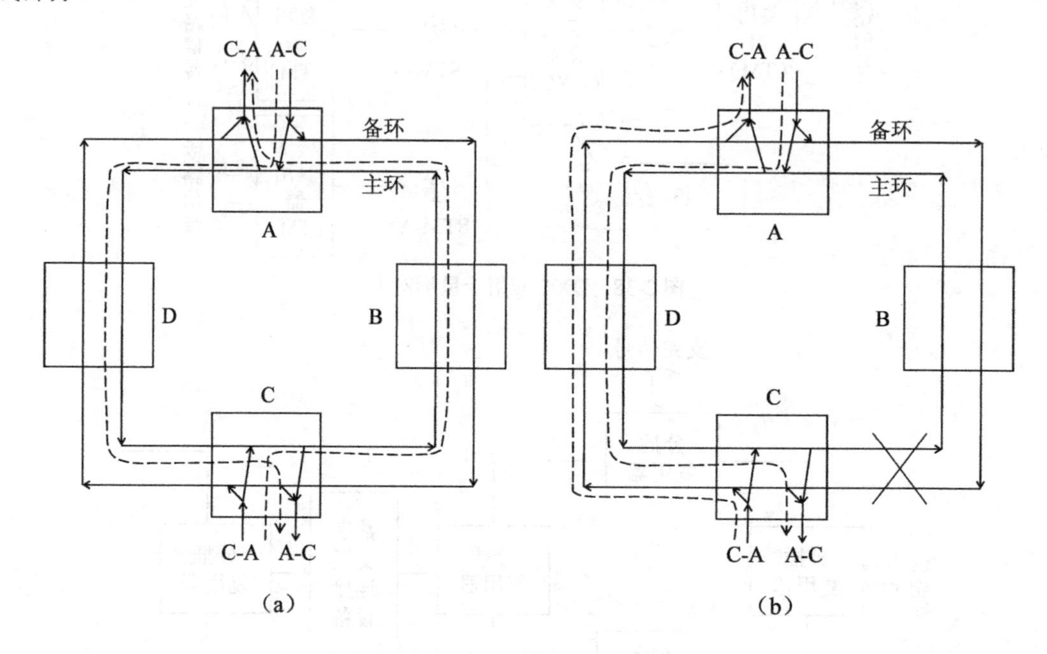

图 2-40　SDH 双纤单向通道保护环

SDH 双纤单向通道保护环是以通道为基本单位进行保护的，保护粒度细，保护切换速度快。

2）复用段保护环

图 2-41 所示的是双纤单向复用段保护环的实现方式。正常工作时，业务从主环进行上下，备环的传输方向与主环相反，但备环中没有业务传输，如图 2-41（a）所示。当出现线路故障时，如图 2-41（b）所示，设备 B 和 C 首先检测到线路故障，然后通过复用段开销中的 K1 和 K2 字节作为保护切换的信令传输信道，按照需要的保护方案各自在输出端口处进行业务环回，此时，C-A 的业务传输不受影响，A-C 的业务经过主环到达设备 B 后，在 B-C 的输出端口处业务被整体保护倒换到备环上，在备环上穿过 A、D 到达 C，并在 C 与 B 的互联端口处被环回到主环上，A-C 的业务在设备 C 处仍然从主环上分接得到。可以看出，采用这种保护方式时，设备 B 和 C 在互联的复用段侧进行复用段保护切换，所有业务上下关系没有发生变化。

图 2-42 给出了双纤双向复用段保护环的实现方式。图中用 S1 表示外环主用，按照逆时针传递，占用外环信道容量的 50%，S2 表示内环主用，按照顺时针方向传递，占用内环信道容量的 50%。P2 为外环备用信道，作为 S2 的保护信道，占总信道容量的 50%；P1 为内环备用信道，作为 S1 的保护信道，占内环信道容量的 50%。正常工作时，A-C 的业务通过外环按照顺时针方向经过 B 到达 C，以 STM-4 环为例，外环上的 4 个 AU-4 中的 0、1

为主用通道，2、3 为备用通道，A-C 的业务进入 S1，在设备 C 处，该业务被分接出来。由 C-A 的业务通过内环主用通道到达 A，在 A 处被分接出来。

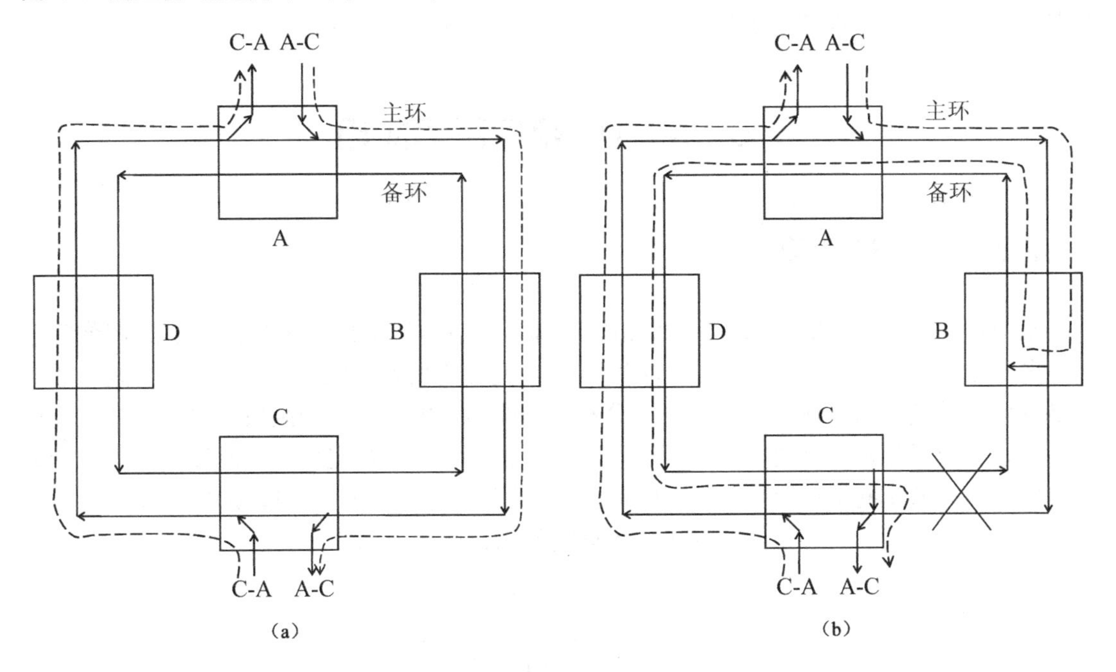

图 2-41　SDH 双纤单向复用段保护环的实现方式

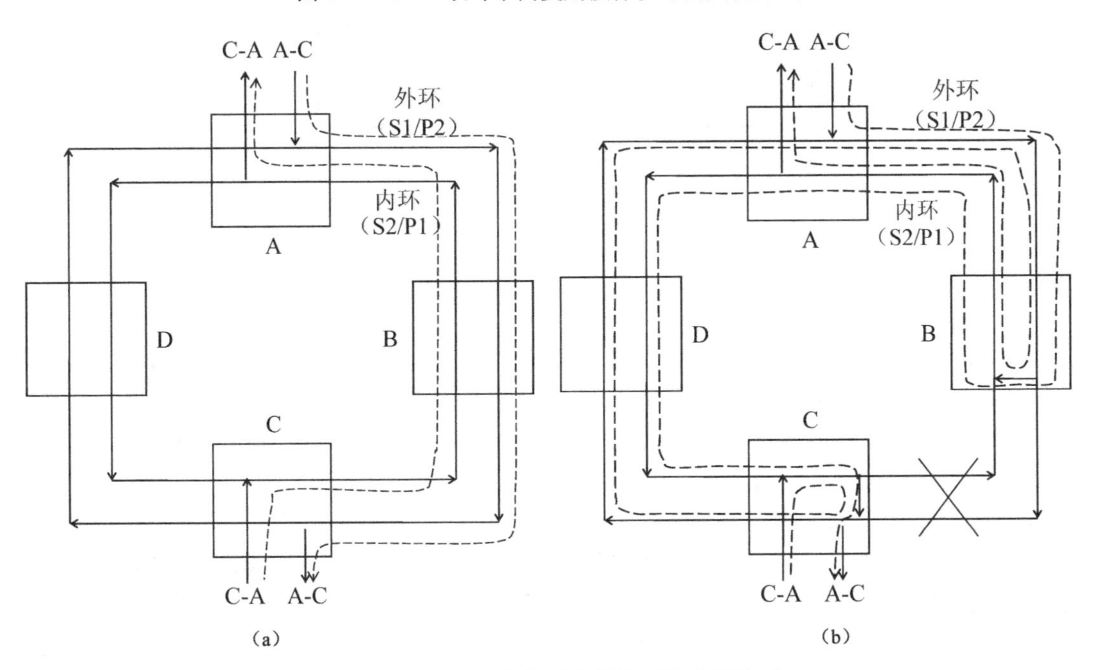

图 2-42　双纤双向复用段保护环的实现方式

当发生如图 2-42（b）所示的线路故障时，在 B 处，S1 业务进入 P1（原来 P1 的业务中断），然后穿过 A、D 到达 C，在 C 的出口处，重新被交换到 S1 信道，用户业务被取出。C-A 的业务在 C 处进入 S2，在 C 与 B 相连的出口处被交换到 P2 并沿着外环经过 D、A 到达B，然后在B的出口处进入S2然后到达A，相关的业务被取出。

复用段保护环通过以上方式完成环网在故障时对业务的保护。当前组网应用中常见的保护环主要是双纤单向通道保护环和双纤双向复用段保护环两种。

2.5 MSTP技术及其应用

2.5.1 MSTP简介

MSTP（Multi-Service Transfer Platform）即多业务传输平台。随着IP数据、图像等分组业务的发展，原来以承载话音业务为主的SDH网络需要解决数据业务的传输问题以适应业务网对传输的要求。例如，一个单位分布在一个城市的两个不同区域，单位内部需要进行联网，此时常用的方案之一是使用一种专用网桥，它的一端提供以太网接口，另一端采用E1接口，SDH网络在两个单位之间提供E1业务的透明传输。经过SDH传输到达对端后，网桥进行相反的变换，数据帧进入到远端的以太网中，如图2-43所示。

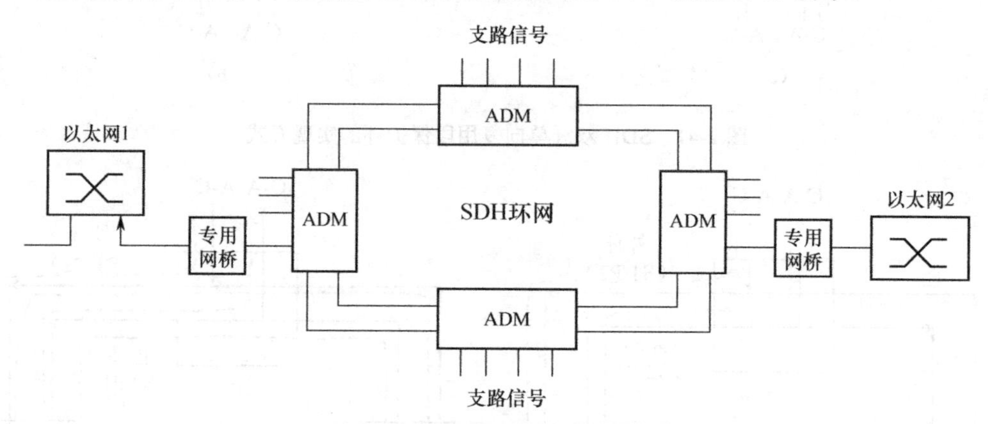

图2-43　以太网通过SDH互联

为了提高互联的灵活性，这类网桥还支持将多个独立的E1链路“捆绑”构成一个带宽更大的信道。例如，将4个E1捆绑，构成一个带宽约为8Mbps的信道，以此提高互联带宽。采用这种技术方案时，承载用户数据业务的E1接口通常不需要具有PCM30/32的帧结构，对于SDH来说只当作透明的2.048Mbps的数据流处理。不同E1捆绑使用时，各个E1的传输延迟不同，需要网桥设备能够将从不同E1通道接收的数据帧进行重新排序对准。另外，采用这种方案时，从E1到VC-12的映射过程由于需要进行码速调整，实际造成了一定的带宽浪费。针对类似数据业务互联的需求，SDH技术进一步发展，推出了一系列新技术，并使得SDH发展成为多业务传输平台（MSTP）。MSTP具有SDH技术组网应用的主要优点，它支持良好的网络保护性能、对传统PDH业务的良好兼容能力、具有强大的网络管理能力、丰富的信道性能监视功能、灵活的业务上下和数字交叉连接功能等。MSTP支持多种业务的接入和处理，常见的接口类型有TDM接口（T1/E1、T3/E3）、标准SDH接口、以太网接口（10/100BaseT、GE）、POS（Packet Over SDH）接口等。

MSTP的核心仍然是标准的SDH，但针对不同类型数据业务接入SDH网络进行了技术改进，这主要包括 3 项关键技术：针对不同类型数据帧在 SDH 中传输所建立的通用成帧协议（Generic Framing Procedure，GFP）、虚级联技术（Virtual Concatenation，VC）和动态链路容量调整技术（Link Capacity Adjustment Scheme，LCAS）。三者在 MSTP 中的应用如图 2-44 所示。GFP 用于对用户数据帧进行二次封装，使其适合于在 SDH 虚容器中传输，它几乎可以承载现有的任何帧类型，具有灵活高效、带宽利用率高的特点。虚级联技术可以将多个相同规格的虚容器“捆绑”使用，对外呈现为 1 条通道，带宽分配与管理的颗粒度最小为 1 个 VC-12，最大为 1 个 VC-4。LCAS 可以在采用多个虚通道“捆绑”承载用户业务时对虚通道数量进行动态增减，实现对链路带宽的无损动态调整。

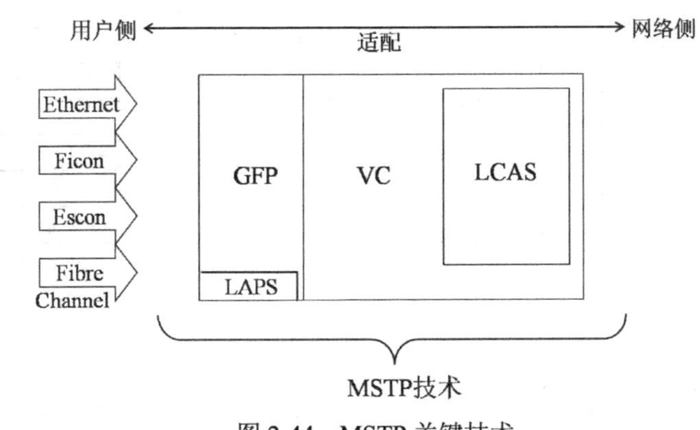

图 2-44　MSTP 关键技术

图中，用户侧为数据网协议标准，其中以太网标准（Ethernet）最为常用，光纤连接器（Ficon，Fiber Connector）、企业数据系统连接（Escon，Enterprise System Connection）和光纤通道（Fibre Channel）都是高速网络技术标准。

2.5.2　GFP

MSTP 在承载和传送以太网这类数据业务时，需要对以太网数据帧进行二次封装以适应长距离、恒定比特率、持续传输的链路。较为典型的封装协议包括 PPP（点对点协议）、LAPS（链路接入规程）和 GFP。

PPP 和 LAPS 均源于高级数据链路控制规程（High-Level Data Link Control，HDLC），HDLC 的帧结构如图 2-45 所示。HDLC 采用特征字 0x7E 作为数据帧的首尾标志，供收端识别一个帧的开始和结束。当用户数据中出现相同的字符时，需要使用字符替代的方法加以处理。在接收端，完成帧定界后，对于帧内部信息，需要使用相反的字符替代方法恢复原始的信息。当没有用户数据时，可以持续发送定界符，确保链路保持速率恒定。采用字符替代的方法保证定界符的唯一性，使用非常广泛，处理也简单。经过封装后，突发的数据业务被适配成速率恒定、符合 SDH 接入需求的数据流，可以在 SDH 网络中传输。采用 PPP 或 LAPS 这类协议时，由于采用字节填充和替代技术，会造成处理后的数据帧长度增加，带来一定的帧长不确定性。

标志	地址	控制	信息	FCS	标志

图 2-45　HDLC 帧结构

GFP 是针对在 SDH 中承载数据业务而提出的数据帧封装规范，其帧结构如图 2-46 所示。

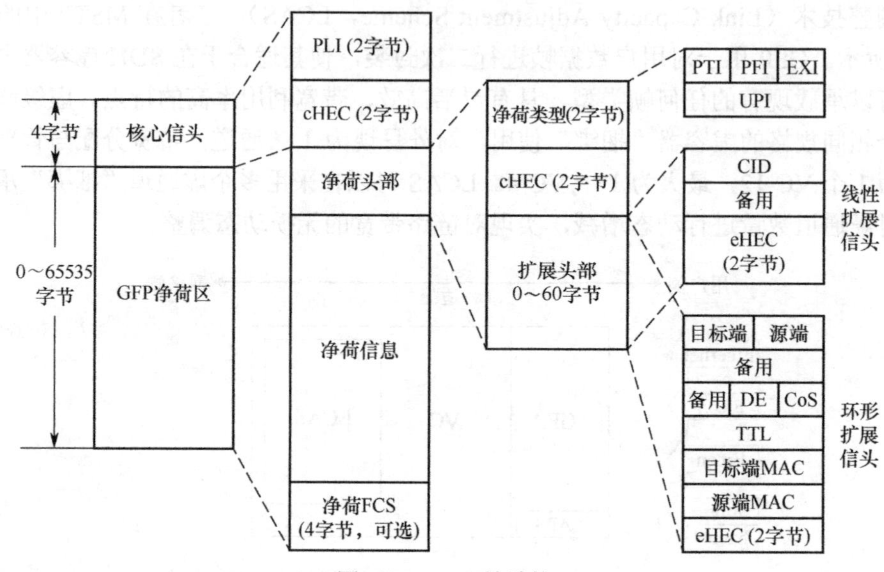

图 2-46　GFP 帧结构

GFP 帧中没有定义专用的帧定界符，其具有独特的帧定界方式。GFP 帧的首部包括 16 比特的帧长度字段，其后是 16 比特的帧长度 CRC 校验字段，CRC 校验可以纠正传输过程中发生在长度字段的误码，提高传输的可靠性，同时这两个字段间的校验关系还可以作为帧定界的依据。在数据业务的接收端，接收电路首先会进行帧同步，即持续检查相邻的 4 字节之间是否存在所需的 CRC 校验关系以判断是否找到了一个帧的起始位置，然后根据帧头部的长度字段从数据流中提取出完整的数据帧。在没有数据传输时，根据 GFP 协议，发送端会持续插入 GFP 空闲帧，使收端始终保持正确的帧同步状态。这种帧同步方式与 HDLC 类协议中采用的填充和替代方法相比，不会造成数据帧长度的增加，提高了 GFP 协议的通用性。这种帧定界方式的另一个优点是系统的传输性能与传输内容无关。采用 PPP 或 LAPS 时，需要对负荷的每字节进行检查，如果数据字节与帧定界符相同，所采用的字符替代方法会造成帧长度增加，从而使得最终封装后的帧长度与帧的内容有关。GFP 定义了空闲帧，用于在可变速率分组业务与固定 SDH 传输容量之间进行速率适配。另外，GFP 具有扩展头，可以根据不同需要进行扩展定义，增强了应用的灵活性。GFP 有自己的帧校验序列（FCS）域，用于发现净荷在传输过程中是否发生了比特错误，可以保证所传输负荷的正确性和完整性。

2.5.3　虚级联技术

不同类型的数据业务对互联带宽的需求也是不同的，这要求传输系统提供灵活的互联带宽管理能力。MSTP 设备支持通过虚容器级联的方式为数据业务提供所需的传输带宽。虚容器级联就是将多个同等级的虚容器组合起来构成一个更大的容器。SDH 中的 VC 级联分为连续级联和虚级联两种类型。连续级联是指用来承载数据业务的多个 VC 在 SDH 的帧结构中必须是连续排列的，它们共用相同的开销。连续级联可以有效地提高传输带宽，但使用灵活性较差。虚级联是指承载数据业务的各个 VC 在 SDH 帧结构中的分布可以是相互独立的，位置分布不需要是连续的，每个虚容器有自己的开销，这种情况称为虚级联。虚级联相比于连续级联可以更灵活地利用 SDH 的链路带宽，可以提高传送效率，避免带宽浪费。图 2-47 所示的是 VC-4-7v，即将 7 个 VC-4 虚级联提供约 1Gbps 传输带宽的例子，这 7 个 VC-4 不是连续排列的，都有自己的 AU-4 指针。

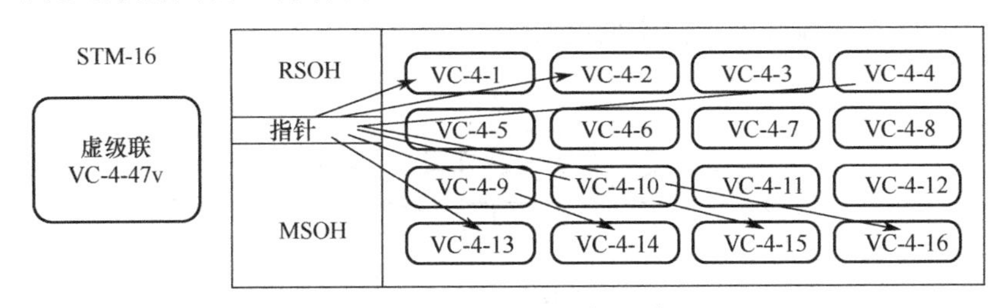

图 2-47 VC-4-7v 虚级联

采用虚级联技术时，不同的 VC 从源端到目的端的传输路径可能不同，各自的传输延迟也可能存在差异，此时 MSTP 通过在发送端为参与虚级联的每个帧编号、在接收端按序号重组的方式加以解决，采用这种方式后，虚级联后的通道对外呈现为一个独立的通道。

2.5.4 链路容量调整机制

随着用户业务传输需求的变化，可能需要动态调整链路带宽。链路容量调整机制协议（Link Capacity Adjustment Scheme，LCAS）可以在不中断业务的情况下动态调整参加虚级联的虚容器个数，可以灵活地改变虚级联通道的带宽以自动适应业务流量的变化，特别适用于数据业务的传输需求。另外，参与虚级联的虚容器在源和目的之间所经过的物理链路可能不同，由于物理链路故障可能会造成部分链路中断，LCAS 也可以用于发现并规避故障链路，使得数据传输能够正常进行。LCAS 利用 SDH 预留的开销字节来传递控制信息，实现动态调整参与虚级联的 VC 个数的目的，LCAS 所实现的链路容量自动调整可在对业务不造成损伤的情况下实现。LCAS 结合虚级联技术为 MSTP 提供的端到端动态带宽调整机制有利于提高网络带宽资源利用率。

2.6 光传送网（OTN）

在电信网领域，SDH 在相当长的时间里作为基础传输网发挥了重要的作用。随着宽带 IP 业务的迅速发展，SDH 也与时俱进地向支持多业务传输的方向发展，衍生出了 MSTP 技术。但是随着宽带网络技术的不断发展，主流的以太网已经从百兆、千兆以太网过渡到了万兆乃至更高速率的以太网，家庭宽带接入普遍达到百兆带宽量级，SDH 所提供的 VC-12、VC-3、VC-4 等原来主要面向话音业务和低速数据业务设计的虚容器的承载能力已经明显不足，基于 VC 的交叉灵活性不够，使得 SDH 在承载大颗粒度 IP 业务时效率低、可扩展性差，网络管理复杂。

在 SDH 技术被广泛应用的同时，波分复用技术也在不断发展。随着高性能的合波器、分波器、可调谐激光器、波长变换器等波分复用相关器件技术的不断发展，单一光纤内复用的波长数量不断增加，以波长为单位的业务管理技术不断发展，以WDM为核心的宽带光网络技术逐渐发展成熟。如图2-48所示的是一个基于波分复用技术的环形WDM网络示意图，网络中包括以波长为单位进行业务上下的光分插复用器（OADM）、对波长进行交叉调度的光交叉连接器（OXC）等设备，这些设备的基本功能与SDH网络中的ADM和DXC类似，但以波长而不是虚容器为基本调度粒度。

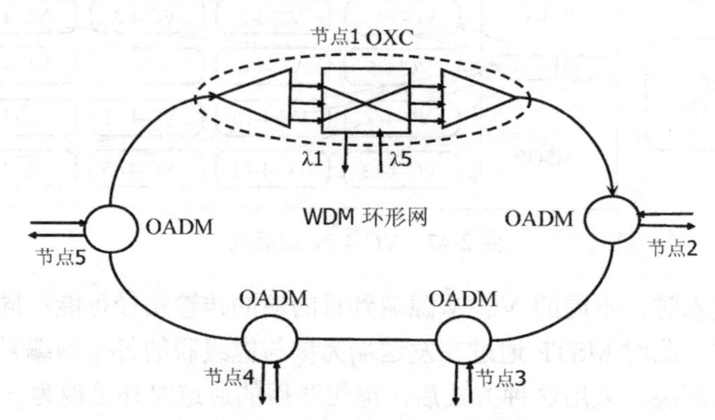

图2-48　WDM环形网络示意图

波分复用系统中单一波长上承载的信息速率通常可以达到数十吉比特每秒甚至百吉比特每秒，因此以波长为调度单位时的调度粒度在某些应用场合下显得过大，而采用SDH技术体制，以虚容器为单位进行调度时存在颗粒度过小，不适合宽带IP业务传输的问题。为了解决这些问题，以大颗粒度电域传送和光域波分复用为基础的光传送网（Optical Transport Network，OTN）技术不断发展，逐渐成为新一代传送网主要技术。

OTN是基于光纤链路的传送网，可提供基于光通道的用户信号的复用、传送、交叉连接、管理、监控及保护。OTN继承了SDH的优点，引入了丰富的开销，支持电层的交叉连接，使得网络具有良好的运营、操作、维护和保护能力；同时OTN具有WDM的优势，支持以波长为单位的业务调度能力，支持业务透明传输。目前，OTN已经取代SDH成为骨干传送网的核心。

2.6.1　OTN的层次结构

OTN的网络分层模型如图2-49所示，它包括光通道层、光复用段层和光传输段层。这与SDH的分层结构有相似之处。图2-50所示的是一个链形物理拓扑，图中给出了分层模型与链路分段的对应关系。可以看出，OTN的光传输段层（Optical Transmission Section，OTS）与SDH的再生段层类似，光复用段层（Optical Multiplex Section，OMS）与SDH的复用段层类似，而光通道层（Optical Channel，OC）与SDH中的通道层类似。在OTN的分层结构中，除了特定的SDH业务可以作为支路业务通过OTN传送外，不同类型的分组业务也可以经过映射后通过OTN传输。此外，OTN支持波分复用，支持光层的波长分配、调度和管理，因此客户信号也可以直接占用光层的某些波长通过OTN网络传输。OTN中各层次的功能介绍如下。

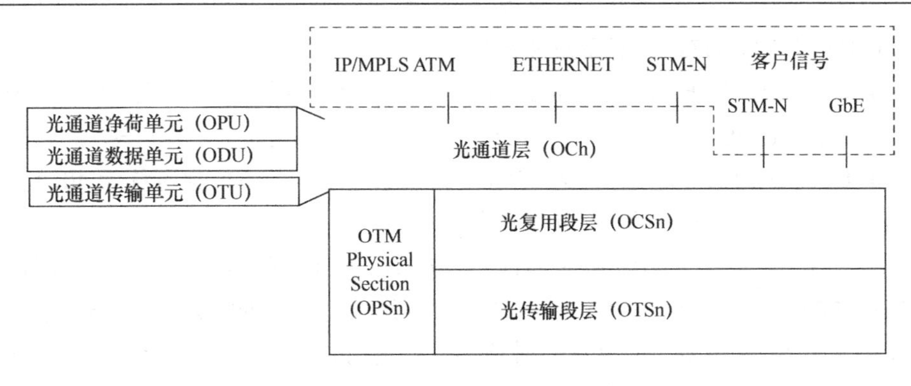

图 2-49　OTN 的分层模型

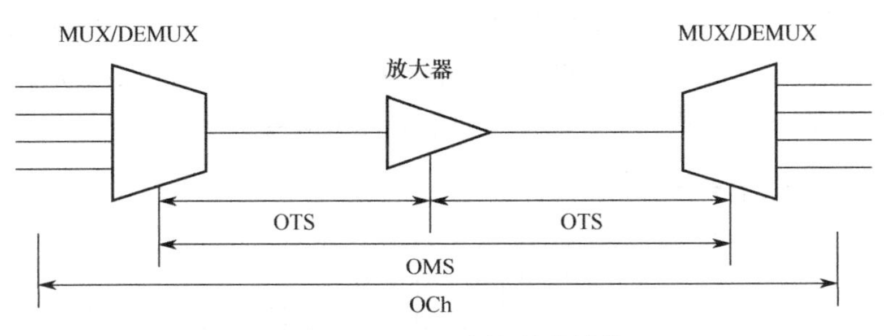

MUX/DEMUX：合波器/分波器

图 2-50　OTN 的分段模型

光通道层分为 3 个子层。光通道净荷单元（Optical Channel Payload Unit，OPU）主要提供客户信号映射功能，使不同类型的客户信号通过映射形成标准的帧结构。光通道数据单元（Optical Channel Data Unit，ODU）通过插入开销，为客户信号的有效传输提供通用通信管理通道，提供级联监视功能、段监视功能、通道监视功能及为业务保护提供通信通道等。光通道传输单元（Optical Channel Transport Unit，OTU）插入 OTU 开销，生成并插入 FEC 字段，进行传输扰码等，最终形成适合在光纤中传输的帧结构。

光复用段层位于 OTN 链路上的合波器和分波器之间，包括 OMS 净荷和相应的开销。其净荷由 OC 复用得到，OMS 开销由一个独立的辅助光信道传输。OMS 支持光复用段层的连接和链接监控。光通路信号经过波分复用的合波器进行传输，在光复用段的另一端通过分波器恢复出不同的光通路信号。网络运维者可以对 OMS 上的光路进行有效监控和管理，及时发现和处理相关故障。

光传输段层位于光纤上相邻光传输设备之间，包括 OTS 净荷和通过辅助光信道传输的 OTS 开销。在 OTS 层，网络运维者可以监视和管理光纤链路上光信号的工作状态，包括光功率、色散、信号衰减等参数，进行故障管理。

2.6.2　OTN 复用映射结构

在 PDH 发展到 SDH 的过程中，SDH 的输入支路业务需要兼容典型的 PDH 速率等级，同样，在 SDH 发展到 OTN 的过程中，OTN 将 SDH 作为主要支路业务之一。在光通道层，OTN 定义的 OTU 中，STM-16 可以通过 OTU1 传输，STM-64 可以通过 OTU-2 传输，STM-256

可以通过 OTU3 传输，OTU 的类型及速率如下。

（1）OTU1：2.6670Gbps，也称为 2.7Gbps（根据所承载业务，也可称为 2.5Gbps）。

（2）OTU2：10.709Gbps，也称为 10.7Gbps（根据所承载业务，也可称为 10Gbps）。

（3）OTU3：43.018Gbps，也称为 43Gbps（根据所承载业务，也可称为 40Gbps）。

更高级别的 OTU 这里不做进一步的介绍。

需要说明的是，不同速率等级的 OTU 中所采用的帧长度相同，帧频率不同，这是与 SDH 明显不同的地方，在 SDH 中，不同的速率等级具有相同的帧频率，帧长度不同。

OTN 借鉴了 SDH 所采用的复用映射结构，其复用映射结构如图 2-51 所示。其中的复用操作可将低速的ODU复用成高速ODTUG，这与SDH中的低阶支路单元复用成高阶 TUG 相似；在不同类型的设备中，可以对 ODU 进行交叉连接，用于进行业务调度，这与 SDH 中的虚容器交叉连接类似；OTN 中也存在映射过程，用于实现用户支路业务的承载和将业务插入指定的时隙，这与 SDH 中支路业务映射到相应虚容器中的过程有相似之处。

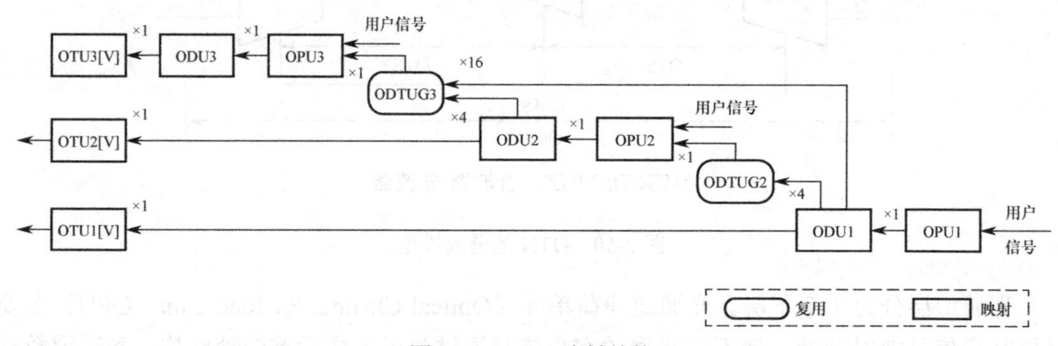

图 2-51　OTN 映射结构

各种客户信号（接入 OTN 网络的支路信号）经过光信道净荷单元 OPUk 的适配，映射到 ODUk 中，然后在 ODUk 和 OTUk 中分别加入光信道数据单元和光信道传输单元的开销，最终映射到光通道层，调制到光载波上。复用过程中，最高 4 个 ODU1 信号可复用进一个 ODTUG2，ODTUG2 再映射到 OPU2 中；也可以将 j 个（$j \leqslant 4$）ODU2 和 $16-4j$ 和 ODU1 信号混合复用到一个 ODTUG3 中，ODTUG3 再复用到 OPU3 中。

在光层，OTN 采用了密集波分复用技术，常用的是 40 波道和 80 波道，单波长可支持的常用带宽为 2.5Gbps、10Gbps 或 40Gbps。

2.6.3　OTN 的帧结构

OTN 的帧结构与 SDH 帧结构有相似之处，也是采用块状帧结构，如图 2-52 所示。可以看出，其帧结构中包括承载支路用户数据的 OPU 和 OPU 开销，ODU 开销、OTU 开销和 OTU 的前向纠错编码（Forward Error Correction，FEC）开销及用于实现帧同步的帧定位开销。OTU 的开销定义如图 2-53 所示。OTN 的开销较为丰富，按照承载方式分为随路开销和非随路开销两类。随路开销被插入帧结构之中，与 SDH 的开销承载方式类似；非随路开销不包含在相应帧结构之中，采用单独的光监控通路传送。

<table>
<tr><th></th><th>1 … 7</th><th>8 … 14</th><th>15 16</th><th>17 … 3824</th><th>3825 … 4080</th></tr>
<tr><td>1</td><td>帧定位开销</td><td>OTUk开销</td><td rowspan="4">OPUk开销</td><td rowspan="4">OPUk载荷</td><td rowspan="4">OTUk EEC开销</td></tr>
<tr><td>2</td><td colspan="2" rowspan="3">ODUk开销</td></tr>
<tr><td>3</td></tr>
<tr><td>4</td></tr>
</table>

图 2-52 OTU 的帧结构

<table>
<tr><th colspan="6">行＼列 1 ……</th><th>7</th><th colspan="7">8 …… 14</th><th>15</th><th>16</th><th></th></tr>
<tr><td colspan="6">FAS</td><td>MFAS</td><td colspan="3">SM</td><td colspan="2">GCC0</td><td colspan="2">RES</td><td>RES</td><td>JC</td><td></td></tr>
<tr><td colspan="3">RES</td><td>TCM ACT</td><td colspan="3">TCM6</td><td colspan="3">TCM5</td><td colspan="3">TCM4</td><td>FTFL</td><td>RES</td><td>JC</td><td></td></tr>
<tr><td colspan="3">TCM3</td><td colspan="3">TCM2</td><td colspan="3">TCM1</td><td colspan="3">PM</td><td colspan="2">EXP</td><td>RES</td><td>JC</td><td></td></tr>
<tr><td colspan="2">GCC1</td><td colspan="2">GCC2</td><td colspan="4">APS/PCC</td><td colspan="6">RES</td><td>RES</td><td>NJO</td><td>PJO</td></tr>
</table>

图 2-53 OTU 的开销及其定义

2.6.4 OTN 的典型组网模式

OTN 具有灵活的光域和电域业务承载和调度能力，支持灵活的业务保护方式，可以构建国家、省内和城域核心传送网。图 2-54 所示是 OTN 作为城域核心传送网为高速路由器、万兆以太网、SDH 接入环网提供传送服务的示例。

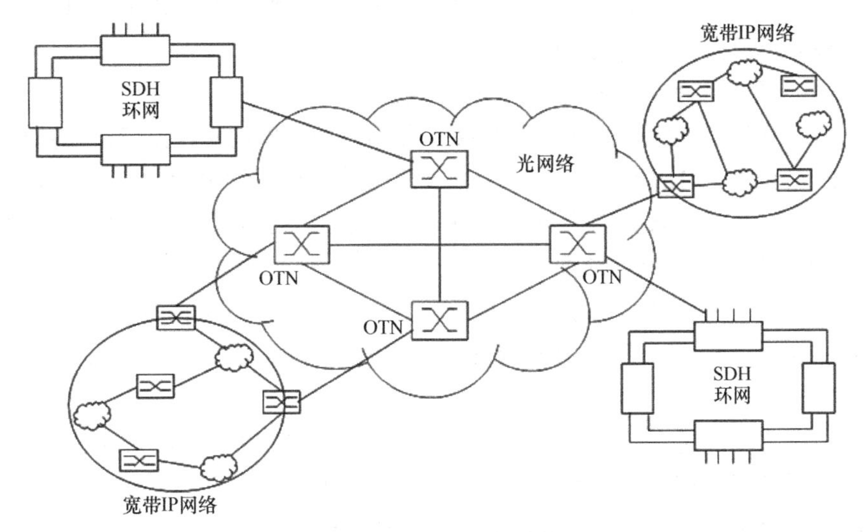

图 2-54 OTN 网络结构

从图中可以看出，通过 OTN 可以连接具有万兆端口的骨干路由器和以太网交换机，也可以连接具有 2.5Gbps 或 10Gbps 端口的 SDH 环网等目前典型的高速网络设备。另外 OTN 可以支持多种网络保护模式，确保传送服务的可靠性。

图 2-55 所示是采用 OTN 构成的链形网络拓扑示意图。从图中可以看出，OTN 可以提供大颗粒度的电域交叉连接和分插复用，还可以提供基于波长的交叉连接和分插复用，因此具有很高的灵活性。

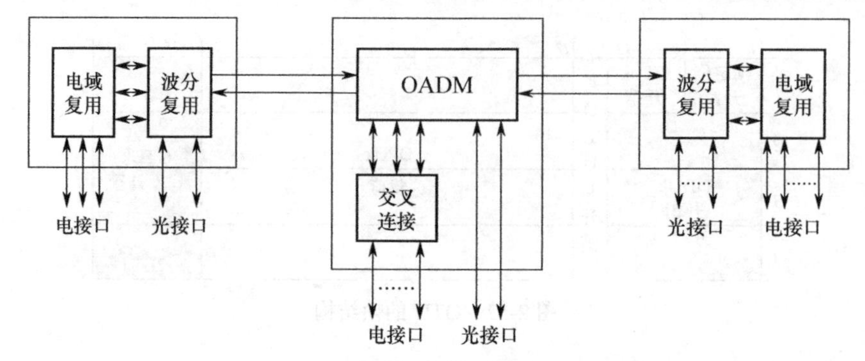

图 2-55 基本 OTN 链形网络拓扑示意图

本章小结

本章首先简单介绍了传输系统中使用的典型传输媒质，主要传输复用技术，在此基础上先后介绍了 PDH、SDH、MSTP 和 OTN 传输/传送网络的关键技术、组网应用模式和主要特点。

PDH 是国际上最早出现的标准时分复用传输系统，其存在欧洲（含中国）和北美（含日本）两套体制。PDH 提出了完整的逐级复用的准同步复用体制，其核心是码速调整技术和同步复用技术。这两项技术在所有的传输系统中都会用到。另外 PDH 的 E1 接口直到目前都是应用最为广泛的传输系统接口。

SDH 是第一个全球统一的传输系统标准，也就是从 SDH 开始，传输网演进成为更加注重服务能力。SDH 将 PDH 和 SDH 低速接口作为其用户侧的支路接口，可以兼容现有的 PDH 接口，但取代了 PDH 的核心传输网地位，成为核心传送网采用的主要技术体制。SDH 采用同步复用技术，标准接口速率远超 PDH 传输系统。SDH 采用块状帧结构，帧结构中有丰富的开销字节，可以提供帧同步、网管数据传输、公务电话传输、在线误码监测和自动保护切换能力。它采用指针调整技术解决复用过程中存在的时钟偏差。SDH 提供多种网络保护技术，用于保护所传输的业务在发生网络线路故障时能够快速切换到备用信道上。

为了支持占比越来越大的数据业务的传输需求，通过 SDH 衍生出来的 MSTP 技术被广泛应用。它采用通用成帧协议对不同类型的数据业务进行封装，采用虚级联技术将多个虚容器“捆绑”起来为用户提供不同的传输带宽，通过链路容量调整协议对传输带宽进行无损调整。MSTP 部分满足了数据业务的传输需求，但其核心仍然是 SDH。

SDH 技术和密集波分复用技术的发展推动了光传送网 OTN 的发展。OTN 兼具了二者的优点，一方面可以提供基于光波长的用户信号复用、传送、交叉连接、管理、监控及保护；另一方面 OTN 继承了 SDH 的优点，引入了丰富的开销，支持电域的交叉连接，使得网络具有良好的运营、操作、维护和保护能力。OTN 是目前核心传送网采用的主流技术。

习题与思考题

2.1 光纤导波原理是什么？光纤低损耗窗口的波长区域有哪些？

2.2 画图并简要说明频分复用、时分复用和波分复用传输系统的基本构成和工作原理。

2.3 PDH 传输系统的主要特点是什么？

2.4 画图并说明同步复用技术的基本工作原理。

2.5 画图并说明准同步复用技术的基本原理。结合 E1 复用到 E2 过程中的内部帧结构，解释码速调整的工作过程。通过计算分析为什么码速调整过程中不会造成支路信息的丢失？

2.6 结合 PDH 的复用方式，解释为什么无法直接从 E3 中分接出一个 E1 支路？

2.7 与 PDH 相比，SDH 的显著特点是什么？

2.8 STM-1 帧频率是多少，每一帧包括多少字节？STM-4 帧的频率是多少？每一帧包括多少字节？如何计算 STM-*N* 帧的频率和帧长度？

2.9 解释 STM-1 帧中下列开销的基本功能。

（1）A1、A2

（2）B1、B2

（3）D1～D3

（4）E1、E2

（5）K1、K2

（6）S1

（7）M1

2.10 图 2-56 是一个典型的 SDH 环形网，现在需要依托该网络，将 3 台程控交换机连接构成链形网，将 3 台路由器构成环形网，请画图并用虚线画出通道层连接关系。

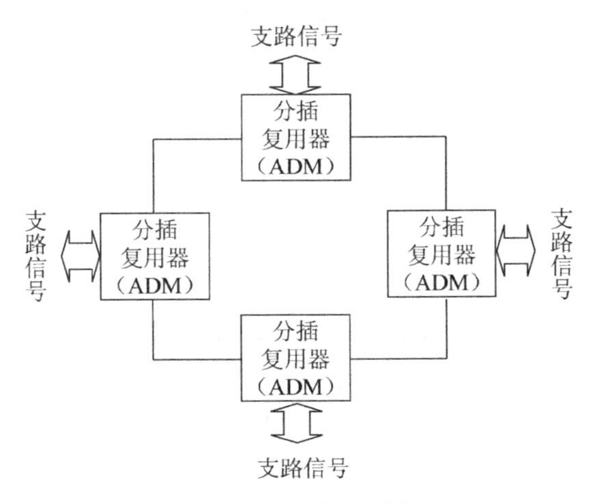

图 2-56 题 2.10 图

2.11 图 2-57 所示为采用 SDH 双纤单向通道保护环为用户 A 和 C 提供传送服务时的业务连接关系图，请说明其正常情况下的业务流向和连接关系，如果 B 和 C 之间的光纤链路发生中断，请画图并说明业务保护的实现方式。

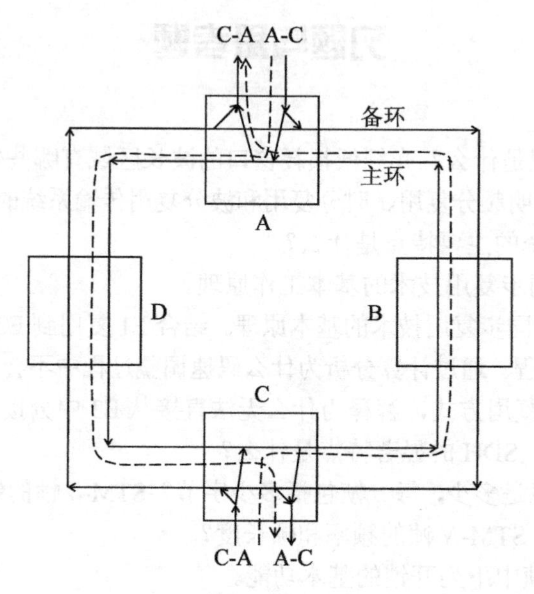

图 2-27　题 2.11 图

2.12　图 2-58 所示为采用 SDH 双纤双向复用段保护环为用户 A 和 C 提供传送服务时的业务连接关系图，请说明其正常情况下的业务流向和连接关系，如果 B 和 C 之间的光纤链路发生中断，请画图并说明业务保护的实现方式。

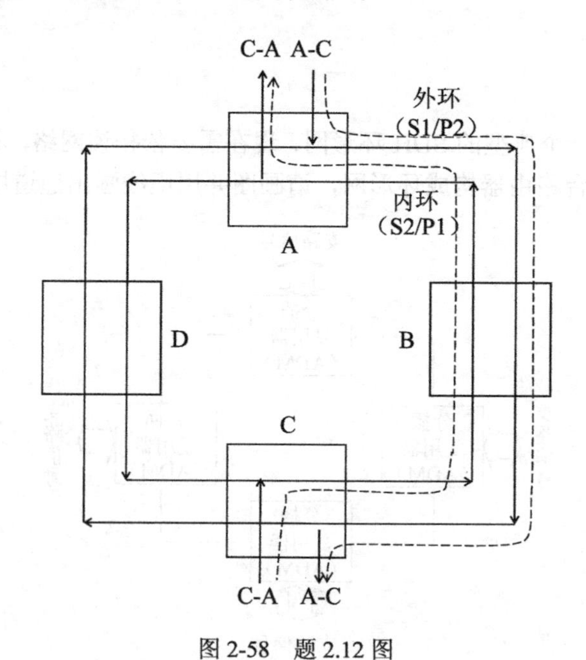

图 2-58　题 2.12 图

2.13　简述 HDLC 类协议的帧定位实现方式，以及 GFP 协议的帧定位实现方式。对比说明 GFP 协议中所采用帧定位方式的具体特点和优势。

2.14　SDH 中的虚级联技术和连续级联技术相比有何特点和优势。

第 3 章 电路交换与电话通信网

3.1 交换单元与交换网络

根据国际电气和电子工程师协会（Institute of Electrical and Electronics，IEEE）对电信交换的定义，交换的基本功能是在任意的入线和出线之间建立（或拆除）连接。在交换系统内部完成这一基本功能的部件是交换网络，它是交换系统的核心。交换网络是由各种交换单元构成的。

3.1.1 基本交换单元

1. 交换单元的一般描述

交换单元是构成交换网络的基本部件。按照一定的拓扑结构和控制方式，由多个交换单元即可构成交换网络。交换单元的功能是在任意的入线和出线之间建立连接，或者说将入线上的信息分发到出线上去。

从数学的观点看，不管交换单元的内部结构如何，都可以抽象成一组入线和一组出线，以及完成控制功能的控制端和描述内部状态的状态端。入线为信息输入端，出线为信息输出端。图 3-1 所示的交换单元是一个 $M \times N$ 的交换单元，入线编号为 1～M，出线编号为 1～N。若交换单元的每条入线都能够与每条出线相连接，则称为全互连交换单元；若每条入线只能够与部分出线相连接，则称为部分连接交换单元。本节讨论全互连交换单元。若交换单元是由空间上分离的多个开关部件按一定的排列规律连接而成的，则称为空分交换单元。

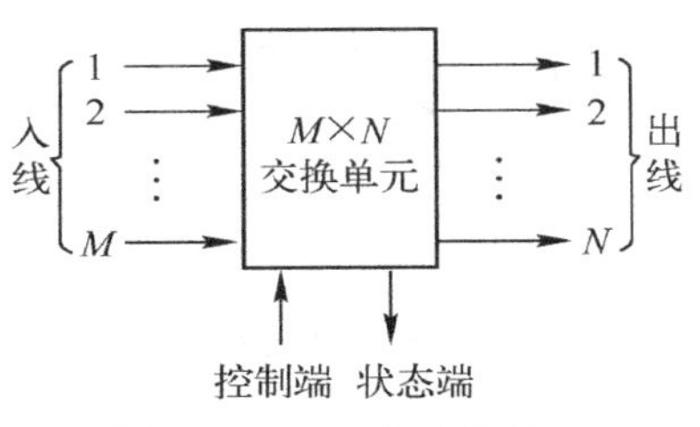

图 3-1　$M \times N$ 的交换单元

2. 内部通道与连接

交换单元要将到达某条入线的信号按照要求分发到某条出线，其内部连接具有下列两种方式。

（1）针对同步时分复用信号，需要交换的信息单元为时隙，每个时隙只携带用户信息。这时，交换单元必须预先建立入线和出线之间的连接通道，以便将入线上的输入信号交换到相应的出线上，如图 3-2（a）所示。

（2）针对统计复用信号，需要交换的信息单元为分组或信元，每个信息单元不仅携带用户信息，还有标志码，标志码相同的分组属于同一连接。这时，交换单元必须根据输入信号所携带的标志码，在交换单元内部选择通道，将信号从入线转发到指定的出线，如图 3-2（b）所示。

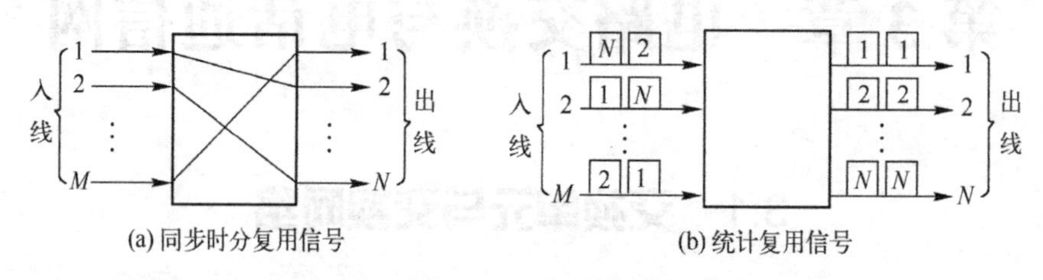

(a) 同步时分复用信号　　(b) 统计复用信号

图 3-2　交换单元内部通道的“连接”

对于以上两种情况，在信息交换完毕后，还需将已建立的内部连接拆除。由此可见，交换单元完成交换的基本功能是通过交换单元中连接入线和出线的“内部通道”完成的。建立“内部通道”就是建立连接，拆除“内部通道”就是拆除连接。

3．交换单元的分类

交换单元可分为集中型、扩散型和分配型 3 类，如图 3-3 所示。

（1）集中型：入线数大于出线数（$M>N$），也称为集中器。

（2）扩散型：入线数小于出线数（$M<N$），也称为扩展器。

（3）分配型：入线数等于出线数（$M=N$），也称为分配器。

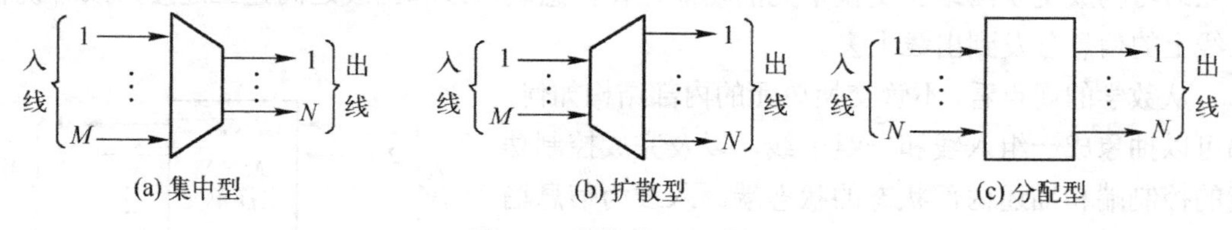

(a) 集中型　　(b) 扩散型　　(c) 分配型

图 3-3　交换单元的类型

4．交换单元的性能

用于描述交换单元性能的指标主要包括以下 3 项。

（1）容量。对于交换单元的容量，最基本的要素是交换单元入线和出线的数目。在此基础上，还应考虑交换单元每条入线上可以传送的信息量，对于模拟信号和数字信号，可分别用信号带宽和信号速率来衡量。将交换单元入线数与每条入线上可传送的信息量结合起来，即为交换单元所有入线可以同时传送的总的信息量，称为交换单元的容量。

（2）接口。交换单元需要规定自己的信号接口标准，即信号形式、速率及信息流方向。不同的交换单元可以进行交换的信号形式是不同的，有的只能交换模拟信号，有的只能交换数字信号，而有的则是模数兼容的。相应地，交换单元与交换接口的连接也有多种不同情况。

（3）质量。一个交换单元的质量可用两方面的指标来衡量，一是完成交换功能的情况，二是信息通过交换单元的损伤。前一指标是指交换单元完成交换连接的情况，即是否在任何情况下都能完成指定的连接，以及完成交换连接的速度。后一指标是指信号经过交换单元时的时延和其他损伤，如信噪比的降低等。

5. 典型的交换单元

1）开关阵列

在交换单元内部，要建立任意入线和出线之间的连接，最简单且最直接的方法是使用开关。在每条入线和每条出线之间都各自接上一个开关，所有的开关就构成了一个开关阵列。

开关阵列是一种空分交换单元。开关阵列交叉点具有多种实现方式，如通/断开关、Crossbar 等。其中 Crossbar 开关阵列的每个交叉点具有两种状态：Bar 状态，横向输入连通纵向输出，纵向输入连通横向输出；Cross 状态，横向输入连通横向输出，纵向输入连通纵向输出。当开关接通时（Bar 状态），该开关对应的入线和出线被连接起来。当开关断开时（Cross 状态），入线和出线处于不连接状态。

图 3-4 所示为 $M×N$ 矩形开关阵列，图中交叉点（实心圆点）代表开关，共有 $M×N$ 个开关，位于第 i 行第 j 列的开关记作 S_{ij}。开关阵列的主要特性如下。

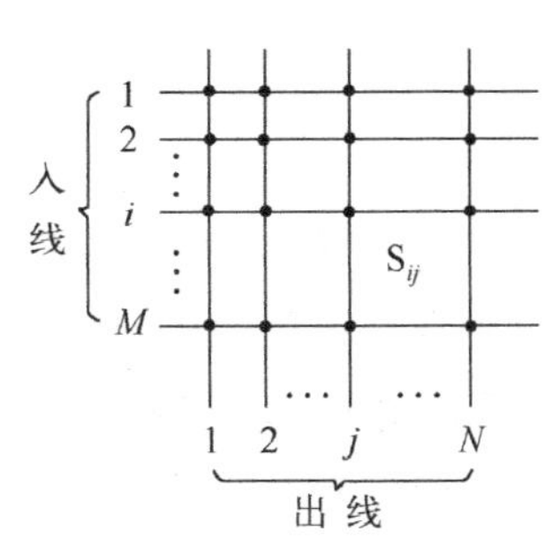

图 3-4　$M×N$ 矩形开关阵列

① 每条入线和每条出线的交叉点对应一个单独的开关，所以任何入线都可连接至任何出线。而且由于从任意给定的入线到出线的通道上只存在一个开关，因此开关控制简单，且具有均匀的单位时延特性。

② 一个交叉点代表一个开关，交叉点数目就是开关的数目。开关阵列的交叉点数取决于交换单元的入线数和出线数。当入线数和出线数增加时，交叉点数目会迅速增加。因此，开关阵列往往只适合于构成较小的交换单元。但随着大规模和超大规模集成电路的迅速发展，开关阵列的容量逐渐增大。

③ 当某条入线与其连接的所有出线间的一行开关部分（或全部）处于接通状态时，开关阵列很容易实现点对多点（多播或广播）功能。所以在不需要点对多点和广播功能时，每条入线对应的一行开关只能有一个处于接通状态。

④ 开关阵列组成的交换单元的性能取决于所使用的开关。模拟开关用于交换模拟信息，数字开关用于交换数字信息，光开关就构成光交换单元。

⑤ 开关阵列具有控制端和状态端。在最简单的情况下，每个开关配有一个控制端和一个状态端。因为开关的状态只有两种，所以控制端和状态端的信号都可用二值电平“0”或“1”来表示。

实际使用的开关阵列可以由多种器件实现，如电磁继电器、模拟电子开关、数字电子开关等。用继电器组成的开关阵列，既可以传送模拟信号又可以传送数字信号，而且可以双向传输信号，但干扰和噪声大，且动作较慢（毫秒级），体积也较大。

模拟电子开关一般利用半导体材料制成，如 MC142100、MC145100（4×4 开关阵列）。开关动作较快，干扰和噪声较小，但只能单向传输信号，且衰耗和时延较大。

数字电子开关用于交换数字信号，可以用逻辑门构成，如用数字多路选择器或分配器来实现。其开关动作极快且无信号损伤。由电子开关阵列构成的空间交换单元，可以实现时分复用线之间信息的交换。

2）总线型交换单元

总线型交换单元的一般结构如图 3-5 所示。它包括 3 个部分，即入线控制部分、出线控制部分和总线部分。交换单元的每条入线经各自的入线控制部件与总线相连，每条出线经各自的出线控制部件与总线相连，总线按时隙轮流分配给各个入线控制部件和出线控制部件使用。

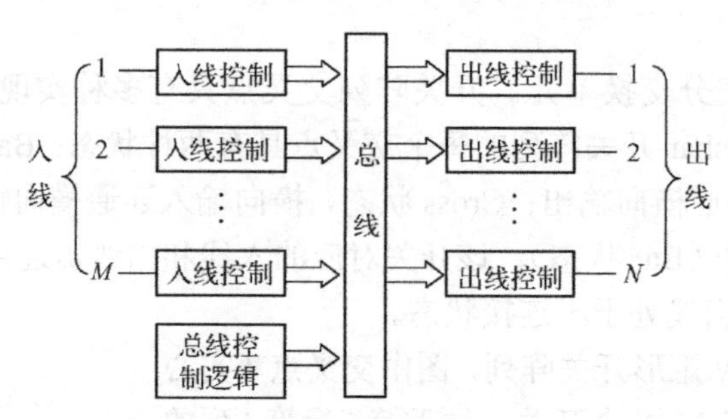

图 3-5　总线型交换单元的一般结构

入线控制部件的功能是接收入线上的输入信号，进行相应的格式转换后存入缓冲存储器，并在获得总线使用权期间（时隙）将信息送到总线上。因为输入信息是连续的比特流，而总线上接收和发送信息是猝发的，所以假设一条入线上的输入信息的速率为 V bps，每个入线控制部件每隔 τs 获得一个总线时隙，则每条入线上输入缓冲器的容量至少应为 $V\tau$bps。

出线控制部件的功能是检测总线上的信号，把属于自己的信息存入缓冲存储器，并进行一定的格式转换，然后由出线送出形成输出信号。同理，设一个出线控制部件在每个 τs 时间段内获得的信息量是常数，而出线的数字信息的速率为 V bps，则每条出线上输出缓冲器的容量至少应为 $V\tau$bps。

总线一般包含多条数据线和控制线，数据线用于在入线控制部件和出线控制部件之间传送信息，控制线完成总线控制功能，包括控制各入线控制部件获得时隙使用权并发送信息，或者控制出线控制部件读取属于自己的信息等。总线时隙的分配必须遵循一定的规则，最简单的规则是按时间顺序把总线时隙分配给各入线，而不管各入线上是否有输入信息；比较复杂但效率较高的使用规则是按需分配总线时隙，即只在入线上有输入信息时才分配总线时隙。总线型交换单元的入线数和信号速率受总线上能够传送的信息速率及入线、出线控制电路的工作速率限制，因此其吞吐量也受到限制。

工程上可从两个方面来提高交换单元的吞吐量：一是增加总线的宽度，总线数据线增加后，在一个操作中可以送到总线上的信息量就会增加；二是提高入线缓冲器、出线缓冲器和总线读写操作的速度，如使用高速存储芯片。

总线型交换单元适用于时分复用信号，如数字程控交换机 S1240 就采用了总线型交换单元。

3）共享存储器型交换单元

共享存储器型交换单元适用于交换同步时分复用信号和统计复用信号。其一般结构如

图 3-6 所示。其中作为核心部件的存储器，被划分成 N 个单元（区域），N 路输入数字信号分别送入存储器的 N 个不同的单元（区域）中暂存，然后再按需输出。存储器的写入和读出应采用不同的控制方式，才能完成信息交换。

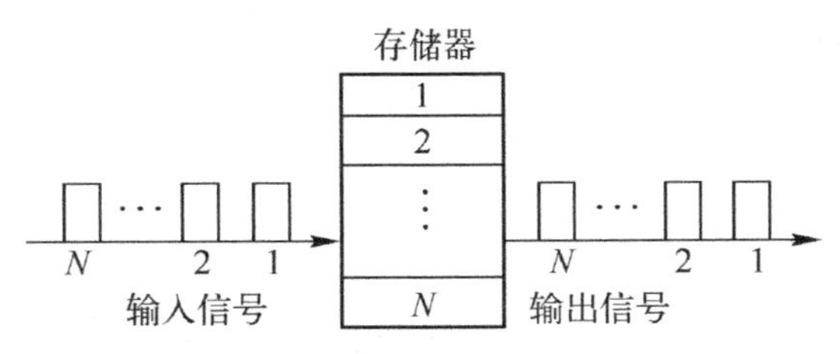

图 3-6　共享存储器型交换单元的一般结构

共享存储器型交换单元的工作方式有以下两种。

（1）输入缓冲。若存储器中 N 个单元（区域）与各路输入信号相对应，即第 1 路输入信号存入 1 号存储单元，第 2 路输入信号存入 2 号存储单元，依次类推。

对于输入缓冲方式的交换单元，只要在读出存储器单元中的信号时，按照交换要求，有控制、有选择地读出所需单元的信号输出，即可完成信息交换。

（2）输出缓冲。若存储器中 N 个单元（区域）与各路输出信号相对应，即 1 号存储单元作为第 1 路输出信号，2 号存储单元作为第 2 路输出信号，依次类推。

对于输出缓冲方式的交换单元，必须按照交换要求有控制地将输入信号写入适当的存储器单元，才能在输出时完成信息交换。

共享存储器型交换单元既可用于同步时分复用信号的信息交换，又可用于统计复用信号的信息交换，但其具体实现有所不同。

3.1.2　交换网络

将若干个基本交换单元按照一定的拓扑结构和控制方式进行组合，即可构成交换网络。构成交换网络的三大要素是交换单元、不同交换单元间的拓扑连接和控制方式，其结构如图 3-7 所示。

下面讨论两种常用交换网络的组合特性。

1．单级与两级网络

将交换单元按一定的拓扑结构连接起来，可形成单级和多级交换网络。单级交换网络由一个交换单元或由若干个位于同一级的交换单元构成，如图 3-8 所示。

单级交换网络结构简单，但难以满足用户容量和端口互连要求。早期，由于电子器件的限制，基本交换单元很难既做到大容量又实现低成本。而对于一个交换网络来说，交叉接点数的多少与网络部件的经济性直接相关。因此，在满足连接能力要求的情况下，交换网络设计应尽量控制交叉接点数量。对于一个 $M \times N$ 的单级交换网络，其交叉接点数目为 $M \times N$。当入线数与出线数较大时，交叉接点数会变得很大。例如，当 $M = N = 16$ 时，则 16×16 的单级网络的总的交叉接点数为 $16 \times 16 = 256$。

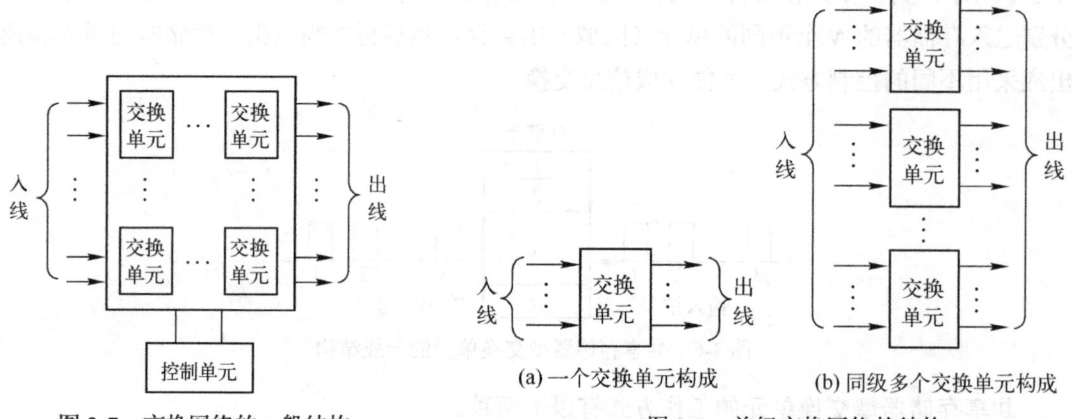

图 3-7 交换网络的一般结构

图 3-8 单级交换网络的结构

现将该 16×16 的单级网络用一个两级网络来代替，每一级为 4 个 4×4 的单级网络，如图 3-9 所示。入线和出线数仍然是 16，对于每一条入线和出线，都存在一条连接通路，与 16×16 的单级网络完成的功能是一样的，但其交叉接点总数为 4×4×8=128，可见两级网络比单级网络减少了交叉接点总数。

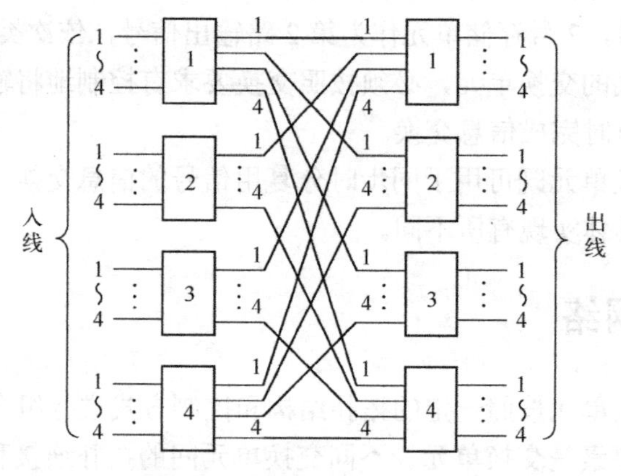

图 3-9 两级交换网络示意图

2．多级网络

如果一个交换网络中的交换单元可以分成 K 级（K=1, 2, 3, …），并且网络的所有入线都只与第 1 级交换单元的入线连接，所有第 1 级交换单元的出线与第 2 级交换单元的入线连接，所有第 2 级交换单元都与第 1 级和第 3 级交换单元连接，依次类推，第 K 级交换单元的出线作为整个交换网络的出线，则称这样的交换网络为多级（K 级）交换网络。

多级交换网络的拓扑结构可用 3 个参量来表示，分别是每个交换单元的容量、交换单元的级数、级间交换单元间的连接通路数（又称为链路数）。

多级交换网络与单级交换网络相比，优点是减少了交换网络总的交叉接点数目，降低了交换网络的复杂度；缺点是入线与出线的连接需通过多级交换单元之间的级间链路，增加了交换网络搜寻空闲链路的难度，相应地增加了交换网络控制的复杂性。另外，多级交换网络也存在内部阻塞问题。

3.1.3　网络阻塞与 CLOS 网

交换网络通常由多级交换单元组成，因此从交换网络的入线到出线将经由网络内部的级间链路。如果出线、入线空闲，但由于网络内部链路被占用而无法接通的情况称为交换网络的内部阻塞。显然，可以通过增加级间的链路数量来降低内部阻塞的概率。当链路数量大到一定程度时，内部阻塞概率将等于零，即成为无阻塞的交换网络。

1. 内部阻塞

单级交换网络不存在内部阻塞，相同容量的多级交换网络由于内部交叉接点数比单级交换网络大大减少，因此会出现内部阻塞。图 3-10 所示为一个 $nm\times nm$ 的两级交换网络，它的第 1 级由 m 个 $n\times n$ 的交换单元构成，第 2 级由 n 个 $n\times m$ 的交换单元构成，第 1 级同一交换单元的不同编号的出线分别接到第 2 级不同交换单元的相同编号的入线上。交换网络的 nm 条入线中的任何一条均可与 nm 条出线的任何一条接通，因此从功能上相当于一个 $nm\times nm$ 的单级网络。

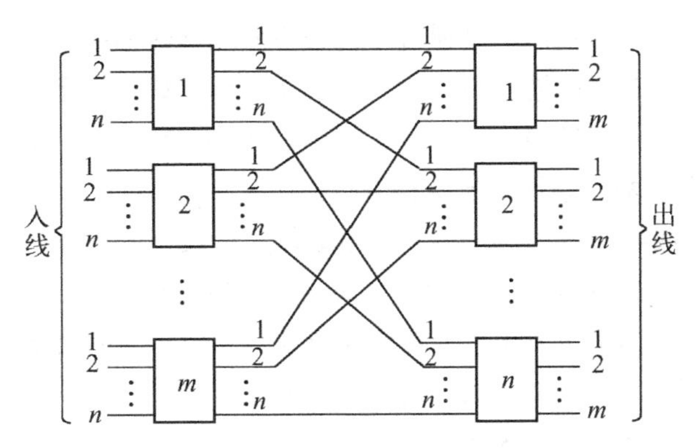

图 3-10　$nm\times nm$ 两级交换网络

但第 1 级的每一个交换单元与第 2 级的每一个交换单元之间仅存在一条链路，假设当第 1 级 1 号交换单元的 1 号入线与第 2 级 2 号交换单元的 2 号出线接通时，第 1 级 1 号交换单元的任何其他入线就无法再与第 2 级 2 号交换单元的其他出线接通了，这就是内部阻塞。按照数据通信的观点，网络内部阻塞也可称为冲突，即不同入线上的信息试图同时占用同一条链路。

2. 无阻塞网络（CLOS 网络）

多级交换网络可减少总的交叉接点数，降低构造成本，但带来了网络内部阻塞。如何解决多级网络的内部阻塞问题呢，下面以空分交换网络为例进行说明。

为了减少交叉接点总数而同时具有严格的无阻塞特性，CLOS C 很早就提出一种多级网络结构，并推导出了严格无阻塞条件，这就是著名的 CLOS 网络。下面以 3 级 CLOS 网络为例阐述 CLOS 的无阻塞条件。

如图 3-11 所示，输入级和输出级各有 r 台 $n\times m$ 接线器，中间级有 m 台 $r\times r$ 接线器。每一个交换单元（接线器）都与下一级的各个交换单元（接线器）有连接且仅有一条连接，因此任意一条入线与出线之间均存在一条通过中间级的路由。m, n, r 是整数，决定了交换单元和交换网络的容量，称为网络参数，记为 C（m, n, r）。

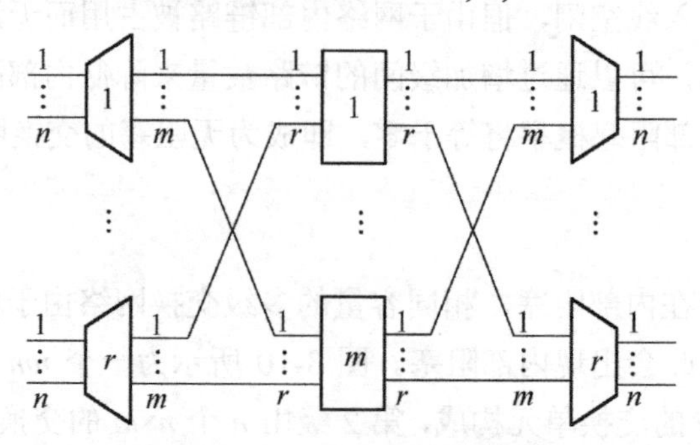

图 3-11　3 级 CLOS 网络

假定输入级第 1 台接线器的某条入线要与输出级第 r 台接线器的某条出线建立连接。在最不利的情况下，输入级第 1 台接线器的（$n-1$）条入线和输出级第 r 台接线器的（$n-1$）条出线均已被占用，而且这些占用是通过中间级不同的接线器完成的。也就是说，最不利的情况是可选择的中间链路已被占用（$n-1$）×2 条，为了确保无阻塞，至少还应存在一条空闲链路，即中间级至少要有（$n-1$）×2 +1 = $2n-1$ 台接线器。于是可以得到，3 级 C（m, n, r）CLOS 网络严格无阻塞的条件是 $m\geqslant 2n-1$。

当输入级每台接线器的入线数不等于输出级每台接线器的出线数，且分别为 $n_{入}$和 $n_{出}$时，则严格无阻塞的条件为 $m\geqslant$（$n_{入}-1$）+（$n_{出}-1$）$+1= n_{入}+n_{出}-1$。

3 级以上的多级 CLOS 网络和无阻塞原理与 3 级类似，只要将 3 级网络的中间一级代之以一个新的 3 级 CLOS 子网络，就可构成 5 级 CLOS 网络。依次类推，使用子网络嵌套的方法，可构建更大容量的 CLOS 网。

3.1.4　同步时分交换网络

在电路交换方式中，对同步时分复用信号进行信息交换的交换网络称为同步时分交换网络，在数字程控交换系统中，又称为数字交换网络（DSN）。同步时分交换网络一般由时间交换单元和空间交换单元组成。有关同步时分交换网络的组成及工作原理，将在 3.3 节详细讨论。

3.2　电话交换机硬件结构

数字程控交换机是典型的电话交换系统，它由硬件和软件组成。如图 3-12 所示，电话交换机从硬件组成上包括话路系统和控制系统两大部分。

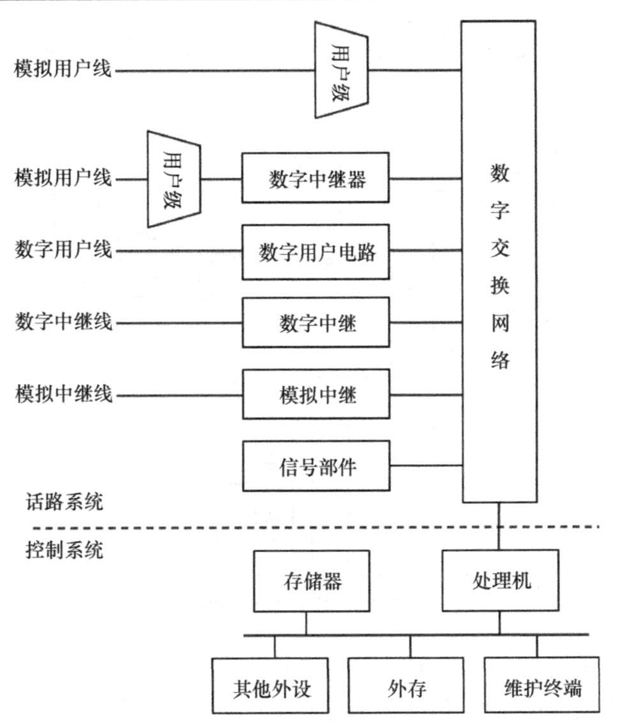

图 3-12　数字电话交换机硬件功能结构

3.2.1　话路系统

话路系统由用户级、选组级、各种中继接口、信号部件等组成。

1．用户级

用户级包括本地用户级和远端用户级。本地用户级一般位于母局，远端用户级设置在距母局较远的用户集中点。

1）本地用户级

本地用户级是用户终端与选组级（数字交换网络）之间的接口电路。用户级对每个用户产生的话务进行集中，然后送至数字交换网络，从而提高用户级与选组级之间链路的利用率。对模拟用户终端，用户级还要将模拟话音信号转换成数字信号。

用户级又称为用户模块，其基本结构如图 3-13 所示。各组成单元功能如下。

（1）用户电路：用户线与交换机的接口电路。

（2）用户集线器：负责话务集中与疏导。

（3）信号提取和插入电路：负责将信令信息从信息流中提取出来（或插入进去）。

（4）网络接口：用于实现与数字交换网络的信号适配。

（5）扫描存储器：用于暂存从用户电路读取的状态信息。

（6）分配存储器：用于暂存向用户电路发送的控制指令。

用户集线器具有话务集中功能。按照统计规律，每个用户忙时话务量为 0.12～0.20Erl，相当于忙时有 12%～20%的用户被占用。如果每个用户电路直接与数字交换网络相连，不利于提高接口电路和数字交换网络的利用率。因此，采用用户集线器，将用户线话务集中后接入数字交换网络。

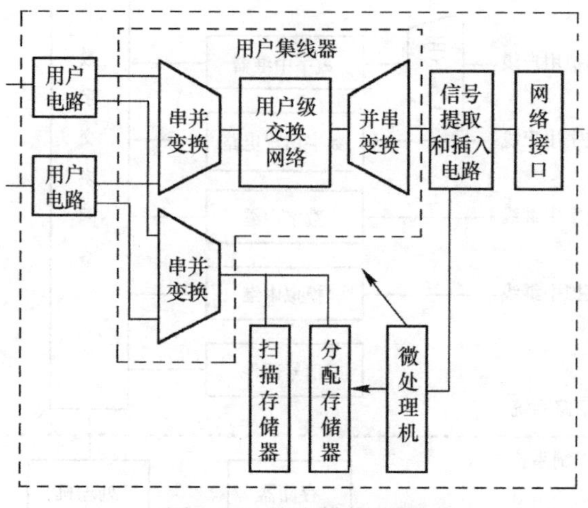

图 3-13　用户模块结构

用户集线器一般采用时分接线器，其出端信道数小于入端信道数。入端信道数和出端信道数之比称为集线比，如 480 个用户共用 120 个信道，则集线比为 4:1。

电话交换机的用户电路包括下列 7 项功能。

（1）馈电 B（Battery Feed）。馈电电压一般为−48V。通话时馈电电流为 20～100mA。

（2）过压保护 O（Over-voltage Protection）。电话交换机的过压、过流保护一般包括二级。第一级保护在用户线入局的配线架上，通过保安单元实现，主要用于防止雷电。由于保安单元在雷电袭击时仍可能有上百伏的电压输出，为防止高压对交换机内集成元器件的损伤，用户电路中还要完成第二级过压和过流保护。

（3）振铃控制 R（Ringing Control）。振铃信号送向被叫用户，用于通知被叫有电话呼入。铃流电压一般较高，其标称值为 75V±15V、25Hz 的交流电，振铃节奏为 ls 通、4s 断。

（4）监视 S（Supervision）。用户话机的摘、挂机状态是通过监视用户线上直流环路电流的有、无来实现的。用户挂机空闲时，直流环路断开，馈电电流为零；反之，用户摘机时，直流环路接通，馈电电流在 20mA 以上。

（5）编译码和滤波 C（Codec & Filters）。电话交换机只能对数字信号进行交换处理，因此，模拟用户电路需要完成话音信号的 A/D 和 D/A 变换，这是由滤波和编译码电路实现的。

（6）混合电路 H（Hybrid Circuit）。数字交换网络采用四线制（接收和发送各用一对线），而用户线采用二线制。因此，在用户线和编译码器之间应进行二/四线转换，以实现二线双向传输的模拟话音信号与四线单向传输的数字信号的转换；同时根据用户线路阻抗大小调节平衡网络，达到最佳平衡效果。这就是混合电路的功能。

（7）测试 T（Test）。对用户电路和外部线路进行测试是交换机维护管理的重要工作。测试工作可由外接的测试设备来完成，也可利用交换机的测试程序进行自动测试。测试故障包括混线、断线、接地、与电力线相碰、元器件损坏等，测试是通过测试继电器或电子开关为用户接口电路或外部用户线提供的测试入口而实现的。

图 3-14 所示为模拟用户电路的基本功能方框图。除了上述基本功能，某些特殊用户电路还具有极性转换、衰减控制、计费脉冲发送等功能。

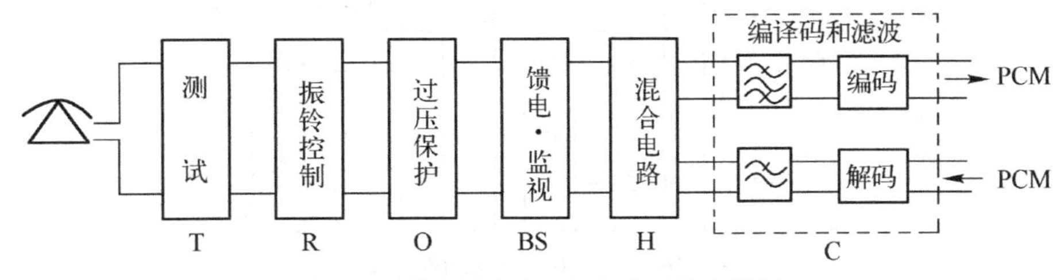

图 3-14　模拟用户电路的基本功能方框图

在数字电话交换机中，直接与数字用户终端连接的用户接口电路，称为数字用户电路。常见的数字用户终端有数字话机、个人计算机、数字传真机及数字图像设备等。为了可靠地实现数字信号的发送和接收，数字用户电路应具备码型变换、回波抵消、均衡、扰码和解扰、信令提取和插入、多路复用和分路等功能。当然，数字用户电路还应与模拟用户电路一样，设置过压保护、馈电、测试等功能。当数字用户终端本身具备工作电源时，用户电路可以免去馈电功能。数字用户电路的基本功能方框图如图 3-15 所示。

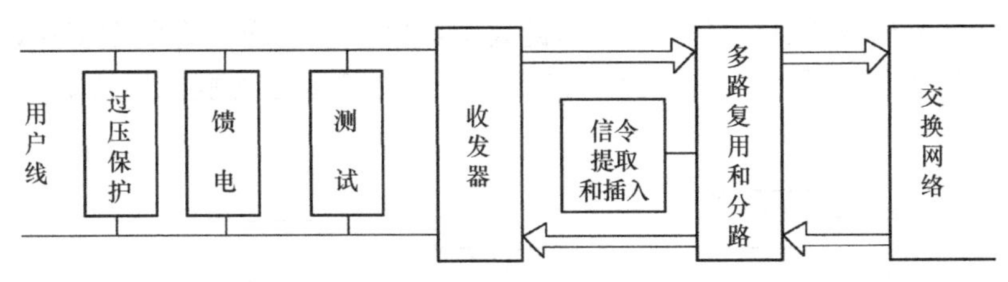

图 3-15　数字用户电路的基本功能方框图

2）远端用户级

远端用户级是指装在距离电话交换机较远的用户集中点上的用户设施，其基本功能与本地用户级相似，包括用户电路和用户集线器。由于远端用户级实现了话音信号的 A/D 和 D/A 变换，因此它直接以数字中继线方式连接本地交换机。远端用户级也称为远端模块。

2．选组级

选组级又称为数字交换网络，它是话路系统的核心设备，交换机的信息交换功能主要是通过它来实现的。有关数字交换网络的内容将在 3.3 节中详细介绍。

3．中继接口

在数字交换网络与局间中继线之间，必须通过中继接口进行互连。根据中继线的类型，有模拟中继接口和数字中继接口，分别称为模拟中继器和数字中继器。

模拟中继器是为数字交换机适应模拟环境而设置的。与用户电路相似，模拟中继器也有过压保护（O）、编译码及滤波（C）、测试（T）功能，不同的是它不需要馈电（B）和振铃控制（R）。中继线采用二线制时，有二/四线转换（H）功能，还有线路信号的监视控制和中继线的忙闲指示功能。另外，由于中继线利用率高，因此对经模拟中继传送的话音信号无须像用户级那样进行话务集中。图 3-16 所示为模拟中继器的功能方框图。

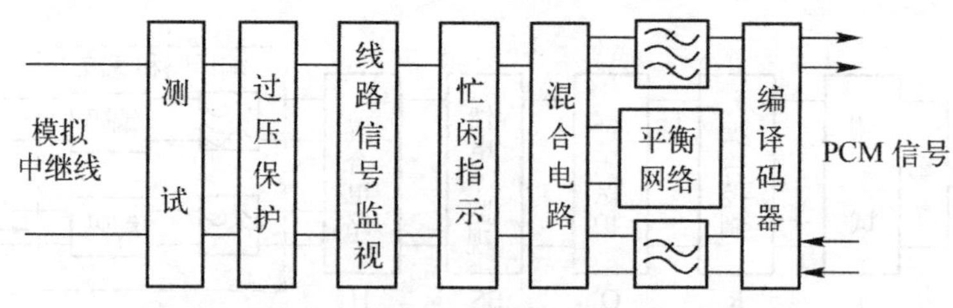

图 3-16 模拟中继器的功能方框图

数字中继器是交换机与数字中继线之间的接口电路。数字中继线一般采用 PCM 30/32 系统（基群）。基群接口通常使用双绞线或同轴电缆传输，而高次群接口则采用光缆传输。数字中继器的主要作用是将对方局送来的 PCM30/32 复用信号分解成 30 路 64kbps 的信号，然后送至数字交换网络。同样，它也把从数字交换网络送来的 30 路 64kbps 信号，复合为 PCM30/32 信号，送到对方局。

数字中继器的功能方框图如图 3-17 所示。虽然 PCM 数字中继线上传输的信号也是数字信号，但它的码型与交换机内传输和交换的码型不同，而且时钟频率和相位也可能存在偏差，此外其信令格式也不一样。为此要求数字中继器应具有码型变换、时钟提取、帧定位、帧同步和复帧同步、信令提取和插入、告警检测等功能，以协调和适配彼此之间的工作。

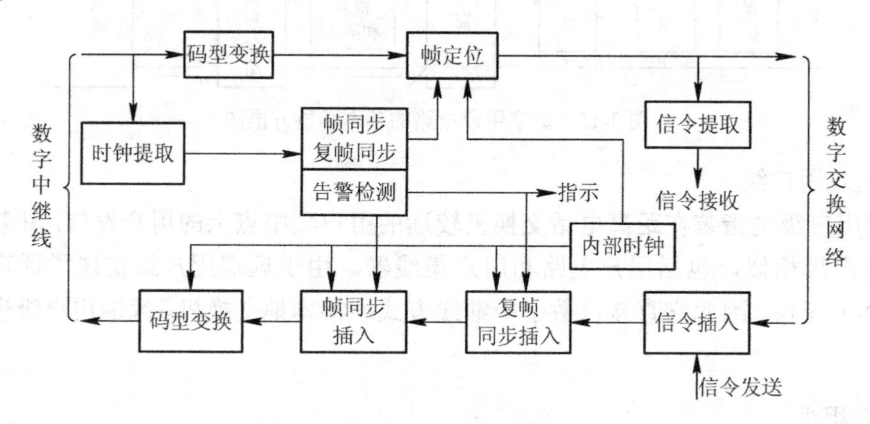

图 3-17 数字中继器的功能方框图

4．信号部件

信号部件的主要功能是接收和发送电话信令。数字电话交换机一般具有下列信令设备。

（1）信号音发生器：用于产生各种信号音，如拨号音、忙音、回铃音等。

（2）双音多频（DTMF）接收器：用于接收用户话机发送的 DTMF 信号。

（3）多频信号发送器和接收器：用于发送和接收局间的多频信号。

对于采用随路信令的交换机，用于完成呼叫监视、应答等功能监视信令，它分散在用户接口和中继接口电路中。各种音信号、双音多频地址信号、多频地址信号体现在图 3-12 所示的信号部件中。铃流发生器单独设置，通常设置在用户模块中。除铃流信号之外，其他音信号和多频信号都以数字形式直接进入数字交换网络，并像数字话音信号一样交换到所需端口。

对于采用公共信道信令（如 No.7 信令）的交换机，图 3-12 中的信号部件还包括信令终端，完成 No.7 信令的链路级（第二级）功能，第一级功能由数字中继完成，高层功能包含在交换机的控制系统中。

3.2.2　控制系统

数字电话交换机的控制系统大多采用多处理机结构，如何配置这些处理机存在多种方案，从而形成了不同的控制结构或控制方式。

1．处理机的控制结构

1）集中控制

早期交换机大都采用集中控制方式。设交换机的控制系统由 n 台处理机组成，实现 f 项功能，每一项功能由一个程序来提供，系统有 r 个资源。如果在该系统中，每台处理机均能控制全部资源，也能执行所有功能，则这个控制系统采用集中控制方式，如图 3-18 所示。

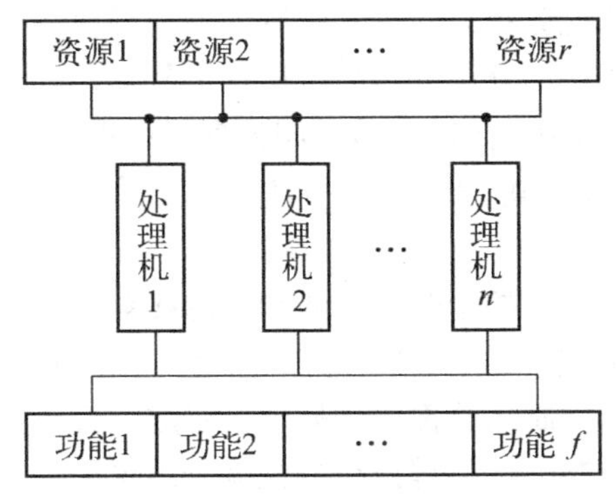

图 3-18　集中控制结构

集中控制的主要优点是：处理机掌握整个系统的状态，可以控制所有资源；控制功能的改变一般通过修改软件实现，比较方便。但这种控制的最大缺点是：软件要包括各种不同特性的功能，规模庞大，不便于管理；系统较脆弱，一旦出故障会造成全局中断。

2）分散控制

在图 3-18 所示控制结构中，如果每台处理机只能控制部分资源，执行部分功能，则这个控制系统就采用分散控制方式。在分散控制中，各处理机可按容量分担或功能分担的方式工作。

容量分担方式是指每台处理机只分担一部分用户的全部呼叫处理任务。按这种方式分工的各处理机所完成的任务都是一样的，只是所服务的用户群不同。容量分担方式的优点是其扩展性好；缺点是每台处理机都要具有呼叫处理的全部功能。

功能分担方式是将交换机的各项控制功能分配给不同的处理机完成。处理机之间的功能可以静态分配，也可以动态分配。功能分担方式的优点是每台处理机只承担一部分功能，可以简化软件设计，若需增强功能，也易于实现。缺点是在容量小时，也必须配齐全部处理机。

目前使用的大、中型交换机大多采用具有分散控制特点的分级控制方式。

分级控制按控制功能的高低配置处理机。对于层次较低、处理任务简单但工作量繁重的控制功能，如用户扫描、摘挂机及脉冲识别等，采用外围处理机（或用户处理机）。对于层次较高、处理较复杂的控制功能，如号码分析、路由选择等，采用呼叫处理机承担。对于复杂度高、执行频次较少的故障诊断和维护管理等功能，采用主处理机完成。这样就形成了三级控制结构，如图 3-19 所示。

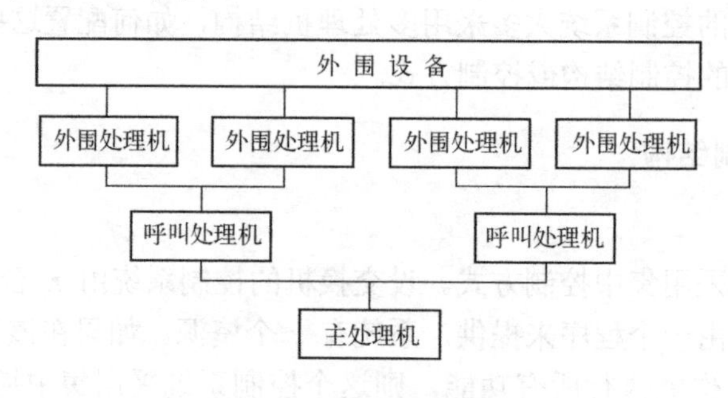

图 3-19　三级控制结构

这种三级控制结构按功能分担方式分别配置外围处理机、呼叫处理机和主处理机。每一级又可采用容量分担方式：如外围处理机按用户群配置，如几百个用户配置一套；呼叫处理机因要处理外围处理机上报的信息，故呼叫处理机可根据外围处理机的数量进行配置；对于主处理机一般只配置一套即可。也可将呼叫处理机和主处理机合设，构成二级控制结构。

3）分布式控制

分布式控制是指数字交换机的全部用户线和中继线被分成多个终端模块（用户模块或中继模块），每个终端模块都有一套控制单元。在控制单元中配备微处理机，包括所有呼叫控制和交换控制在内的一切控制功能都由微处理机完成，每个终端模块基本上可以独立进行呼叫处理工作。例如，S1240 数字程控交换机就采用这种控制方式。分布式控制方式具有以下优点。

（1）业务适应能力较强。增加新功能或新业务时可引入新的组件，新组件中带有相应的控制设备，从而对原系统设备影响较小。

（2）能方便地引入新技术，且不必重新设计交换机的整体结构，也不用修改原来的硬件。

（3）可靠性高，发生故障时影响面较小，如只影响某一群用户或只影响某些性能。

但采用分布式控制方式时，微处理机数量相对较多，微处理机之间的通信比较频繁，使各处理机真正用于呼叫处理的效率降低，同时也增加了软件系统的复杂性。

2. 处理机的冗余配置

为了确保控制系统安全可靠，数字电话交换机的控制系统通常采用双机冗余配置，配置方式有微同步、负荷分担和主备用方式。

1）微同步方式（同步双工方式）

如图 3-20 所示，两台处理机均接收从外围设备来的信息，但只有处理机 A 向外围设备发送指令。两台处理机独立进行工作，同时从外围设备接收同样的信息进行处理，每执行完一条指令，通过比较器进行比较。如果结果相同，继续执行下一条指令。一旦发现不一致，两台处理机立即中断正常处理，各自启动检查程序。如果发现一台有故障，则退出服务，以做进一步的诊断，而另一台则继续工作。如果检查发现两台均正常，说明是由于偶然干扰引起的错误，处理机恢复原有工作状态，处理所得结果只由主用机向外围设备发出控制信息。

微同步工作方式的优点是发现错误及时，中断时间很短（20ms 左右），对正在进行的呼叫处理几乎没有影响。其缺点是双机进行指令比较需要占用一定机时，降低了处理机的效率。

2）负荷分担（话务分担）方式

如图 3-21 所示，处理机 A、B 都从外围设备接收信息进行处理，各自承担一部分话务负荷，独立进行工作，发出控制指令。为了沟通工作情况，它们之间通过信息链路及时地交换信息。为了防止两台处理机同时处理相同任务，它们之间设有“禁止”电路，避免“争夺”现象。两台处理机各自具有专用的存储器，一旦某一处理机出现故障，则由另一台处理机承担全部负荷，无须切换过程，呼损很小。只是在非正常工作时，单机可能有轻微过载，但时间很短，一旦另一台处理机恢复运行，便会恢复正常。

负荷分担方式的优点是两台处理机都承担话务，因此过载能力很强。其缺点是为了避免资源同抢，双机互通信息也较频繁，这使得软件比较复杂，且负荷分担方式不如微同步方式那样较易发现处理机硬件故障。

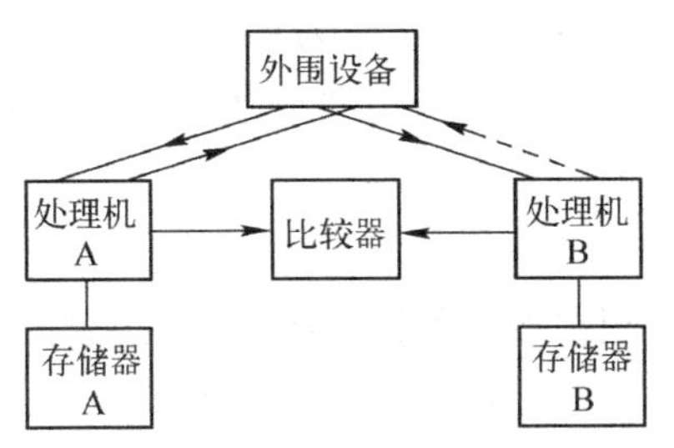

图 3-20　微同步方式结构图

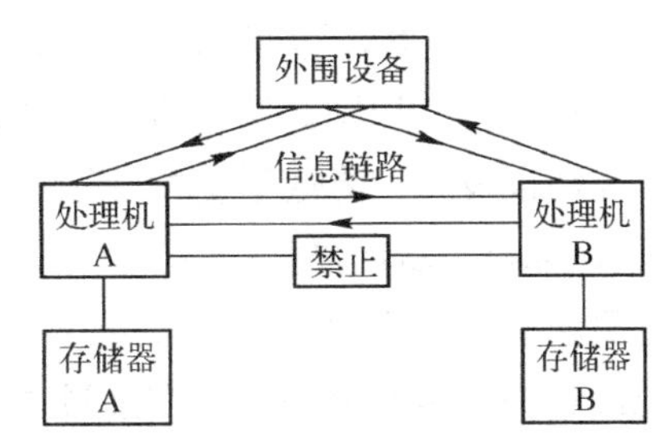

图 3-21　负荷分担方式结构图

3）主备用方式

如图 3-22 所示。A、B 两台处理机共用存储器，在任何情况下只有其中一台处理机（A 或 B）与外围设备交换信息，即一台主用，一台备用。主用机承担全部外围设备的话务负荷，当主用机出现故障时，进行主/备用机倒换。

主备用方式有冷备用（Cold Standby）与热备用（Hot Standby）两种。冷备用时，备用机中没有保存呼叫数据，在接替主用机时从头开始工作，会丢失大量呼叫。通常采用热备用方式，备用机根据原主用机故障前保存在存储器中的数据进行工作，可随时接替主用机。

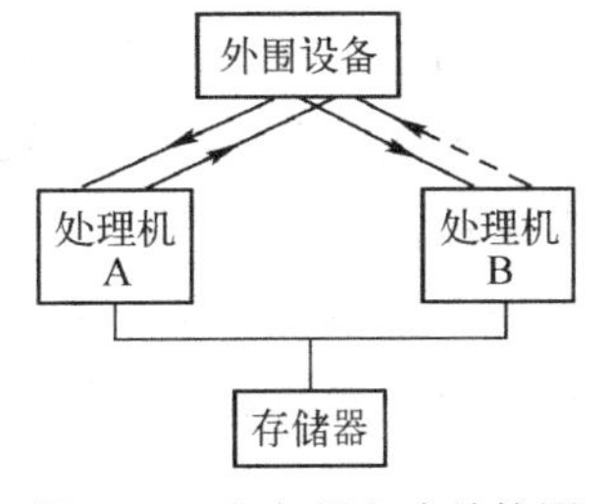

图 3-22　主备用方式结构图

3．处理机之间的通信

通过前面的介绍，可以知道数字电话交换机普遍采用多处理机控制方式。为了完成呼叫处理、维护和管理任务，通常需要多台处理机协同工作，因此，采用怎样的通信方式，在很大程度上影响着系统的处理能力和控制系统的可靠性。选择一种合理、高效和可靠的多处理机通信方式是设计控制系统时必须考虑的问题。

多处理机间通信既可以通过内部的数字交换网络实现，也可以采用专用网络通信方式，如采用总线结构、环形结构、以太网结构等。下面简要介绍几种常见处理机间的通信方式。

1）通过PCM信道进行通信

利用交换机内部的PCM信道进行通信，具体实现方法包括以下几方面。

（1）利用时隙16进行通信。在数字通信系统中，时隙16用于传输局间的信令，传输线上的信息在到达交换局时，中继接口提取时隙 16 的信令进行处理。而交换机内部的时隙16是空闲的，可以用作处理机间的通信信道。例如，F-150数字程控交换机就是利用时隙16来传送用户处理机（LPR）和呼叫处理机（CPR）之间的通信信息的。

这种通信方式不需要增加额外的硬件，软硬件实现比较简单，但这样的单一信道结构限制了通信的速率，一般用于通信量不大的情况。

（2）直接通过数字交换网络的 PCM 信道进行通信。这种方式与前者不同的是，不再限制特定的通信信道，通信信息和话音信息同样经过数字交换网络进行传送。例如，在S-1240交换机中，内部PCM30/32系统除了时隙0和时隙16具有特殊用途，其他30个时隙既可以传送话音/数据，也可以传送处理机间的通信信息。为了区分信道中信息的类型，一般通过标志进行识别。这种方式能进行远距离通信，但缺点是需要占用交换网络的信道资源，开销也较大，降低了交换网络的使用效率。

2）采用计算机局域网结构方式

计算机局域网具有不同的结构方式，下面介绍在数字程控交换机中采用的几种方式。

（1）总线结构。多台处理机之间通过共享的总线进行通信，总线结构具有两种基本实现方式：紧耦合系统和松耦合系统。由于这两种方式都要共享一组总线，因此必须有决定总线控制权的判决电路，处理机在占用总线前必须判别总线是否可用。对于紧耦合系统，多处理机之间通过共享存储器进行通信。在这种结构中，所有处理机和存储器都连在一条公共的分时复用线上，发端处理机将通信信息写入存储器，收端处理机可直接从共享存储器读取信息。对于大型交换系统，如果处理机较多，那么总线可能成为通信的“瓶颈”，因此，可采用多总线结构。紧耦合系统具有较高的通信效率，但对处理机间的物理距离有严格的限制。

对于松耦合系统，多台处理机之间是通过I/O接口来实现通信的。在这种方式下，一台处理机把参与通信的另一台处理机当作一般的I/O端口，这些端口可以是并行口，也可以是串行口，这种方式适用于通信信息量和速率都不是很高的场合。

（2）环形结构。在大型数字电话交换系统中，尤其是在分散控制的系统中，处理机的数量较多，且处理机之间处于平级关系，可以采用环形结构互连。利用令牌来实现信道的分配和使用，完成多台处理机之间的信息通信。

（3）以太网结构。以太网是一种采用具有冲突检测的载波监听多路访问（CSMA/CD）技术，适用于多机通信环境，由于其技术成熟，器件成本低，因此，在国产大型程控交换机中得到广泛应用。与总线结构相比，以太网的通信距离可达百米以上。

3.3 数字交换原理

3.3.1 数字接线器

在数字电话交换机中，来自用户或模拟中继线的话音信号首先在接口电路实现数字化，并通过同步时分复用接入内部数字交换网络。为实现不同用户之间的话音信息交换，数字交换网络必须完成不同时隙内容的交换，即将数字交换网络某条输入复用线上某个时隙的内容交换到某条输出复用线上的指定时隙。

时隙交换的简化示意图如图 3-23 所示。设一条进入数字交换网络的 PCM 输入复用线上有 32 个时隙，经过数字交换网络后，输入时隙 TS2 中的信息 A 被搬移至输出时隙 TS18，输入时隙 TS18 中的信息 B 被搬移至输出时隙 TS2。将 PCM 输入复用线上任一时隙的信息编码转移到输出复用线上另一编号时隙的控制过程称为时隙交换。时隙交换的本质是时隙内容的互换。

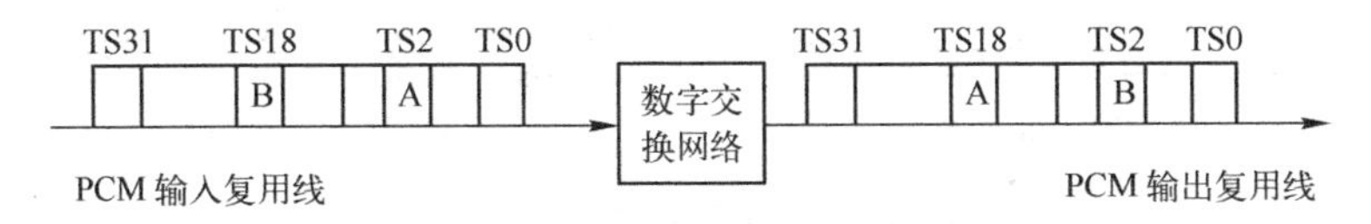

图 3-23 时隙交换的简化示意图

对于大容量的数字交换机，接入数字交换网络上的 PCM 复用线不止一条，如图 3-24 所示。这就要求数字交换网络还必须实现复用线之间的信息交换。例如，图中，第 1 条 PCM 复用线上 TS1 的信息 A 被交换到了第 n 条 PCM 复用线的 TS1，第 n 条 PCM 复用线中 TS22 的信息 B 被交换到了第 1 条 PCM 复用线的 TS16。

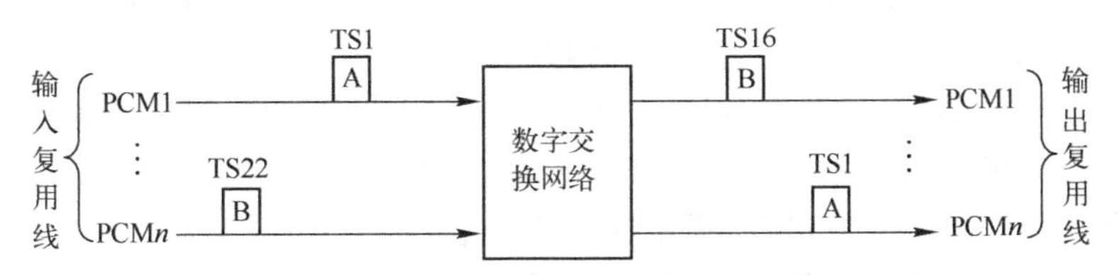

图 3-24 复用线之间的时隙交换示意图

数字交换网络应具有下列基本功能：①完成同一复用线上不同时隙之间的信息交换；②完成不同复用线之间同一时隙的信息交换。这两个基本交换功能分别是由不同的数字接线器实现的，一种是时间接线器（T 接线器），另一种是空间接线器（S 接线器）。

下面介绍这两种接线器的工作原理。

1. 时间接线器

时间接线器（Time Switch）又称为时间交换单元，简称 T 接线器，其功能是完成同一条 PCM 复用线上不同时隙之间的信息交换。

时间接线器主要由话音存储器（Speech Memory，SM）和控制存储器（Control Memory，

CM）组成，如图 3-25 所示。SM 用于存储数字话音信息，以便延时；CM 用于存储话音时隙地址，以便控制延时。

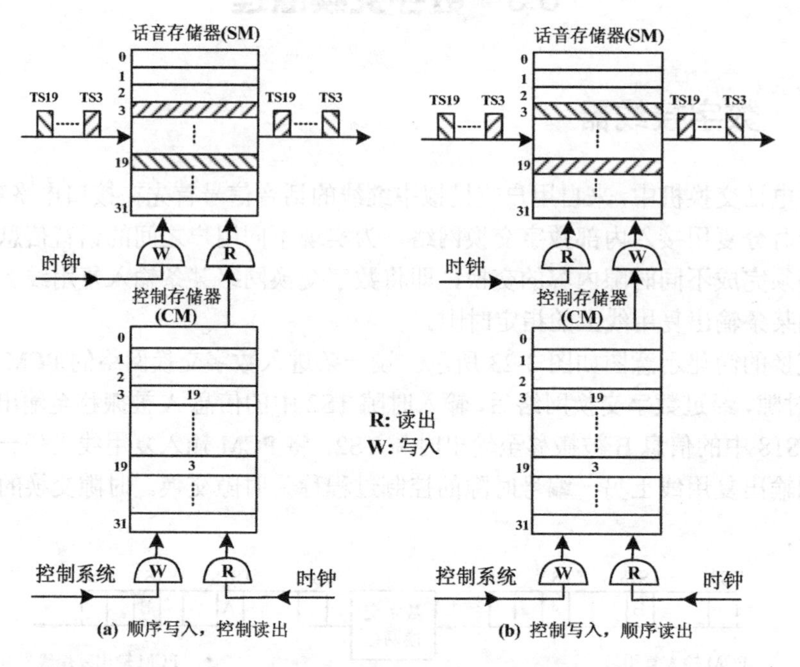

图 3-25　T 接线器的组成和工作原理

SM 的存储单元数由输入复用线的复用度（每帧的时隙数）决定，图中 PCM 复用线每帧有 32 个时隙，则 SM 存储单元容量为 32 个单元，每一存储单元为 1 字节（由话音的 PCM 编码长度决定）。

CM 的存储单元数与 SM 的存储单元数相等，每个存储单元存放 SM 的地址码。

如图 3-25 所示，T 接线器的工作方式有两种：一种是“顺序写入，控制读出”方式；另一种是“控制写入，顺序读出”方式。顺序写入和顺序读出中的“顺序”是指按照输入或输出复用线上时隙的编号顺序，可由时钟脉冲电路来控制 SM 的写入或读出地址；而控制读出和控制写入的“控制”是指按 CM 中已规定的内容来控制 SM 的读出或写入。至于 CM 中的内容则是由交换机呼叫处理程序预先写入的。

下面先介绍第一种方式，即“顺序写入，控制读出”的工作原理。

如图 3-25（a）所示，T 接线器的输入线和输出线各为一条 32 个时隙的 PCM 复用线。如果占用 TS3（第 3 时隙）的用户 A 要和占用 TS19 的用户 B 通话，为了让用户 B 听到用户 A 的讲话声音，就应把 TS3 承载的话音信息搬移到 TS19 中去。在时钟脉冲控制下，当 TS3 时刻到来时，把 TS3 中的话音信息写入 SM 的第 3 号存储单元内。由于此 T 接线器的读出是受 CM 控制的，当 TS19 时刻到来时，从 CM 中读出地址为 19 的单元内容“3”，以这个“3”为地址去控制读出 SM 第 3 号存储单元的话音信息。这样就完成了把 TS3 中的话音信息交换到 TS19 中去的任务。

由于数字通信采用四线制，即发送和接收分开，因此数字交换需要同时在两个方向进行交换。在 B 用户讲话 A 收听时，就要把 TS19 中的话音信息交换到 TS3 中去，这一过程与 A 到 B 相似，即在 TS19 时刻到来时，把 TS19 中的话音信息写入 SM 地址为 19 的存储单元内，在 CM 控制下的下一帧 TS3 时刻，读出这一话音信息并输出到输出复用线上。

根据上述介绍，可知 T 接线器在进行时隙交换时，被交换的话音信息要在 SM 中存储一段时间，这段时间小于 1 帧（125μs），也就是说数字交换会带来一定的时延。另外也可看出，话音信息在 T 接线器中需每帧交换一次。假设 A 和 B 两用户的通话时长为 2min，则上述时隙交换的次数达 96 万次。

对于“控制写入，顺序读出”的工作原理，与“顺序写入，控制读出”相似，所不同的是 CM 用来控制 SM 的写入，SM 的读出则是按输出复用线上的时隙编号（或 SM 地址顺序）顺序读出即可。

对于 T 接线器，不论是顺序写入，还是控制写入，都是将复用线上每个输入时隙的话音信息对应存入 SM 的一个存储单元，其实质是通过空间位置的变换来实现时隙交换，所以 T 接线器可以看作按空分方式工作的。

2. 空间接线器

空间接线器（Space Switch）又称为空间交换单元，简称 S 接线器，其作用是完成不同时分复用线之间同一时隙的信息交换。

如图 3-26 所示，S 接线器由交叉接点矩阵和控制存储器组成。

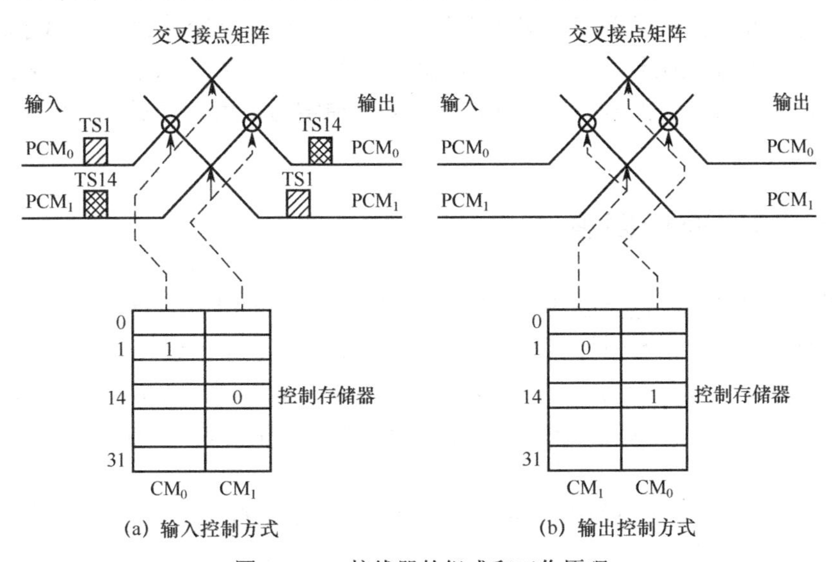

图 3-26　S 接线器的组成和工作原理

图 3-26 所示为一个 2×2 的交叉接点矩阵，它有两条输入复用线和两条输出复用线。控制存储器的作用是对交叉接点矩阵进行控制，控制方式有以下两种。

（1）输入控制方式，如图 3-26（a）所示。按输入复用线来配置 CM，即每条输入复用线配置一个 CM，由这个 CM 来决定该输入 PCM 线上各时隙的信息编码要交换到哪一条输出复用线上去。因此，CM 中各存储单元存放的是输出线号。

（2）输出控制方式，如图 3-26（b）所示。按输出复用线来配置 CM，即每条输出复用线配置一个 CM，由这个 CM 来决定哪条输入 PCM 线上的时隙编码要交换到这条输出复用线上来。因此，CM 中各存储单元存放的是输入线号。

现以图 3-26（a）为例来说明 S 接线器的工作原理。设输入复用线 PCM_0 上 TS1 中的话音信息要交换到输出复用线 PCM_1 中去，当时隙 1 时刻到来时，在 CM_0 的控制下，输入复用线 0 与输出复用线 1 的交叉接点闭合，使输入 PCM_0 的 TS1 的话音信息直接转送至输出 PCM_1 的 TS1 中去。同理，在该图中输入复用线 PCM_1 上 TS14 的话音信息，在 CM_1 控制下将送至输出复用线 PCM_0 的 TS14 中去。因此，S 接线器完成了不同 PCM 复用线之间的信息交换，在交换中其话音信息所在的时隙位置并没有改变，即它只能完成线间同一时隙的信息交换。

在图 3-26（a）中，假定 PCM_0 的 TS0、TS2、TS4…时隙中话音信息需要交换到输出 PCM_1 的 TS0、TS2、TS4…时隙中去，则在 CM_0 的控制下，输入复用线 0 与输出复用线 1 之间的交叉接点在一帧内就要闭合、断开若干次。因此在数字交换中，空间接线器的交叉接点是以时分方式工作的。

对于图 3-26（b）所示的输出控制方式的 S 接线器的工作原理，与输入控制方式的工作原理是相同的，不再赘述。

上面介绍的时间接线器和空间接线器都是以 PCM 基群速率为例的，但在实际的数字交换网络中，为了满足一定的容量要求，在交换器件允许的条件下，一般要尽可能地提高 PCM 的复用度（复用线上每帧包含的时隙数）。这就需要在交换前，将多路 PCM 低次群复用成高次群，然后一并进行交换。在完成交换后，还要将复用的信号还原到 PCM 低次群。同时需要注意的是：在时间接线器和空间接线器的工作过程中，在交换器件内部存储和交换的都是并行的数字信号，因此，在复用线上传输的 PCM 串行码在交换前、后必须经过串并变换和并串变换。在数字交换机中，串并、并串处理通常与复用、解复用操作在接口电路中一并实现。

3.3.2 数字交换网络

数字交换网络的功能是完成任意入线和任意出线之间的时隙交换。对于不同容量的交换机，数字交换网络具有不同的组网结构。最简单的只有一个单级 T 接线器，对于大型网络可以由 T 接线器组成多级网络，也可以与 S 接线器结合，构成 T-S-T、T-S-S-T、T-S-S-S-T、S-T-S、S-S-T-S-S 等结构，以适应大、中型数字交换机的容量需要。下面以大量应用的 T-S-T 为例，介绍数字交换网络的工作原理。

T-S-T 数字交换网络为三级交换网络，两侧为时间接线器，中间为空间接线器。这是一种较为典型的时分交换网络。

1．T-S-T 交换网的组成

假设输入与输出时分复用线各有 10 条，说明两侧各需 10 个 T 接线器，左侧为输入，右侧为输出，中间由空间接线器的 10×10 交叉接点矩阵将它们连接起来，如图 3-27 所示。

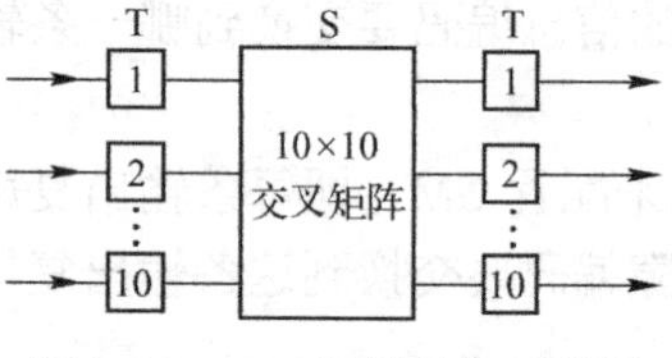

图 3-27　TST 网络结构示意图

如果每一时分复用线的复用度为 512，那么每个 T 接线器中有一个 512 个单元的话音存储器和一个具有 512 个单元的控制存储器。因此，每个 T 接线器可完成 512 个时隙之间的交换。

空间接线器具有 10×10 的交叉接点矩阵，完成 10 条出、入线之间的交换。并有 10 个控制存储器，每个控制存储器也应有 512 个单元。这样，这一 T-S-T 网络可完成 5120 个时隙之间的交换。

2. T-S-T 的工作原理

以图 3-28 为例，说明 T-S-T 的工作原理。输入侧 T 接线器的话音存储器用 SMA 表示，控制存储器用 CMA 表示，输出侧 T 接线器话音存储器与控制存储器分别用 SMB 和 CMB 表示，空间接线器的控制存储器用 CMC 表示。该图输入、输出侧各用 3 套 T 接线器，每条复用线的复用度为 32。

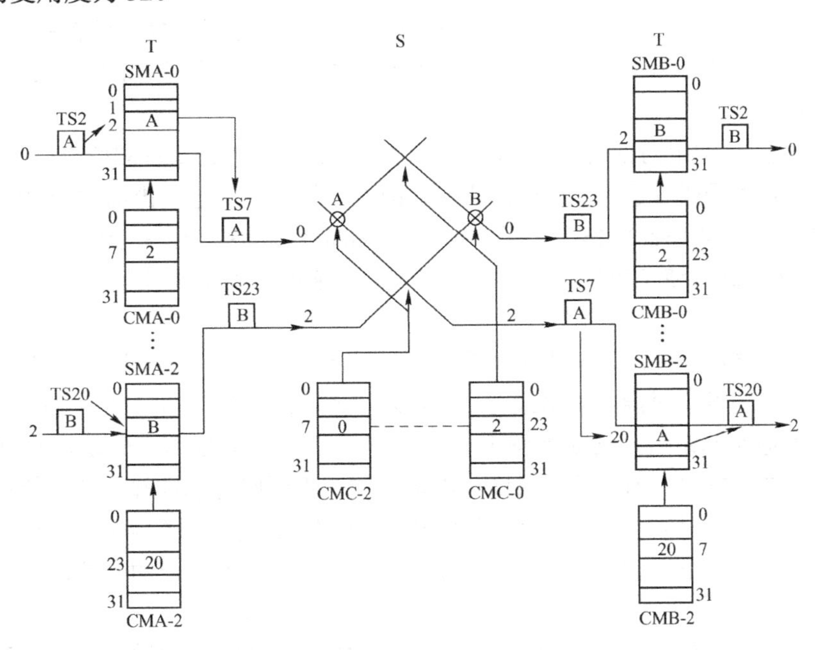

图 3-28　T-S-T 网络的组成和工作原理

现假设输入侧 T 接线器采用顺序写入、控制读出工作方式，输出侧 T 接线器则采用控制写入、顺序读出的工作方式，空间接线器采用输出控制方式。如果要求输入线 0、时隙 2 与输出线 2、时隙 20 之间进行交换接续，T-S-T 如何完成交换工作呢？

按 T 接线器假设的工作方式，应将输入线 0、时隙 2 的内容写入 SMA-0 中的 2 号存储单元内。在哪个时隙（内部时隙）输出呢？这应取决于 CPU 控制设备在各存储器中寻找到的空闲路由。所谓空闲路由，就是从各级接线器的控制存储器看，输入侧 CMA-0、输出侧 CMB-2 及中间的 CMC-2 同时都有一个相同的空闲单元号，如果选择入线 0 与出线 2 的交叉点 A 的闭合时间为时隙 7，那么必须是 CMA-0、CMB-2 及 CMC-2 的 7 号存储单元都空闲，才可使入线 0、时隙 2 与出线 2、时隙 20 进行交换。如果现在需将入线 0、时隙 2 的信息送到出线 2、时隙 20 中，这时，CPU 应设置各控制存储器的内容：向 CMA-0 的 7 号单元内写入 2，向 CMC-2 的 7 号单元内写入 0，向 CMB-2 的 7 号单元内写入 20。

这些任务完成后，意味着内部时隙 7 到时，交叉接点 A 闭合，因此，CMA-0、CMB-2、CMC-2 同时起作用，做以下动作：顺序读出 CMA-0 内 7 号单元中的内容 2，并以此作为 SMA-0 的读出地址，将原来存在 SMA-0 内 2 号单元中的信息读出，转移到中间时隙 7 上；同时，CMC-2 在时隙 7 相对应的单元读出内容 0，控制输入线 0 和输出线 2 接通，即 A 接点闭合，这样就把时隙 7 的话音信息经过交叉接点 A 送到输出线 2 上；与此同时，在 CMB-2 控制下，把沿着空间接线器输出线上送来的信息，写入 SMB-2 的 20 号存储单元。在 SMB-2 顺序读出时，便在时隙 20 读出 SMB-2 的 20 号单元内所存的信息。该信息就是原输入线 0、时隙 2 的内容，即完成了入线 0、时隙 2 的信息交换到出线 2、时隙 20。

上述交换只实现了单向信息传送，而用户之间的通话信息必须双向传送，所以交换网络应建立双向通路。由于 PCM 传输采用四线制，如果上述通路表示 A 用户到 B 用户，那么还需建立一条 B 用户到 A 用户的通路。为简化控制，可使两个方向的内部时隙具有一定的对应关系。B 至 A 方向的通路通常采用反相法，即来、去两方向的内部时隙相差半帧，两个方向的通路同时示闲、示忙。这个半帧是指双向通路内部时隙之间的关系。如果某一方向选用的内部时隙号为 x，则另一个方向所用的内部时隙号为（$x+n/2$）。其中，n 为复用线上信号的复用度。

本例中 A 至 B 选用内部时隙 $x=7$，那么 B 至 A 方向必定要选 7+32/2=23，即时隙为 23。如果按上式计算大于或等于 n，则应减去 n。例如，某一方向选用内部时隙 30，那么另一方向按上式计算为 30+32/2=46，大于 30，所以需将 46 减去 32，得到另一方向的内部时隙数为 14。这样做可使 CPU 一次选定两个方向的通路，避免二次操作，从而减轻 CPU 的负担。

除确定内部通路之外，还需指出的是，上述 A 至 B 通路，输入线 0、时隙 2 为输入时隙，它是 A 用户的发话时隙；输出线 2、时隙 20 为输出时隙，它是 B 用户的受话时隙。那么，B 至 A 的通路确定后，又如何确定 A 用户的受话时隙与 B 用户的发话时隙呢?由于交换网络本身是单方向的，因此发话时隙总在输入侧，受话时隙总在输出侧，所以安排 B 至 A 方向的 B 用户发话时隙及 A 用户受话时隙的原则是：线号及时隙号都不变，只是换个方向而已。本例 B 用户发话时隙应为输入线 2、输入时隙 20，A 用户的受话时隙为输出线 0、输出时隙 2。

B 至 A 方向话音信息的传送应由 CMA-2、CMB-0、CMC-0 协助完成，CPU 控制向这 3 个控制存储器写入有关信息，如图 3-28 所示。

当双方通话完毕拆线时，CPU 将各控制存储器相应单元的内容清除，释放相关资源。

上面叙述 T-S-T 的工作原理时假设输入侧 T 接线器采用顺序写入、控制读出，输出侧 T 接线器采用控制写入、顺序读出方式。如果将输入侧和输出侧 T 接线器的工作方式对换一下，那么 T-S-T 又该如何工作呢？读者可以自行研究，这里不再赘述。

3.4 电话交换机软件系统

数字电话交换机是由电子计算机控制的实时信息交换系统，它主要由硬件和软件系统两大部分组成。随着微电子技术的发展，硬件成本不断下降，而软件系统的情况则完全不同。一个大型程控交换机容量可达数十万门，其软件工作量十分庞大。因此，程控交换机的成本、质量（如可靠性、话务处理能力、过负荷控制能力等）在很大程度上取决于软件系统。

3.4.1　交换软件的组成

交换软件包括支援软件和运行软件两大部分。其中，支援软件又称为脱机软件，是一个支撑软件开发、生产及维护的工具和环境系统。运行软件又称为联机软件，是指交换机工作时运行在各处理机中，对交换系统的各种业务进行处理的软件的总和。运行软件的组成如图 3-29 所示。

1．应用软件

应用软件包括呼叫处理程序和维护管理程序。其中，呼叫处理程序负责整个交换机所有呼叫的建立与释放，以及新业务性能的提供。主要完成交换状态管理、交换资源管理、交换业务管理和交换负荷控制等功能。维护管理程序的主要功能是协助实现交换机软、硬件系统的更新，计费管理和监视交换机的工作情况，以确保交换机的服务质量。同时要实现交换机的故障检测、故障诊断和恢复等功能，以保证交换机可靠工作。

运行软件各组成部分所占的大致比例如图 3-30 所示。

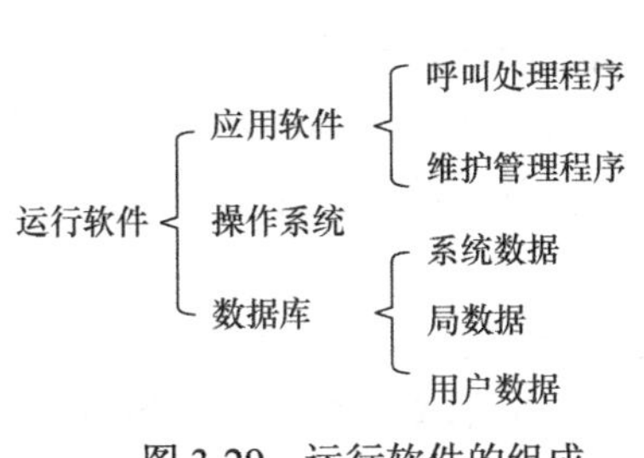

图 3-29　运行软件的组成

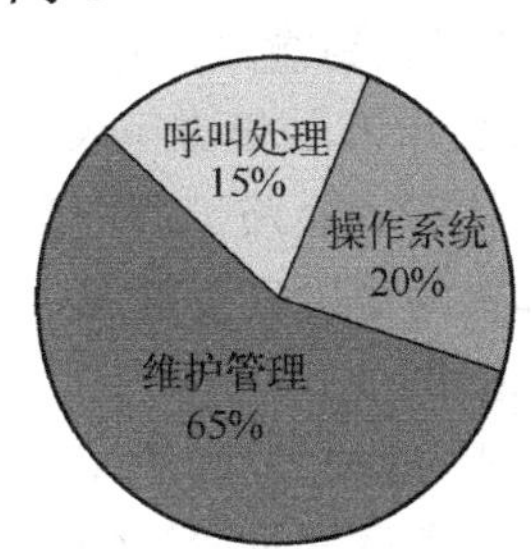

图 3-30　运行软件各部分所占比例

2．操作系统

操作系统用于对交换机所有软、硬件资源的管理和调度，并为应用软件提供运行环境支持。其主要功能是任务调度、存储器管理、时间管理、通信支援、故障处理（包括系统安全和恢复），以及外设处理、文件管理、装入引导等。

3．数据库

数据是描述交换机软硬件配置和运行环境的基础信息，运行软件处理的全部数据由数据库管理系统统一进行管理，以便采取有效措施保证数据的完整性、安全性和并发性。数字程控交换机数据库所涉及的数据如下。

1）局数据

局数据用于描述交换机的配置及运行环境，反映交换局在网络中的地位（或级别）和连接关系。它包括硬件配置、编号计划、中继信号方式等。局数据随不同交换局而不同。

2）用户数据

用户数据用来描述用户的情况，每个用户都有其特有的用户数据。用户数据包括用户号码、端口物理地址、用户业务类别、用户终端类别、出局权限、计费类别、用户业务权限等信息。

3）系统数据

系统数据与交换机的部署无关，具有较强的通用性。由设备制造厂家根据设备数量、组网形态、存储器地址分配等有关数据在出厂前预设。

在数字程控交换机中，所有有关交换机的信息都可以通过数据来描述，如交换机的硬件配置、运用环境、编号方案、用户和资源（如中继、路由等）的当前状态、接续路由等。

4．程序设计语言

大容量数字程控交换系统的设计需要众多技术人员合作完成，为了提供一个良好的软件开发环境，ITU-T 建议了 3 种程序设计语言，即规范描述语言（Specification and Description Language，SDL）、CHILL 语言（CCITT High Level Language， CHILL）和人机对话语言（Man-Machine Language，MML）。

1）SDL 语言

SDL 语言用于在系统设计阶段对交换机的功能和行为进行描述。原则上，SDL 语言既能说明一个待设系统应具有的功能和行为，又能描述一个已实现系统的功能和行为。这里，“行为”是指系统在收到输入信号时的响应方式。

SDL 语言有图形表示和语句表示两种形式。在系统设计和程序设计初期，SDL 语言用于概括地描述设计者的思路、程序功能结构，以及与周围环境（硬件和软件）的联系等。它比一般的计算机高级语言更抽象、更概念化，也更适合对系统进行宏观描述。

2）CHILL 语言

CHILL 语言是 1980 年 11 月 CCITT 正式建议的用于交换软件的标准程序设计语言，主要用于软件的编程和调试阶段。CHILL 语言包括以下 3 个基本部分：以“数据语句”描述的数据对象；以“操作语句”描述的动作；以“结构语句”描述的程序结构。

CHILL 语言具有通用性强、可靠性高、处理能力强，应用灵活等特点，可满足编写操作系统、接口和特殊数据处理（如位处理）等设计需要；具有良好的结构性，便于模块化设计；而且易学易用。

当然，C 语言也是交换软件设计常用的一种高级编程语言，C 语言的结构和指针功能强，适于编制实时控制程序，在交换软件设计中得到了广泛应用。例如，美国 AT&T 公司生产的 5ESS、我国华为公司生产的 C&C08、中兴通讯公司生产的 ZXJ10 等交换机都采用了 C 语言。

3）MML 语言

MML 语言是一种交互式人机对话语言，用于程控交换系统的操作、维护、安装和测试。这种语言的书写形式与自然语言接近，便于理解和使用。

MML 语言包括输入语言与输出语言。输入语言用于对交换机下达指令。输出语言是交换机的输出信息，在输出信息中又分为非对话输出（自动输出）和对话输出（应答输出）。非对话输出为特定事件（如告警）出现或预设任务（如话务统计）结束后的自动输出。对话输出是对指令的响应，当操作人员输入的指令被交换机正确执行后，即显示“指令成功执行”的信息及指令执行的相关结果；若指令有错误或系统无法执行时则输出拒绝执行的原因。

3.4.2 操作系统

数字程控交换机的操作系统是一个实时多任务操作系统，其特点是实时性强、可靠性高，能支持多任务并发处理。虽然不同类型的交换机，其操作系统的体系结构各不相同，但它们的主要功能大致相同，一般包括任务调度、存储器管理、I/O 设备管理和文件管理等。下面从程控交换的角度来简要阐述操作系统的主要功能和呼叫处理对操作系统的要求。

1．基本功能

概括地说，程控交换操作系统的功能是管理所有资源，并对应用软件的执行提供支援。程控交换操作系统的基本功能如下。

1）程序的执行管理

程控交换机是一种需要并发处理的实时系统，同时会有多个呼叫等待处理，这些呼叫可能处于相同的或不同的接续阶段，都需要在处理机的呼叫处理程序控制下完成接续任务。而且，程控交换机的应用软件除了呼叫处理程序，还有维护管理程序，都可能发出要求处理的请求。因此，操作系统必须具有程序的执行管理和任务调度功能，按实时要求来调度各程序的执行。为便于程序的执行管理，程序要划分为几种不同的优先级。

程序的执行管理实际上就是对处理机的管理。也就是说，每当一个任务执行完毕，必须确定应将处理机分配去执行哪一个任务。

2）存储器管理

随着呼叫的发生和接续的进展，有许多动态数据需要暂存，如主叫用户的设备码、主叫所拨的被叫号码、所选用的通路时隙号等。为提高存储效率，交换机将这些动态数据的存储区作为公用资源进行管理。

存储器按用途可划分为各种类型的存储块。例如，呼叫控制块（Call Control Block，CCB），每个呼叫分配一个，记录与此呼叫有关的信息；时限控制块，每当提出时限监视要求时分配一个控制块，存入要求者的身份、时限的类型和时长等内容；在同一处理机或不同处理机的软件模块间进行通信时，还需要分配消息缓冲区（Message Buffer，MB）。

上述存储块作为公用资源，需要进行统一的分配和回收处理，这就是存储器管理的任务。

3）时间管理

时间也是一种资源，可由操作系统统一管理。简单地说，时间管理用来监视各种时限是否已到，以便及时用于程序调度、通话计费、运行管理中的日历和时钟的管理。

各种时限要求主要来自呼叫处理。呼叫处理中出现的时限要求有绝对时限和相对时限两种类型。绝对时限用来监视某个未来的绝对时刻，如叫醒服务要监视用户所要求的叫醒时间。相对时限用来监视某个未来的时刻，即以提出要求的时间作为参考点来计算时间，如对久不拨号的监视，是从用户听到拨号音开始计算的，在一段时间（如 30s）内不拨号就是时限已到。

应注意的是，操作系统中时间管理的功能主要是监视时间，至于时限到达后的处理则应包含在提出时限要求的程序中或启动专门的处理程序。

4）通信支援

程控交换机常采用多处理机控制方式，在处理机之间需要传送各种信息以完成呼叫处理等功能。各处理机之间通常不具有公用存储器，而是采用松耦合方式，操作系统应对处理机间通信给予必要的支援，如判断信息应由哪个处理机接收。因此，操作系统必须支持软件模块间的通信，完成通信控制功能。

5）故障处理

为确保交换机的可靠运行，操作系统应具有系统监视、故障处理和恢复功能。

2．实时处理

交换系统中各种任务的实时性要求并不相同。例如，对摘、挂机的识别处理，稍时延几毫秒关系不大，用户一般不会感觉有等待时间；而对于拨号脉冲的接收、识别、计数，则要求在8～10ms之内就应处理完毕，否则就会收错号。为了做到这一点，交换机必须对话路系统进行监视，以识别外部事件的发生。事件代表输入请求，交换机根据输入的要求，经过处理后通过输出指令进行响应，这是一种激励响应机制。输入/输出都有时间限制，满足特定的时限要求，即为实时处理。

实时处理常采用的方式有定期扫描、中断和队列等。定期扫描常用于对外围设备的监视。中断多用来启动定时要求较严格的程序，常见的中断有定时中断、I/O中断和故障中断等。队列多用于启动对实时性要求不很严格的一般性程序。

3．多重处理

所谓多重处理，简单地说就是在同一时间内对多个工作任务同时进行处理。多重处理的基础是处理机的工作速度应远远高于交换动作速度，因此可将处理机的时间分割使用，对交换设备来说就好像同时被驱动一样。

1）多重处理的原理

一次呼叫从发生到结束要经历几分钟或更长时间，而要求处理的时间是很短的，即处理机对用户摘机、挂机、拨号等事件的分析和对交换设备驱动进行控制所花费的时间。因此，处理机每处理完一个任务，并不需要一直等待用户或设备动作完毕，再转去处理另一任务，也不必长期对某一呼叫进行监视，而是同时处理许多任务，这里“同时”是从宏观上来看的。在微观上，处理机在某一很短时间内只能执行某一任务，这样就充分发挥了处理机高速工作的特点。这种对处理机进行时间分割运用，就形成了一台处理机“同时”对若干个呼叫的多重处理，如图3-31所示。

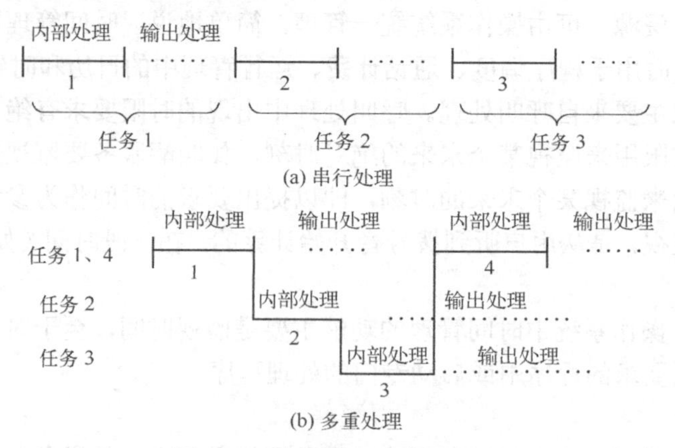

图3-31　串行处理和多重处理

2）多重处理的控制方法

在执行多重处理时，系统会有许多任务同时要求处理，因此需要安排这些任务的执行顺序，分配处理机资源，同时还包括对系统内发生的异常情况进行处理等。

（1）任务排序。对于同时需要处理的多个任务，如何安排执行顺序，解决资源竞争，具有多种解决方法。例如，按所处理任务的性质进行划分：对执行时间要求较严的任务，按周期执行；对执行时间要求不严的，按一般任务执行；对偶发性任务，可按需即时执行。

其他划分方法还包括：按照任务到达的先后顺序，按照处理时间短的优先，按照执行周期短的优先，按照处理结果对整机影响大的优先等。

对于上述几种方法需要综合考虑。在实际的交换系统中往往是几种方法的组合。

（2）任务时间分配。在决定了优先顺序的基础上，如何分配处理机的时间，也是提高设备效率，完成多重处理的主要问题之一。常用的控制方法有以下两种。

一种是通过一个管理程序按规定的时间间隔去查询任务队列，并根据需要更换处理的任务，这种方法适用于周期性任务或实时性要求高的处理任务。

另一种是从处理程序的角度来分配任务时间，这种方法适用于实时性要求不高、处理时间较长、处理更换不频繁的批处理任务。

（3）任务的更换处理。在按优先顺序进行多重任务处理时，往往要求处理机从一个处理转到另一个处理。任务切换方法有硬件控制和软件控制两种。

硬件控制即中断控制，具体方法有人工操作控制台上的中断控制开关、硬件故障输出、计时器溢出、访问中断指令等。多为强制中止，这时需要对中断点进行保护处理，以便以后能够恢复。

软件控制则多为在任务执行完毕后自动判断转移条件，并进行任务更换。

3）多重处理的形式

（1）多道程序。多道程序运行表现为多道作业和多道任务同时运行。例如，输入程序、输出程序和分析处理程序同时运行，呼叫处理程序和维护管理程序同时运行，呼叫处理程序和故障处理程序同时运行等。

（2）多重并行处理。执行同一道程序时，同时对 N 个事件进行处理，即群处理，主要用于同一时间数量较多的处理。

3.4.3　程序的分级与任务调度

程控交换软件的基本特点是实时性和多任务并发处理。因此，在对程序的执行进行管理时，必须预先安排好各种程序的执行计划，在特定时刻，选择执行最合适的处理任务。如何按照计划依次执行各种程序以满足实时性要求，一种有效的方法就是将程序划分为不同的优先级。

1．程序的分级

典型的程序执行级别包括下列三级。

（1）故障级。故障级程序是负责故障识别、紧急处理的程序。其任务是识别故障源，隔离故障设备，切换备用设备，进行系统重组，使系统恢复正常状态。故障级的级别最高，以保证交换系统能立即恢复正常运行。由于故障的发生是随机的，因此在出现故障时应立即产生故障中断，调用并执行故障处理程序。

（2）周期级。周期级程序是指具有固定执行周期，每隔一定时间就由时钟定时启动的程序，称为时钟级程序。为确保周期级程序的执行，交换机的时钟电路（如 CTC 芯片）向处理机发出定时中断请求（时钟中断）。基准时钟周期一般为 4ms 或 5ms。各周期级程序执行周期的确定原则是：既要能满足实时性要求，又要满足执行周期为基准时钟周期的整倍数要求。

（3）基本级。基本级程序是指没有严格时间限制的程序。其对实时性要求不太严格，多为一些分析程序，如数字分析、路由选择，以及维护管理程序等。

基本级程序的级别最低，这些程序的执行稍有时延影响不大。在交换机正常运行时，一般只有周期级和基本级程序的交替执行。当时钟中断到来时，首先执行周期级程序，周期级程序执行完毕后才转入基本级程序。如图 3-32 所示，基本级执行完毕到下一次时钟中断到来，存在一些空余时间。由于话务负荷的变化，因此空余的时间有长有短。在话务高峰时也可能出现基本级尚未执行完毕，就发生时钟中断的情况，此时不仅没有空余时间，而且有的基本级程序还未执行，这就要推迟到下一周期去执行。但在正常话务负荷下，不应经常出现无空余时间的情况。如果经常出现超负荷，就说明处理机处理能力不够。

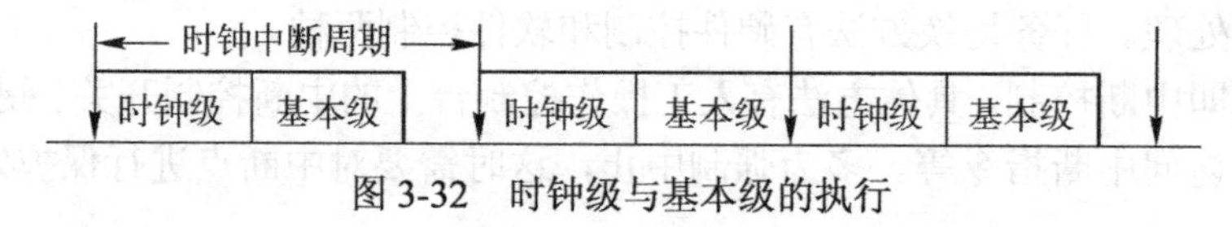

图 3-32　时钟级与基本级的执行

在程控交换机中，还可将故障级、周期级和基本级程序再进行细分。例如，将故障级程序再分为高（FH）、中（FM）、低（FL）三级，对应于严重程度不同的故障；将周期级程序分为高（H）、低（L）两个级别，高级别对时间的要求比低级更为严格，如拨号脉冲扫描、局间信令的发送和接收等属于高级，而对话路设备和输入/输出设备的控制程序属于低级；基本级程序也可划分为多个队列等。

2．任务调度

周期级和基本级程序的执行次序是由任务调度程序控制的。如任务调度程序控制周期级程序中的高（H）、低（L）级和基本级（B）的启动，故有 3 种相应的调度控制程序。首先被启动的是 H 级控制程序（High Level Control Program，HLCTL）。HLCTL 首先启动最优先的 H 级程序，执行完一个任务后返回至 HLCTL，HLCTL 再启动下一个 H 级程序，逐项进行，直到本周期需要执行的 H 级程序都执行完毕。然后转入 L 级控制程序（LLCTL），LLCTL 启动 L 级程序，在 L 级任务都完成后，再转入基本级控制程序（BLCTL），以控制基本级程序的执行。如果基本级程序包括 3 个队列，则先从第一队列（Basic Queue1，BQ_1）开始执行，随后执行第二队列（Basic Queue2，BQ_2），最后执行第三队列（Basic Queue3，BQ_3）的程序。

任务调度与程序的执行示列如图 3-33 所示。如果在执行低级程序时，遇到 4ms 周期到来，即使 L 级或基本级任务尚未执行完，也要被中断，以优先执行 H 级任务，然后执行 L 级任务，随后执行被中断的基本级任务，最后再依次执行 BQ_1、BQ_2、BQ_3 的任务。

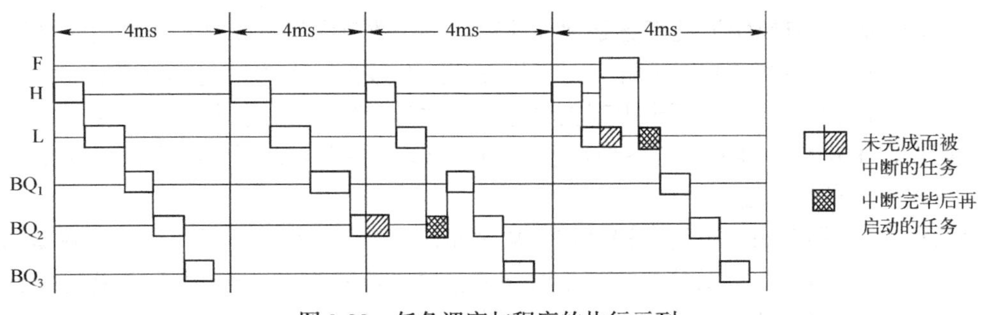

图 3-33 任务调度与程序的执行示列

3. 时钟级程序的调度

时钟级调度程序的功能是确定每次时钟中断时应调度哪些时钟级程序运行，以满足各种时钟级程序的不同时限要求。通常以时钟中断为基准，采用时间表作为调度依据。常用的有比特型时间表和时区型时间表两种类型，下面主要说明比特型时间表调度时钟级程序的基本原理。

1）时间表的结构

比特型时间表的结构如图 3-34 所示。其由 4 个部分组成：时间计数器（HTMR）、有效指示器（HACT）、时间表（HTBL）和转移表（HJUMP）。

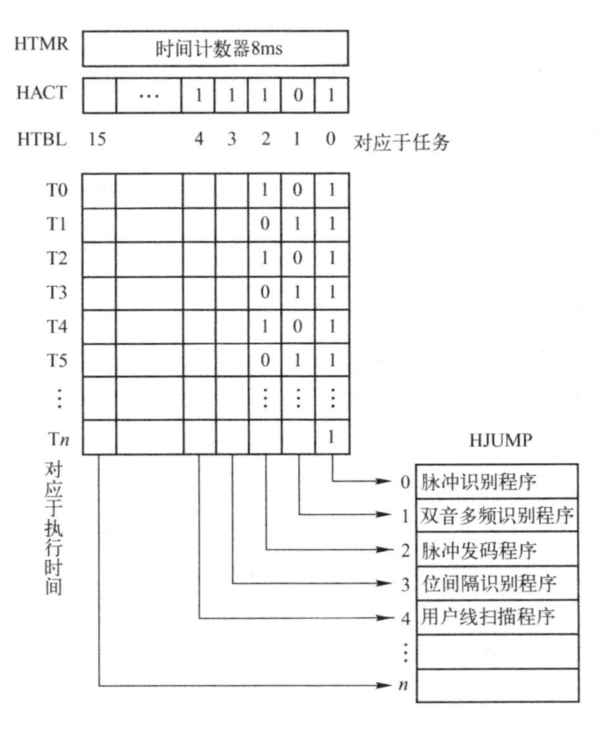

图 3-34 比特型时间表结构

时间表纵向对应时间，每往下一行代表增加一个时间单位，实际上相当于一个时钟中断的周期。时间表横向代表所管理的程序类别，每一位代表一种程序，总位数即计算机字长，故一张时间表可容纳的程序类别数等于字长。当时间表某行某位填入 1 时，表示执行该类程序；填入 0 表示不执行该类程序。

时间计数器（HTMR）的任务是软件计数，按计数值为索引取时间表的相应单元。

有效指示器（HACT）表示对应比特位程序的有效性，为“1”表示有效，为“0”表示无效。其作用是便于对时间表中某些任务进行暂时删除（抑制执行）和恢复。

转移表（HJUMP）也称为任务地址表，其每个单元分别存放着任务（程序）的入口地址。

2）时间表的工作过程

每次时钟中断到来时，调度程序首先从时间计数器中取值，然后将时间计数器加 1，并判断时间计数器加 1 后其值是否等于时间表行数，若等于时间表行数，则将时间计数器清 0；然后用原时间计数器的值为指针，依次读取时间表的相应单元，将该单元的内容与 HACT 的内容做“与”运算，再进行寻“1”操作。寻到 1，则转向该位对应程序的入口地址，执行该程序，执行完毕返回时间表，再执行其他为“1”的相应程序。当被处理单元寻“1”完毕，则转向基本级程序。在时间表的最后一个单元的最后一位，将时间计数器清 0，以便下一周期重新开始。

在调用过程中，后续程序的执行时刻取决于前面程序是否被启动执行，因此，对运行时限严格要求较高的程序应排在比特表的前面，而对时限要求较低的可相应排在后面。时间表的时间间隔应小于所有程序对最小时限的要求，时间表的行数等于各程序执行周期与最短周期之比的最小公倍数。为使 CPU 在各时间间隔周期的负荷均衡，应使每行中所含程序数大致相同。

由于各种程序的执行时限差异较大，而且对时间精度要求不同，因此，实际应用时可根据需要设置多个时间表，以满足程序的调度要求。

4．基本级程序的调度

基本级程序中一部分具有周期性，同样可用时间表进行调度制。而对没有严格时限要求的程序，可采用队列调度法，同一级程序的调度可采用先到先服务的调度原则进行处理。

5．故障级程序的调度

故障级程序的调度是由故障级中断控制的，一般不通过操作系统调度。当交换系统出现故障时，中断源触发器发出故障级中断请求，处理机一旦识别到故障中断，立即中断正在执行的周期级和基本级程序，而优先执行故障级处理程序。

故障处理程序包括故障识别、主/备设备切换及恢复处理等。故障处理的过程如下。

（1）当交换系统发生故障时，启动中断源触发器产生故障中断，以中断正在执行的程序，将中断时的原有状态保存到存储器，启动故障处理程序。

（2）故障处理程序启动故障识别和分析程序，对故障进行识别和分析判断。当判明有故障的设备后，就进行故障隔离，切换故障设备，重新组成可以正常工作的系统，这一过程称为系统再组成。最简单的系统再组成是进行主/备用转换。

（3）恢复处理。系统再组成后应恢复正常的呼叫处理，这是由恢复处理程序来完成的。对于一般的故障中断，恢复处理程序将根据中断点信息恢复呼叫处理程序的运行。

（4）随即启动诊断测试程序，对切换下来的设备进行诊断测试，维护人员根据诊断结果进行相应的处理。

故障设备修复后，由维护人员输入命令，使修复的设备进入可用状态，返回工作系统中。

3.5　呼叫处理原理

呼叫处理程序是最能体现数字程控交换机特色的软件，在呼叫处理过程中，交换软件的实时性和并发性都有体现。呼叫处理程序在交换机运行软件中所占比重并不多，但其运行十分频繁，占用处理机的时间最多。本节从呼叫接续的一般过程出发，着重讨论呼叫处理程序控制接续的基本原理。

3.5.1　接续过程与状态转移

1．一次呼叫的接续过程

一个正常的呼叫过程包括：主叫摘机、听拨号音；拨被叫用户号码；被叫听振铃音、主叫听回铃音；被叫摘机应答，主被叫开始通话；主、被叫任一方挂机，另一方听忙音后挂机。

对应于用户的这些操作，交换机需完成下列接续动作。

（1）监视主叫摘机呼叫：交换机检测到主叫摘机时，查阅主叫用户数据，以区分是同线电话、普通电话、投币电话等。并根据话机类别（按键或号盘话机），准备相应的收号器。

（2）送拨号音，准备收号：交换机寻找一个空闲收号器及其与主叫端口间的空闲路由；寻找并建立主叫用户和信号音发生器间的连接通路，向主叫用户送拨号音；同时，监视收号器的输入信号，准备收号。

（3）收号：收号器接收主叫用户所拨号码；收到第一位号后，停送拨号音；对收到的号码进行存储；收号完毕将拨号数字送至号码分析程序。

（4）号码分析：交换机收到拨号数字后，进行内部处理，分析本次接续是本局还是出局，下面按本局接续来说明。

（5）接至被叫用户：测试并预占空闲路由，包括向主叫用户送回铃音路由；控制向被叫用户电路振铃；预占主、被叫用户之间的通话电路。

（6）向被叫振铃：向被叫用户送铃流，向主叫用户送回铃音；同时监视主、被叫状态。

（7）被叫应答通话：被叫摘机应答，交换机停振铃和回铃音；并建立主被叫用户间的通话电路。启动计费设备，开始计费；同时监视主、被叫状态。

（8）话终（主叫先挂机）：主叫先挂机，交换机释放通话电路，停止计费；向被叫送忙音。

（9）话终（被叫先挂机）：被叫先挂机，交换机释放通话电路，停止计费；向主叫送忙音。

这就是交换机完成的一个完整的呼叫接续过程。从控制角度看，如果把交换机外部的变化，诸如用户摘机、拨号、中继占用等，都称为事件，则呼叫处理的基本功能之一就是收集所发生的事件（输入），并对收到的事件进行处理（分析处理），最后发送控制指令（输出）。交换机的接续过程，就是由中央处理机根据话路系统发生的事件做出相应的处理来实现的。

2．状态迁移和有限状态机

分析交换机对一个呼叫的接续过程可以看出，呼叫处理从开始到结束可分为若干个阶段，每个阶段（等待输入信号的变化）都可用一个稳定状态来标识，如空闲、送拨号音、收号、振铃、通话等。在某个稳定状态下，如果输入信号发生变化，在处理机完成相应处理后，状态发生转移。因此，可以把输入信号的变化看成是事件，而把状态转移看成是结果，事件与结果之间存在一定的对应关系，但这种关系由于以下原因变得十分复杂。

（1）在不同状态下发生同一事件，可能导致不同的结果。例如，同样是摘机，但在“空闲”状态下的摘机，呼叫处理完成后将转移到“送拨号音”状态；而在“振铃”状态下的摘机，呼叫处理完成后将转移到“通话”状态。

（2）在同一状态下发生不同事件，可能导致不同的结果。例如，在“振铃”状态下，收到主叫挂机信号，需要做中途挂机处理，呼叫处理完成后将转移到“空闲”状态；而在“振铃”状态下收到被叫摘机信号，则需要做通话接续处理，呼叫处理完成后将转移到“通话”状态。

（3）在同一状态下发生同一事件，也可能导致不同的结果。例如，在“空闲”状态下，收到主叫摘机信号，如果处理机找到空闲收号器及空闲路由，则向主叫送拨号音，呼叫处理完成后将转移到“送拨号音”状态；如果没有空闲的收号器或空闲路由，则向主叫送忙音，呼叫处理完成后将转移到“空闲”状态。

因此，实际的呼叫处理是一系列复杂的控制过程，涉及所有可能的事件和相关状态，因此，系统设计时需要对呼叫处理过程进行抽象，通过建立有限状态机（Finite State Machine，FSM）模型，并采用 SDL 语言来对呼叫处理过程进行描述。有限状态机是一个事件驱动的数学模型，其处理条件和相关动作的逻辑都被定义在一个表中，该表描述了应用程序中所有可能的处理状态，以及驱动应用程序从一个状态转到另一状态的事件。在呼叫处理过程中，呼叫处理进程根据其当时的状态和接收到的事件信号进行相应的处理，然后转移到下一个稳定状态等待新的信号到来。随着呼叫的不断进行，对呼叫进行处理的进程总是走走停停，不断地从一个稳定状态进入到另一个稳定状态，并在状态转移中执行具体的任务作业，直到呼叫处理结束。

由于有限状态机具有规范的结构，可以减少程序的差错，提高软件设计的自动化程度。同时，便于软件的调测、修改和新功能的引入，有利于实现程序设计的模块化。因此，FSM 在程控交换软件的设计中得到广泛应用。

3.5.2 呼叫处理程序的结构

在呼叫处理过程中，处理机对接续的控制仅体现在对事件的检测及状态迁移过程中的作业执行。作业中有对处理机内部数据的处理、对硬件的驱动，向其他处理机发送信号和形成新的事件以触发新的状态转移，每次状态的迁移都终止于一种新的状态。将引起状态迁移的原因称为“事件”，处理状态迁移的工作称为“任务”。识别启动原因的处理实际就是监视处理，即输入处理。输入处理程序简称输入程序；根据输入信息，查找和分析相关数据以确定执行哪种任务的程序称为分析程序；控制状态迁移的程序称为任务执行程序。在任务执行中把与硬件动作有关的程序，从任务执行中分离出来，作为独立的输出程序。另外，任务执行又分前后两部分，分别称为“始”和“终”。呼叫处理程序结构如图 3-35 所示。

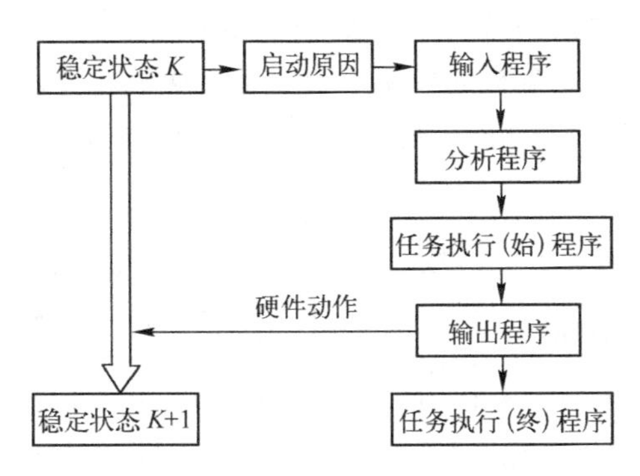

图 3-35　呼叫处理程序结构

把任务分成“始”和“终”的原因是为了实现软硬件的协同，如果需要占用话路系统的某个部件，则在硬件动作之前软件先要示忙，以免被其他呼叫占用。硬件动作后，还必须由软件继续进行监视。如果需释放刚才被占用的部件，在软件驱动硬件复原后，应将该部件的软件映射状态修改为空闲。

在呼叫处理程序中，输入程序和输出程序与硬件动作有关，称为输入/输出程序。与硬件没有直接关系的程序，如分析和任务执行（始、终）程序，仅是处理机的分析处理，称为内部处理程序。由此可知，交换动作的基本形式是：首先由输入程序识别外部事件并分析输入信息，决定执行哪一个任务，然后执行该任务（始）；输出程序驱动话路设备动作，使它转移到另一个稳定状态，此后再执行任务的剩余部分（终）。

上述各种处理，归纳起来可分为 3 种类型。

（1）输入处理。通常在时钟中断控制下按一定周期执行，主要任务是发现事件而不是处理事件。完成收集话路设备的状态变化和有关信令信息的任务，各种扫描监视程序都属于输入处理。输入处理是靠近硬件的低层软件，实时性要求较高。

（2）分析处理。是呼叫处理的高层软件，与硬件无直接关系，如数字（号码）分析、通路选择、路由选择等。分析处理程序的一个共同特点是通过查表进行一系列的分析、译码和判断。程序的执行结果可以是启动另一个处理程序，或者启动输出处理。

（3）输出处理。是与硬件直接有关的低层软件。输出处理与输入处理都要针对一定的硬件设备，可合称为设备处理。扫描是处理机输入信息，驱动是处理机输出信息，扫描和驱动是处理机在呼叫处理过程中与硬件相联系的两种基本方式。

因此，呼叫处理过程可以看成输入处理、分析处理和输出处理的不断循环过程。

3.5.3　呼叫处理程序的实现

呼叫处理程序包括用户扫描、信令扫描、数字分析、通路选择、路由选择、任务执行与输出处理等功能模块，涉及众多任务和作业，下面介绍几种典型的呼叫处理程序的实现原理。

1．摘挂机识别

用户扫描程序属于输入处理程序，负责检测用户线的状态变化。用户挂机时，用户环路为断开状态，假定扫描点输出为“1”。用户摘机时，用户环路为闭合状态，扫描点输出为“0”。用户线状态从挂机到摘机的转换，表示用户摘机，反之表示用户挂机。用户摘、挂机识别的扫描周期为100～200ms。用户摘、挂机识别原理如图3-36所示。

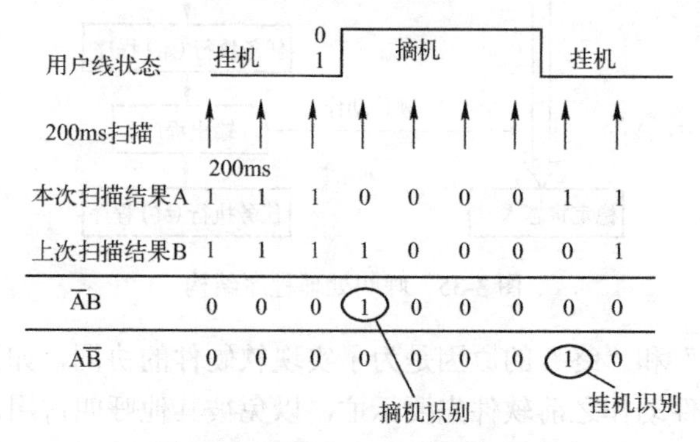

图3-36 用户摘、挂机识别原理

例如，处理机每200ms对用户线扫描一次，读出用户线的状态并存入“本次扫描结果”，用A标识；然后从存储器中取出“上次扫描结果”，用B标识。若$\bar{A}B$=1，则识别为用户摘机；若$A\bar{B}$=1，则识别为用户挂机。

在大型交换机中常采用“群处理”方法，即每次对一组用户的状态进行检测，从而达到节省机时、提高扫描速度的目的。

2．收号识别

收号识别也属于输入处理程序。双音多频话机送出的每个按键由两个音频组成，这两个音频分别属于高频组和低频组，每组各有4个频率。每一个号码由从高、低频组中各取一个频率（4中取1）组合而成，常称为双音多频信号（Dual Tone Multi-Frequency，DTMF）。交换机对这种号码的接收使用专门的DTMF收号器，其基本结构如图3-37所示。DTMF收号器对收到的双音频信号进行识别，其识别方法有以下两种。

一种是模拟方法，即将接收到的频率信号经窄带滤波器分拣出频率成分。双音频信号首先通过高通和低通滤波器分成两组，再由带通滤波器滤出频率分量，这时，在高、低两组滤波器中将各有一个滤波器输出，经检波电路转换为直流高电平送解码逻辑电路。解码逻辑电路对检波器输出的信号进行判断，当高、低频率组中各有一个有效频率出现时，就将其译成4位二进制数据，从而完成对音频信号的译码和识别。

另一种是数字方法，利用数字滤波器直接从数字音频信号中识别其频率成分。大型数字程控交换机一般采用这种方法，由数字逻辑电路将识别到的DTMF信号转换为二进制数据输出，然后由扫描程序接收。

CPU从DTMF收号器采集号码信息一般采用查询方式。首先读状态信息SP，若SP=0，表明有DTMF信号送达，可以读取；若SP=l，则不读取。其扫描识别过程和前面识别摘挂机的方法一样，这里不再重复。DTMF收号器原理如图3-38所示。DTMF按键信号的持续时间一般大于40 ms，因此用16 ms扫描周期即可满足识别要求。

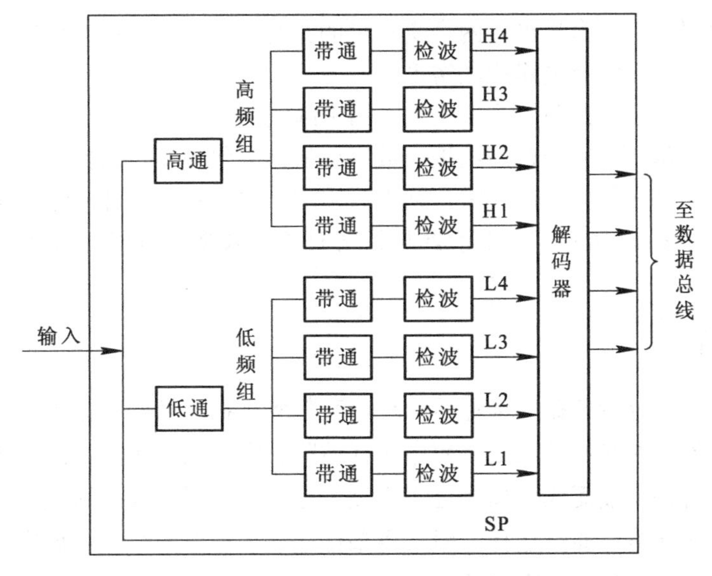

图 3-37 DTMF6536 收号器基本结构

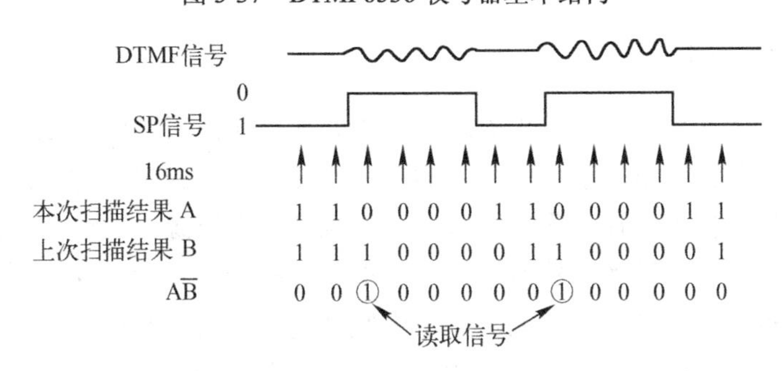

图 3-38 DTMF 收号器原理

3. 数字分析

数字分析属于分析处理程序。按照分析的信息不同，可分为去话分析、数字（号码）分析、来话分析和状态分析 4 类分析程序。下面主要介绍数字分析程序的实现原理。数字分析的主要任务是根据收到的被叫号码（通常是前几位）判定接续类型（本局还是出局）。从译码的角度来看，就是根据不同的呼叫源、主叫用户的拨号数字等参数为索引查找相关的局数据，从而得到一次呼叫的路由索引、计费索引、最小号长及最大位长和呼叫的释放方式等数据。

4. 路由选择

路由是网络中任意两个交换局之间的信息传送路径。它可以由一个电路群组成，也可以由多个电路群经交换局串接而成。路由选择也称为选路，是指一个交换局呼叫另一个交换局时在多个传送信息的路径中进行选择。具体地，对于交换机而言，路由组织结构一般分为以下 4 个层次。

（1）路由块：表示到达指定局向的路由的集合，包括首选路由和一个或多个迂回路由。

（2）路由（索引）表：表示直接连接两个交换机的若干个中继群的组合。

（3）中继线群：表示直接连接两个交换机的具有相同特性的中继线的集合，这些特性是指信令方式、接续方向及电路的优劣等。

（4）中继线：直接连接两个交换机之间的中继线路。

（5）路由选择基于数字分析的结果。数字分析结果包含多种数据，如路由索引、计费索引、还需接收的号码位数等。其中，路由索引用于路由选择，即确定中继线群并从中选择一条空闲中继线；计费索引用来检索与计费有关的表格，以确定呼叫的计费方式和费率等。

5．通路选择

通路选择在数字分析和路由选择后执行，其任务是在交换网络指定的输入端和输出端之间选择一条空闲的通路。呼叫处理程序执行通路选择的依据是链路的忙闲状态表。一条通路常常由多级链路串接而成，如经过用户级→选组级→用户级，这些串接的链路段都空闲才算是一条空闲通路。通路选择一般采用条件选试，即对网络全局做出全盘观察，在指定的入端与出端之间选择一条空闲通路。

6．任务执行与输出处理

任务的执行分为动作准备、输出处理和终了处理 3 个阶段。输出处理就是控制话路设备动作的处理，也称为输出驱动。例如，驱动数字交换网络的通路建立或释放，驱动用户电路振铃继电器的动作等。在动作准备阶段，要准备硬件资源，如选择空闲设备并进行预占。编制启动或复原硬件设备的控制字，以及准备状态转移。输出处理即根据编制好的控制字进行输出，对话路设备进行驱动。在输出驱动完成以后，要进行终了处理。终了处理即在硬件动作完成并转移至新状态后，软件对相关数据进行修改，使软件符合已经动作的硬件的状态变化，如对已复原设备在忙闲表中示闲。

3.6　交换机主要技术指标

1．性能指标

性能指标是评价交换机呼叫处理能力和交换能力的指标，可以反映交换机所具备的技术水平。具体有以下指标。

1）话务负荷能力

话务负荷能力是指交换机在一定的呼损情况下，忙时承担的话务量。程控交换机能够承受的话务量直接由交换网络可以同时连接的话路数决定。目前，大型局用交换机的话务量指标通常可达到数万爱尔兰。

2）呼叫处理能力

话务量所衡量的是交换机话路系统能够同时提供的话路数目。交换机的话务能力往往受到控制设备的呼叫处理能力的限制。控制系统的呼叫处理能力用 BHCA 来衡量，这是一个评价交换系统设计水平和服务能力的重要指标。影响 BHCA 值的因素较多，包括交换系统容量、控制结构、处理机能力、软件结构、算法等。甚至编程语言都与之相关。

3）设备最大容量

交换机能够提供的用户线和中继线的最大数量，是交换机的一个重要指标。局用交换机中，数字交换网络一般能够同时提供数万条话路，这些话路可以用来连接用户线和中继线。由于用户线的平均话音业务量较小，一般在 0.2 Erl 以下，即同时进行呼叫和通话的用户占全部用户的 20%以内，因此交换机的用户模块都具有话务集中（扩散）的能力，这样就可以使交换机的话路系统连接更多的用户线。很多局用交换机能够连接的用户线达十万线以上，而中继线也可以达到数万线。

2. QoS 指标

1）呼损指标

呼损率是交换设备未能完成的呼叫数与用户试呼数的比值，简称呼损。呼损率越小，交换机为用户提供的服务质量就越高。

在实际考察呼损时，要考虑到在用户满意服务质量的前提下，使交换系统有较高的使用率，这是相互矛盾的两个因素。因为若要让用户满意，呼损就不能太大；而呼损小了，设备的利用率又较低。所以要进行权衡，从而将呼损确定在一个合理的范围内。一般认为，在本地电话网中，总呼损在 2%～5%范围内是比较合适的。

2）接续时延

接续时延包括用户摘机后听到拨号音的时延和用户拨号完毕听到回铃音的时延。前一个时延反映了交换机对于用户线路状态变化的反应速度，以及进行必要的去话分析所需要的时间。当该时延不超过 400ms 时，用户不会有明显的等待感觉。后一个时延反映了交换机进行数字分析、通路选择、局间信令配合及对被叫发送铃流所需要的时间，一般规定平均时延应小于 650ms。

3. 可靠性指标

可靠性指标是衡量交换机维持良好服务质量的持久能力。

数字程控交换机的可靠性通常用可用度 A 和不可用度 U 来衡量。

$$A = \mathrm{MTBF}/(\mathrm{MTBF} + \mathrm{MTTR})$$

$$U = 1 - A = \mathrm{MTTR}/(\mathrm{MTBF} + \mathrm{MTTR})$$

对于采用冗余配置的双处理机系统，其平均故障间隔时间可近似表示为

$$\mathrm{MTBF_D} = \mathrm{MTBF}^2/(2\,\mathrm{MTTR})$$

相应地，双机系统的可用度可近似表示为

$$A_\mathrm{D} = \mathrm{MTBF}^2/(\mathrm{MTBF}^2 + 2\,\mathrm{MTTR}^2)$$

一般要求局用交换机的系统中断时间在 40 年中不超过 2 小时，相当于可用度 A 不小于 99.999%。要提高可靠性，就要提高 MTBF 或降低 MTTR，这样对硬件的可靠性和软件的可维护性提出了较高的要求。

3.7 电话通信网

3.7.1 网络组织

电话通信网简称电话网，其规范术语是公众交换电话网（Public Switched Telephone Network，PSTN)，是采用电路交换技术的电信网，具有分级网和无级网两种组网结构。在分级网中，每个交换中心（交换局）根据其地位和作用被赋予一定的等级，不同等级的交换中心采用不同的连接方式，低等级交换中心一般要连接到高等级交换中心。在无级网中，每个交换中心的等级是相同的，各交换中心采用网状网或不完全网状网相连。就全国范围内的电话网而言，很多国家采用等级结构。低等级的交换中心与所属区域高等级的交换中心相连，形成多级汇接辐射网，即星状网；而最高等级的交换中心之间可直接相连，形成网状网。因此，分级电话网一般是复合型网络。

我国电话网采用分级结构，包括长途电话网和本地电话网两大部分。其中，长途电话网曾长期根据行政区划采用四级（大区、省、市、县）结构，随着网络和技术的发展，长途光缆的敷设和本地电话网的建设，我国长途电话网的等级结构已由四级逐步演变为两级（一级长途交换中心 DC1、二级长途交换中心 DC2)，整个国内电话网相应地由五级演变为如图 3-39 所示的三级结构。其中长途网由 DC1 和 DC2 组成，本地网由端局 LS 和汇接局 Tm 组成。

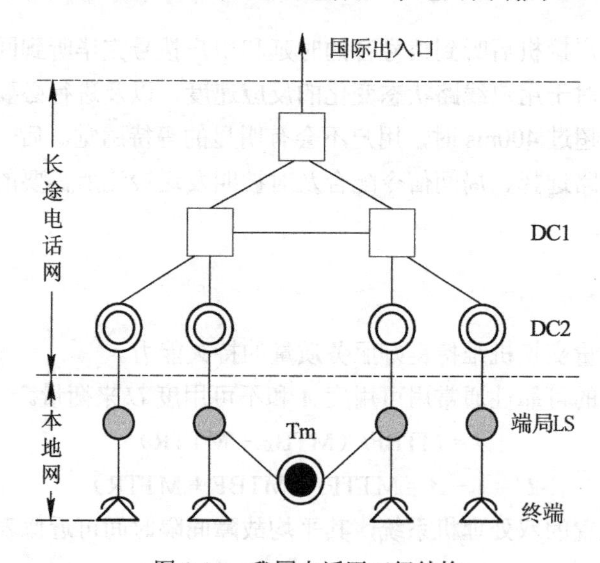

图 3-39　我国电话网三级结构

1. 长途电话网

我国长途电话网的两级结构示意图如图 3-40 所示。

1）一级长途交换中心

一级长途交换中心 DC1 设在各省会城市，主要职能是疏通和转接所在省的省际长途来话、去话业务，以及所在本地网的长途终端业务。

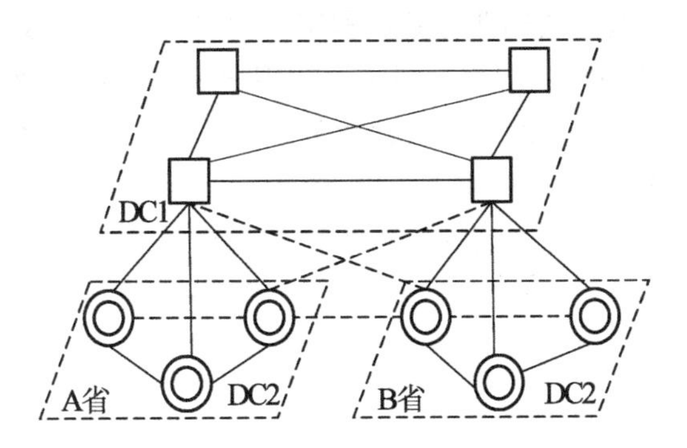

图 3-40　我国长途电话网的两级结构示意图

2）二级长途交换中心

二级长途交换中心 DC2 设在各地市，主要职能是汇接所在本地网的长途终端业务。

DC1 之间以网状结构互连，形成省际平面（高平面）。DC1 与所属省内各地市 DC2 之间以星状结构相连，省内各 DC2 之间以网状或不完全网状相连，形成省内平面（低平面）。同时，根据话务流量流向，DC2 也可与非从属的 DC1 之间建立直达电路群。

需要说明的是，较高等级的交换中心可具有较低等级交换中心的功能，即 DC1 可同时具有 DC1、DC2 的功能。直辖市本地网设一个或多个长途交换中心时，一般均设为 DC1（含 DC2 功能）。省（自治区）DC1 所在本地网设一个或两个长途交换中心时，均设为 DC1（含 DC2 功能）；设 3 个及以上长途交换中心时，一般设两个 DC1 和若干个 DC2。地市级本地网设长途交换中心时，均设为 DC2。

由于两级长途电话网简化了网络结构，也使长途路由选择得到了简化，但仍然应遵循尽量减少路由转接次数和少占用长途电话网的原则，即先选直达路由，再选迂回路由，最后选择由基干路由构成的最终路由。

2. 本地电话网

本地电话网是指在同一个长途编号区范围内的电话通信网，是由该地区内所有交换设备、传输系统和用户终端设备组成的电话网。本地电话网简称本地网。

本地网交换局主要包括端局和汇接局。端局通过用户线直连用户终端，仅有局内交换和来话、去话功能。根据组网需要，端局以下还可设远端模块、用户集线器和用户交换机（PABX）等用户设施。汇接局用于汇接本汇接区的本地和长途电话业务。由于本地网属于同一个长途编号区，因此本地网内的电话呼叫不需要拨打长途区号。在同一个长途编号区内可根据需要设置一个或多个长途交换中心。但长途交换中心及长途电话网不属于本地网范畴。

目前，我国本地网一般采用如图 3-41 所示的两级结构。图中，LS（Local Switch）是端局。Tm（Tandem）是汇接局，用于汇接各端局间的话务。SSP 是智能业务交换点，是电话网（PSTN）或综合业务数字网（ISDN）与智能网的连接点，SSP 可以检测智能业务呼叫，当检测到智能业务时向业务控制点（SCP）报告，并根据 SCP 的指令完成对智能业务的处理。SCP 是智能网的业务控制核心，SCP 接收从 SSP 送来的智能业务触发请求，运行相应的业务逻辑程序，查询相关的业务数据和用户信息，向SSP发送控制指令，控制完成智能业务。SDB是集中的用户数据库，用于存储用户基本信息和业务签约信息等。GW是关口局，用于疏通到其他运营商的来、去话业务。TS是设置在本地网的长途交换中心，其功能是汇接所在本地网的长途终端话务。

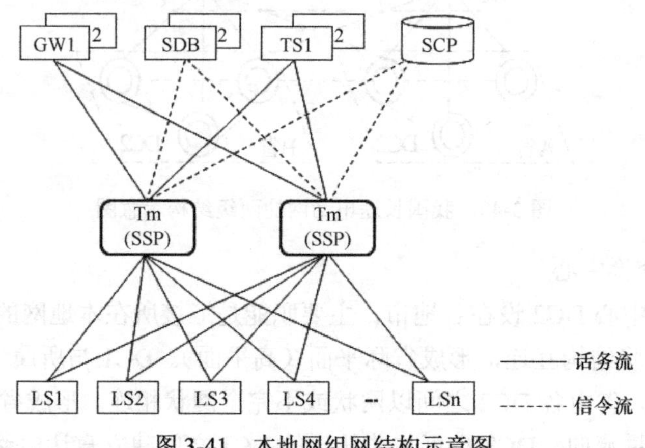

图3-41　本地网组网结构示意图

本地网内，一般设置一对或多对汇接局，各汇接局之间设置低呼损直达电路群。各端局到汇接局也设置低呼损直达电路群，各端局双归属到两个汇接局的中继电路群采用负荷分担方式工作。

3．路由计划

1）路由的基本概念

在电话网中，路由是指源节点到目的节点的一条信息传送通路，可以由单段链路组成，也可以由多段链路经交换局串接而成。链路是指两个交换局之间的一条直达电路或电路群。

局间电路是根据不同的呼损指标进行分类的。呼损是指在用户发起呼叫时，由于网络或中继等原因导致呼叫损失的情况。按链路上所设计的呼损指标不同，可将电路分为低呼损电路群和高效电路群。低呼损电路群上的呼损指标应小于1%，低呼损电路群上的话务量不允许溢出至其他路由。即在选择低呼损电路进行接续时，若电路拥塞不能进行接续，也不再选择其他电路进行接续，故该呼叫被损失。因此，在网络规划时，要根据话务量计算所需的电路数，以满足呼损指标要求。而对于高效电路群则没有呼损指标，通过的话务量可以溢出至其他路由，由其他路由再进行接续。

按照呼损不同，路由可分为低呼损路由和高效路由，其中低呼损路由包括基干路由和低呼损直达路由。若按照路由选择顺序，则还有首选路由和迂回路由之分。

下面简要介绍这些基本概念。

（1）基干路由。基干路由由具有上下级汇接关系的相邻等级交换中心之间，以及长途网和本地网的最高等级交换中心（指DC1局或Tm）之间的低呼损电路群组成。基干路由上的低呼损电路群又称为基干电路群。电路群的呼损指标是为保证全网的接续质量而规定的，应小于1%，且话务量不允许溢出至其他路由。

（2）低呼损直达路由。直达路由是由任意两个交换中心之间的电路群组成的，不经过其他交换中心转接的路由。低呼损直达路由是由任意两个等级的交换中心之间的低呼损直达电路组成的。两个交换中心之间的低呼损直达路由可以疏导局间终端话务，也可以疏导由这两个交换中心转接的话务。

（3）高效直达路由。高效直达路由是由任意两个等级的交换中心之间的高效直达电路组成的。高效直达路由上的电路群没有呼损指标，其上的话务量可以溢出至其他路由。同样地，两个交换中心之间的高效直达路由可以疏导其间的终端话务，也可以疏导由这两个交换中心转接的话务。

（4）首选路由和迂回路由。当一个交换中心呼叫另一交换中心时，对目标局的选择可以有多个路由。其中第一次选择的路由称为首选路由，当首选路由遇忙时，就迂回到第二路由或第三路由。此时，第二路由或第三路由称为首选路由的迂回路由。迂回路由一般由两个或两个以上的电路群转接而成。对于高效直达路由而言，由于其上的话务量可以溢出，因此必须有迂回路由。

2）路由选择

路由选择也称为选路（Routing），是指交换中心根据呼叫请求在多个路由中选择一条最优的路径。对一次电话呼叫而言，直到选到了可以到达目标局的路由，路由选择才算结束。

电话网的路由选择可采用等级制选路和无级选路两种结构。等级制选路是指路由选择是在从源节点到目标节点的一组路由中依次按序进行，而不管这些路由是否被占用。无级选路是指在路由选择过程中，被选路由无先后顺序，且可相互溢出。

为配合路由选择，交换机路由表的设置具有固定路由计划和动态路由计划两种方式。固定路由计划是指交换机的路由表一旦生成后在相当长的一段时间内保持不变，交换机按照路由表内指定的路由进行选择。若要改变路由表，必须由人工进行修改。动态路由计划是指交换机的路由表可以动态变化，通常根据时间、状态或事件而定，如每隔一段时间或一次呼叫结束后改变一次。这些改变可以是预先设置的，也可以是实时进行的。

不论采用什么方式进行选路，都应遵循一定的原则。在分级电话网中，一般采用固定路由计划，等级制选路结构，即固定等级制选路。下面以我国电话网为例，介绍长话网和本地网的路由选择原则。

依据我国《自动交换电话（数字）网技术体制》要求，长途网的路由选择原则如下。

（1）网中任一长途交换中心呼叫其他长途交换中心时所选路由局最多为3个。

（2）路由选择顺序为先选直达路由，再选迂回路由，最后选最终路由。

（3）在选择迂回路由时，先选择直接至受话区的迂回路由，后选择经发话区的迂回路由。所选择的迂回路由，在发话区是从低级局向高级局的方向（自下而上），而在受话区是从高级局向低级局的方向（自上而下）。

（4）在经济合理的条件下，应使同一汇接区的主要话务在该汇接区内疏通，路由选择过程中遇低呼损路由时，不再溢出至其他路由，路由选择即终止。

本地网的路由选择原则如下。

（1）先选直达路由，遇忙再选迂回路由，最后选基干路由。在路由选择中，当遇到低呼损路由时，不允许再溢出到其他路由上，路由选择结束。

（2）在本地网中，原则上端到端的最大串接电路数不超过3段，即端到端呼叫最多经过两次汇接。当汇接局间不能个个相连时，端至端的最大串接电路数可放宽到 4 段。

（3）一次接续最多可选择 3 个路由。

3.7.2 编号计划

编号计划是指为本地网、国内长途网、国际长途网，以及一些特种业务、新业务等的各种呼叫所规定的号码编排和规程。编号计划是自动交换电话网正常运行的一个重要规程，交换设备应能适应各项接续的编号要求。

电话网编号计划遵循 ITU-T E.164 建议。目前，国际号码的最大位数不超过 15 位，我国国内有效电话用户号码的最大位长可为 13 位，目前我国实际采用了最大为 11 位的编号计划。除国家码由 ITU-T 规定之外，长途区码和本地网号码的总位数和编号计划由一个国家或地区的电信主管部门规定。

1. 首位号码分配

第一位号码的分配规则如下。

（1）“0”为国内长途全自动冠号。

（2）“00”为国际长途全自动冠号。

（3）“1”为特种业务、新业务及网间互通的首位号码。

（4）“2”～“9”为本地电话首位号码，其中，“200”“300”“400”“500”“600”“700”“800”为新业务号码。

2. 本地网编号

在一个本地网内，采用统一的编号，一般采用等位制编号，号长根据本地网的长远规划容量来确定，我国规定本地网号码加上长途区号的总长度不应超过 11 位。

本地网的用户号码包括两部分：局号和用户号。其中局号可以是 1～4 位，用户号为 4 位。例如，一个 8 位长的本地用户号码可以表示为：PQRS（局号）+ABCD（用户号）。

在同一本地网范围内，用户之间相互呼叫时拨统一的本地用户号码。例如，呼叫固定用户直接拨 PQRSABCD，如果呼叫归属地为 GSM 移动用户，则直接拨 138H0H1 H2H3ABCD 即可。

3. 长途网编号

1）长途号码的组成

长途呼叫是指不同本地网用户之间的呼叫。呼叫时需在被叫本地网电话号码前加拨长途字冠“0”和长途区号，即长途号码的构成为：0+长途区号+本地电话号码。按照我国的规定，长途区号加本地网电话号码的总位数最多不超过 11 位（不包括长途字冠“0”）。

2）长途区号编排

将全国划分为若干个长途编号区，每个长途编号区分配一个固定的编号。长途编号可采用等位制和不等位制两种。等位制适用于大、中、小城市的总数在 1000 个以内的国家，不等位制适用于大、中、小城市的总数在 1000 个以上的国家。我国幅员辽阔，各地区通信发展不平衡，因此目前采用不等位制编号，采用 2、3 位的长途区号。具体编排的规则如下。

（1）首都北京，区号为“10”。按照我国对电话号码的最大位长规定，其本地网号码最长可以为 9 位。

（2）大城市及直辖市，区号为 2 位，编号为“2X”，X 为 0～9，共 10 个号，分配给 10 个大城市。例如，上海为“21”、广州为“20”、南京为“25”等。这些城市的本地网号码最长可为 9 位。

（3）省中心、省辖市及地区中心，区号为 3 位，按 X1X2X3 进行编排，X1 为 3～9，X2 为 0～9，X3 为 0～9。将全国分成 7 个编号区，分别以区号的首位 3～9 来表示，台湾地区为“6”；区号的第二位代表编号区内的省；区号的第三位是这样规定的，省会为 1，地市为 2～9。例如，哈尔滨为“451”，拉萨为“891”。这些城市的本地网号码最长可以为 8 位。

（4）首位为“6”的长途区号除 60、61 留给台湾省之外，其余号码 62X～69X 共 80 个作为 3 位区号使用。

长途区号采用不等位的编号，不但可以满足我国对号码容量的需要，而且可以使长途电话号码的长度不超过 11 位。显然，若采用等位制编号，如采用两位区号，则只有 100 个容量，满足不了我国的要求；若采用 3 位区号，区号容量是够了，但每个城市的号码最长都只有 8 位，难以满足一些特大城市未来的号码扩容需求。

4. 国际长途电话编号

国际长途呼叫时需在国内电话号码前加拨国际长途字冠“00”和国家号码，即 00+国家号码+国内电话号码。其中，国家号码加国内电话号码的总位数最多不超过 15 位（其中不包括国际长途字冠“00”）。国家号码由 1～3 位数字组成，根据 ITU-T 的规定，全球共分为 9 个编号区，我国在第 8 编号区，国家代码为 86。

3.7.3　网同步

1. 同步的基本概念

同步是指信号之间在频率或相位上保持某种严格的特定关系，就是它们相对应的有效瞬间以同一平均速率出现。

数字电话通信传递的是对话音信号进行 PCM 编码后得到的离散比特流，若两个数字交换设备之间的时钟频率存在偏差，或者由于在传输中叠加了相位漂移和抖动，就会使接收端产生码元丢失或重复现象，导致传输的比特流出现滑动损伤。为了降低滑码率，减少滑动损伤对电话业务的影响，并使到达各交换设备的数字码流都能实现有效的交换和传输，必须使网内各数字设备基于共同的基准频率，即实现时钟间的同步。

因此，数字电话通信网的同步是网中各数字交换设备时钟间的同步，这里的“同步”包括了比特同步和帧同步两层含义。比特同步又称为位同步，它是最基本的同步，它的含义是收、发双方的时钟频率必须同频、同相，这样接收端才能正确接收和判决发送端送来的每一个码元，一般实现方法是接收端从收到的 PCM 码流中提取出发送端时钟信息来控制接收端时钟，以实现位同步。在数字通信中，对比特流的处理是以帧为单位进行的，在实现多路时分复用或进入数字交换机进行时隙交换时，都需要经过帧调整器，使比特流的帧达到同步，也就是帧同步。

2. 电话网的同步方式

电话网的同步是一种网同步，它和同步网是什么关系，首先应弄清这两个容易混淆的概念。同步网是数字同步网的简称，它是一个由节点设备（各级时钟）和定时链路组成的物理网络。同步网的结构是面向基准频率的生成、传送、分配和监控，它的作用是为其他网络提供定时参考信号，而网同步是指将定时信号（频率或时间）分配到所有网元的方法。

同步网和各种业务网（如电话网）都要进行网同步。网同步包括很多方面的内容，如在同步网中，节点定时设备是如何同步的？采取主从同步，还是互同步？在业务网中，定时信号如何提取，又如何分配？

一般而言，对一个运营商来说，同步网只有一个（当采用分区同步时，可以有若干个同步子网），而很多业务网都需要解决网同步问题。数字电话网的同步可采用准同步、主从同步和互同步 3 种方式。

我国数字电话网一般采用主从同步方式，各级电话交换中心的同步时钟等级划分及功能如表 3-1 所示。

表 3-1　数字电话网各级交换中心同步时钟等级划分及功能

<table>
<tr><th>类型</th><th colspan="2">第一级</th><th colspan="2">基准时钟</th></tr>
<tr><td rowspan="2">长途网</td><td rowspan="2">第二级</td><td>A 类</td><td>国际局、一级和二级长途交换设备时钟</td><td rowspan="2">当具有多个长途交换中心时，应按它们在网内的等级相应地设置时钟</td></tr>
<tr><td>B 类</td><td>三级和四级长途交换中心交换设备时钟</td></tr>
<tr><td rowspan="2">本地网</td><td colspan="2">第三级</td><td colspan="2">汇接局和端局交换设备时钟</td></tr>
<tr><td colspan="2">第四级</td><td colspan="2">远端模块、PABX、数字终端设备时钟</td></tr>
</table>

过去，二级时钟分为二级 A 类和二级 B 类，现在不再细分。这是由于随着网络结构的调整，三级和四级长途交换中心已不复存在。

3. 交换机的同步引入

在已配置大楼综合定时供给系统（BITS）的交换中心，数字交换机可直接从 BITS 设备引入定时信号。对没有设置 BITS 设备的交换中心，则按同步规划直接从上级业务局的数字码流中提取定时信号作为本局的时钟基准，实现与上级局同步。

数字程控交换机同步信号引入方式包括专线和业务线两种方式。对具有外同步定时输入接口的交换机，可采用专线方式引入定时基准信号；对于没有外同步定时接口的交换机，只能采用业务线方式，即通过字中继接口从上级交换局引入定时参考信号。

3.8　话务理论

在设计和应用交换系统时，设备性能和用户服务质量是重要的技术指标。对电话交换机而言，虽然可以提供足够的设备资源满足局内所有用户同时通信的需要，但这样做的代价很高，也是不值得的。原因是出现这种情况的机会几乎不存在。实际上，即使在通信最繁忙的时段，同时进行通信的用户也只是少数。交换系统实际需要配置的公用设备数量一般是根据所承担的话务负荷计算出来的。也就是说，在设计交换系统时，对话务负荷的处理能力是有限度的，但选择怎样的限度，既经济又能提供用户满意的服务，这就是话务理论要解决的问题。

话务理论的奠基人是丹麦电话工程师爱尔兰（A. K. Erlang），他首先发表了全利用度线群的呼损计算公式。其后，不少学者又不断加以充实和完善。20 世纪 50 年代初，瑞典人雅可比斯（C. Jacobaeus）提出了关于链路系统的计算方法，使话务理论有了新的发展。但传统的话务理论主要是针对机电式交换机。程控交换出现后，交换网络可以从设计上做到无阻塞。另外，影响交换系统服务质量的因素除了公用话路设备的数量，处理机的处理能力也是重要因素。

随着通信和交换技术的发展，通信业务也从电话发展到话音、数据、多媒体等，相应地，基本话务理论也扩展到通信业务量理论。通信业务量理论是一种利用概率论和数理统计方法求解服务质量、业务量和服务设备数量这三者之间的关系理论。

3.8.1 话务量概述

1. 话务量的定义

话务量是表征电话交换机机线设备负荷的一种度量值，也称为电话负荷。在一个交换系统中，把请求服务的用户或向本级设备送入话务量的前级设备统称为话源（负载源），而把为话源提供服务的设备（如接续网络中的内部链路、中继线、信令处理器等）称为服务器。话务量反映了话源对所使用的电话设备数量上的要求。话务量的大小取决于一定时间内话源产生的呼叫次数，以及每次呼叫占用机线设备的时间长度。显然，话源发生呼叫次数越多，话务量越大；每次呼叫占用设备时间越长，话务量也越大。

明确了上述概念，可对话务量给出如下定义。

话务量在数值上等于时间 T 内发生的呼叫次数和平均占用时长的乘积。其表达式为

$$A=C_{\mathrm{T}}\cdot t \tag{3-1}$$

式中，A 为时间 T 内产生的话务量；t 为平均占用时长；C_{T} 为 T 时间内话源产生的呼叫数。话务量是无量纲的，为纪念其发明者爱尔兰，将话务量的单位命名为爱尔兰（Erl）。如一条中继线（或一个机键）连续使用 1 小时，则该中继线（或机键）的话务量为 1 Erl。

从话务量定义可以看出，有 3 个因素影响话务量的大小。一是观察时间 T 的长短。显然一天的话务量与一周的话务量是不一样的，取的时间越长，其话务量就越大。二是呼叫强度，也就是单位时间（如 1 小时）内发生的呼叫次数。显然，单位时间内所发生的呼叫次数越多，话务量也越大。三是每次呼叫的占用时长。不难理解，每次呼叫占用设备时间越长，其平均占用时长就越长，话务量也就越大。这 3 个因素综合起来，表现为机线设备的繁忙程度。

话务量具有两个重要的特性，即随机性和波动性。随机性是指话源产生呼叫是随机的，每一次呼叫所占用设备的时间也是随机的，由此产生的话务量也是随机的。波动性是指话务量是一个随机变量，每时每刻都在变化。由于话务量具有随机性和波动性，因此，一般讨论的话务量大都是指平均话务量。

尽管话务量具有随机性和波动性，但就一个交换系统或一个本地电话网而言，其长期观察结果是有一定规律性的。例如，白天话务大于晚上，上班时段大于下班时段，每天话务波动的曲线具有相似性。人们将一天中电话负荷最大的1小时称为最忙小时，简称忙时。忙时的平均话务量简称忙时话务量。忙时话务量是交换系统设计的重要依据，这是因为交换系统在忙时能顺利处理各种话务，在平时更不在话下。

因此，在工程上通常所说的话务量是指忙时话务量。将单位时间内的话务量称为话务量强度，习惯上常把强度两个字省略，如不特别声明，所说的话务量是指话务量强度，即最忙一小时的话务量。因此式（3-1）可写成为

$$A = C \cdot t \tag{3-2}$$

式中，A为话务量；C为单位时间（1小时）内所发生的呼叫次数（呼叫强度）；t为平均占用时长。

当所要求的话务量不是单位时间内的话务量时，也可用式（3-2），只要把式中的C看成是C_T，并把求出的A说明是T小时的话务量即可。

2. 交换系统处理话务的方式

根据处理呼叫或服务请求的方式不同，交换系统可分为呼损工作制和等待工作制。

1）呼损工作制

呼损工作制是指当用户呼叫遇到交换资源繁忙时，系统拒绝本次呼叫，给用户送忙音，用户听到忙音必须放弃呼叫，当需要通信时必须重新呼叫。电话交换机通常采用呼损工作制。

2）等待工作制

采用等待工作制的系统也称为等待系统、排队系统。它的服务方式是当系统不能立即为用户服务时，将服务请求放入队列等待，待系统资源空闲时，系统再按某种规则（如按先后次序或按随机方式）为等待的用户服务。分组交换系统通常采用等待工作制。

3. 流入话务量和完成话务量

讨论交换系统的话务量时，严格来说应区分流入话务量和完成话务量。对于呼损工作制系统，流入系统的话务量，有一部分完成了，而另一部分则损失掉了，即呼损。

流入话务量（$A_{入}$）是指话源产生的话务量。设话源在一小时内发生的呼叫数为α（α即呼叫发生强度），其平均占用时长为t，则根据话务量的定义有

$$A_{入} = \alpha \cdot t \tag{3-3}$$

完成话务量（$A_{完}$）是指系统接受呼叫并完成处理的话务量。设α'为接受处理的呼叫数（或完成接续的呼叫数），其平均占用时长为t，则根据话务量定义有

$$A_{完} = \alpha' \cdot t \tag{3-4}$$

显然，对于等待制系统，理论上其话源产生的话务都能得到处理，只不过某些呼叫需要等待一定时间而已，因此它的完成话务量等于流入话务量，即$A_{完} = A_{入}$。

但对于呼损工作制系统，当系统资源被全部占用时，对话源产生的新的呼叫将被损失掉。因此，在呼损制系统中完成话务量一般要小于流入话务量，其流入话务量与完成话务量的差值就是“损失话务量”（$A_{损}$），即存在：$A_{入} - A_{完} = A_{损}$。

正常情况下，由于呼损制系统中的呼损率很小（如规定为 1%或 5‰），因此通常在工程中并不严格区分流入话务量和完成话务量。但是，在非常情况下，如设备超负荷运行时，$A_{损}$不可忽略，则需区分流入话务量和完成话务量。

完成话务量具有下列性质。

（1）完成话务量在数值上等于平均占用时长内发生的平均占用次数。

（2）完成话务量在数值上等于在单位时间内各机键占用时间的总和。

（3）完成话务量在数值上等于承担这一负荷的设备平均同时占用数，也就是同时处于工作状态的设备数量的平均值。

3.8.2　话务量与 BHCA 的关系

BHCA 是指“最大忙时试呼次数”，其英文全称为 Maximum Number of Busy Hour Call Attempts，它是在保证规定的服务质量前提下，处理机在最忙单位时间内处理的最大呼叫次数。这个参数与控制部件的结构有关，也与处理机本身的能力有关。它和话务量同样影响系统的能力。因此，在衡量交换机的负荷能力时不仅要考虑话务量，同时还要考虑其处理能力（BHCA 值）。

BHCA 实质上就是忙时呼叫次数，即话务量定义中的 C。由式（3-2）可得

$$C=\frac{A}{t} \tag{3-5}$$

对于交换系统的处理机而言，用户摘机呼出就需占用处理机资源，因此，式（3-5）的 C 既包括用户拨号后接通被叫并完成通话的次数（有效呼叫），也包括摘机后中途挂机、中继电路忙、被叫用户忙、久叫不应或设备故障而占用处理机的次数（无效呼叫）。所以，式（3-5）中的 t，是包括有效呼叫和无效呼叫所有次数在内的平均占用时间。

数字程控交换机是由计算机控制的电话交换设备，其中央处理器是整个控制系统的核心，它的性能直接影响控制系统的运行性能，进而影响整个交换机的呼叫处理能力。为此，引入 BHCA 来衡量程控交换机控制系统处理呼叫的能力。

3.8.3　线群与呼损

1．线群的概念

电话交换机是一种典型的服务共享系统，其中服务设备（服务器）是在电话接续过程中为用户提供服务的共享资源。从前面所学内容可知，用户和其他入线是产生话务量的来源，简称话源。广义地说，凡是向本级设备送入话务量的前级设备，都是本级设备的话源。一群（或一组）为话源服务的设备及其出线总称为线群。图 3-42 所示为线群模型，图中假定该线群的入线数为 N，出线数为 V。

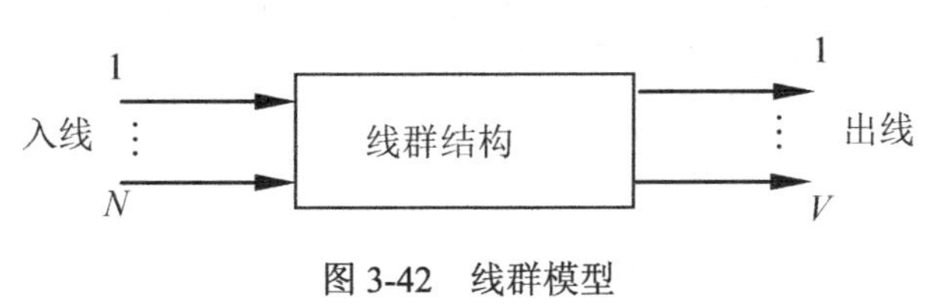

图 3-42　线群模型

交换系统的线群通常满足以下条件。

（1）入线发起呼叫时，如果线群具有空闲链路，则将其接续到指定的空闲出线上；如果没有空闲链路，则按损失或排队等预先指定的方式进行处理。

（2）任一条出线/入线上同时只允许一个呼叫占用。

根据出、入线之间的连接关系，线群可以分为全利用度线群和部分利用度线群两类。如果线群能够把任意空闲的入线连接到任何空闲的出线，这种线群称为全利用度线群，这种情况下，每一个话源都能使用所有服务器中的任何一个。当然也有部分利用度线群，其中任一话源只能使用所有服务设备中的一部分。把话源能够使用的服务器数称为利用度。显然，全利用度情况下的利用度等于服务器的数量。

2. 线群的呼损

在呼损制工作制中，衡量线群服务质量的指标为呼损。对于线群，存在 3 种呼损计算方法：一是按时间计算呼损（用 E 表示）；二是按呼叫计算呼损（用 B 表示）；三是按负载计算呼损（用 H 表示）。下面分别叙述它们的含义。

1）按时间计算呼损 E

按时间计算的呼损，表示的是线群发生阻塞的概率。对于全利用度线群，按时间计算的呼损等于出线全忙的概率；或者说，按时间计算的呼损等于全部出线被占用的时间与总统计时间的比值，即

$$E=\frac{\text{全部出线被占用的时用}}{\text{总统计时间}}$$

得到的是全部出线都被占用的概率，用公式表达为

$$E=\frac{T_{\text{阻}}}{T_{\text{总}}}$$

式中，$T_{\text{阻}}$ 为全部出线被占用的时间；$T_{\text{总}}$为总统计时间，总统计时间一般为忙时。

2）按呼叫计算呼损 B

按呼叫计算的呼损，表示的是因线群阻塞而损失的呼叫数占总呼叫数的比值，即

$$B=\frac{\text{损失呼叫次数}}{\text{总呼叫次数}}$$

3）按负载计算呼损 H

按负载计算的呼损，表示的是忙时损失的话务量与流入总话务量的比值，即

$$H=\frac{A_{\text{损}}}{A_{\text{入}}}$$

式中，$A_{\text{损}}$ 为因线群发生阻塞而损失的话务量；$A_{\text{入}}$ 为流入该线群的总话务量。

从以上讨论可知，呼损 P（用它来代表 B、E 或 H）的取数范围为 0～1，因此，它常用小数或百分数（%）表示。例如，$P=0.01=1\%$。

从网络观点分析，呼损可分为 4 类，即交换机呼损、局间电路（或称为中继）呼损、全程呼损和全网平均呼损。其中最值得关注的是全程呼损，全程呼损是指从发端交换机到收端交换机之间的呼损，故也称为端到端呼损。

3. 全利用度线群呼损的计算

全利用度线群的呼损应体现话务量 A、呼损 P 和线群出线数 V三者之间的关系。

根据线群占用的概率分布，存在多种不同的呼损计算公式。例如，二项分布（话源数 N 不大于服务设备数量 m，即 $N \leqslant m$），恩格塞特分布（话源数 N 大于服务设备数量 m，即 $N > m$），爱尔兰分布（话源数为无穷大，服务设备数量有限，即 $N \to \infty$，m 有限或 $N \geqslant m$），泊松分布（话源数和服务设备数量都非常大，即 $N \to \infty$，$m \to \infty$）。

电话交换系统近似服从爱尔兰分布，因此常用爱尔兰呼损计算公式，具体形式如下。

$$P = \frac{A^V / V!}{\sum_{i=0}^{V} A^i / i!} \tag{3-6}$$

式中，A 为流入话务量（单位为爱尔兰）；V 为全利用度线群的出线数；P 为呼损值。

为了书写方便，式（3-6）常用符号 $P_V(A)$来表示，即

$$P = P_V(A) \tag{3-7}$$

应用上述计算公式，要注意以下几个问题。

（1）爱尔兰呼损计算公式只适用于全利用度线群。

（2）该公式计算较麻烦，为此，话务理论研究工作者已预先把它列成表格（爱尔兰表）或绘制成曲线。通常需要时可以直接查阅爱尔兰表。绘制爱尔兰曲线示例，如图 3-43 所示。

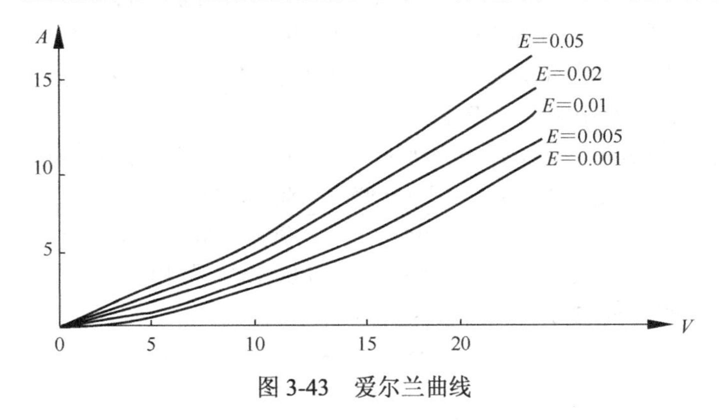

图 3-43　爱尔兰曲线

（3）呼损计算公式表征了 P、V 和 A 这 3 个量之间的函数关系。根据爱尔兰曲线可得出如下结论。

在呼损 P 保持不变的条件下，如果话务量 A 增大，则出线数 V 必须要增加；或者说，在出线数 V 增加时，线群所能承受的话务量 A 可以增大。

在话务量 A 不变时，出线数 V 增加，呼损 P 就会减小；或者说，如果减小呼损 P，就必须增加出线数 V。

当出线数 V 一定时，若话务量 A 增大，呼损 P 就会增大；或者说，若允许呼损 P 增大时，线群承受的话务负荷 A 可以增大。

3.8.4　话务模型与工程计算

根据我国对入网电话交换机的技术规范，话务模型为各类呼叫定义的平均占用时长如下。

（1）本地市话呼叫的平均占用时长为 60s。

（2）国内长话呼叫的平均占用时长为 90s。

（3）特种业务呼叫的平均占用时长为30s。

上述数据为正常负荷时的平均占用时间，当话务量超负荷20%时，由于各种无效呼叫的增加，上述各项平均占用时长将做相应调整。因此，计算与呼叫数有关的公用设备能力时，应按正常负荷情况下呼叫数的1.5倍计算。工程设计时选择处理机的处理能力，还应考虑必要的冗余度（如按1.1倍系数）和处理机的其他开销（如按20%预留）。

下面举例说明工程设计时如何测算中继线路的话务量和交换机的呼叫处理能力。

【例1】某模块局至母局配备了2套PCM30/32系统作为中继线路，若要求该中继线路的呼损 $P=0.001$，求该中继线路能容纳多大的话务量？设该模块局的用户呼出话务量为0.07 Erl，用户呼入话务量为0.065 Erl，问最多允许这个模块局装多少用户？

解：先求两条PCM系统能容纳多大的话务量，根据公式 $P=P_V(A)$ 得

$$0.001=P_{60}(A)$$

已知 $P=0.001$，$V=60$，求 A，查爱尔兰表得 $A=40.794$Erl。

由于模块局用户的呼出呼入都经过这两条PCM传输线，因此用户的双向话务量为(0.07+0.065) Erl＝0.135 Erl。则该模块局可装用户数为 $N=(40.794/0.135)$ 户＝302.18户。

取整为302户，即保证给定的呼损值（$P=0.001$）情况下，最多只能装302户。

【例2】某交换局需要安装仪态1万门的数字程控交换机，假设用户忙时平均呼出话务量为0.08 Erl，呼入话务量为0.07 Erl，其中呼叫特种业务占4%，长途去话呼叫占14%。入局话务量占用户呼入话务量的60%，其中本地网内占48%，长途来话占12%。该交换机中央处理机的处理能力应不小于多少BHCA？

解：先求用户总的呼出次数 C_1 和入局呼叫次数 C_2，再求所需处理机的处理能力。

$$C_1=\frac{800\times(1-14\%-4\%)}{60/3600}+\frac{800\times14\%}{90/3600}+\frac{800\times4\%}{30/3600}$$

忙时用户呼出总话务量 $A=0.08\times10000$ Erl＝800 Erl。呼出次数 C_1 由用户呼叫本地市话、呼叫长途和呼叫特种服务3部分组成，即

$$C_1=(39360+4480+3840)\text{ 次}$$
$$=47680\text{ 次}$$

$$C_2=\left(\frac{750\times48\%}{60/3600}+\frac{750\times12\%}{90/3600}\right)\text{次}$$

用户呼入总话务量 $B=0.075\times10000$ Erl＝750 Erl。但呼入次数 C_2 由本地市话入局呼叫次数和长途来话次数组成。

$$C_2=(21600+3600)\text{ 次}$$
$$=25200\text{ 次}$$

因此，呼叫总次数为 $C=C_1+C_2=(47680+25200)$次＝72880次。

该局交换机中央处理机至少应具备的处理能力为 72880×1.5×1.2×1.1BHCA＝144302.4BHCA，所以其处理机的处理能力应为15万BHCA。

本章小结

本章从构建交换网络的基本部件——交换单元开始，通过几种典型的交换单元，如开关阵列、共享存储器型交换单元、总线型交换单元等介绍，提示了它们的结构特性和工作

原理。交换网络是由若干个交换单元按照一定的拓扑结构和控制方式构成的，它包含交换单元、拓扑结构和控制方式 3 个要素。本章重点介绍了交换网络的结构方式，阐述了单级网络、多级网络、内部阻塞等基本概念，并给出了无阻塞交换网络（CLOS 网络）的条件，以及如何利用 CLOS 网络构建多级无阻塞网络。

从硬件功能结构看，数字程控交换机包括话路系统和控制系统。话路系统由用户级、选组级、各种中继接口、信号部件等组成。控制系统是具有交换控制功能的处理机系统，通常采用多机控制方式，具有集中控制和分散控制两种控制结构，其中分散控制又可分为分级分散控制和分布式分散控制。为了提高交换机的可靠性，处理机必须采用冗余配置方式，如微同步、负荷分担和主备用方式。由于交换机存在多个处理机，各处理机之间的通信可采用 PCM 专用时隙或计算机网络结构方式实现。

数字交换网络（DSN）是数字程控交换机的核心接续部件，其功能是完成任意 PCM 时分复用线上任意时隙之间的信息交换。在具体实现时 DSN 应具备两种功能，即完成同一时分复用线上不同时隙之间的信息交换、不同时分复用线之间同一时隙的信息交换。这两种基本功能分别由时间接线器和空间接线器实现。将时间接线器和空间接线器组合起来，可以构建大容量数字交换网络，实现任意 PCM 复用线上任意时隙之间的信息交换。

大型数字程控交换机的软件系统十分庞大，总体上可分为运行软件和支援软件两部分。运行软件又称为联机软件，是交换机工作时运行在各处理机中，对交换机的各种业务进行处理的软件的总和。支援软件又称为脱机软件，实际上是一个支撑软件开发、生产及维护的工具和环境软件的系统。根据完成的功能不同，运行软件系统分为操作系统、数据库和应用软件。操作系统用于对系统中所有软、硬件资源的管理和调度，并为应用软件提供运行环境支持，其主要功能包括任务调度、存储器管理、时间管理、通信支援、故障处理等。数据库实现了应用程序、数据结构和存取方法的相对独立，便于软件的模块化设计。交换机中的全部数据（系统数据、局数据、用户数据）都由数据库管理系统统一进行管理，以便采取有效措施保证数据的完整性、安全性和并发性。交换机应用软件主要包括呼叫处理程序和维护管理程序。呼叫处理程序用于控制呼叫的建立和释放，对应于呼叫处理过程，如用户和中继扫描、信令扫描、数字分析、通路选择、路由选择、输出驱动等。呼叫处理程序分为输入处理、分析处理和输出处理 3 种类型。维护管理程序的主要功能是协助实现交换机软硬件系统的更新、计费管理；监视交换机的工作情况以确保交换机的服务质量，以及实现交换机的故障检测、故障诊断和恢复等功能，以确保交换机的可靠运行。在交换机的设计和维护管理过程中，ITU-T 建议了 3 种程序语言，即 SDL 语言、CHILL 语言和 MML 语言。

为了满足各种交换程序对不同实时性的要求，将程序划分为不同的优先级，典型的程序分级包括故障级、周期级（时钟级）和基本级。故障级和时钟级都是在中断驱动下执行的，基本级是在时钟级程序执行完毕后才执行。交换机通常采用比特型时间表来启动时钟级的程序，用队列来调度和管理基本级程序。呼叫处理程序是数字程控交换机完成呼叫处理任务的核心程序，每一个呼叫处理过程就是处理机监视、识别输入信号、执行任务和输出指令的不断循环过程。实际的呼叫处理是一系列复杂的控制过程，涉及所有可能的事件和相关状态，因此，系统设计时需要对呼叫处理过程进行抽象，通过建立有限状态机（FSM）模型，并采用 SDL 语言来对呼叫处理过程进行描述。呼叫处理程序包括输入处理、分析处理和输出处理，因此，呼叫处理过程可看成这三者不断循环的过程。

交换机性能指标主要包括交换机忙时能够承受的话务负荷、呼叫处理能力和交换机能够接入的用户和中继最大容量等。其中，话务负荷能力和最大忙时试呼次数是评价交换机设计水平和服务能力的重要指标。交换机服务质量指标主要包括呼损指标和接续时延。交换机可靠性指标是衡量交换机维持良好服务质量的持久能力，通常用可用度和不可用度来衡量。

电话通信网的组网结构分为分级网和无级网。我国电话网采用分级结构，包括长途电话网和本地电话网。长途电话网也采用两级结构，根据长途交换中心在网络中的地位和作用不同，将长途交换中心分为DC1和DC2。本地网交换局主要包括端局和汇接局。端局通过用户线直接连接用户，汇接局用于汇接本汇接区内的本地或长途电话业务。路由是电话网的重要组成部分，路由选择也称为选路，是指交换机根据呼叫请求在多个路由中选择最优的路径。电话网的路由选择可以采用固定等级制选路和动态无级选路两种结构，我国电话网采用固定等级制选路策略。路由选择总体原则是：先选直达路由，遇忙再选迂回路由，最后选基干路由。编号是寻址的基础，编号计划是指为本地网、国内长途网、国际长途网，以及一些特种业务、新业务等的各种呼叫所规定的号码编排和规程。我国电话网编号计划是根据ITU-T E.164建议和我国的具体情况制定的。

在数字电话网中，网同步是确保网络服务质量的基础。同步是指信号之间在频率或相位上保持某种严格的特定关系，网同步是指将定时信号（频率或时间）分配到所有网元的方法。数字电话网的同步方式有准同步、主从同步、互同步等方式，我国一般采用主从同步方式，交换机的同步引入方式包括专线方式和业务线方式。

交换系统中用户的呼叫请求是随机的，在设计和应用交换系统时，应保证所有用户达到希望的服务质量，这就要求交换系统中具有足够数量的公用设备，一般应根据所承担的话务量进行计算。在设计交换系统时，对处理同时通信的数量是有限度的，但怎样的限度，既经济又能提供使用户满意的服务，这就是话务理论要解决的问题。

话务理论主要涉及话务量、线群和呼损等几个要素。本章介绍了话务量、线群和呼损的概念、定义和特性，给出了分别以时间、呼叫和负载来计算呼损的公式。中央处理器是交换机整个控制系统的核心，其性能直接影响控制系统的性能，进而影响整个交换机处理呼叫的性能。本章介绍了用来衡量程控交换机控制系统处理呼叫能力的BHCA的含义。

习题与思考题

3.1 典型的基本交换单元有哪些？它们具有什么特点？

3.2 试比较单级网络与多级网络的优缺点。

3.3 交换网络的内部阻塞是怎样产生的？

3.4 无阻塞网络的条件是什么？

3.5 简述数字程控交换机的硬件组成及其基本功能。

3.6 数字程控交换机模拟用户电路应具备哪些基本功能？

3.7 简述控制系统处理机的几种冗余配置方式。

3.8 简述控制系统处理机之间的几种通信方式。

3.9 简述数字程控交换机的软件组成及各部分的功能。

3.10 简述复用器和分路器的功能，并说明为什么要进行串并变换？

3.11 简述时间接线器和空间接线器的基本工作原理，并说明同步时分交换网络的构建方法。

3.12 呼叫处理主要包括哪几种处理？分别完成怎样的任务？

3.13 试画图说明用户摘、挂机识别的原理。

3.14 简述数字程控交换机软件系统的特点。

3.15 按照实时性要求的不同，交换机中的呼叫处理程序可分为哪几个级别？

3.16 简要说明时间表调度的工作原理，并用时间表实现下列程序的调度。

（1）10 ms；（2）20 ms；（3）50 ms；（4）40 ms。

画图说明时间表的结构，并说明如何确定时间表的容量和系统中断周期。

3.17 简述数字程控交换机的性能指标和服务质量指标。

3.18 简述我国长途电话网的组网结构和各级交换中心的职能。

3.19 电话网中，低呼损路由与高效路由的区别是什么？

3.20 什么是本地电话网？本地电话网的路由选择原则是怎样规定的？

3.21 数字电话网为什么需要网同步？简述网同步方式。

3.22 简述交换机的同步引入方式。

3.23 怎样从物理概念上去理解话务量？

3.24 爱尔兰呼损计算公式的应用条件是什么?

3.25 叙述 BHCA 的基本概念及其基本计算方法。

3.26 影响程控交换机呼叫处理能力的因素有哪些?

第4章　信令系统

4.1　概　述

为了实现有效的信息传送，通信网交换节点设备之间必须进行“对话”，以协调各自的运行。在通信网节点设备之间相互交换的控制信息简称信令。信令在传送过程中所需遵循的协议规定称为信令方式。实现特定信令方式的软硬件设施的集合就是信令系统。信令系统是通信网的重要组成部分，是通信网的神经系统。

在通信网的发展过程中，提出过多种信令方式，如ITU-T建议了No.1至No.7信令方式，我国也相应地规定了中国No.1和中国No.7信令。从目前的应用来看，我国公众电信网主要采用No.7信令，局部和一些专网仍在使用中国No.1信令。本章简要介绍随路信令，然后对No.7信令及其相关内容进行阐述。

信令的分类方法很多。例如：

（1）按照信令的传送方向，可分为前向信令和后向信令。前向信令是指沿着接续进行的方向由主叫方向被叫方发送的信令；后向信令是指由被叫方向主叫方发送的信令。

（2）按信令的工作区域，可分为用户线信令和局间信令。用户线信令是用户终端和交换局之间传送的信令；局间信令是交换局之间传送的信令。局间信令比用户线信令复杂得多，按完成的功能不同，局间信令一般分为线路信令和记发器信令。线路信令是在话路设备（如各种中继器）之间传送的信令（如占用、挂机、拆线和闭塞等）；记发器信令是在记发器之间传送的信令（如地址及其他与接续有关的控制信息）。

（3）按信令的传送方式不同，分为随路信令和共路信令。随路信令是指信令和话音在同一通路上传送的工作方式，如图4-1所示，主要用于模拟交换网或数模混合的通信网；共路信令是把传送信令的通路和传送话音的通路分开，即把若干条话路中的各种信令集中在一条通路上传送，其工作方式如图4-2所示。共路信令也称为公共信道信令，它不但传送速度快，而且在通话期间仍然可以传送和处理信令；此外共路信令成本低廉，具有提供大量信令的潜力，便于开放新业务。

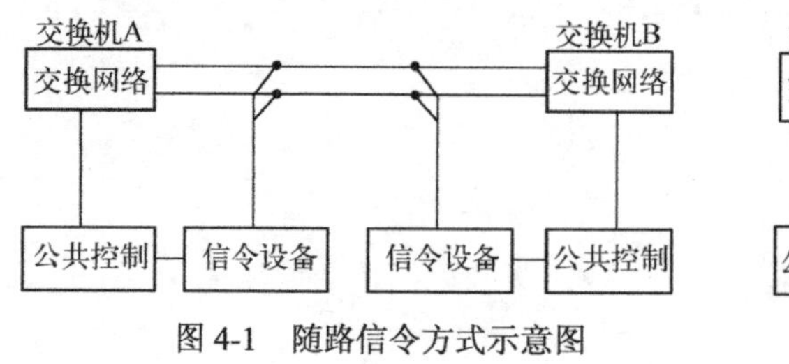

图4-1　随路信令方式示意图

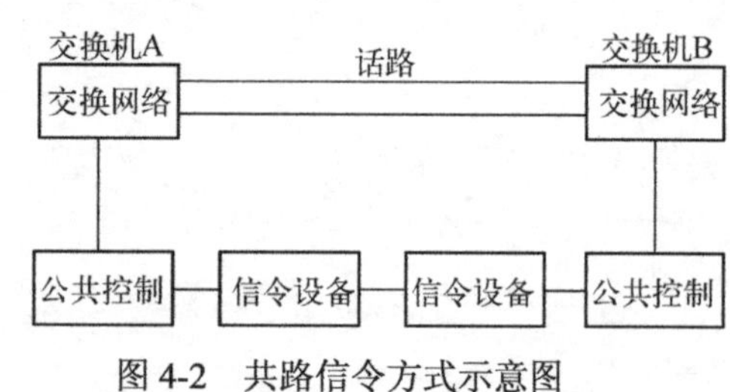

图4-2　共路信令方式示意图

4.2　随路信令

随路信令是传统的信令方式，局间各话路传送各自的信令，即信令和话音在同一信道上传送，或者在与话路有固定关系的信道上传送。随路信令技术实现简单，可满足普通电话接续的需要，但信令传送效率低，且不能适应电信新业务的发展。中国No.1信令就是一种随路信令。

随路信令方式具有如下的基本特征。

（1）信令全部或部分地在话音通道中传送。

（2）信令的传送处理与其服务的话路严格对应和关联。

（3）信令在各自对应的话路中或固定分配的通道中传送，不构成集中传送多个话路信令的通道，因此也不构成与话路相对独立的信令网。

1. 用户线信令

用户线信令和局间信令如图4-3所示。图4-3（a）所示的是两个用户通过两个交换局进行通话的连接示意图，图4-3（b）所示的是其接续过程中使用的信令及其流程。

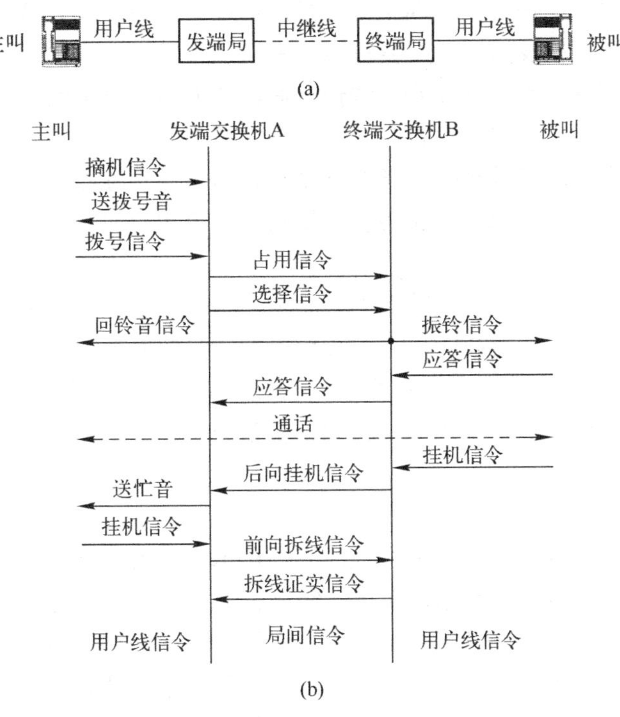

图4-3　用户线信令和局间信令

用户线信令是用户和交换局之间在用户线上传送的信令。图4-3（b）中主叫—发端局、终端局—被叫间传送的信令就是用户线信令。

用户线信令包括：用户状态信令、选择（地址）信令、铃流和各种信号音。用户状态信令由话机产生，通过闭合或切断直流回路，用以启动或复原局内设备，包括摘机、挂机等。用户状态信令一般为直流信令。选择信令是用户发送的拨号（被叫号码）数字信令。在使用号盘话机及直流脉冲按键话机的情况下，发出直流脉冲信号；在使用多频按键话机的情况下，发送的信号是由两个音频组成的双音多频信令。铃流及各种信号音是交换机向用户设备发送的信号，或者在话机受话器中可以听到的声音信号，如拨号音、回铃音、忙音、长途通知音和空号音等。

随着数据通信和 ISDN 的发展，ITU-T 针对数字用户线提出了数字用户信令（Digital Subscriber Signalling No.1，DSS1），由 Q.930/Q.931 定义，并在实际中得到了一定的应用。

2．线路信令与记发器信令

局间信令采用随路信令方式时，从功能上可分为线路信令（Line Signalling）和记发器信令（Register Signalling）。

1）线路信令

线路信令用于监视中继设备的呼叫状态，主要包括以下内容。

（1）占用信令：一种前向信令，用来使来话局中继设备由空闲状态变为占用状态。

（2）应答信令：被叫用户摘机后，由终端局向发端逐段传送的后向信令。

（3）挂机信令：被叫用户话毕挂机后，由终端局向发端局逐段传送的后向信令。

（4）拆线信令：前向信令，由去话局中继设备向来话局中继设备发送。

（5）重复拆线信令：在去话局向来话局发出拆线信令后，如在 3～5s 内收不到来话局回送的释放监护信令，就发送前向重复拆线信令。

（6）释放监护信令：来话局收到拆线信令后，向去话局发送的后向证实信令。

（7）闭塞信令：当来话局中继设备工作不正常时，向去话局发送的后向信令。

（8）再振铃信令：即长途半自动接续的话务员信令，长途话务员与被叫用户建立连接时，被叫用户应答之后又挂机，若话务员需要再呼出该用户时，由去话局向来话局发送此前向信令。

（9）强拆信令：即长途半自动接续的一种前向话务员信令，如果长途话务员在接续中遇到被叫用户市话忙，在征得被叫用户同意后，发送强拆信令。

（10）回振铃信令：一种后向话务员信令，只在话务员回叫主叫用户时使用。

除了上述信令，还有请发码信令（占用证实信令）、首位号码证实信令和被叫用户到达信令等。

线路信令主要有以下 3 种不同的形式。

（1）直流型线路信令。它用直流极性的不同标志，代表不同的信令含义，主要用于早期模拟交换网。直流型线路信令结构简单、经济、维护方便，但传送距离有限。

（2）带内（外）单频脉冲型线路信令。局间采用频分多路复用的传输系统时，一般采用带内或带外单频脉冲线路信令。带内单频脉冲线路信令一般选择 2600Hz 带内音频，这是因为话音中 2600Hz 的频率分量较少而且能量较低，所以对信令的干扰最小。带外信令利用载波电路中两个话带之间的某个频率来传送信令，一般采用单频 3825Hz 或 3850Hz。由于带外信令所能利用的频带较窄，因此频分多路复用线路一般均采用带内单频脉冲线路信令。

（3）数字型线路信令。当局间采用 PCM 传输系统时，采用数字型线路信令。ITU-T 推荐的数字型线路信令有两种：一种用于 30/32 路 PCM 系统；另一种用于 24 路 PCM 系统。我国采用第一种方式，在这种信令方式中，PCM 系统的第 16 时隙用于传输线路信令，且采用复帧形式将第 16 时隙的编码固定分配给每个话路。由于线路信令主要用于中继线的监视和接续控制，因此在整个呼叫过程中都可传送线路信令。

2）记发器信令

记发器信令是在电话自动接续时，在交换机记发器之间传送的控制信令，主要包括选择路由所需的选择信令（也称为地址信令）和网路管理信令。

记发器信令按照其承载传送方式可分为两类：一类是十进制脉冲编码方式；另一类是多频编码方式。由于后者采用多音频组合编码方式实现信令的编码，因此无论是信令的容量还是信令传送的速度和可靠性都有较大的提高。记发器信令一般采用多频互控（Multi-Frequency Compelled，MFC）方式进行传送。

3. 中国 No.1 信令

中国 No.1 信令是国际 R2 信令系统的一个子集，可通过二线或四线传送。按信令传送方向，有前向信令和后向信令之分；按信令功能，有线路信令和记发器信令。下面主要介绍数字型线路信令和局间记发器信令。

1）数字型线路信令

在 PCM E1 数字传输系统中必须采用局间数字型线路信令，为提供 30 个话路线路信令的传送，提出了复帧的概念，即由 16 子帧（每子帧为 125μs，含 32 个时隙）组成一个复帧。这样，1 复帧中就有 16 TS16，其中第一帧（F0）的 TS16 的前 4 比特用作复帧同步，后 4 比特中用 1 比特做复帧失步对告，其余 15 帧（F1～F15）的 TS16 按半个字节方式分别用作 30 个话路的线路信令传送。PCM 系统的帧结构及 TS16 的分配情况如图 4-4 所示。

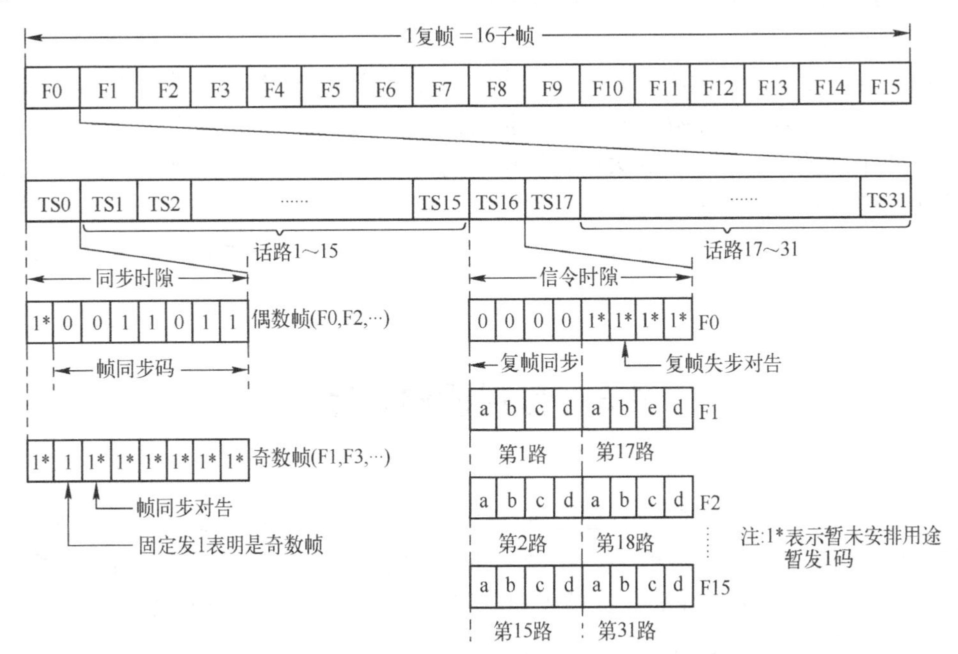

图 4-4　PCM 系统的帧结构及 TS16 的分配情况

如图 4-4 所示，在 1 复帧内每一话路占用 4 比特（a,b,c,d）用于传送线路信令。根据规定，前向信令采用 a_f、b_f、c_f 3 位码，后向信令采用 a_b、b_b、c_b 3 位码，它们的基本含义如下。

（1）a_f 表示去话局状态的前向信令，$a_f=0$ 为摘机占用状态，$a_f=1$ 为挂机拆线状态。

（2）b_f 表示去话局故障状态的前向信令，$b_f=0$ 为正常状态，$b_f=1$ 为故障状态。

（3）c_f 表示话务员再振铃或强拆的前向信令，$c_f=0$ 为话务员再振铃或进行强拆操作，$c_f=1$ 为话务员未进行再振铃或未进行强拆操作。

（4）a_b 表示被叫用户摘机状态的后向信令，$a_b=0$ 为被叫摘机状态，$a_b=1$ 为被叫挂机状态。

（5）b_b 表示来话局状态的后向信令，$b_b=0$ 为示闲状态，$b_b=1$ 为占用或闭塞状态。

（6）c_b 表示话务员回振铃的后向信令，$c_b=0$ 为话务员进行回振铃操作，$c_b=1$ 为话务员未进行回振铃操作。

2）MFC 记发器信令

多频方式的带内记发器信令有脉冲多频信令和互控多频信令两种，我国采用多频互控（MFC）信令。在这种信令方式中，前向和后向信令都是连续的，对每个前向信令都用一个后向信令加以证实，并且前向信令和后向信令互相控制传送进程，故称为多频互控方式。记发器信令主要完成主、被叫号码的传送，以及主叫用户类别、被叫用户状态及呼叫业务类别的传送。采用多频互控可靠性较高，但传送速度较慢，约每秒钟发送 6～7 个信令。

3）信令编码

线路信令分为模拟线路信令和数字线路信令。模拟线路信令用中继线上传送的电流或某一单音频（有 2600Hz 或 2400Hz 两种）脉冲信号表示；数字线路信令用数字编码表示。记发器信号一般采用双音多频方式编码，采用 120Hz 的等差级频。前向信号采用 1380～1140Hz 频段，按“六中取二”编码，最多可组成 15 种信号。后向信号采用 780～1140Hz 频段，按“四中取二”编码，最多可组成 6 种信号。

4）信令传输

对模拟线路信令，一般通过话音信道传输；对数字线路信令，则通过 PCM 系统的第 16 时隙传输。记发器信令的传输可采用互控方式或非互控方式。采用互控方式时，一个互控周期分 4 个节拍。第一个节拍去话局发送前向信号；第二个节拍来话局收到前向信号，回送后向证实信号；第三个节拍去话局收到后向信号，停发前向信号；第四个节拍来话局检测到前向信号停发，停发后向信号。记发器信号为带内信令，因此既可通过模拟信道传输，也可经 PCM 编码后由数字信道传输。

4.3 公共信道信令

公共信道信令简称共路信令，它是 20 世纪 60 年代发展起来的用于局间接续的信令方式。ITU-T 提出的第一个共路信令是 6 号（No.6）信令，主要用于国际通信，也适合国内网使用，信令传输速率为 2.4kbps。经试验和应用证明，No.6 信令用于模拟电话网是适合的。为适应数字电话网的需要，ITU-T 于 1972 年提出了 No.6 信令的数字形式建议，信令传输速率为 4.8kbps 和 56kbps，但 No.6 信令的数字形式并未改变其适用于模拟环境的固有缺陷，不能满足数字电话网，特别是综合业务数字网的发展需要。

自 1976 年起，ITU-T 开始研究 7 号（No.7）信令方式，先后经历了 4 个研究期，提出了一系列的技术建议。它采用开放式的系统结构，可以支持多种业务和多种信息传送的需要。这种信令能使网络的利用和控制更为有效，而且信令传送速度快，效率高，信息容量大，可以适应电信业务发展的需要。因此，在世界各国得到了广泛的应用。下面主要介绍 No.7 信令及其相关内容。

4.3.1　No.7 信令概述

No.7 信令属于共路信令，ITU-T 于 1980 年首次提出了与电话网和电路交换数据网相关的 No.7 信令的建议（黄皮书）。在黄皮书的基础上，1984 年研究并提出了与综合业务数字网和开放智能网业务相关的 No.7 信令建议（红皮书）。到 1988 年提出蓝皮书建议，基本上完成了消息传递部分（MTP）、电话用户部分（TUP）和信令网的监视与测量 3 部分的研究，并在 ISDN 用户部分（ISUP）、信令连接控制部分（SCCP）和事务处理能力（TC）3 个重要领域取得进展，基本满足开放 ISDN 基本业务和部分补充业务的需要。1993 年的白皮书继续对 ISUP、SCCP、TC 做了进一步研究和完善，为 No.7 信令在电信网中的应用奠定了基础。

我国于 1984 年制定了第一个国内 No.7 信令技术规范，经过几年的实践和修改后，于 1990 年经原邮电部批准发布执行《中国国内电话网 No.7 信号方式技术规范》，1993 年发布了《No.7 信令网技术体制》，1998 年经修改后再次发布《No.7 信令网技术体制》。No.7 信令的其他技术规范在 2000 年前后得到了进一步的完善。

No.7 信令主要用于：①电话网的局间信令；②电路交换数据网的局间信令；③ISDN 的局间信令；④各种运行、管理和维护中心的信息传递；⑤移动通信；⑥PABX 的应用等。No.7 信令除具有共路信令的特点之外，在技术上具有很强的灵活性和适应性。具体表现如下。

1．功能模块化

No.7 信令系统采用模块化功能结构，如图 4-5 所示。No.7 信令系统由消息传递部分和多个不同的用户部分组成。消息传递部分的主要功能是为通信的用户部分之间提供信令消息的可靠传递。它只负责消息的传递，不负责消息内容的检查和解释。用户部分是指使用消息传递能力的功能实体，它是为各种不同电信业务应用设计的功能模块，负责信令消息的生成、语法检查、语义分析和信令控制过程。用户部分体现了 No.7 信令系统对不同应用的适应性和可扩充性。各功能模块具有一定的联系但又相互独立，特定功能模块的改变并不明显影响其他功能模块，各国可以根据本国通信网的实际情况，选择相应的功能模块组成一个实用的系统。采用功能模块化结构，也有利于 No.7 信令的功能扩充。例如，在 1984 年新引入了信令连接控制部分（SCCP）和事务处理能力（TC）部分，使得 No.7 信令在原有基本结构的基础上，可以很方便地满足移动通信、运行管理维护和智能网（IN）应用的要求。

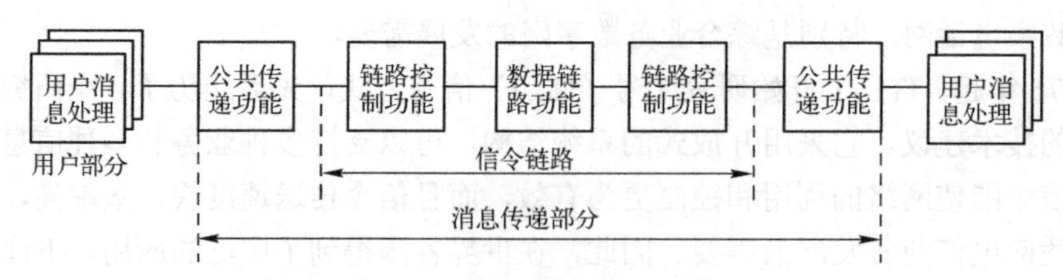

图 4-5　No.7 信令系统的模块化功能结构

2. 通用性

No.7 信令在各种特定应用中都包含了任选功能，以满足国际和国内通信网的不同要求：国际网的信令应当尽可能地在国内网中使用；由于各国国内通信网的业务特点不同，应当允许根据其应用特点选用 CCITT 建议的功能。

3. 消息传递功能的改进

No.7 信令采用了新的差错控制方法，克服了消息传递的顺序和丢失问题。因此，No.7 信令既可以很好地完成电话、数据等有关呼叫建立、监视和释放的信令传递，也可以作为一个可靠的消息传递系统，在交换局和各种特种服务中心间（如运行、管理维护中心和业务控制点等）进行各种数据业务的传递。

此外，No.7 信令还具有完善的信令网管理功能，以进一步确保消息在网络故障情况下的可靠传递。No.7 信令采用不定长消息格式，以分组传送和标记寻址方式传送信令消息；在传统的电话网中，最适合采用 64kbps 和 2Mbps 的数字信道工作。

4.3.2　No.7 信令系统的功能结构

No.7 信令系统将消息传递部分分为 3 个功能级，并将用户部分作为第四功能级。No.7 信令系统的四级功能结构如图 4-6 所示。

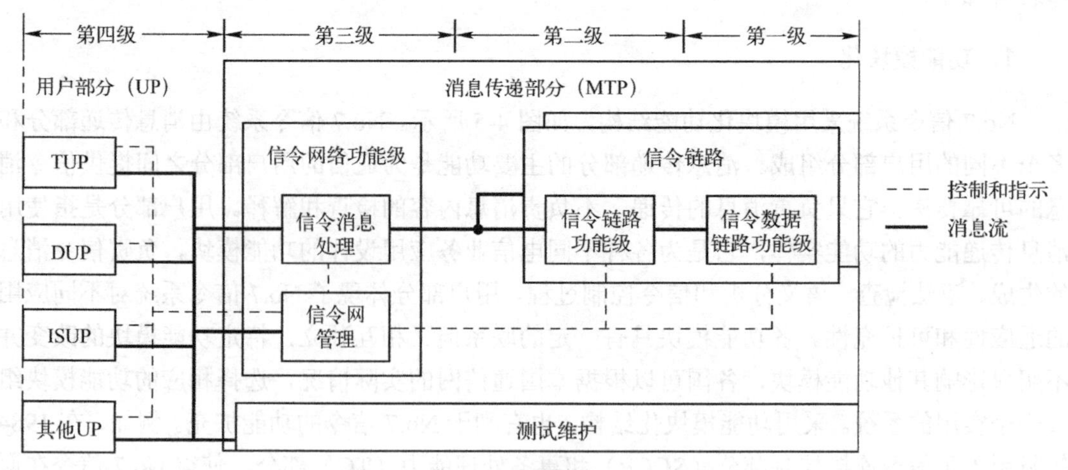

图 4-6　No.7 信令系统的四级功能结构

这里的“级”与 OSI 参考模型的“层”没有严格的对应关系。各级的主要功能如下。

1．第一级——信令数据链路功能级

第一级定义了信令数据链路的物理、电气和功能特性，以及链路接入方法。它是一个双工传输通道，包括工作速率相同的两个数据通道，可以是数字信令数据链路或模拟信令数据链路。通常采用 64kbps 的 PCM 数字通道，作为 No.7 信令系统的数字信令数据链路。原则上可利用 PCM 系统中的任一时隙作为信令数据链路。实际系统中常采用 PCM 一次群的 TS16 作为信令数据链路，这个时隙可以通过交换网络的半固定连接与信令终端相接。

需要注意的是：对信令数据链路的一个重要的特性要求是链路应具有透明性。链路透明是指“透明地传送比特流”，也就是比特流经链路传输后不能发生任何变化。因此在信令链路中不能接入回声抑制器、数字衰减器、A/μ 律变换器等设备。

2．第二级——信令链路功能级

第二级定义信令消息沿信令数据链路传送的功能和过程，它与第一级一起为两个信令点之间的消息传送提供一条可靠的链路。在 No.7 信令系统中，信令消息是以不等长的信令单元形式传送的。第二级功能主要包括：信令单元的定界和定位；差错检测；通过重发机制实现信令单元的差错校正；通过信令单元差错率监视检测信令链路故障；故障信令链路的恢复过程；链路的流量控制。

3．第三级——信令网络功能级

第三级定义关于信令网操作和管理的功能和过程。这些过程独立于第二级的信令链路，是各个信令链路操作的公共控制部分。第三级功能由以下两部分组成。

（1）信令消息处理（Signaling Message Handling，SMH）。其作用是当本信令节点为消息的目的地时，将消息送往指定的用户部分；当本节点为消息的转接点时，将消息转送至预先确定的信令链路。信令消息处理包括：消息鉴别，确定本节点是否为消息的目的地点；消息分配，将消息分配至指定的用户部分；消息路由，根据路由表将消息转发至相应的信令链路。

（2）信令网管理（Signaling Network Management，SNM）。其作用是在信令网发生故障的情况下，根据预设数据和信令网状态信息调整消息路由和信令网设备配置，以保证消息传递不中断。信令网管理是 No.7 信令系统中最为复杂的部分，也是直接影响消息传送可靠性的、极为重要的部分。信令网管理功能进一步分为信令业务管理、信令链路管理和信令路由管理 3 个子功能。

4．第四级——用户部分

第四级由各种不同的用户部分组成，每个用户部分定义与某种电信业务有关的信令功能和过程。已定义的用户部分如下。

（1）针对基本电话业务的电话用户部分（Telephone User Part，TUP）。

（2）针对电路交换数据业务的数据用户部分（Data User Part，DUP）。

（3）针对综合业务数字网业务的 ISDN 用户部分（ISDN User Part，ISUP）。

（4）针对移动电话，如全球移动通信系统（GSM）的移动应用部分（Mobile Application

Part，MAP）。

（5）操作维护管理部分（Maintenance and Administration Part，Operation）。

（6）智能网应用部分（Intelligent Network Application Part，INAP）等。

4.3.3 No.7 信令消息格式

如前所述，No.7 信令是以不等长消息形式传送的。消息一般由用户部分定义，一些信令网管理和测试维护消息可由第三级定义。一个消息作为一个整体在终端用户之间透明地传送。为了保证可靠传送，消息中包含必要的控制信息，在信令数据链路中实际传送的消息称为信令单元（SU）。通常以 8b 作为信令单元的长度单位，并称为一个八位位组（Octet）。所有信令单元均为 8b 的整数倍。No.7 信令共有 3 种信令单元：消息信令单元（Message Signal Unit，MSU）、链路状态信令单元（Link Status Signal Unit，LSSU）和填充信令单元（Fill-In Signal Unit，FISU），No.7 信令单元的基本格式如图 4-7 所示。

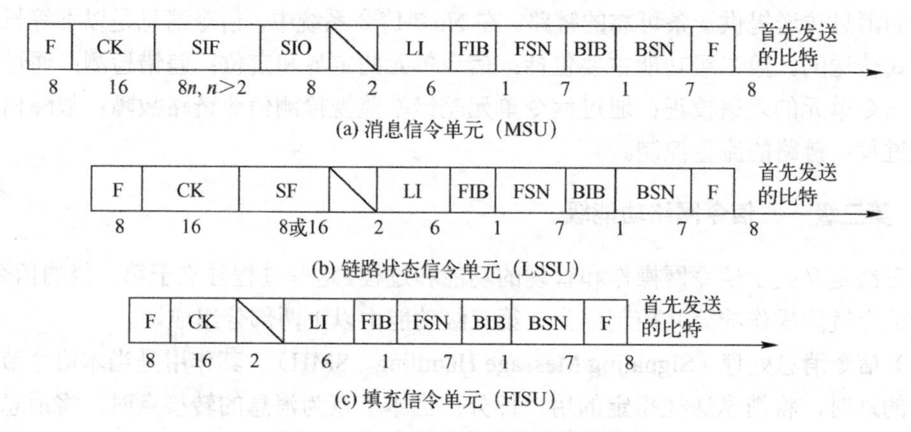

图 4-7　No.7 信令单元的基本格式

其中，MSU 为真正携带用户信息的信令单元，信息内容包含在信令信息字段（Signaling Information Field，SIF）和业务信息八位位组（Service Indicator Octet，SIO）中。LSSU 为传送信令链路状态的信令单元，链路状态由状态字段（Status Field，SF）指示。LSSU 在信令链路开始投入工作或发生故障（包括出现拥塞）时传送，以便使信令链路能正常工作或得以恢复正常工作。FISU 是在信令链路上无 MSU 和 LSSU 传送时发送的填充信令单元，以维持信令链路两端的通信状态，并可起到证实收到对方发来消息的作用。

信令单元中各字段的含义如下。

F（Flag）：信令单元定界标志。

FSN 和 BSN：信令单元序号。其中，FSN（Forward Sequence Number）为前向序号，标识消息的顺序号；BSN（Backward Sequence Number）为后向证实序号，向对方指示序号直至 BSN 的所有消息均正确地收到。

BIB 和 FIB：重发指示位。其中 BIB（Backward Indication Bit）为后向重发指示位，BIB 反转指示要求对方从 BSN+1 消息信令单元开始重发。FIB（Forward Indication Bit）为前向指示位，FIB 反转指示本端开始重发消息。

第二级利用信令单元序号和重发指示位来保证消息不丢失、不错序，并在检测出差错以后，利用重发机制实现差错校正。

LI（Length Indicator）：长度指示语，用于表明 LI 以后直至校验位比特之前的八位位组的数目。LI 的取值范围为 0～63。3 种信令单元的长度指示语分别为：LI = 0 表示填充信令单元 FISU，LI = 1 或 2 表示链路状态信令单元 LSSU，LI > 2 表示消息信令单元 MSU。

SIO：业务信息八位位组，只存在于 MSU 中，它分成业务指示语（Service Indicator，SI）和子业务字段（Sub-Service Field，SSF）两部分，如图 4-8 所示。

SI 供消息分配功能使用，用于分配用户部分的信令信息，在某些特殊场合可用于消息选路功能。其具体编码为：0000 表示信令网管理消息，0001 表示信令网测试和维护消息，0010 表示备用，0011 表示信令连接控制部分（SCCP），0100 表示电话用户部分（TUP），0101 表示 ISDN 用户部分（ISUP），0110 表示数据用户部分（与呼叫和电路有关的消息）（DUP），0111 表示数据用户部分（性能登记和撤销消息）（DUP），1000～1111 表示备用。

子业务字段 SSF 包括网络表示语 NI（比特 C 和 D）和两个备用比特（比特 A 和 B），网络表示语用来识别国内业务和国际业务。具体编码为：备用比特 BA 置为 00。DC 为 00 表示国际网路、01 表示国际备用、10 表示国内网路、11 表示国内备用。

SIF：信令信息字段，该字段是用户实际承载的消息内容，如一个电话呼叫或数据呼叫的控制信息、网络管理和维护信息等。字段长度为 2～272 个八位位组。需要注意的是，ITU-T/CCITT 原来规定 SIF 的最大长度为 62 个八位位组，加上 SIO 字段，一共为 63 个八位位组，这正是长度指示码 LI 的最大值。后来，由于 ISDN 业务要求信令消息有更大的容量，因此 1988 年的蓝皮书规定，SIF 的最大长度可为 272 个八位位组。为了不改变原有的信令单元格式，LI 字段保持不变，规定凡 SIF 长度等于或大于 62 个八位位组时，LI 的值均置为 63。

SF：状态字段。SF 只存在于链路状态信令单元 LSSU 中，用来指示链路的状态，包括失去定位、正常定位、紧急定位、处理机故障、退出服务和拥塞。其长度可为一个八位位组或两个八位位组。目前仅用一个八位位组，其格式如图 4-9 所示。

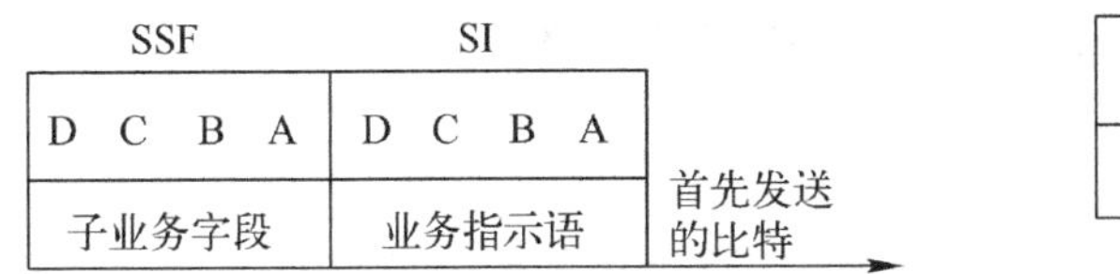

图 4-8　业务信息八位位组格式

图 4-9　状态字段格式

状态指示字段 CBA 的编码含义为：000 表示失去定位状态指示 SIO，001 表示正常定位状态指示 SIN，010 表示紧急定位状态指示 SIE，011 表示退出服务状态指示 SIOS，100 表示处理机故障状态指示 SIPO，101 表示链路忙状态指示 SIB。

CK：校验位。为了检测出差错，信令单元采用 16 位循环冗余码进行检验。

4.3.4　消息传递部分

消息传递部分（Message Transfer Part，MTP）定义与消息传递相关的功能和过程。其作用是维护信令网的正常运行，确保信令消息传送的可靠性。即使信令网存在信令链路或信令点故障，也能通过重构实现消息的正确传送。消息传递部分由信令数据链路功能、信令链路功能和信令网功能组成。

1．信令数据链路功能

信令数据链路是 No.7 信令系统的第一级，它定义的功能前面已经介绍。下面介绍信令数据链路的接入方法和接口要求。

数字信令数据链路可以通过数字选择级或接口设备构成。

通过数字选择级接入的信令数据链路如图 4-10 所示。信令数据链路实际上是由传输信道和两端交换机中的数字交换网络组成的。第二级位于交换机的信令终端，信令终端与数字交换网络选择级相连。我国目前使用的信令数据链路为传输速率 64kbps 和 2Mbps 的高速信令链路。

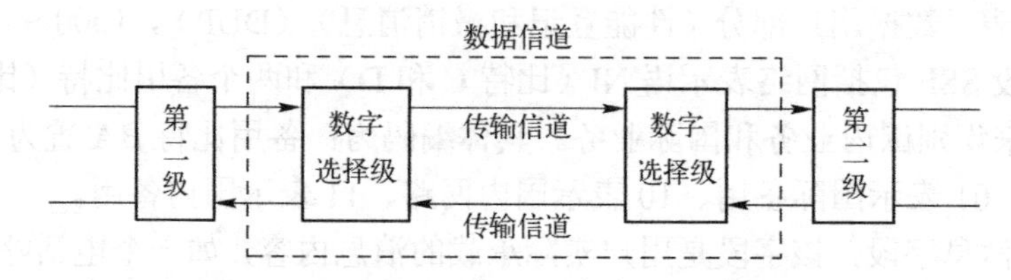

图 4-10　通过数字选择级接入的信令数据链路

通过接口设备接入的信令数据链路如图 4-11 所示。它适用于数字信令数据链路或模拟信令数据链路。对于数字信令数据链路，由时隙接入设备提供接口功能；对于模拟信令数据链路，通常由调制解调器提供接口功能。

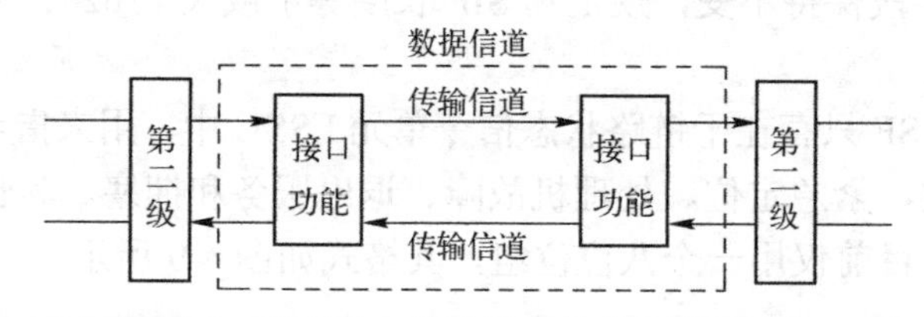

图 4-11　通过接口设备接入的信令数据链路

2．信令链路功能

第二级信令链路功能规定了与在一条信令数据链路上传送信令消息有关的功能和程序。信令链路功能与信令数据链路一起作为消息的承载者，在两个直接相连的信令点之间提供一条可靠的信令链路。其功能相当于 OSI 参考模型的第二层——数据链路层。

第二级规定了以下 8 种功能和程序。

1）信令单元的定界

所谓定界，就是识别一个信令单元的开始和结束标志 01111110（Flag），即从信令数据链路的比特流中识别出一个个的信令单元。前已述及，信令单元用标志码进行分界，通常一个标志码既是一个信令单元结尾的标志又是下一个单元的开始标志。由于 CCITT 规定在两个信令单元之间允许插入任意多个标志码，在这种情况下，搜索到一个标志码后，还必须继续搜索它后面的字节。若某标志码后面紧邻字节不再是标志码，则称其为起始定界标志，它表示一个新的信令单元的开始。通常在信令终端过负荷的情况下，由于来不及处理迅速到来的大量信令单元，则可请求发端在两个信令单元之间插入一些标志码，当信令终端收到多个标志码时，将不对其进行处理，从而降低处理机的工作负荷。此外，为防止因信令单元内部编码与定界标志相同而产生误定界，信令单元在发送和接收时必须进行“插零”和“删零”等防卫操作。

2）信令单元的定位

信令单元的定位是指对已经识别的信令单元进行合法性检测，如果发现错误则认为失去定位。一方面要丢弃它，另一方面要由信令单元差错率监视程序进行统计，以便评估信令链路的传输质量。定位过程有两种，一种是初始定位，另一种是在已经开通业务的链路上进行定位。初始定位是信令链路首次启用或故障后恢复时所进行的定位过程。

在信令链路开始启用时，要启动检测 7 个连 1、八位位组计数、比特计数操作。即从以下 3 个方面检测信令单元的合法性。

（1）在接收端收到的信令单元中，在“删零”操作之前，不应出现 7 个连续的 1；如果出现，则这个信令单元不合法。

（2）信令单元所包含的八位位组数目，有一个最大值。由于在信令单元中只有信令信息字段 SIF 是不定长的，因此当 SIF 最长时，信令单元达到最长。CCITT 规定 SIF 的最大值 m：国际网 $m = 62$，国内网 $m = 272$。因此，信令单元八位位组数的最大值为 $m + 6$。这是指开始标志码与结束标志码之间最多可允许的八位位组数。也就是说，除 SIF 之外的其他字段共占 6 个八位位组。当八位位组计数程序计数到一个信令单元有 $m+7$ 个八位位组时，便知道这个信令单元出错了。

（3）比特计数是在“删零”以后进行的，统计开始标志码与结束标志码之间的比特数，总比特数应为 8 的整数倍 N，而且 N 满足关系式：$5 \leqslant N < m + 7$。前已述及，N 应当小于 $m + 7$，而 N 的下限则是 5，这正好是填充信令单元的八位位组数。

3）差错检测

信令链路存在噪声、瞬断等干扰，为了保证服务质量，必须采取差错控制措施。差错控制包括差错检测与差错校正两个方面。CCITT 规定在 No.7 信令系统中采用循环冗余校验（CRC）的方法检错。这种方法检错效果好而又易于实现，在数据通信中广泛采用。

4）差错校正

在数据通信系统中，差错校正有两种方法：前向纠错和后向纠错。前向纠错由接收端自行纠正错误，这就要有足够的冗余校验比特，而且纠错能力有限。后向纠错是在接收端检出错误后再要求发送端重发。显然，后向纠错能纠正所有的错误。No.7 信令采用重发纠错，并规定了两种重发纠错方法：基本差错校正法和预防性循环重发法。CCITT 建议当数据链路的单向传输时延小于 15ms 时采用基本差错校正法，而当单向传输时延大于等于 15ms 时（如卫星链路）采用预防性循环重发法。

5）初始定位

初始定位过程是信令链路首次启用或故障恢复时所使用的控制过程。该过程通过信令链路两端信令终端的配合工作，最终验收链路的信令单元误码率是否在规定门限以内。如果验收合格，则初始定位过程结束。整个定位过程包括 4 个相继转移的状态，它们是空闲、未定位、已定位和验收。其中根据验收周期的长短，又分为“正常”和“紧急”定位过程。正常定位的验收周期较长，对于 64kbps 的信令链路为 8.2s；紧急定位的验收周期较短，对于 64kbps 的信令链路为 0.5s；采用哪种验收周期取决于链路状态控制模块和信令网功能级的指示。

6）处理机故障

当由第二级以上的功能级造成信令链路不可用时，就认为发生了处理机故障。这时信令消息不能传到第三或第四功能级。这可能是由于中央处理机发生了故障，也可能是人工闭塞了信令链路。处理机故障有本地处理机故障和远端处理机故障两种情况。

本地处理机故障的处理过程为：当第二级收到来自第三级的指示，本地信令链路闭塞，或者已经识别出第三级故障时，第二级确定为本地“处理机故障”，并向对端发送表明处理机故障的LSSU，同时舍弃此后收到的MSU。如果信令链路远端的第二级功能处于正常的工作阶段（正发送MSU或FISU），则它将根据收到的表明处理机故障的LSSU通知第三级，并开始连续发送FISU。当本地处理机故障恢复时，则恢复发送MSU或FISU；只要远端的第二功能级正确接收了MSU或FISU，则通知第三级回到正常的工作状态。

远端处理机故障发生时，其处理情况和上述类似。

7）流量控制

流量控制用于处理第二级出现拥塞的情况。当信令接收端检出拥塞时，启动流量控制程序。这时，检出拥塞的接收端停止对接收到的MSU进行正证实和负证实，并向远端周期性地（$T=100$ms）发送状态指示为“忙”的链路状态信令单元，以使发送端能区分是出现了拥塞还是发生了故障。当发送端第一次收到指示为“忙”的LSSU时，就启动一个监视器，它是一个远端拥塞定时器，建议值为5s。同时向第三级报告拥塞。第三级又向相关的用户部分报告，由相关的用户部分采取措施，减少信令消息的产生。一般来说，这样就会使拥塞逐渐缓解，若当定时器时间终了时仍未解除拥塞，则产生链路故障指示，判定该信令链路故障。

当拥塞消除时，信令接收端停止发送状态指示为“忙”的LSSU以恢复正常工作。在发送端，当在差错校正的基本方法中收到正证实或负证实，或者在预防性循环重发校正法中收到正证实时，停止远端拥塞监视定时器，表明远端的拥塞状态已消除。

8）信令链路差错率监视

为了保证信令链路的服务质量，第二级设有信令单元差错检测和校正功能。但是，当差错率过高时，信令链路重发消息信令单元的过程将变得十分频繁，引起信令单元的排队时延过长，使得信令链路的效率降低。因此，在信令链路上除了检测和校正信令单元的差错，还必须对信令链路上信令单元的“差错程度”进行监视。当信令链路传送信令单元的差错率达到一定程度时，应判定信令链路故障，并通知第三级做适当处理。

信令链路有两种差错率监视程序，一种是信令差错率监视，在信令链路开通业务后使用，用于监视信令链路的传输质量；另一种是定位差错率监视，在信令链路初始定位验收时使用。定位差错率监视由计数器在正常和紧急验收周期中对信令单元差错进行计数。每当进入定位验收状态，计数器就从零开始计数，每检出一个信令单元错误就加1。当计数器达到门限值（正常验收门限为4，紧急验收门限为1）时，认为验收不合格。为了防止差错的偶然性，规定验收工作可连续进行5次；如果5次验收不成功，链路才转入到业务中断状态。

3. 信令网功能

如前所述，第二级和第一级加在一起只能保证在两个直连信令点之间提供可靠传送信令消息的信令链路。第三级能确保 No.7 信令网中任何两个信令点之间信令消息的可靠传送，甚至在某些信令链路和信令点发生故障时，也可以保证信令消息的可靠传送。

信令网功能结构如图 4-12 所示，信令网功能包括信令消息处理和信令网管理两部分。

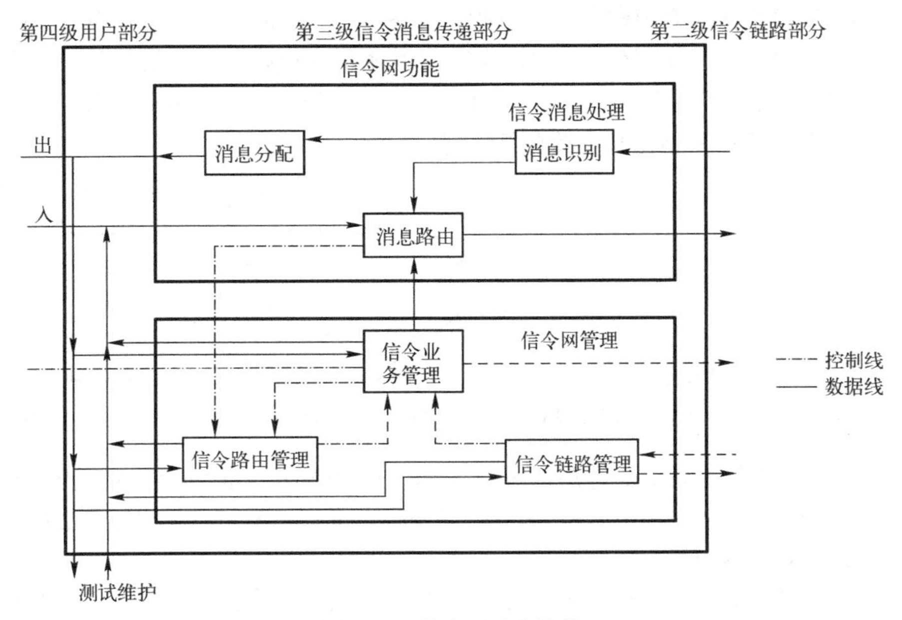

图 4-12　信令网功能结构

1）信令消息处理

信令消息处理功能保证用户部分产生的信令消息能传递到指定目的地，它分为消息识别、消息分配和消息路由 3 个部分，三者的关系如图 4-13 所示。

消息识别功能负责识别来自第二级的消息，根据收到的信令消息标记中的目的地信令点编码，确定本信令点是否为目的地点。若是，则将该消息送往消息分配部分，再传递到相应的用户部分；否则送往消息路由处理，以便将消息送向其他信令点。

消息分配功能把信令消息分配给本信令点的相关用户部分。由于信令点的 MTP 部分可能要为多个用户服务，因此决定信令消息分配给哪一个用户部分，主要根据信令消息中业务信息八位位组 SIO 的业务指示语（SI）来实现。例如，当 SI 字段等于 0000 或 0001 时，表示待分配的消息为信令网管理消息或信令网维护和测试消息。

消息路由功能确定信令消息到达目的信令点所需要的信令链路组和信令链路，它利用路由标记中的相关信息进行路由选择。在信令单元的信令信息字段 SIF 中有路由标记信息，MTP 信令消息处理功能所用的标记称为路由标记，其格式如图 4-14 所示。

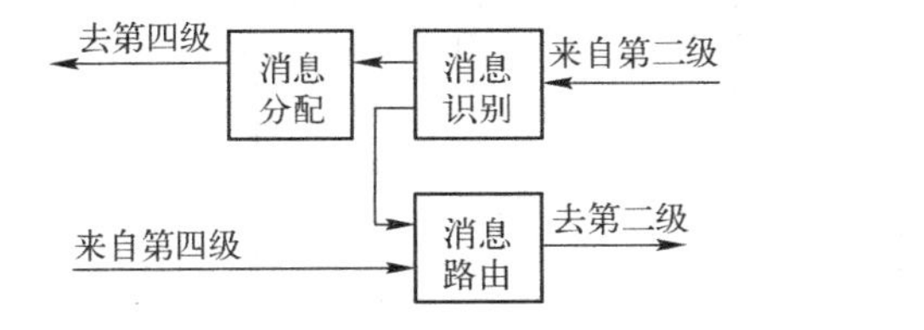

图 4-13　消息识别、消息路由和消息分配的关系

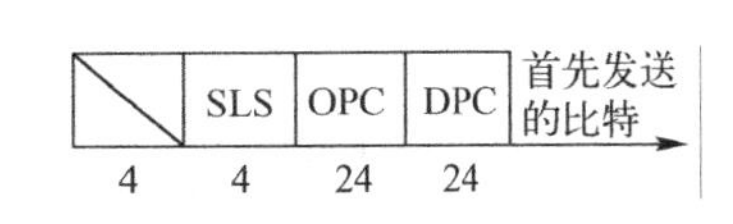

图 4-14　路由标记格式

图 4-14 中，目的地信令点编码（Destination Point Code，DPC）和源信令点编码（Originating

Point Code，OPC）长度均为 24b，信令链路选择（Signaling Link Selection，SLS）码长度为 4b。在 No.7 信令中，信令链路的负荷分担通常根据 SLS 码来实现。SLS 码负荷分担分为以下两种情况。

（1）同一链路组内信令链路的负荷分担，如图 4-15 所示。由于 A 和 B 之间只设置了两条链路，因此 SLS 码只用最低位编码就够了。两条信令链路编码的最低位分别为 0 和 1。

（2）不同链路组间信令链路的负荷分担，如图 4-16 所示。图中标出了信令点 A 到信令点 F 在正常情况下的信令路由和负荷分担情况。

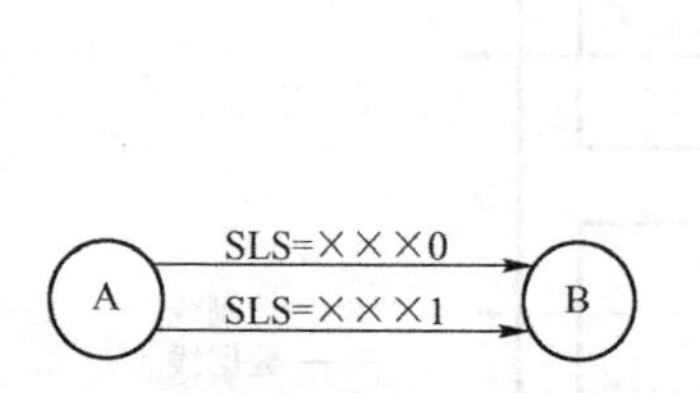

图 4-15　同一链路组内信令链路的负荷分担

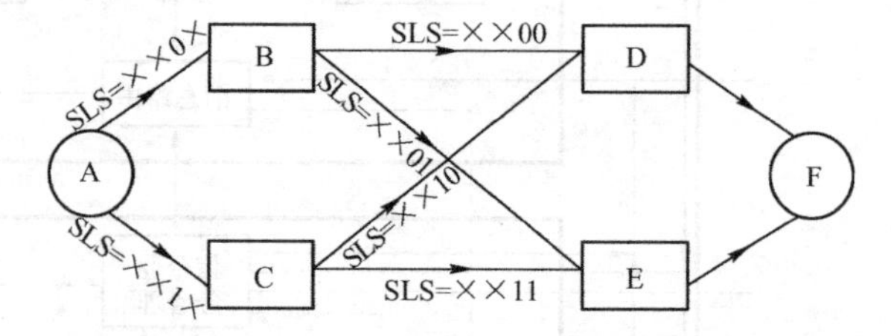

图 4-16　不同链路组间信令链路的负荷分担

从 A 到 F 最多有 4 条信令链路，所以用 SLS 码的最低 2 位编码。4 条路由分别为：A→B→D→F，SLS = ××00；A→B→E→F，SLS = ××01；A→C→D→F，SLS = ××10；A→C→E→F，SLS = ××11。

其中 A→B 和 A→C 使用 SLS 码的第二位码来实现两个信令链路组间的负荷分担。B→D、B→E 或 C→D、C→E 的不同链路组间两条链路的负荷分担使用 SLS 码的最低位。SLS 码共有 4 位码，因此最多可实现在 16 条信令链路间的负荷分担。

消息路由选择根据预置的路由数据，通过分析路由标记中的目的地信令点编码（DPC）和信令链路选择（SLS）码来完成。在某些情况下，还需要利用 SIO 中的 SI 和 SSF 来完成。

消息路由功能分三步确定去目的地路由中的一条信令链路。第一步根据 SIO 中的 SI 选择信令业务使用的路由表。这是由于不同的业务可能使用不同的信令路由，但如果信令网中不同的业务都使用同一路由表，那么这一步可以省略。第二步根据 DPC 来选择使用的信令链路组。第三步根据 SLS 码（或信令链路编码 SLC）选择链路组中的一条信令链路。

消息发送时消息路由的选择过程如图 4-17 所示，SIO=4、DPC=18、SLS=1 的信令消息将经过 No.1 信令链路组中的 No.1 信令链路传送。消息路由功能在选择信令链路时所涉及的信令路由表、信令链路组、信令链路是在交换机开局时设置并生成的。在局数据中除了这些数据，还有信令路由、链路组信令链路的优先级及当前状态等数据。

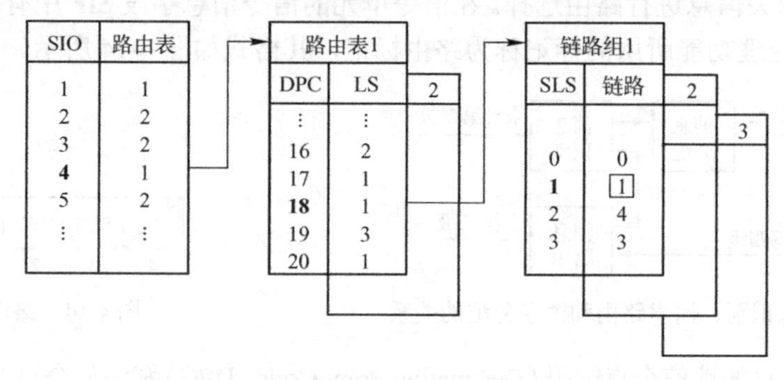

图 4-17　消息发送时消息路由的选择过程

2）信令网管理

在信令网中，当信令链路或信令转接点发生故障，或者某信令点的信令业务发生拥塞时，必须采取一些网络调度及管理措施，以保证信令网的正常工作。将这些网络的管理调度措施，称为网络的重组能力，这种能力是由信令网管理功能实现的。

信令网管理功能分为以下 3 个部分。

（1）信令业务管理。信令业务管理用于在信令链路或路由发生变化时（由可用变为不可用），将信令业务从一条链路或路由转移到另一条或多条不同的替换链路或路由，或者在信令点拥塞的情况下暂时减小信令业务量。信令业务管理功能包括下列程序：信令链路倒换；信令链路倒回；强制重选路由；受控重选路由；管理阻断；信令点再启动；信令业务流量控制。各业务管理功能的详细内容参见《中国电话网 No.7 信令方式技术规范》。

（2）信令链路管理。信令链路管理用于控制本地连接的信令链路，包括信令链路的接通、恢复、断开等操作，为建立和保持链路组的正常工作提供手段。因此，当信令链路发生故障时，信令链路管理功能就采取恢复链路组能力的行动。

根据分配和重新组成信令设备的自动化程度，信令链路管理功能包含下列 3 种程序：基本的信令链路管理程序；自动分配信令终端程序；自动分配信令终端和信令数据链路程序。

在信令网中，可以采用上述 3 种程序之一进行链路管理。根据我国电话网的实际情况，《中国电话网 No.7 信令方式技术规范》中确定，一般使用基本的信令链路管理程序。

（3）信令路由管理。信令路由管理的目的是保证信令点之间能够可靠地交换关于信令路由的可达性信息，以便阻断或解阻信令路由。信令路由管理使用的程序主要有：受控传递程序；允许传递程序；禁止传递程序；受限传递程序；信令路由组测试程序；信令路由组拥塞测试程序。

4.4　电话用户部分

No.7 信令系统第四级最早规定的是电话用户部分（TUP）。ITU-T 在 1980 年的黄皮书中就提出了 TUP，经过几年的修改完善后，形成了 1988 年的蓝皮书建议。我国 No.7 信令技术规范的 TUP 就是基于蓝皮书制定的。

TUP 主要规定控制电话呼叫建立和释放的功能和过程，即规定了局间传送的电话信令消息和信令过程。TUP 的呼叫处理程序和随路信令方式相似，只是信令的内容比随路信令要丰富得多，信令的形式与传送方式也不同。此外，TUP 除了可提供用户的基本业务，还可提供一部分补充业务。补充业务又称为附加业务，它是对基本电信业务的补充，如提供主叫识别号码、呼叫转移、三方通话等功能。

1．TUP 消息格式和编码

在 No.7 信令中，所有电话信号都是通过消息信令单元传送的，电话信号全部放在消息信令单元的信令信息字段（SIF）中。因此，要了解电话消息格式，就必须了解 SIF 的结构。图 4-18 所示为 SIF 在信令单元中的位置及其结构。SIF 由标记、标题码和一个或多个信号信息组成。

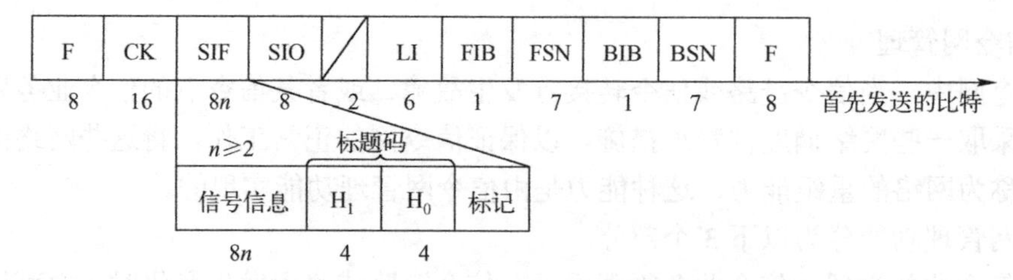

图 4-18　SIF 在信令单元中的位置及其结构

1）标记

每个电话信号都包括一个标记，MTP 的选路功能用标记来选择信令路由，而 TUP 则用标记的相关字段来识别信号消息与哪个呼叫相关。

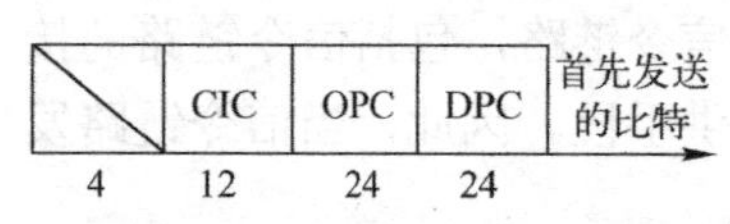

图 4-19　消息标记编码格式

我国采用的标记长度为 64 位，如图 4-19 所示。图中，DPC 和 OPC 均为 24b，电路识别码（CIC）为 12b。为了使标记的长度为 8 的整数倍，填充了 4 位比特。

2）电路识别码

电路识别码（Circuit Identification Code，CIC）由两个交换局双方协商和/或预先确定的分配规则决定。例如，对于局间一次群和二次群话路的编码分配如下。

（1）对于 2048kbps 的数字通路，CIC 的低 5b 表示话路时隙编号，其余 7b 表示 DPC 和 OPC 信令点之间 PCM 系统的编号。

（2）对于 8448kbps 的数字通路，CIC 的低 7b 是话路时隙编号，其余 5b 表示 DPC 和 OPC 信令点之间 PCM 系统的编号。

3）标题码

所有电话消息都含有标题码，用于指明消息的性质。标题码包括 H_0 和 H_1，前者用于识别消息组，后者用于识别消息组中的某个消息。在更复杂的情况下，H_1 用于识别消息格式，在这种情况下，它后面往往跟随着一个或多个信号编码或信息指示语。

2. TUP 消息

TUP 消息共分为 8 类，分别介绍如下。

1）前向地址消息（Forward Address Message，FAM）

FAM 主要用于传送被叫号码，包括初始地址消息（Initial Address Message，IAM）、带有附加信息的初始地址消息（IAM with Information，IAI）、带有一个或多个地址的后续地址消息（Subsequent Address Message，SAM）、带有一个地址信号的后续地址消息（One-digit Subsequent Address Message，SAO）。

其中 IAM/IAI 是正常呼叫的第一个消息，除被叫号码之外，还传送与选路、计费等有关的信息，IAI 中的附加信息目前主要是主叫号码。如果被叫号码不能一次传完，剩余部分由 SAM 或 SAO 发送。

2）前向建立消息（Forward Setup Message，FSM）和后向建立消息（Backward Setup Message，BSM）

这是 No.7 信令特有的消息。BSM 仅含有一个消息，即一般请求消息（General Request Message，GRQ），它与 FSM 中的一般前向建立信息（General Forward Set-up Information Message，GSM）配合，供后方局在呼叫过程中向前方局请求补充信息。这一请求信令机制给呼叫建立带来了很大的灵活性，借此可支持许多跨局的新业务。

FSM 中另外两个消息用于向后方局指示电路导通检验：导通检验成功消息（Continuity Signal，COT）和导通检验失败消息（Continuity-Failure Signal，CFS）。由于 No.7 信令消息是在与话路分离的独立信道中传送的，因此信令可达不一定表示话路导通。如果话路设备本身缺乏足够的检测告警功能，就需要在呼叫建立前对话路进行导通检验。检验请求在 IAM/IAI 中发出，发出请求的前方局在指定话路中发送 2000Hz 单频检验音，后方局收到此消息后将话路做环回连接。前方局应在规定时限内收到质量合格的环回信号，否则即判断检验失败。如果导通检验失败，前方局重新选择一条话路进行呼叫建立。对失败的话路专门进行维护和导通检验，这时要使用专门的导通检验请求消息（Continuity Check Request Signal，CCR）。

3）后向建立成功消息（Successful Backward Message，SBM）

SBM 只有一个消息，即地址全消息（Address Complete Message，ACM）。在交换机中此消息一般隐含“被叫空闲”，表示呼叫建立成功。

4）后向建立不成功消息（Unsuccessful Backward Message，UBM）

对于 UBM，我国定义了 12 个消息，表示呼叫建立失败。消息按失败原因区分，包括交换设备拥塞、空号、中继电路拥塞、被叫号码不全、被叫忙等。我国特别将被叫忙分为被叫市话忙（SLB）和长话忙（STB），以适应半自动呼叫话务员的插入需要。不能归结为所列原因的失败或信令异常用呼叫失败（Call Failure，CFL）消息表示。

5）呼叫监视消息（Call Supervision Message，CSM）

CSM 用以传送原本由线路信令传递的被叫应答和通话后主、被叫挂机信息，共有 6 个消息：ANC（Answer Charging，应答、计费），ANN（Answer No charging，应答、免费），CLF（Clear Forward，前向拆线），CBK（Clear Backward，后向拆线），CCL（Calling Party Clear，主叫用户挂机）和 RAN（Repeat Answer，再应答）。根据运营策略一般 CLF 发出后就拆线，CBK 和 CCL 不一定产生拆线动作。

6）电路监视消息（Circuit Supervision Message，CCM）

这类消息包括两类：一类是正常呼叫结束时的电路释放监护消息（Release Guard，RLG），前方局只有收到后向发来的 RLG，才能将电路完全释放；另一类是用于电路维护的消息，包括电路闭塞和解除闭塞信号、电路导通检验请求消息和电路复原消息（RSC）。后一类消息是 No.7 信令特有的。

7）电路群监视消息（Circuit Group Supervision Message，GRM）

这是 No.7 信令特有的，用于对一群电路进行闭塞和解闭塞。根据闭塞原因分为三组消息，分别表示由于硬件故障、软件故障和管理原因引起的闭塞。一群电路最多可包含 256 条电路（4 个 PCM 系统）。设置这类消息的目的主要是便于对整个 PCM 传输系统进行维护。

8）电路网管理消息（Circuit Network Management Message，CNM）

CNM 仅含一个消息，即自动拥塞控制（Automatic Congestion Control，ACC），用于将交换机发生拥塞的信息通知邻接局，收到此消息的交换局应减小去往拥塞局的话务量。

3．信令传送程序示例

下面以市话呼叫经汇接局接续为例来说明电话信号的传送过程。在这个例子中，假设被叫用户空闲，呼叫处理中的信令传送过程如图 4-20 所示。

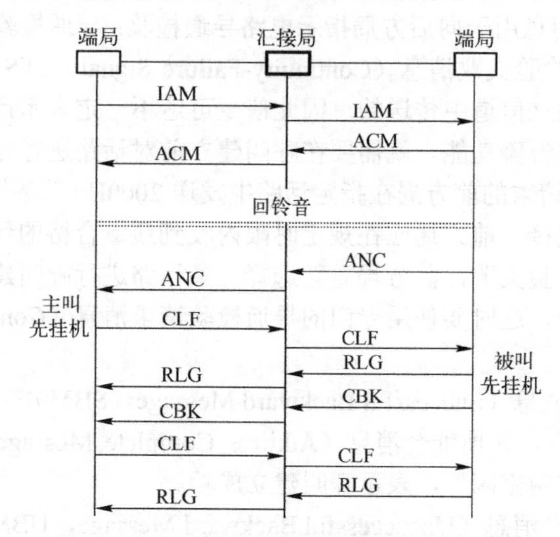

图 4-20　市话呼叫经汇接局接续的信令过程

局间采用 No.7 信令时，IAM 是由去话局前向发送的第一个消息，IAM 中包括被叫用户的地址、主叫用户类别等信息；也可以发送 IAI，这是带附加信息的初始地址消息。当来话局是一个终端市话局，它收全被叫地址且被叫空闲时，便发送地址全消息 ACM。收到地址全消息的各交换局接通话路，以便由终端市话局向主叫送回铃音。

被叫摘机应答时，终端市话局发送后向应答信号。如果需要计费，则发送应答、计费信号，图 4-20 中 ANC 是应答计费信号。收到应答、计费信号时，发端市话局启动计费程序，然后双方通话，通话完毕，若主叫用户先挂机则去话局发送拆线信号 CLF。收到拆线信号的来话局应立即释放电路，并回送释放监护信号 RLG。若来话局作为转接局时，它还要向下一交换局转发拆线信号 CLF。若在通话结束时被叫先挂机，则终端市话局发送后向挂机信号 CBK，然后汇接局再转发 CBK。由于复原控制有主叫控制和被叫控制两种方式，如果采用主叫控制复原方式，收到来话局送来的挂机信号 CBK 后，发端局不应马上释放电路，而是立即启动一个定时器。如果在规定的时限内，主叫用户仍未挂机，如果被叫重新摘机，双方还可继续通话。如果规定的时限已到而主叫仍未挂机，则由发端局自动产生和发送拆线信号 CLF。收到拆线信号 CLF 的来话交换局应立即释放电路，并回送释放监护信号 RLG。至此，整个呼叫过程结束。对于被叫控制复原方式，其过程与主叫控制复原方式类似，不同的是电路的释放转由被叫端局控制。

4.5　ISDN 用户部分

ISDN 用户部分，即 ISUP 是在 TUP 基础上，由增加非话音承载业务和补充业务的控制协议构成的。它提供基本承载业务和补充业务所需要的信令消息、功能和过程。同 TUP 相比，ISUP 具有如下特点。

（1）消息结构灵活，在消息中引入了任选参数，因此虽然消息数量比 TUP 少，但消息的信息容量却十分丰富，能够适应业务发展的需要。

（2）能支持各种电路交换的话音和非话业务，包括 ISDN 补充业务。

（3）规定了许多增强功能，尤其是端到端信令，可以实现用户之间的透明信息传送。

（4）TUP 主要考虑国内网应用，ISUP 从一开始就同时考虑国际网和国内网使用，编码留有充分的余地；ISUP 除支持基本的承载业务之外，还支持主叫用户线识别（提供及限制）、呼叫转移、闭合用户群、直接拨入和用户至用户信令等补充业务。

ISUP 不仅包括 TUP 的全部功能，还具有满足 ISDN 基本业务和补充业务所需的信令功能。采用 ISUP 时，若用于电话基本业务，则与 TUP 一样需要 MTP 的支持，但在某些情况下，如传递端到端信令、开放智能网业务等，还需要 SCCP 提供支持。ISUP 功能强大，而且扩展能力也较强，这些都得益于其灵活的消息结构。

4.5.1　ISUP 消息格式及编码

与 TUP 消息一样，ISUP 信令消息位于信令信息字段 SIF 中，ISUP 消息的其他字段与 TUP 消息基本相同，不再赘述。所不同的是业务信息八位位组 SIO 的业务指示语 SI，对于 TUP 为 0010，而 ISUP 编码为 1010。ISUP 消息结构如图 4-21 所示。

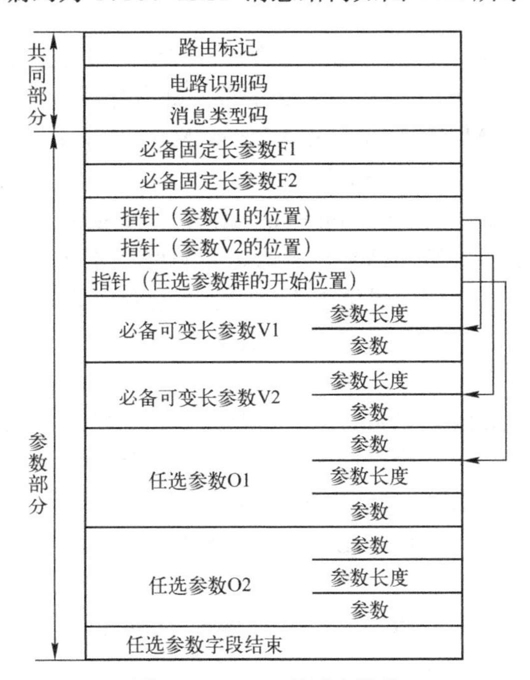

图 4-21　ISUP 的消息结构

其中，路由标记和电路识别码与 TUP 消息含义相同。参数部分包括必备固定部分、必备可变部分和任选部分。必备部分是消息中必须有的，任选部分是当需要时才使用的参数。

（1）消息类型码：在 ISUP 消息中，消息类型编码占一个八位位组字段，对所有消息都是必备部分，唯一地标识 ISUP 消息的功能和格式。

（2）必备固定长参数：对于指定的消息类型，必备且长度固定的参数包含在参数的必备固定部分，参数的位置、长度和顺序统一由消息类型规定，因此在消息中不包括这些参数的名称和长度。

（3）必备可变长参数：对于指定的消息类型，必备且长度可变的参数将包含在必备可变部分。每个参数的开始用指针表示，指针按照八位位组计数，其数值给出了该指针与该参数第一个八位位组之间的字节数。每个参数的名称和指针的发送顺序隐含在消息类型中，参数的数目和指针的数目统一由消息类型规定，每个参数包括长度指示语和参数内容。

必备可变长参数的所有指针集中在必备可变部分开始连续发送。在这些指针后面还有一个“任选部分起始指针”，用来指示任选部分的开始。如果某个消息任选部分没有参数，则置“任选部分起始指针”为全零；如果某个消息类型只包含必备参数，则任选部分在该消息中不出现，“任选部分起始指针”也将不存在。

（4）参数的任选部分：任选部分也可由若干个参数组成，有固定长度和可变长度两种。每一任选参数都应包括参数名、长度指示语和参数内容。如果没有任选参数，则在任选参数发送后发送全零的八位位组，表示“任选参数结束”。

ITU-T 蓝皮书共定义了 42 种 ISUP 消息，其中，带 * 的消息为国内任选；另外，我国还增加了 3 种国内应用消息，即 OPR 话务员消息、MPM 计次脉冲消息、CCL 主叫用户挂机消息。

4.5.2 常用 ISUP 消息

（1）初始地址消息 IAM：原则上包括选路到目的交换局并把呼叫接续到被叫用户所需的全部消息。如果 IAM 消息的长度超过 272 字节，则应分段传送。

（2）后续地址消息 SAM（Subsequent Address Message）：是 IAM 消息后前向传送的消息，用于传送剩余的被叫用户号码信息。

（3）信息请求消息 INR（Information Request）：是交换局为请求与呼叫有关的补充信息而发送的消息。消息必备参数是请求表示语、主叫用户地址请求表示语、保持表示语、主叫用户类别请求表示语、计费信息请求表示语及恶意呼叫识别请求表示语。

（4）信息消息 INF（Information）：是对 INR 的应答，用于传送在 INR 消息中请求传送的有关信息。

（5）地址全 ACM（Address Complete）消息：是后向消息，表示收到为呼叫选路到被叫所需的所有信息。消息必备字段是后向表示语，包括计费、被叫状态、被叫用户类别、端到端方式、互通、ISDN 用户部分、ISDN 接入、回声控制装置及 SCCP 方式表示语。

（6）呼叫进展消息 CPG（Call Progress）：是在呼叫建立阶段或呼叫激活阶段，任意一方发送的消息，表明某一具有意义的事件已经出现，应将其转送给始发接入用户或终端用户。CPG 必备参数是事件信息参数，用不同的编码表示是否出现了遇忙呼叫转移、无应答转移、无条件转移等事件。

（7）应答消息 ANM（Answer Message）：是后向发送的消息，表明呼叫已经应答。

（8）连接消息 CON（Connect）：是后向消息，表明已经收到将呼叫选路到被叫用户所需的全部地址信息且被叫已经应答。

（9）释放消息 REL（Release）：是在任意方向发送的消息，表明由于某种原因要求释放电路。该消息的必备参数是原因表示语，用于说明要求释放的原因。

（10）释放完成消息 RLC（Release Complete）：是在任意一方发送的消息，该消息是对 REL 消息的响应。

（11）用户到用户消息 USR（User to User）：是为了传送用户到用户信令而发送的消息。

4.5.3　ISUP 功能和支持的业务

ISUP 是为支持 ISDN 话音和非话基本承载业务和补充业务而提供的信令功能。ISUP 所能支持的业务主要包括以下几方面。

（1）承载业务。承载业务在 ISDN 用户/网络接口处提供，网络采用电路交换或分组交换方式在两个用户/网络接口之间透明地传送信息。例如，话音、3.1kHz 音频、不受限的 64kbps、不受限的 2×64kbps、不受限的 385kbps 和不受限的 1920kbps 等电路交换业务。

（2）用户终端业务。用户终端业务在终端界面上提供，是面向用户的业务，如电报、传真、可视图文业务等。用户终端业务是在承载业务的基础上增加高层功能而形成的。

承载业务是由网络提供的，而用户终端业务则是由发起业务请求的终端提供的。用户终端业务通过网络提供的承载业务实现。以上两种业务统称为基本业务。

（3）补充业务。ISDN 补充业务是在基本业务基础上附加的业务，因此，也称为附加业务。它不能单独存在，总是与承载业务或用户终端业务一起提供，其目的是向用户提供更多、更方便的服务。实际上，当前的很多通信业务中都存在一些补充业务，但它们并没有单独定义，而只是被称为“性能（Facility）”。ISDN 的补充业务就相当于普通电话业务中的新业务，但其内容比新业务的内容更丰富。

ISUP 支持很多新功能和补充业务，如端到端信令、用户到用户信令、呼叫前转等。下面简要介绍这些功能。

端到端信令是指在发端交换机和终端交换机之间透明传送的与接续动作无关的信令。消息传送有两种工作方式：①逐段传送法，当传递的信息与现有呼叫有关时采用这种方法，如利用 ISUP 协议中的逐段传送消息（Parting Transfer Message，PAM）来实现；②SCCP 法，直接利用 SCCP 的端到端信令传送功能实现。

由于 ISDN 用户对承载业务的要求是通过用户/网络接口的 D 信道信令（Q.931）传送的，因此 ISUP 必须支持与 D 信道信令的配合，并将 D 信道信令适配成 ISUP 消息，以控制电路的接续。同时，允许部分用户信令通过 D 信道和 ISUP 消息进行端到端透明传送，这就是用户到用户信令。用户到用户信令分为 3 种模式：一种是允许用户在呼叫建立和拆除阶段通过 ISUP 消息“捎带”传送，另外两种是利用 ISUP 协议中的专用用户到用户消息（User to User Message，USR）进行传送。

呼叫前转是指将呼叫从一个原来已接通的目的点改发至另一目的点，主要包括无条件呼叫前转（Call Forwarding Unconditional，CFU）、遇忙呼叫前转（Call Forwarding Busy，CFB）和无应答呼叫前转（Call Forwarding No Response，CFNR）。

限于篇幅，以上只对 ISUP 进行了简要介绍。总体来说，ISUP 具有灵活的消息结构，信息容量更加丰富，能够满足综合业务数字网和移动通信、数据通信的要求，在使用时有很大的灵活性和可选择性，并在实践中得到广泛应用。

4.5.4　基本的呼叫控制过程

1．局间成功的呼叫信令流程

本地电话网中，交换局之间一次成功的呼叫信令流程如图 4-22 所示。

当主叫局收到用户的呼叫请求后，生成初始地址消息 IAM 并向被叫局发送。在 IAM

中包含选路到目的交换局的有关信息，如连接性质、前向呼叫表示语、主叫用户类别、被叫号码、传输介质请求、主叫号码等，被叫局收到IAM后分析被叫用户号码，以便确定呼叫应接续到哪一个用户，同时还要检测用户线的情况以便核实是否允许连接。如果允许，被叫局向主叫局发送后向地址全消息ACM。当被叫用户应答时，被叫局接通话路，向主叫局发送应答消息ANM，主叫局收到ANM消息时启动计费。通话结束后如果被叫先挂机，则被叫局发送释放消息REL，主叫局收到REL，则释放话路并回送释放完成消息RLC。如果是主叫先挂机，则主叫局发送REL，被叫局收到REL后，释放话路并回送RLC消息。

2. 局间不成功的呼叫信令流程

如图4-23所示，当被叫局收到IAM后，如果由于用户号码不正确、电路拥塞或兼容性等原因无法建立连接，被叫局向主叫局发送REL消息，REL消息中包含释放的原因。主叫局收到REL后，释放通话电路并回送RLC消息。

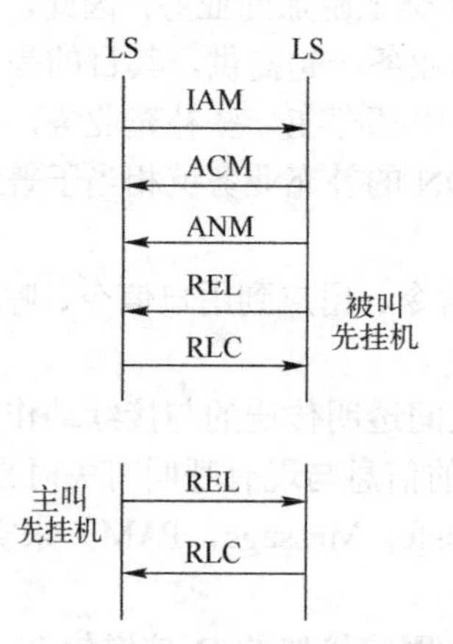

图4-22　局间成功呼叫ISUP信令流程

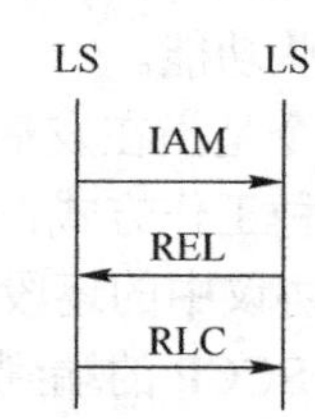

图4-23　局间不成功呼叫ISUP信令流程

4.6　信令连接控制部分

4.6.1　SCCP概述

No.7信令系统采用四级功能结构，能够有效地传送各种呼叫控制信息，是电话通信网特别是数字电话网理想的信令方式。在电话网中，所有信令消息都与呼叫和电路有关，消息传送路径一般与相关的呼叫连接路径有固定的对应关系。但是，随着通信网和通信新业务的发展，越来越多的业务需要在网络节点间直接传送控制消息，这些消息和电路建立无关，有的甚至与呼叫无关。例如，节点和网管中心之间的信息传送；移动网中，移动交换中心和归属位置寄存器（HLR）或访问位置寄存器（VLR）之间的信息传送；智能网中，业务交换点（SSP）和业务控制点（SCP）之间的消息传送。

其中有些消息（如网管消息）与呼叫完全无关，有些消息（如移动网和智能网中的信令）虽然与呼叫有关，但是消息传输路径不一定与呼叫或连接相关联。要满足在电信网中开放各种业务和网络维护管理需要，支持网络向分组传送方式演进和互连互通，No.7信令系统必须具有更强的寻址和端到端的信息传送能力。

面对新的电信应用需求，MTP 还存在下列局限性。

（1）信令点编码没有全局意义，每个信令点的编码只与一个给定的国内网或国际网有关，而不能用于信令网之间的寻址和互通。

（2）受编码长度限制，信令点编码总数有限。

（3）对于一个信令点来讲，业务表示语 SI 只有 4 位，即只能支持 16 种应用，不能适应电信业务发展的需要。

（4）目前的电信业务大多只使用了信令的实时消息传送功能，随着网络中智能设备的引入，需要在网络节点之间传送大量的非实时消息（如维护、管理信息等）。对于大量的数据传送，虚电路是最好的方式。而 MTP 只支持无连接的信息传送。

为了解决上述问题，CCITT 于 1984 年提出了一个新的 No.7 信令结构分层——信令连接控制部分（Signaling Connection Control Part，SCCP），并制定了相应的规范。其基本思想是将 SCCP 和 MTP 相结合，提供相当于 OSI 网络层的功能，实现信令消息在任意两个信令点之间的透明传输。参与通信的网络节点可以位于同一信令网，也可以位于不同的信令网。因此，SCCP 具有如下特点。

（1）能传送各种与电路无关的信令消息。

（2）引入子系统号和全局码，增强网内和网间信令消息的寻址和访问能力。

（3）同时提供无连接和面向连接服务。

因此，SCCP 和 MTP 的结合，可以提供完善的网络层功能。对综合业务数字网、移动网和智能网开展各项新业务、新功能具有十分重要的支撑意义。

4.6.2　SCCP 的功能结构与业务

SCCP 的功能结构如图 4-24 所示，主要由 SCCP 路由控制、SCCP 面向连接控制、SCCP 无连接控制和 SCCP 管理功能模块组成。路由控制完成无连接和面向连接业务消息的选路。面向连接控制根据被叫用户地址，使用路由控制完成到目的地信令连接的建立，然后利用信令连接传送数据，数据传送完后，释放信令连接。无连接控制根据被叫用户地址，使用 SCCP 和 MTP 路由控制直接在信令网中传送数据。同时，SCCP 使用无连接的 UDT（Unit Data，单元数据）消息来传送 SCCP 管理消息，实现对 SCCP 的管理。

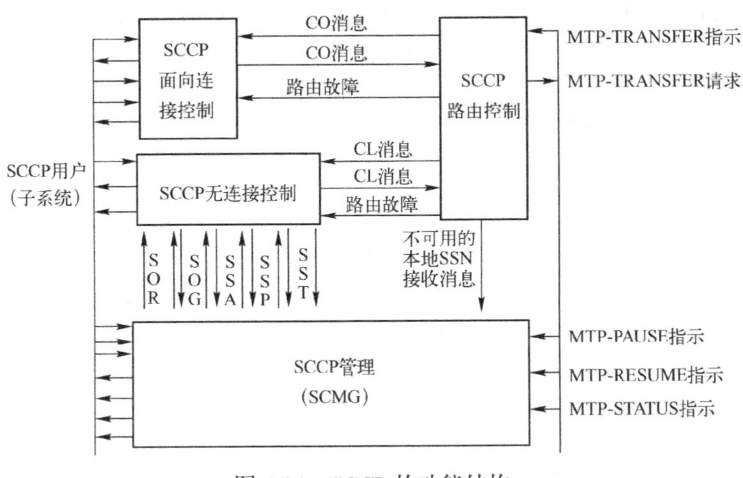

图 4-24　SCCP 的功能结构

SCCP 与 SCCP 用户及 MTP 传送层间采用标准的原语进行交互，限于篇幅，不再赘述。

SCCP 提供的业务可分为 4 类。其中，0 类为基本无连接类；1 类为有序的无连接类；2 类为基本面向连接类；3 类为具有流量控制的面向连接类。

4 类业务分别通过 4 种协议类别提供。前两类为无连接业务，后两类为面向连接业务。SCCP 的无连接业务相当于数据网的数据报服务，0 类业务不保证消息的顺序到达，1 类业务依靠信令链路选择标记 SLS，可以保证消息按序到达。在无连接业务中传送的消息称为单元数据（UDT）。由于传输不可靠，无连接业务不适合传输大量数据。但由于无连接服务的实时性好，适合对传输实时性要求高的场合。例如，在智能网和移动网中，很多应用均采用了 SCCP 无连接业务。SCCP 无连接业务的信令过程如图 4-25 所示。

面向连接业务是用户（与业务相关的应用）在传递数据之前，在 SCCP 之间交换控制信息，协商数据传送的路由、业务类别（如基本面向连接类或流量控制面向连接类），还可包括传送数据的数量等。信令的面向连接又可分为暂时信令连接和永久信令连接两种。

业务用户控制暂时信令连接的建立，暂时信令连接类似拨号连接。永久信令连接由本端（或远端）OAM 功能或节点管理功能建立，类似于租用线。由于面向连接业务需要预先确立消息传输的全程路径，因此不适合实时应用。SCCP 面向连接业务的信令过程如图 4-26 所示。

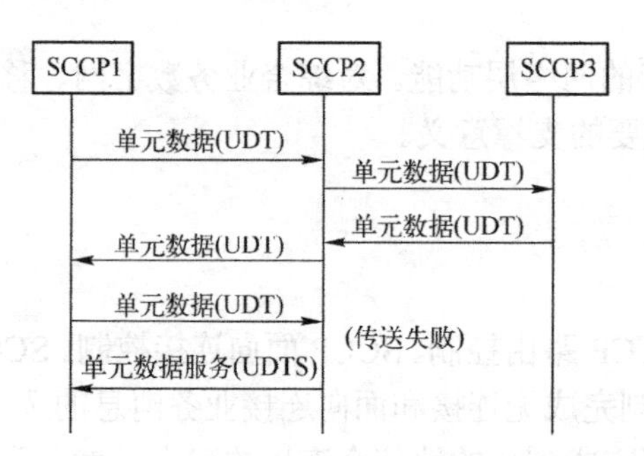

图 4-25　SCCP 无连接业务的信令过程

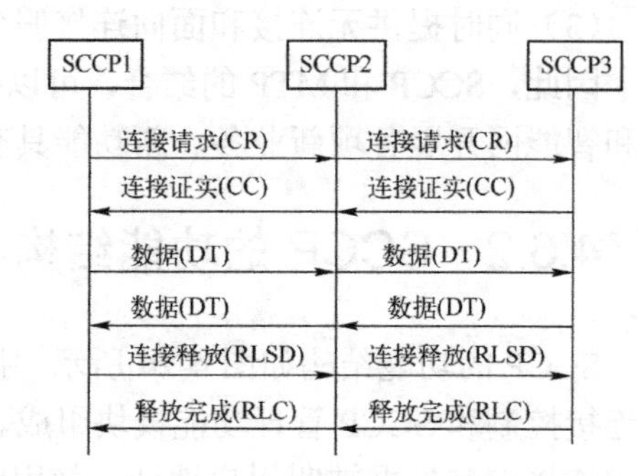

图 4-26　SCCP 面向连接业务的信令过程

4.6.3　SCCP 消息与地址格式

SCCP 消息封装在 MSU 的 SIF 中，MTP 通过 SIO 中的业务指示语（SI = 0011）来识别 SCCP 消息。SCCP 消息格式如图 4-27 所示。

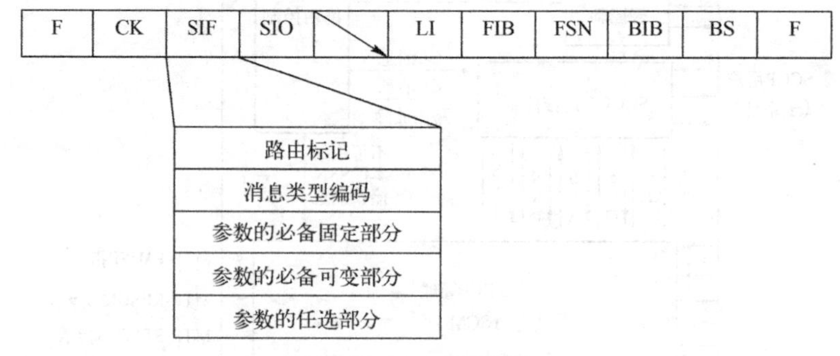

图 4-27　SCCP 消息格式

SCCP 消息各部分含义及格式可参见相关技术规范，其中 SCCP 消息的路由标记格式如图 4-28 所示。图中 OPC 和 DPC 表示源和目的地信令点编码，SLS 表示信令链路选择码，用于选择完成负荷分担的链路，同时可用于控制消息的按序传送。

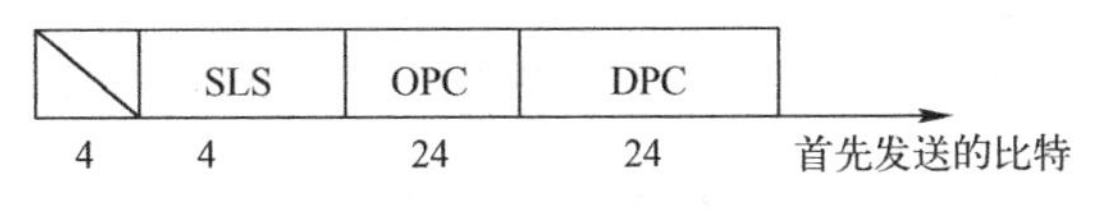

图 4-28　SCCP 消息的路由标记格式

1. SCCP 地址类型

MTP 寻址利用的是目的信令点编码（DPC），而 SCCP 则采用了更丰富的地址形式，并具备地址翻译功能，寻址能力得到了增强。SCCP 地址有下列 3 种类型。

1）信令点编码 SPC

它只在所定义的 No.7 信令网内有意义，包括 OPC 和 DPC。MTP 根据 DPC 识别目的地并选路，根据业务指示语（SI）识别目的点内的用户。SCCP 请求 MTP 传送消息时，必须给出 DPC，否则 MTP 会因不知道下一个网络节点的地址而不能完成传递。但是 SCCP 用户在请求 SCCP 传送消息时，不一定给出 DPC，SCCP 可根据用户给出的 GT 码查找翻译表得到下一个网络节点的 DPC。

2）子系统号码 SSN

它是对 SCCP 用户的寻址信息，用于识别节点中的 SCCP 用户。子系统号采用八位比特编码，最多可表示 256 个子系统，已定义的子系统号码及其分配可查阅相关技术规范。

因此，SSN 对信令消息中 SI 的寻址范围进行了扩充。当 SCCP 消息到达目的地时，SCCP 必须获取该消息的 SSN，才能将消息交给用户。消息中可能已经包含 SSN，也可能没有；若没有，则必须根据消息中包含的 GT 码查找 GT 翻译表得到 SSN。

3）全局码（Global Title，GT）

类似与全球通用的电话号码，通过 GT 可访问信令网中的任何用户，甚至跨网访问。但 MTP 无法根据 GT 选路，因此 SCCP 必须首先把 GT 翻译成 DPC+SSN 或 GT+DPC+SSN 形式，这种翻译功能可在网中分散提供，也可集中提供。由于节点的资源有限，不可能期望一个信令点的 SCCP 能翻译所有的全局名，因此有可能始发端先将 GT 翻译成某个中间点的 DPC，该中间点的 SCCP 再将 GT 翻译成下一个中间点或最终目的地的 DPC。这样的中间翻译点称为 SCCP 消息的转接点。

2. SCCP 地址格式

SCCP 消息中的主叫和被叫地址可以是上述三类地址中的一种或它们的任意组合（最常见的是 DPC+SSN 或 GT+DPC+SSN），因此在它的地址格式中必须有一个字段指明该信令消息的地址类型。SCCP 中的地址参数包括被叫用户地址和主叫用户地址。其地址的长度是可变的，结构如图 4-29 所示。

1）地址表示语

地址表示语指示地址所包含的地址类型，占用一个八位位组，其结构如图 4-30 所示。

比特 1：为“1”指示地址包含信令点编码；为“0”指示地址未包含信令点编码。

比特 2：为“1”指示地址包含子系统号；为“0”指示地址未包含子系统号。

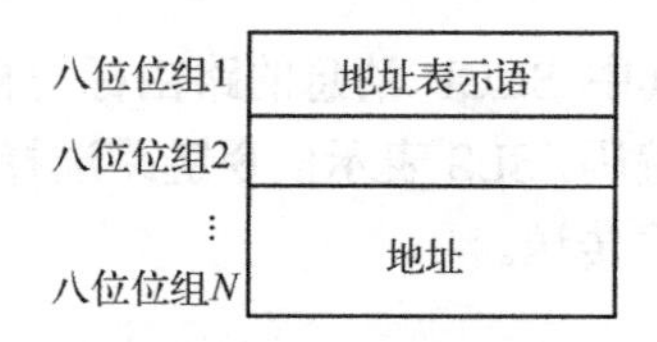

图 4-29　SCCP 地址结构

8	7	6 5 4 3	2	1 比特
备用	路由表示语	全局码表示语	子系统表示语	信令点表示语

图 4-30　SCCP 地址表示语结构

比特 3～6：为全局码表示语。0000 说明不包括全局码；0001 表示全局码只包括地址性质表示语；0010 表示全局码只包括翻译类型、编码计划、编码设计；0100 表示全局码包括翻译类型、编号设计、编码设计、地址性质表示语；0101～1111 为备用编码。

根据全局码的取值，人们常称该 GT 码为第几类 GT 码。例如，GT 表示语为“0100”，则称该 GT 码为第 4 类 GT 码。不同类型的 GT 码的地址结构是不同的。

比特 7：为“0”指示应根据地址中的全局码来选择路由；为“1”指示应根据 MTP 路由标记中的 DPC 和被叫地址中的子系统号（DPC+SSN）来选择路由。

比特 8：国内备用。

2）全局码

实用的 GT 码分为 4 类，其中第 4 类 GT 码（GT 码表示语为 4 时）应用比较普遍，下面简要说明该类 GT 码的格式。对于其他类型的 GT 码可参见 ITU-T 建议 Q.713。

GT 码表示语为 4 时，GT 码地址结构如图 4-31 所示。参数说明如下。

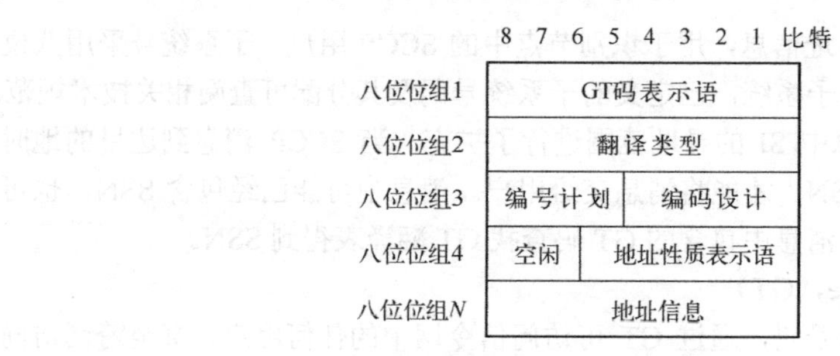

图 4-31　GT 码地址结构

GT 码表示语：同地址类型指示语中的 GT 码表示语。对于第 4 类 GT 码，应为“04H”。

翻译类型：目前没有应用，固定填为“00H”。

编号计划：高 4 比特为编号计划，指示地址信息采用哪种方式编号，具体的编码如下。

比特 7654	含义
0000（0）	未定义
0001（1）	ISDN/电话编号计划（建议 E.163 和 E.164）
0010（2）	备用
0011（3）	数据编号计划（建议 X.121）
0100（4）	Telex 编号计划（建议 F.69）
0101（5）	海事移动编号计划（建议 E.210 和 E.211）
0110（6）	陆地移动编号计划（建议 E.212）
0111（7）	ISDN/移动编号计划（建议 E.214）
1000～1111	备用

编码设计：低 4 比特为编码设计，指示地址信息中地址信号数的奇偶，编码如下。

比特 7654	含义
0000	未定义
0001	奇数个地址信号
0010	偶数个地址信号
0011～1111	备用

地址性质表示语：八位位组 2 的比特 1～7，指明地址信息的属性，编码如下。

比特 7654321	
0000000（0）	空闲
0000001（1）	用户号码
0000010（2）	国内备用
0000011（3）	国内有效号码
0000100（4）	国际号码
0000101（5）～1111111（127）	空闲

地址信息：其结构如图 4-32 所示。每个地址占 4 位，如果地址个数为奇数，地址信号结束后插入填充码 0000，即在第 N 个字节的高 4 比特填 0000。下面举例说明 GT 码的编码。

	8 7 6 5	4 3 2 1 比特
八位位组1	第2个地址信号	第1个地址信号
⋮	第4个地址信号	第3个地址信号
	……	
八位位组N	填充0(若有必要)	第n个地址信号

图 4-32　全局码地址信息结构

【例 1】操作人员输入 GT 码的 GT 表示语为 4，翻译类型为 0，编号计划为陆地移动编号计划（编码为 6），地址性质表示语为用户号码（编码为 1），地址信息为 1234567。由于地址信息为奇数个，因此编码设计为 0001，即 1。则 GT 码内容为 0400610121436507，GT 长度（指示八位位组的字节长度）为 8b。

【例 2】操作人员输入 GT 码的 GT 表示语为 4，翻译类型为 0，编号计划为陆地移动编号计划(编码为 6)，地址性质表示语为国内有效号码(编码为 3)，地址信息为 13951768253。由于地址信息为奇数个，因此编码设计为 0001，即 1。则 GT 码内容为 04006103315971865203，GT 长度（指示八位位组的字节长度）为 10b。

4.6.4　SCCP 寻址与选路

1. SCCP 寻址方式

SCCP 的地址表示语指明了 SCCP 寻址方式。SCCP 的寻址方式有两种：按 DPC 寻址和按 GT 寻址。为了理解不同寻址方式的应用，需要知道 SCCP 的选路原则。

2. SCCP 的选路原则

由于在 INAP、CAP 及 MAP 应用中目前只用到了 SCCP 无连接服务，下面主要讨论无连接服务时 SCCP 的选路原则。

对来自本地 SCCP 用户发送消息的选路原则如下。

（1）若 SCCP 地址包含 DPC，且 DPC 非本节点，则直接送 MTP 发送。若 DPC 为本节点，则回送本地 SSN。

（2）若 SCCP 地址不包含 DPC，则检索 GT 码翻译表，获得 DPC 后按步骤①处理。

对来自 MTP 层消息的选路原则如下。

（1）如果选路指示位为 1（按 DPC 寻址），则本节点为消息目的地，消息送本节点 SSN。

（2）如果选路指示位为 0（按 GT 寻址），检索 GT 翻译表，得到 DPC。若 DPC 为本节点，则送本节点 SSN；若 DPC 非本节点，作为新的 SIF 路由标记，送 MTP 传送。

3. GT 翻译表

上面提到的 GT 翻译表也称为全局码翻译表，以 GT 码作为索引，查找该表即可得到如下所示的 SCCP 地址和寻址方式：DPC + SSN（目的地），按 DPC 寻址；DPC + OLD_GT（STP），按 GT 寻址；DPC，按 DPC 寻址；DPC + NEW_GT，按 GT 寻址。

4. SCCP 消息传送示例

图 4-33 所示为网络信令节点 A 和 D 之间利用 SCCP 传送移动智能网 CAP 消息示意图。

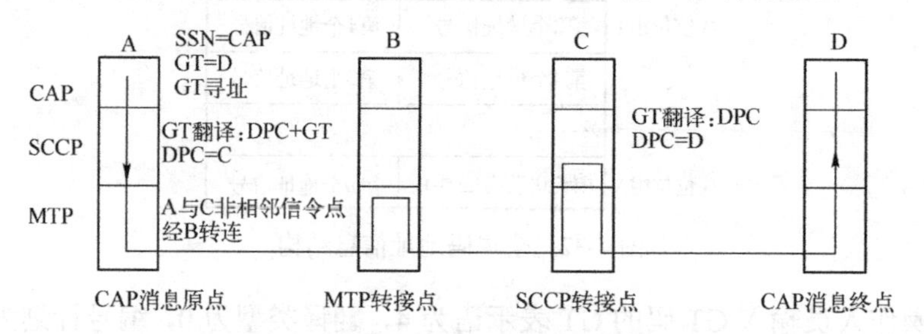

图 4-33　SCCP 消息传送示意图

（1）假设信令点 A 的 SCCP 用户不知道 D 的 DPC，或者没有到 D 的 MTP 路由，只能利用 GT 对 D 进行寻址。由于没有给出下一节点的 DPC，因此 SCCP 必须进行 GT 翻译。由于需要经 SCCP 转接，翻译类型为 DPC + OLD_GT（OLD_GT 表示 A 节点无法实现最终翻译，因此只能指向具有翻译功能的中间节点 C，以期对原有 GT 再进行翻译），得到下一个 SCCP 消息转接点 C 的 DPC，交 MTP 发送。

（2）由于 C 和 A 之间无直连信令链路，MTP 消息经由 B 转接至 C。

（3）节点 C 的 MTP 将 SCCP 消息上交 SCCP 层。由于 SCCP 目的地址采用 GT 寻址，因此要进行 GT 翻译。假设 C 知道 D 的 DPC 并且存在到 D 的 MTP 路由，则可以不经 SCCP 转接，而直接将 GT 翻译为 DPC（不翻译为 DPC ＋ SSN 是考虑到 D 可能存在多个 SSN，应采用原地址中的 SSN），得到 D 的 DPC，交 MTP 发送。

（4）节点 D 将消息经 MTP、SCCP 送达用户 CAP。

可以看到，A、D 之间存在 CAP 信令关系；A、C 及 C、D 之间存在 SCCP 信令关系，但 A、D 之间不存在 SCCP 信令关系。

4.7　事务处理能力（TC）

1．概述

TUP 和 ISUP 是与电路建立和释放相关的 No.7 信令用户部分。随着电信网和电信业务的发展，越来越多的应用需要在网络节点之间传送电路无关消息。例如，在交换节点和控制节点之间传送地址翻译信息、位置管理信息、计费及网路管理信息等。这些电路无关消息与呼叫控制相对独立，如果仍按传统方法为每一种应用专门设计一组信令消息，不但效率低下，而且协议管理将变得十分复杂。为此，希望将信息传送功能和呼叫控制功能分开，专门制定传送电路无关消息的统一协议，其协议过程和消息结构与具体应用无关，专门处理网络节点之间的交互和远程操作。这就是 No.7 信令定义事务能力（Transaction Capability，TC）协议的原因。这里，“事务（Transaction）”一词泛指任意两个网络节点之间的交互过程。

TC 包括事物处理能力应用部分（TCAP）和中间业务部分（ISP）两部分。TCAP 在协议栈中的位置如图 4-34 所示。TCAP 完成第七层的部分功能，ISP 完成第四层至第六层功能。

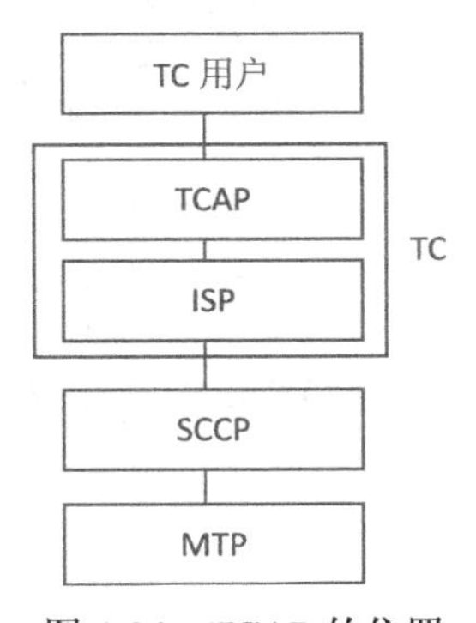

图 4-34　TCAP 的位置

由于 ISP 一直未定义，TCAP 直接利用 SCCP 传递信令，因此 TC 只有 TCAP（鉴于此，常常将 TC 与 TCAP 同等对待，本书也不做区别）。TCAP 只完成 OSI 第七层协议的部分功能，提供节点间传递信息的手段，以及对相互独立的各种应用提供通用服务。各种应用统称为 TC 用户。目前，已定义的 TC 用户包括：智能网应用部分（INAP）、移动应用部分（MAP）、操作维护管理部分（OMAP）等。

为了向所有 TC 用户提供统一的支持，TCAP 将不同节点间的信息交互抽象为一个关于“操作”的过程，即源节点调用一个操作，远端（目的地）节点应源节点请求执行该操作，并根据操作类型决定是否返回操作结果。节点间的交互就像人与人之间的对话一样，对话语句由基本单词组成，TCAP 的消息也由基本成分组成。一个成分对应于一个操作的请求或响应，一个消息（对话语句）可以包括多个成分。这种统一的消息结构和语法规则适用于任何类型的 TC 用户。因此，TCAP 协议和具体应用无关。但是消息的语义，即每个成分的含义，以及一个消息中各个成分的次序取决于具体的应用，由 TC 用户定义。

2. TCAP的功能结构

如图4-35所示，TCAP由两个子层组成。成分子层（Component Sub-Layer，CSL）处理成分，即传送远端操作及其响应的协议数据单元；事务处理子层（Transaction Sub-Layer，TSL）负责控制和管理两个TC用户之间的交互。从功能上讲，成分子层负责操作管理，事务处理子层负责事务管理。成分子层包含对话处理和成分处理，而事务处理子层提供消息处理和事务管理。目前TCAP的一次对话只处理一个事务，因此，成分子层的对话处理与事务子层的事务处理是一一对应的。TC用户与成分子层之间的交互通过TC原语进行，成分子层和事务处理子层之间的交互通过事务处理原语TR进行。TC用户之间的通信，通过成分子层传到事务处理子层，再通过网络层及以下各层实现对等层通信。

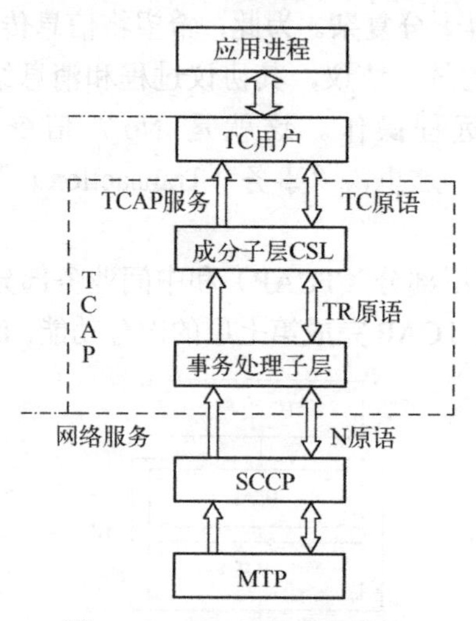

图4-35 TCAP的功能结构

1）成分子层

成分是事务处理消息的基本单位。一个消息包含一个或多个成分（也可以不含成分，此时消息只起对话控制作用）。成分从属于操作，它可以是关于某一操作的请求，也可以是关于某一操作的结果，即对操作请求的响应。每个成分利用操作调用标识码（invoke ID）指示其相关的操作。标识码仅供成分子层区分并发执行的各个操作，以便对各个操作的执行过程进行监视和管理，它并不表示这是一个什么样的操作。具体操作由参数“操作码”指示，这是操作调用成分的一个必备参数，由TC用户给定，其含义取决于具体应用，TCAP并不分析和处理。调用标识码由发起请求的成分子层分配，对端回送操作响应成分时，也必须包含该标识码，以指明是哪个操作的执行结果。由于成分是嵌在对话消息中发送的，即成分从属于对话，因此属于不同对话的成分可以使用相同的标识。这样，通过调用标识，TCAP可控制大量的并发操作。

TCAP定义的成分类型包括下列5类。

（1）操作调用（Invoke，INV）：向远端用户请求信息或执行某一动作，所有INV成分均包含一个调用标识及一个用户定义的操作码。

（2）回送结果：最终结果成分（Return_result_last，RR_L）。

（3）回送结果：非最终结果成分（Return_result_not_last，RR_NL）。

（4）回送差错（Return_Error，RE）：表示远端操作失败，并通过差错代码及必要的参数表示失败原因。

（5）拒绝成分（Reject，REJ）：TC 用户或 TCAP 发现成分存在语法或语义问题，拒绝执行操作，并指明拒绝原因。

TCAP 定义的操作类型包括下列 4 类。

（1）1 类：成功、失败均报告（调用 INV，响应 RR、RE）。

（2）2 类：只报告失败（调用 INV，响应 RE）。

（3）3 类：只报告成功（调用 INV，响应 RR）。

（4）4 类：成功、失败均不报告（调用 INV）。

每个成分均包含若干必要的参数，这些参数由具体应用定义和解释。例如，某交换局收到被叫电话号码，经分析该号码需要送往网络数据库翻译以获得被叫的实际选路信息，于是该交换局就发送一个成分操作至数据库请求翻译，成分中的一个参数就是电话号码。数据库完成翻译后，向交换局回送一个成分，对请求做出回答（包含选路信息）。两个成分包含同样的调用标识码，交换局成分子层据此确定响应和请求的匹配关系。

成分子层主要完成操作管理、差错检测及对话成分分配等功能。成分的差错包括协议差错和响应超时。

2）事务处理子层

事务处理子层完成 TC 用户之间对话过程的管理。事务处理子层目前唯一的用户就是成分子层（CSL），因此对于对等 CSL 用户之间的对话与事务是一一对应的。对话是在完成一个应用的信令过程时，两个 TC 用户间双向交换的一系列 TCAP 消息，消息的开始、结束、先后顺序及消息内容由 TC 用户控制和解释，事务处理子层对对话的启动、保持和终止进行管理，对对话过程中的异常情况进行检测和处理，其协议过程适用于各种应用对话。

事务处理子层管理的对话包括以下几方面。

（1）非结构化对话。Unidirectional（单向消息），TC 用户发送不期待回答的成分，没有对话的开始、继续和结束过程，在 TCAP 中利用单向消息发送。例如，TC 用户接收到一个单向消息时，若要报告协议差错，也要利用单向消息。

（2）结构化对话。TC 用户指明对话的开始、继续和结束。在两个 TC 用户间允许存在多个结构化对话，每个对话必须由一个特定的对话标识号标识。用户在发送成分前指明对话的类型。

Begin：起始消息，指示一个对话的开始，必然包含本地 TSL 分配的源端事务标识号，用以标识属于哪一个对话。

Continue：继续消息，TC 用户继续一个建立的对话，可全双工交换成分对话证实和继续。第一个后向继续表明对话建立证实并可以继续。Continue 消息包含源端事务标识号和目的地事务标识号。

End：结束消息，包含目的地事务标识号。

Abort：放弃消息，包含目的地事务标识号。

3）TCAP 的消息格式和编码

作为 SCCP 用户数据的 TCAP 消息，其结构如图 4-36 所示。

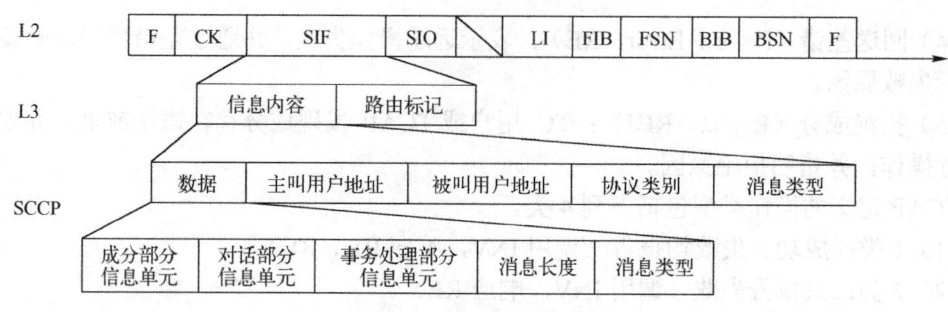

图 4-36　TCAP 消息结构

TCAP 消息的基本组成单位称为信息单元（Information Element），每个 TCAP 消息由若干个信息单元组成。每个信息单元都由 3 个部分组成：标记用于区别不同类型的信息单元，决定内容字段的含义；长度指明内容字段所占的字节数；内容字段则为信息单元要传送的信息。内容字段可能只有一个参数，也可能由一个或若干个信息单元组成。如果内容字段只是一个参数，则称此信息单元为一个本原体（Primitive）；如果内容字段又包含一个或多个内嵌的信息单元，则称此信息单元为一个复合体（Constructor）。这种嵌套结构是 TCAP 消息的一个特点。这种消息结构非常灵活，用户可以自由利用本原体或复合体构造简单或复杂消息。

3. TCAP 应用示例

TCAP 为网络中任意两个节点间的交互操作建立一个对话，每个对话由若干操作组成。下面以一个数据库查询为例说明 TCAP 的操作过程。大家熟知的对方付费电话（800 号业务），就是一个基于 TCAP 的智能网应用。SSP 与 SCP 之间的 TCAP 对话过程如图 4-37 所示。

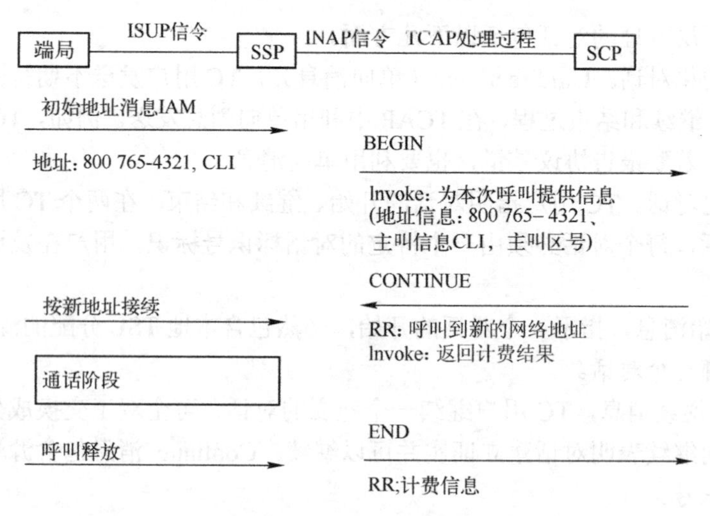

图 4-37　TCAP 对话过程

在智能网中，SSP 为业务交换点，用户拨打 800 号码时，SSP 触发智能网业务，便启动一个 SSP 与 SCP（业务控制点）的 TCAP 交互。当主叫用户拨了免费电话号码，呼叫接续到最近的一个 SSP（本地汇接局或长途局）。SSP 收到呼叫请求后，启动一个与 SCP 的结构化对话，并采用远端操作方式请求 SCP 如何处理呼叫。远端操作调用不仅需要提供被叫号码，还需要提供主叫位置等相关信息，如主叫识别（CLI）、主叫所在区域等，这样 SCP 才能决定本次呼叫的路由。SCP 通过查询网络数据库，把 800 号码翻译成一个国内有效号码，并决定呼叫的账单号码。当来自 SCP 的远端操作返回时，对话继续。这个远端操作指示 SSP 完成与给定新号码和账单号码一致的呼叫。它是一个实际的电话号码，呼叫不需特别处理即可通过 PSTN 接续到目的地。一旦通话结束，SSP 记录对应账单号码和计费信息，并返回 SCP。

4.8　信令网

1. 基本概念

信令网：指逻辑上独立于通信网、专门用于传送信令消息的数据网络，它由信令点、信令转接点和互连它们的信令链路组成。

信令点（Signaling Point，SP）：信令网上产生和接收信令消息的节点。它可能是信令消息的源点，也可能是信令消息的目的点，如交换局、各种专用服务中心（网络管理中心（NMC）、操作维护中心（OMC）、网络数据库）和信令转接点等。

信令转接点（Signaling Transfer Point，STP）：将从某一信令链路上接收的消息转发至另一信令链路上的信令转接中心。

信令链路（Signaling Link，SL）：连接两个信令点（或信令转接点）的信令数据链路及其传送控制功能实体组成信令链路。每条运行的信令链路都分配一条信令数据链路和位于此信令数据链路两端的两个信令终端。

信令链路组（Signaling Link Set）：直接互连两个信令点的一束平行的信令链路。

信令链路群（Signaling Link Group）：在同一信令链路组中具有相同物理特性（如相同传输速率）的一组信令链路。

信令关系（Signaling Relation）：若两个信令点的对应用户部分（如 TUP、ISUP）存在信令交互，则称这两个信令点之间存在信令关系。

信令工作方式（Signaling Mode）：指信令消息传送路径和该消息所属信令关系之间的结合方式，也就是说，消息是经由怎样的路径由源点发送至目的地点的。

在 No.7 信令网中，信令传送具有下列 3 种工作方式。

（1）直联方式（Associated Mode）：属于两个邻接信令点之间某信令关系的消息沿着直接互连这两个信令点的信令链路组传送，这种方式称为直联方式。

（2）非直联方式（Non-associated Mode）：属于某信令关系的消息沿着两条或两条以上串接的信令链路组传送，除源信令点和目的地点之外，信令消息还将经过一个或多个 STP，这种方式称为非直联方式。

（3）准直联方式（Quasi-associated Mode）：是非直联方式中的一种特殊情况。在这种方式中，一个源信令点到一个目的地点的消息所走的路径是预先设定的，在给定的时刻固定不变。

在No.7信令系统中，ITU-T/CCITT规定采用直联方式和准直联方式两种。其中直联方式主要用于STP之间。为了充分利用信令链路的容量，两个非STP交换局之间采用直联方式的条件是，这两个局之间应有足够大的中继电路容量。图4-38所示为信令工作方式示意图。

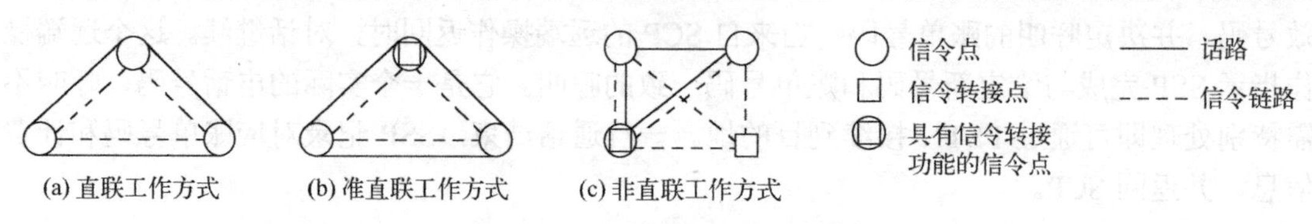

图4-38　信令工作方式示意图

信令路由（Signaling Route）：信令消息从源点到目的地点所经过的路径，它决定于信令关系和信令传送的方式。

信令路由集（Signaling Route Set）：一个信令关系可利用的所有可能的信令路由。对于一个给定的消息，在正常情况下其信令路由是确定的，在故障情况下，将允许转移至替换路由。

2. 信令网的结构和特点

信令网可分为无级网和分级网两类。

如图4-39所示，无级网不设独立的STP，除网状网之外无级网的共同特点是：需要很多综合STP；信令传输时延较大；技术性能和经济性较差。网状网虽然传输时延小，不需设独立STP，但互连需要大量的信令链路，在信令点数量较大时，经济性较差。

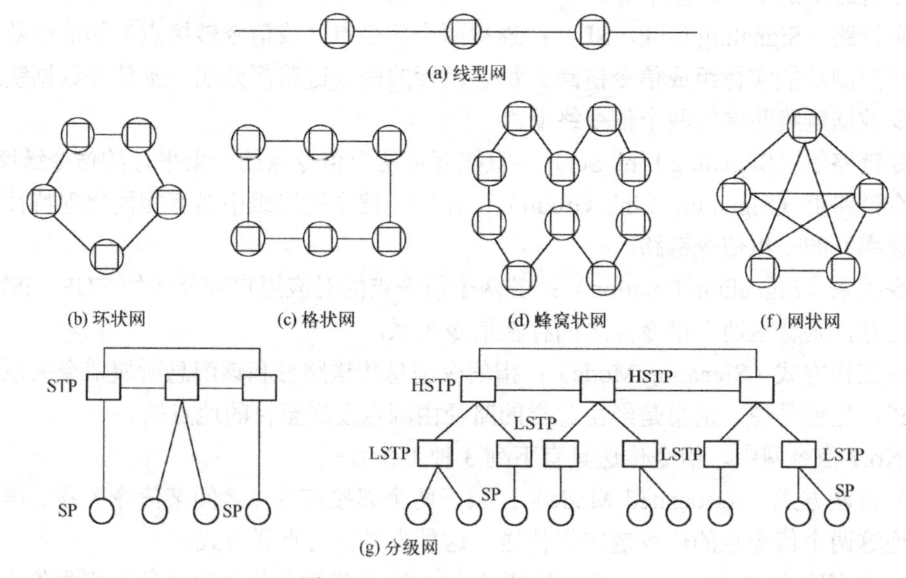

图4-39　无级网和分级网结构

分级网的特点是：网络容量大，且只要增加级数就能容纳更多信令点；信令传输只经过1～2个STP转接，传输时延较小；网络设计和扩充简单。另外，在信令业务量较大的信令点之间，特别是STP之间，还可以设置直达信令链路，进一步提高信令网的性能和经济性。因此，较为理想的信令网结构是一个复合的分级网络。一般将STP分成低级信令转接点（LSTP）和高级信令转接点（HSTP）两级。为提高可靠性，HSTP可采用网状互连。

3. 信令网的可靠性措施

由于 No.7 信令链路需要传送大量话路或连接的信令消息，因此必须具有极高的可靠性。其基本要求是信令网的不可利用度至少要比所服务的业务网低 2～3 个数量级，而且当任一信令链路或信令转接点发生故障时，不应造成网络阻断或容量下降。要实现这一目标，在网络结构上必须采用冗余配置，使得任意两个信令点之间有多条信令路由。如图 4-40 所示的双平面冗余结构，是最为经济实用的网络冗余结构。在这种结构中，所有 STP 均为双份配置，构成 A、B 两个完全相同的网络平面。任一信令点的信令业务按负荷分担方式由网络的两个平面传送，每一平面分担 50%的业务量。两个平面中成对的 STP 对应连接。当任一平面发生故障时，另一平面可以承担全部信令负荷。此外，为了确保安全，成对的 HSTP 信令设备在设置时应相距一定距离（如大于 50km），避免因自然灾害等原因同时遭受破坏。

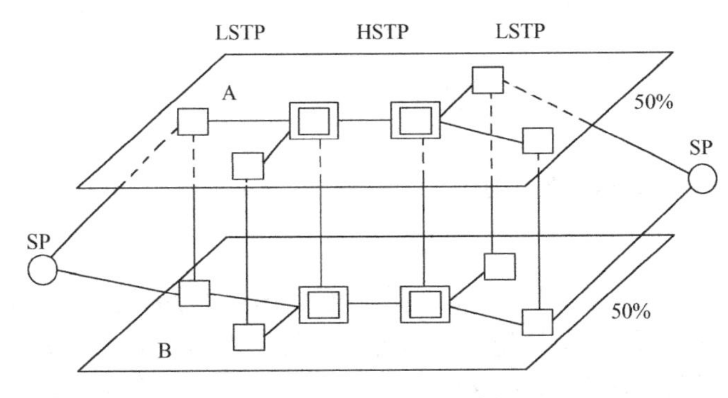

图 4-40　双平面冗余结构

在双平面冗余结构中，每两个邻接信令转接点之间的信令链路通常采用双份配置，两条链路采用负荷分担方式工作。这样就形成了 4 倍备份冗余结构，具有更高的可靠性。另外，每一信令点都要设置一定数量的冗余信令终端，这些终端在需要时自动或人工分配给信令链路。

为了确保信令网的可靠性，除了上述冗余结构，网络还具有完善的信令网管理功能。在信令设备、信令链路发生故障时，能自动利用网络的冗余配置重组信令网，将故障链路上的信令业务倒换到替代链路和路由上传送。同时，在信令网发生拥塞时，能及时调整信令业务和路由。

4. 我国的 No.7 信令网

我国的 No.7 信令网由全国的长途 No.7 信令网和大、中城市的本地 No.7 信令网组成。

1）全国长途 No.7 信令网

根据网络的发展规划和目前厂家能够提供的 STP 设备的容量和处理能力，我国长途 No.7 信令网采用三级结构。如图 4-41 所示，第一级是信令网的最高级，称为高级信令转接点（High-level Signalling Transfer Point，HSTP），第二级是低级信令转接点（Low-level Signalling Transfer Point，LSTP），第三级是信令点（SP）。

长途 No.7 信令网各级功能如下。

（1）第一级（HSTP）负责转接它所汇接的第二级 LSTP 和第三级 SP 的信令消息。HSTP

应尽量是独立式信令转接点。

（2）第二级（LSTP）负责转接它所汇接的第三级 SP 的信令消息。LSTP 可以是独立式 STP，也可以是综合式 STP。

（3）第三级（SP）是信令网中各种信令消息的源点或目的地点。

2）大、中城市本地 No.7 信令网

如图 4-42 所示，大、中城市本地 No.7 信令网一般由 LSTP 和 SP 两级组成。LSTP 的功能是负责转接它所汇接的第二级 SP 的信令消息，SP 则是本地信令网中各种信令消息的源点或目的地点。

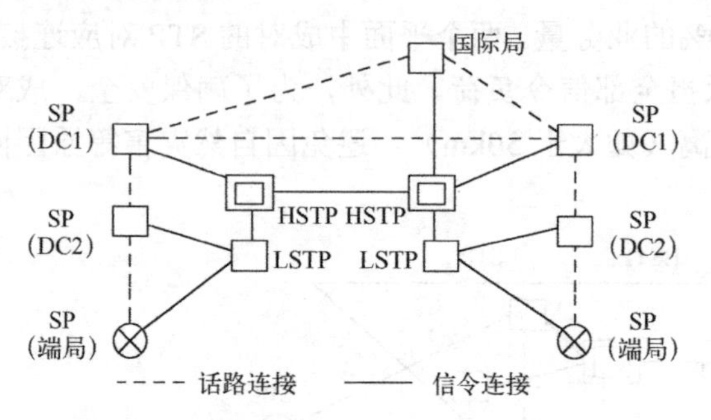

图 4-41　我国信令网与电话网的对应关系

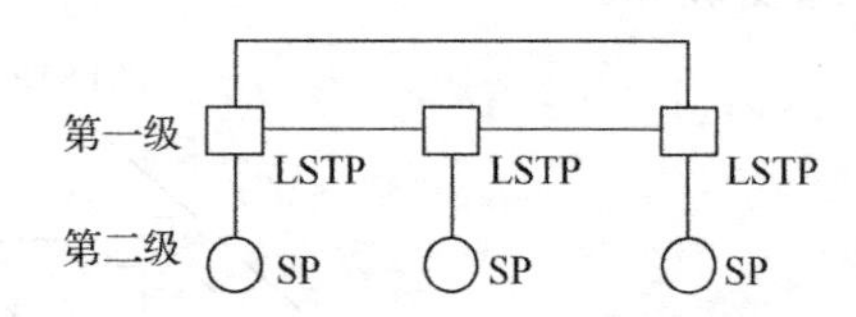

图 4-42　大、中城市本地 No.7 信令网结构

3）信令点编码

根据 ITU-T/CCITT 建议，各国 No.7 信令网可采用两种编码方案：长、市统一编码或长、市独立编码。我国采用 24 位统一编码方案，信令点编码格式如图 4-43 所示。由于我国信令网采用三级结构，全网划分成 33 个主信令区，每个主信令区又划分成若干分信令区，每个分信令区内又有若干信令点和信令转接点。因此，我国信令点编码由 3 部分组成：第三字节用来识别主信令区；第二字节用来识别分信令区，第一字节用来识别各分信令区内的信令点。

第三字节	第二字节	第一字节
主信令区编码	分信令区编码	信令点编码

图 4-43　我国信令网信令点编码格式

4）我国信令网与电话网的对应关系

如图 4-41 所示，目前我国电话网为二级长途网（由 DC1 和 DC2 组成）加本地网。考虑到信令连接转接次数、信令转接点的负荷，以及可以容纳的信令点数量，结合我国信令区的划分和整个信令网的管理，HSTP 设置在 DC1（省）级交换中心的所在地，汇接 DC1 间的信令；LSTP 设置在 DC2（市）级交换中心所在地，汇接 DC2 和端局信令。端局、DC1 和 DC2 均分配一个信令点编码。

本章小结

本章全面地介绍了信令的基本概念、信令的分类、信令系统的工作原理和相关标准。简要介绍了中国 No.1 信令，系统地介绍了 No.7 信令，并简要介绍了信令网的相关知识。

信令是终端和交换机之间，以及交换机和交换机之间进行“对话”的语言，是电信网的神经系统，它协调终端系统、传输系统、交换系统和业务节点的运行，在指定的终端之间建立连接，维护网络的正常运行和提供各种各样的服务等。

按信令的传送方式不同分为随路信令和公共信道信令。随路信令是传统的信令方式，局间各个话路传送各自的信令，即信令和话音在同一信道上传送；技术实现简单，可以满足普通电话接续的需要，但信令效率低，不能适应电信业务的发展要求；主要用于模拟和数模混合的交换网。我国采用的中国No.1信令就是一种随路信令。公共信道信令是一种新型的信令方式，它采用与话音通路分离的专用信令链路来传送信令，因此，一条信令链路可以同时传递许多话路的信令。公共信道信令也称为共路信令，它可以支持多种业务和多种信息传送的需要。这种信令能使网络的利用和控制更为有效，而且信令传送速度快，信令效率高，信息容量大，可以适应电信业务发展的需要。公共信道信令消息可根据与话路的关系分成两类：一类是电路相关消息，即话路接续控制信令，这类消息均采用逐段转发方式传送。另一类是电路无关消息，如蜂窝移动网中的信令、智能网中的信令、网络管理和计费信息等，这类消息传送的是指令和数据，与话路没有关系，因此宜采用端到端方式直接传送。

No.7信令是一种公共信道信令系统，采用全双工数字传输信道传送信令，是一个国际标准化的通用的信令系统。它采用模块化的功能结构，实现了在一个信令系统内多种应用的并存。No.7信令系统由公共的消息传递部分（MTP）和面向不同应用的用户部分（UP）组成。用户部分包括电话用户部分（TUP）、数据用户部分（DUP）、ISDN用户部分（ISUP）、移动应用部分（MAP）和智能网应用部分（INAP）等。No.7信令主要用于电话网，综合业务数字网（ISDN），移动通信网，智能网，网络的操作、管理和维护。尽管ISDN的发展和应用没有达到预期效果，但ISUP由于其强大的功能，在电信网中得到了广泛的应用；支撑ISDN的相关信令规范，如数字用户信令DSS1也在一定范围内得到了应用，并对VOIP等技术产生了重要影响。由于No.7信令消息传送逻辑上独立于通信业务网，因此No.7信令网是一个专门用于传送信令信息的数据网络。鉴于它的重要性，No.7信令网采用了一些不同于业务网的组网技术和冗余机制，以确保信令网的可靠性、安全性和高效运行。对于通信网来说，信令网是一个重要的支撑网。

习题与思考题

4.1　什么是信令？为什么说它是通信网的神经系统？

4.2　按照工作区域可将信令分为哪两类？各自的功能特点是什么？

4.3　按照传送方式不同可将信令分为哪几类？

4.4　什么是随路信令？什么是公共信道信令？与随路信令相比，公共信道信令有哪些优点？

4.5　假设No.7信令完成一个呼叫平均需要双向传送5.5个消息，每个消息的平均长度为140b，试计算一个64kbps的信令数据链路每小时能为多少个呼叫传送信令？如果每个呼叫的平均占用时长为60s，取每条中继线的平均话务负荷为0.7Erl，每条信令链路的业务负荷率为 0.3，试计算每条信令链路可为多少个中继话路服务？

4.6 在随路信令中，PCM E1 的 TS16 可用于传送多少个话路的什么信令？在共路信令中，同样可以采用 PCM E1 的 TS16 来传送信令，请说明它与随路信令中 PCM TS16 信令传送的区别。

4.7 简述 No.7 信令的功能结构和各级的主要功能。

4.8 No.7 信令单元有几种？试说明它们的组成特点。

4.9 画出说明本地网中经汇接局转接的 TUP 信令过程（设被叫空闲，通话后被叫先挂机）。

4.10 SCCP 在 MTP 的基础上增强了哪几方面的功能？SCCP 为用户提供哪几类服务？SCCP 的地址有哪几种形式？

4.11 画图说明 No.7 信令与 OSI 分层模型的对应关系。

4.12 TCAP 成分按功能可划分为哪几种类型？

4.13 信令网由哪几部分组成？各部分的功能是什么？

4.14 信令网有哪几种工作方式？

4.15 画图并说明我国信令网与电话网的对应关系。

第 5 章　分组交换与数据通信网

5.1　概　　述

随着计算机技术的发展，数据通信业务的需求越来越大，最早的分组交换网是 1969 年 12 月美国国防部高级研究计划局（ARPA）研制并投入使用的分组交换网（ARPANet）（当时仅 4 个节点），标志着以分组交换为特色的数据通信发展进入了新的时代。数据通信采用分组交换比采用电路交换具有更高的线路使用效率，可以实现多个用户的资源共享；同时，分组交换比报文交换的传输时延小。因此，分组交换是一种理想的数据交换方式。数据通信采用分组交换而不是电路交换或报文交换方式，主要基于以下原因。

（1）数据业务具有很强的突发性，采用电路交换方式，信道利用率较低；采用报文交换方式，时延又较长，不适于实时交互型的业务。

（2）电路交换只支持固定速率的数据传输，要求收发双方严格同步，不适应数据通信网中终端间异步、可变速率的通信要求。

（3）话音通信对时延敏感，对差错不敏感，而数据通信对一定的时延可以忍受，但关键数据细微的错误都可能造成灾难性后果。

分组交换网的发展经历了 IP、X.25、帧中继（FR）、ATM 等发展阶段，随着 IP 技术和局域网技术的发展，支持 QoS 并结合多种技术优点的 MPLS 技术又在宽带数据通信网络中得到了广泛应用和发展。

5.2　分组交换原理

5.2.1　分组交换的概念

分组交换的基本思想是把用户需要传送的信息分成若干个较小的数据块，即分组（Packet），这些分组长度较短，并且具有统一的格式，每个分组由两部分构成，一部分是用于控制和选路作用的分组头，另一部分就是由用户信息构成的有效静荷。这些分组以“存储转发”的方式在网络中传输，如图 5-1 所示。即每个节点首先对收到的分组进行暂存，检测分组在传输中有无差错，分析分组头中的有关选路信息，进行路由选择，并在选择的路由上进行排队，等到信道有空闲时才转发给下一个节点或目的用户终端。

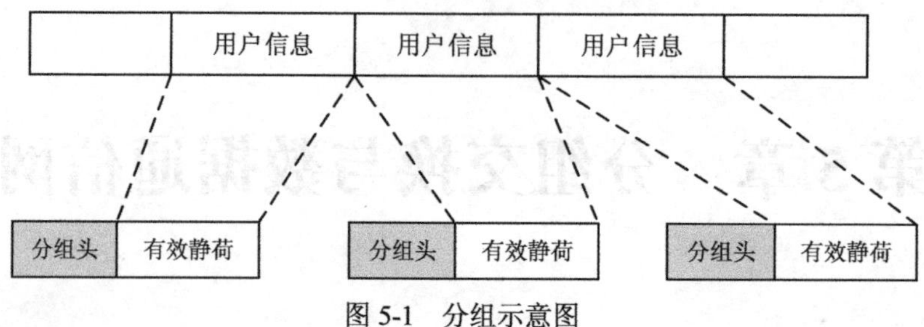

图 5-1　分组示意图

采用分组交换的通信网称为分组交换网。设计分组交换的初衷是进行数据通信，其设计思路与电路交换截然不同，分组交换有以下几个主要技术特点。

1．统计时分复用

与电路交换中的静态时分复用不同，为了适应数据业务突发性强的特点，分组交换采用动态统计时分复用技术在线路上传送各个分组，使多个连接可以同时按需进行资源共享，因此提高了传输线路的利用率，如图 5-2 所示。在统计时分复用方式下，各个用户数据在通信链路上没有固定的时间位置，每个分组都依靠分组头部的控制信息进行区分。

在图 5-2 中，来自终端的各分组按到达的先后顺序在复用器内排队缓存。复用器按照先进先出原则，从队列中逐个取出分组，并向线路上发送。当复用器空闲时，线路也暂时空闲；当缓存队列中有了新的分组时，复用器继续进行发送。开始时终端 A 有 a 分组要传送，终端 B 有 1、2 分组要传送，终端 C 有 x 分组要传送，它们按到达顺序进行排队：a、x、1、2，因此在线路上的分组传送顺序为 a、x、1、2，然后各终端均暂无数据传送，则线路空闲。后来，终端 C 有 y 分组要传送，终端 A 有 b 分组要传送，则线路上又顺序传送 y 分组和 b 分组。这样，在高速传输线上，形成了各用户分组的交织传输。这些用户分组数据的区分，不是像同步时分复用那样按时间位置区分，而是通过各个用户数据的“标记”来区分。

统计时分复用的优点是可以获得较高的信道利用率。由于每个终端的数据使用自己独有的“标记”，可以把传送的信道按需动态地分配给各个用户，从而提高了传送信道的利用率。这样每个用户的传输速率可以大于平均速率，最高时可以达到线路总的传输能力。例如，线路总的速率为 9.6kbps，3 个用户信息在该线路上进行统计时分复用，平均速率为 3.2kbps，而一个用户的传输速率最高时可以达到 9.6kbps。

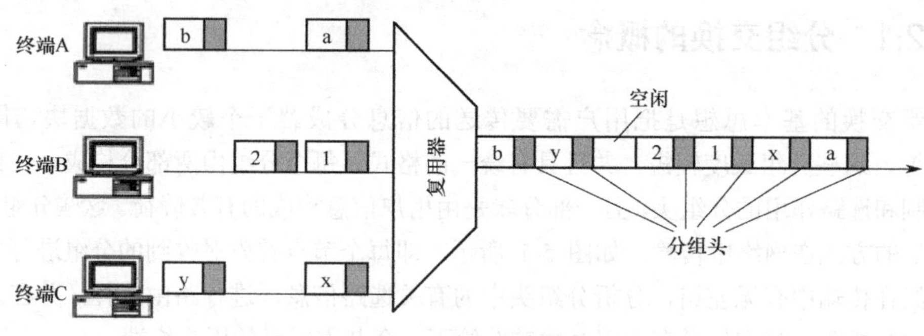

图 5-2　统计时分复用示意图

2. 存储转发

在数据通信中，为了适应通信双方可能是异种终端的情况，分组交换采用存储转发方式，即每个中间交换节点先将分组接收下来，然后进行分析处理后再转发出去。分组交换不必像电路交换那样，通信双方的终端必须具有同样的速率和控制规程，从而可以实现不同类型的数据终端设备（不同速率、不同编码、不同通信控制规程等）之间的通信。

3. 差错控制与流量控制

数据业务对可靠性要求很高，而分组交换早期是基于低速、高误码的物理传输线路上发展起来的，因此分组在传输过程中很可能出现丢失或出错等情况，所以分组交换必须采用差错控制对分组在传输中出现的差错进行处理，满足数据业务的可靠性要求。另外，由于分组交换网中通信双方可能是异种终端，双方通信的通信速率可能不匹配，如果发送方速率高于接收方，必将导致接收方来不及接收，因接收缓冲溢出而丢失分组。因此，分组交换还必须引入流量控制，对发送方的发送速率进行适当控制，防止接收方因来不及接收而丢失分组。流量控制一般由接收方向发送方发送控制信息进行。

差错控制和流量控制一般由交换节点运行相应的协议实现，其协议一般通过分组编号、差错检测、请求重发、超时重发等方法实现。在早期的分组交换网中，由于传输线路的差错率较高，每两个相邻交换节点之间的物理链路上通常由专用的数据链路层协议来提供差错控制和流量控制，如采用典型的高级数据链路控制规程（High-level Data Link Control，HDLC）作为数据链路层协议。

此外，分组交换还带来一些新的问题，如分组在网络节点存储转发时因排队会造成一定的时延。当网络业务量过大时，这种时延可能会增大。由于用户发送数据的时间是随机的，如多个用户同时发送数据，则需要进行竞争排队，引起排队时延；若排队的数据很多，引起缓冲器溢出，则将导致数据丢失。各分组必须携带控制信息，这样也带来了一定的开销。因此，分组交换的管理与控制比较复杂。

5.2.2 虚电路与数据报

分组交换网采用两种方式向用户提供信息传递服务，一种是虚电路方式，另一种是数据报方式。

1. 虚电路方式

所谓虚电路方式，就是在用户数据传送前先通过发送呼叫请求分组建立端到端的虚电路；一旦虚电路建立，属于同一呼叫的数据分组均沿着这一虚电路传送；最后通过呼叫清除分组来拆除虚电路。在这种方式中，用户的通信过程需要经过连接建立、数据传输、连接拆除 3 个阶段。因此，虚电路提供的是面向连接服务。

如图 5-3 所示，终端 A 和 C 通过网络建立了两条虚电路。VC1：A→1→2→3→B。VC2：C→1→2→4→5→D。所有 A→B 的分组均沿着 VC1 从 A 到达 B，所有 C→D 的分组均沿着 VC2 从 C 到达 D，在节点 1～2 之间的物理线路上，VC1、VC2 共享传输资源。若 VC1 暂时无数据传送时，所有的线路传送能力和交换机的处理能力将为 VC2 服务，此时 VC1 并不实际占用带宽和处理机资源。

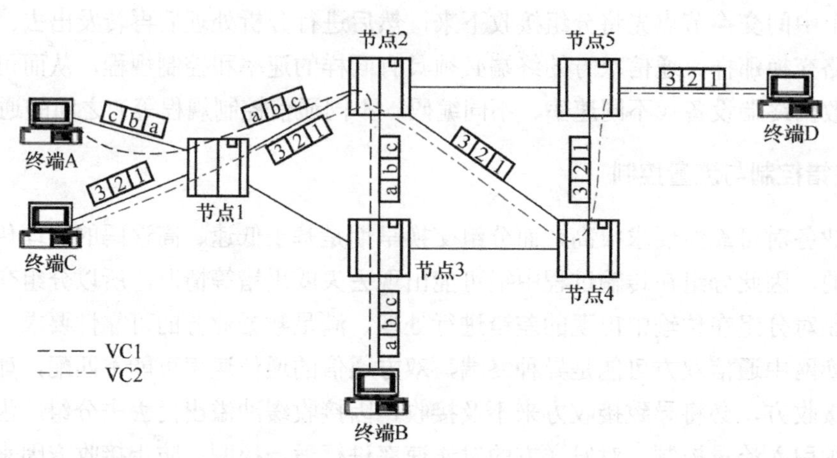

图 5-3　虚电路工作方式

虚电路分为两种：交换虚电路（Switched Virtual Circuit，SVC）和永久虚电路（Permanent Virtual Circuit，PVC）。SVC 是通过信令动态建立的虚电路，使用完毕后释放，其管理信令协议一般较为复杂。PVC 一般由人工配置的方式建立的虚电路，在一段时间内不发生变化，PVC 使用方便简单。

2. 数据报方式

在数据报方式中，交换节点对每一个分组单独进行处理，每个分组都含有目的地址信息。当分组到达后，各节点根据分组中包含的目的地址为每个分组独立寻找路由，属于同一用户的不同分组可能沿着不同的路径到达终点，因此需要在网络的终点重新排队，按原来的顺序组合用户数据信息。

如图 5-4 所示，终端 A 有 3 个分组 a、b、c 要发送到终端 B，在网络中，分组 a 通过节点 2 转接到达节点 3，分组 b 通过节点 1 和 3 之间的直达路由到达节点 3，分组 c 通过节点 4 转接到达节点 3。由于每条路由上的业务情况（如负荷、带宽、时延等）不尽相同，3 个分组的到达顺序可能与发送顺序不一致，因此在目的终端要将它们重新排序。

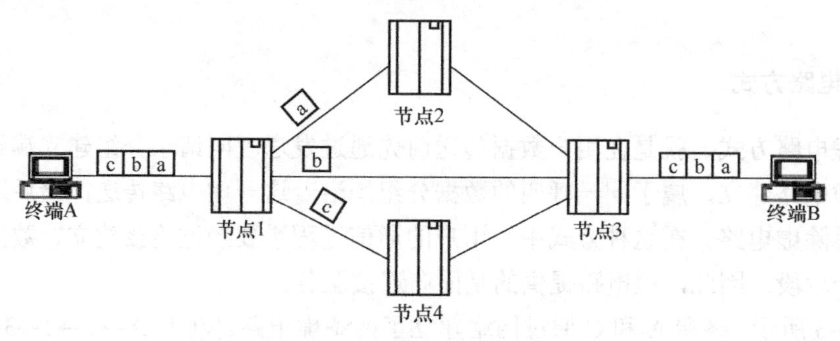

图 5-4　数据报工作方式

5.2.3　路由选择

根据前面的例子，数据分组进入交换机后，需要根据其头部携带的控制信息（如目的地址信息）查找转发表，确定其从哪个端口输出。在交换机中，通常存在着两个表，一个是路由表，它是由网络维护人员静态配置建立或交换机根据路由协议动态建立的，指出要到达目的主机应该进入的下一跳交换机是哪一个，从本机哪个端口输出；另一个是转发表，根据路由表生成，交换机可以根据分组的目的地址查找出本交换机的出端口。在数据通信网中，为了提高网络的可靠性，通常到达目的主机都存在多条路径，路由选择就是交换机根据目的地的不同建立最佳路径的过程。

在分组网中，不同时刻不同链路上的业务流量分布可能有较大差异，使得两个终端之间的最佳路径随着时间会发生变化，因此分组网中通常采用动态路由选择方案。在动态路由选择中，要依据一定的算法来计算具有最小代价的路由，即最佳路由。这里最小代价可以有多个衡量标准，如经过的交换机数量最少，端到端延迟最小等。随着网络负荷及其分布的变化，端到端的最小代价路由也会发生变化。

5.2.4　差错控制与拥塞控制

数据通信对差错非常敏感，差错控制在分组交换网络中占有非常重要的地位。在分组的头部通常包括源主机的地址、目的主机的地址、数据分组长度等控制信息，分组的尾部通常为帧校验序列，用于检查分组在传送过程中是否发生了差错。帧校验序列是根据当前数据帧的头部和净荷内容按照某种方法计算得到的一个固定长度的数字序列，分组在发送端组成后，会计算相应的帧校验序列并加到帧中。一个分组到达交换节点或目的主机后，在接收分组数据的同时，需要按照帧校验序列的计算规则重新计算一个帧校验序列，如果计算结果和接收到的帧校验序列相同，那么说明分组无误，否则说明发生了误码。对于发生误码的数据分组，通常有两种处理方法，一是将其丢弃，二是通知对方重新发送。

一般情况下，如果一段链路的误码率比较高，通常在链路两端采用差错重传机制；如果链路误码率很低，则直接将其丢弃，最终由参与通信的终端之间按照协议进行重传操作。例如，无线局域网中，由于无线信道误码率较高，通常在无线链路上采用差错重传机制；而对于有线的局域网，通常将有差错的帧直接丢弃，差错控制由参与通信的终端的高层协议实现。无论采用哪一种方式，都是为了提高整体的通信效率。

拥塞会造成交换节点内部缓冲区被大量涌入的分组耗尽，使新进入的分组由于得不到存储空间而被丢弃，因此流量控制与拥塞控制是分组交换网必须具备的功能。

拥塞将会导致网络吞吐量迅速下降和传送时延迅速增加，严重影响网络的性能。图 5-5 所示为网络拥塞对吞吐量和时延的影响，同时也示意了对数据流施加拥塞控制之后的效果。在理想情况下，网络的吞吐量随着负荷的增加而线性增加，达到网络的最大容量时，吞吐量不再增加，成为一条直线。

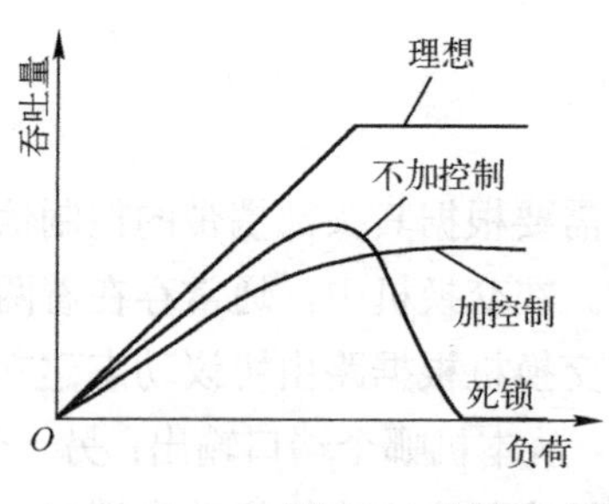

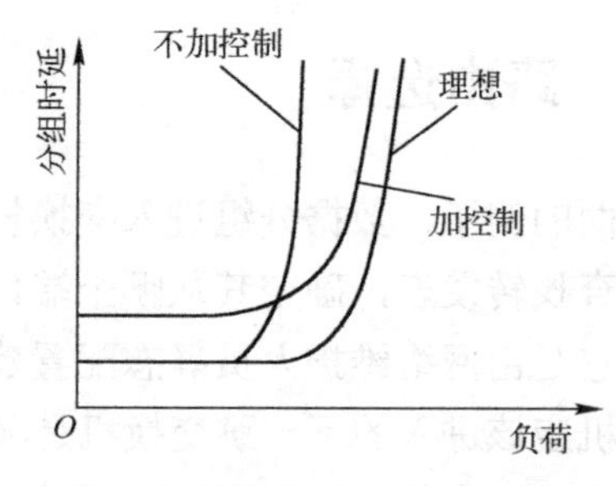

图 5-5　分组吞吐量、时延与输入负荷的关系

实际上，当网络负荷比较小时，各节点分组的队列都很短，节点有足够的缓冲空间接收新到达的分组，导致相邻节点中的分组转发也较快，使网络吞吐量和负荷之间基本上保持了线性增长的关系。当网络负荷增大到一定程度时，节点中的分组队列加长，造成时延迅速增加，并且有的缓存器已占满，节点将丢弃继续到达的分组。分组被丢弃后，终端会进行重传，从而使网络的有效吞吐量下降，此时吞吐量曲线的增长速率随着输入负荷的增大而逐渐减小。尤其严重的是，当输入负荷达到某一数值之后，由于重发分组的增加大量挤占节点队列，网络吞吐量将随负荷的增加而迅速下降，这时网络进入严重拥塞状态。当负荷增大到一定程度时，吞吐量下降为零，称为网络死锁（Deadlock）。此时分组的时延将无限增加。

用于分组交换网络拥塞控制的机制很多，常用的有如下几种。

（1）从拥塞的节点向一些或所有的源节点发送一个控制分组。这种分组的作用是告诉源节点停止或降低发送分组的速率，从而限制进入网络的分组总量。这种方法的缺点是会在拥塞期间增加额外的通信量。

（2）根据路由选择信息调整新分组的产生速率。有些路由选择算法可以将分组的排队时延作为路由选择的依据之一，向其他节点提供节点的排队时延信息，以此来影响路由选择的结果。这个信息也可以用来影响新分组的产生速率，以此进行拥塞控制。相对于流量变化，路由信息的更新通常较慢，因此这种方法难以迅速改善全网的拥塞状况。

（3）利用端到端的探测分组来控制拥塞。此类分组具有一个时间戳，可用于测量两个端点之间的时延，利用时延信息来控制拥塞。这种方法会增加网络的开销。

（4）允许节点在输出的分组中添加拥塞指示信息，具体实现时，根据拥塞信息的传输方向可以分为反向拥塞指示和前向拥塞指示。反向拥塞指示是指节点向与拥塞方向相反的方向上发送的分组中添加拥塞指示信息，用于通知源节点减少注入网络的数据量，以达到拥塞控制的目的。前向拥塞指示是指节点在沿拥塞方向的分组上添加拥塞指示信息，目的节点在收到这些分组时，要么直接请求源节点调整其发送速率，要么通过反向发送的分组（或应答）向源节点捎带拥塞信号，使源节点减少注入网络的数据量。

（5）隐式控制方法。某些协议会在发送出一个分组后开启一个定时器，收端收到该分组后会给出一个应答分组。发送端根据收到应答的时间可以计算出该分组的往返时延。往返时延增大通常意味着网络负荷较重，当往返时延增大到一定值时，说明网络发生了拥塞，此时发送端会主动降低发送速度，缓解网络拥塞状态。这种拥塞控制方式称为隐式拥塞控制方法。

5.3　X.25 与帧中继

5.3.1　X.25 简介

X.25 建议是 ITU-T 的前身 CCITT 在 1976 年制定的一个著名标准。根据 ITU-T 给出的定义，X.25 是数据终端设备（DTE）和数据电路终接设备（DCE）之间的接口协议。X.25 是在传输质量较差、终端智能化程度较低、对通信速率要求不高的背景下制定的分组交换数据通信网接口协议，具有复杂的差错控制和流量控制机制，只能提供中、低速率的数据通信业务，主要用于广域互连。如图 5-6 所示，X.25 协议定义了物理层、数据链路层和分组层。

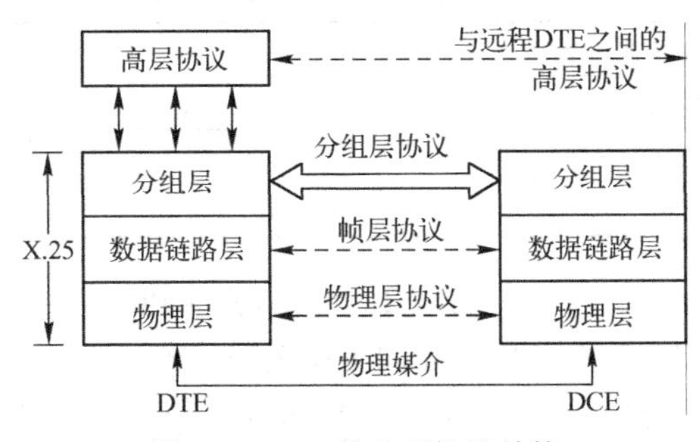

图 5-6　X.25 的分层协议结构

1．物理层

物理层定义了 DTE 和 DCE 之间建立、维持和释放物理链路的过程，包括机械、电气、功能和规程等特性。X.25 物理层就像是一条输送信息的通道，它不执行重要的控制功能。控制功能主要由链路层和分组层来完成。

2．数据链路层

第二层为数据链路层，采用面向连接的工作方式在相邻节点之间进行可靠的数据帧传输。相邻节点之间需要先建立连接，然后才能进行数据收发，本次通信过程结束后再拆除连接。X.25 数据链路层采用高级数据链路控制规程（High-level Data Link Control，HDLC）的子集——平衡型链路接入规程（Link Access Procedure Balanced，LAPB）作为数据链路的控制规程。链路层的主要功能有：在 DTE 和 DCE 之间有效地传输数据；确保收发之间的同步；检测和纠正传输中产生的差错；识别并向高层报告错误；向分组层报告链路层的状态。

HDLC 是由 ISO 定义的一种面向比特的数据链路控制协议。HDLC 传输效率较高，广泛应用于公用数据网。LAPB 采用 HDLC 的帧结构，格式如图 5-7 所示。

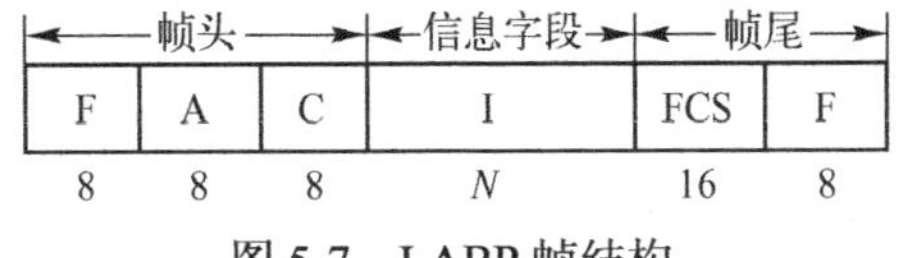

图 5-7　LABP 帧结构

1）标志字段（F）

F 为帧标志，编码为 01111110，所有的帧都应以 F 开始和结束。一个 F 可作为一帧的结束标志，同时也可以作为下一帧的开始标志；F 还可以作为帧之间的填充字符，当 DTE 或 DCE 没有信息要发送时，可连续发送 F。正常情况下，为了防止数据帧内容中出现与标志相同的编码，在发送数据帧时，如果数据中出现 5 个连续的 1，则无论其后面是 0 还是 1，都插入一个 0；在接收端，识别出一个帧的开始和结束标志后，对于数据帧内容部分，发现 5 个连续的 1 之后需要删除后面的 0，从而恢复原始的数据。

2）地址字段（A）

地址字段由 8 位组成。在 LAPB 中，由于是点到点的链路，A 表示的总是响应站的地址。

3）控制字段（C）

控制字段由 8 位组成，LAPB 控制字段中各比特的定义如表 5-1 所示。

表 5-1　LAPB 控制字段中各比特的定义

控制字段（位）	8	7	6	5	4	3	2	1
信息帧（I 帧）	N(R)			P	N(S)			0
监控帧（S 帧）	N(R)			P/F	S	S	0	1
无编号帧（U 帧）	M	M	M	P/F	M	M	1	1

根据 LAPB 控制字段的比特 1 和比特 2，可以将 LAPB 帧划分为信息帧（I 帧，比特 1 为 0）、监控帧（S 帧，比特 2 和比特 1 为 01）和无编号帧（U 帧，比特 2 和比特 1 为 11）。信息帧主要用于用户数据的收发；监控帧 S（Supervisory frame）中没有信息字段，它的作用是保证信息帧的正确传送；无编号帧 U（Unnumbered frame）用于对链路的建立和断开过程实施控制。3 种类型的帧中，N（S）表示发送帧序号，编号值为 0～7，循环使用，用于供接收端判断是否存在帧丢失和帧重复的情况。例如，接收端收到了编号为 0 和 2 的帧，可以判断出编号为 1 的帧发生了丢失。接收顺序号 N（R）是接收端捎带向对端发送的下一个期望接收帧的编号，同时表示接收方已正确接收了编号 N（R）之前的帧。图 5-8 给出了一个采用 LAPB 进行数据帧收发的示例。图中主机 A 首先向主机 B 发送了信息帧，其 N(S) 为 0，N（R）为 0。主机 B 收到该帧后，向 A 发送了一个信息帧，其 N（S）为 0，N（R）为 1，表示 B 正确收到了 A 发出的标号为 0 的信息帧。

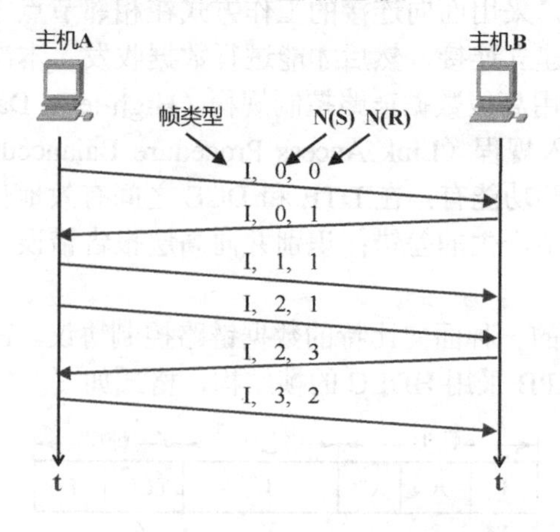

图 5-8　采用 LAPB 进行数据帧收发的示例

对于控制字段中的 P/F、S 和 M 等比特位，都与数据链路维护有关，这里不做进一步的介绍。

4）信息字段（I）

信息字段传送的是上层用户数据，长度可变。

5）帧校验序列（Frame Check Sequence，FCS）

帧校验序列位于每个帧的尾部，共 16 比特，用来检测帧在传送过程中是否出现了比特错误。FCS 采用循环冗余校验方式。

3. 分组层

第三层为分组层，对应于 OSI 分层模型中的网络层，用于实现 X.25 网络的两个终端之间的数据传输。分组层需要利用链路层提供的相邻节点间可靠数据传输服务。分组层的主要功能如下。

（1）在 X.25 接口为每个用户呼叫提供一个逻辑信道，并通过逻辑信道号（LCN）来区分从属于不同呼叫的分组；可以看出，X.25 采用的是虚电路交换方式。

（2）支持交换虚电路（SVC）和永久虚电路（PVC），提供建立和清除交换虚电路的方法；这里的 SVC 表示可以根据需求快速建立虚电路，通信结束后可以拆除虚电路；PVC 表示建立的虚电路长期使用，不会快速建立或拆除。

（3）监测和恢复分组层的差错。

5.3.2　帧中继简介

20 世纪 80 年代，数字通信、光纤通信及计算机技术取得了飞速的发展，计算机终端的智能化和处理能力不断提高，使得端系统完全有能力完成原来由分组网节点所完成的部分功能。例如，端系统可以进行差错控制等。此外，高性能光纤传输系统的大量使用，使得传输质量有了很大提高，从而可以把差错纠正放到端系统去完成，以提高节点的转发效率。因此，人们提出了新的快速分组交换技术——帧中继。

帧中继的设计思想非常简单，它将 X.25 协议规定的节点之间、节点和用户设备之间每段链路上的数据差错重传等控制功能放到网络边缘的终端去完成，网络只进行差错检查，从而简化节点间的处理过程，提高节点的转发性能。帧中继网络采用虚电路交换方式，帧中继网络所采用的帧结构与 X.25 大体相似，在帧结构中采用数据链路连接标志 DLCI（Data Link Connection Identity）作为地址字段，实现用户信息的统计复用和本地交换，同时增加了帧丢弃指示比特（DE）、前向显式拥塞通知（Forward Explicit Congestion Notification，FECN）比特、后向显式拥塞通知（Backward Explicit Congestion Notification，BECN）比特，用于实现数据链路层的流量控制功能。

帧中继主要用于不同局域网之间的广域互联，其传输速率一般为 64kbps～2.048Mbps，有的甚至可达 34Mbps。帧中继采用了带宽控制技术，当用户在承诺时间间隔内发送数据量不超过约定的门限时，用户甚至可以以高于承诺的信息速率（Committed Information Rate，CIR）进行数据传送。当用户业务量超过约定的门限或网络发生拥塞时，网络则会把超过 CIR 的部分帧丢弃。

5.4 ATM

1986年国际电信联盟提出了宽带综合业务数字网络（B-ISDN）的概念，目的是以一个综合、通用的网络来承载全部现有和将来可能出现的业务。与此相适应，1988年国际电信联盟正式提出了异步转移模式（Asynchronous Transfer Mode，ATM），将其作为未来宽带网络的信息传送模式。

ATM具有以下特点。

（1）ATM是一种分组交换技术，可实现网络资源的按需分配，与其他分组交换技术一样，网络资源利用率较高。

（2）ATM是一种面向连接的技术，在用户数据发送之前必须先建立端到端的虚连接。

（3）ATM采用固定长度的分组（称为信元），进行数据传输。与变长分组相比，定长分组有利于采用全硬件逻辑对其进行处理、存储、调度和转发，从而实现分组的高速交换。ATM交换机时延小、实时性好，能够满足多媒体业务传输的要求。

（4）ATM支持多业务传输，可提供不同类型业务的服务质量，保证需求。

ATM技术产生后成功运用于广域网中，电信运营商广泛采用ATM作为多业务宽带接入和传输平台。目前，ATM已逐步淡出骨干网络领域，但其思想仍然具有生命力，对宽带数据网络的影响无处不在。

5.4.1 ATM技术原理

ATM是一种快速分组交换技术。在ATM网络中，话音、数据、图像和视频等信息在发送前被分割成长度固定的信元（Cell），以信元流的方式进入网络。网络节点根据每个信元所带的虚通路标识符/虚信道标识符（VPI/VCI）查找转发表，选择输出端口并转发信元。由于信元长度固定、结构简单，因此可以采用全硬件方式对其进行快速处理和转发，转发速度快，时延小。

1. ATM信元格式

ATM信元长度为53字节，包括5字节的信头和48字节的净荷，如图5-9所示。

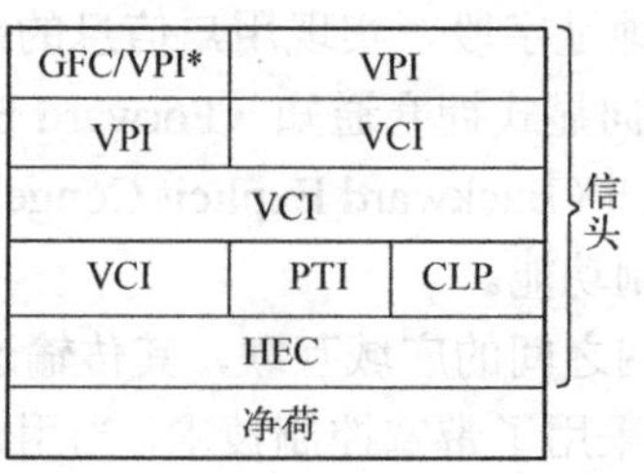

图5-9　ATM信元格式

信元通过ATM网络时经过两种类型接口：一种是用户终端接入网络的接口，即用户网络接口（User-Network Interface，UNI）；另一种是网络中交换机之间的接口，即网络节点接口（Network Node Interface，NNI），在这两个接口上，ATM 信元的具体定义略有差异。ATM 信元中各个字段的定义及具体作用如下。

（1）一般流量控制（GFC）：4 比特，仅用于 UNI，其功能是控制用户输入网络的流量，以避免网络拥塞。

（2）虚通路标识符（VPI）：NNI 接口 VPI 为 12 比特，UNI 接口的 VPI 为 8 比特，用于区分不同的虚通路。

（3）虚信道标识符（VCI）：16 比特，用于区分虚通路中的虚信道，VPI 和 VCI 也就是一种标记或标签，主要用于路由选择和资源管理等。

（4）净荷类型指示（PTI）：3 比特，可以指示 8 种静荷类型，其中 PTI 取值为 0～3 表示不同用户数据信元，取值为 4 和 5 表示 OAM 管理信元，取值为 6 用于资源管理，取值为 7 表示保留类型。

（5）信元丢失优先级（CLP）：1 比特，在网络拥塞时，决定丢弃信元的先后次序。当网络拥塞时，首先丢弃 CLP 为 1 的信元。

（6）信头差错控制（HEC）：8 比特，用于针对信元头的差错检测，同时还用于信元定界。

（7）净荷（Payload）：48 字节，用于装载用户信息或数据。

2. 虚信道和虚通路

一个物理传输线路被逻辑上分为若干个虚通路（VP），而一个 VP 又可分为若干个虚信道（VC），传输线路（信道）、VP 和 VC 之间的关系如图 5-10 所示。

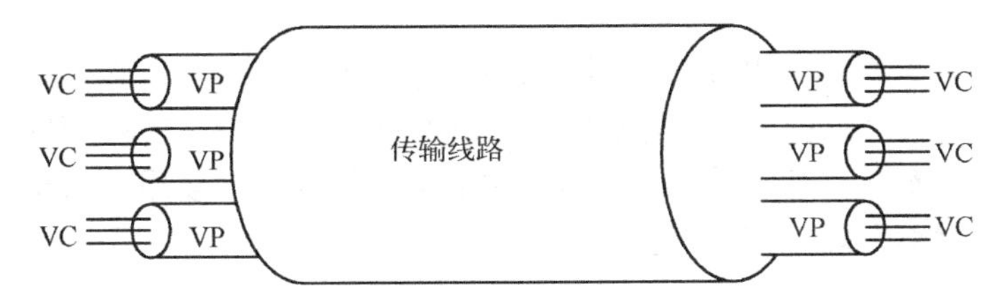

图 5-10 传输线路、VP 和 VC 之间的关系

在一个给定接口上，两个分别属于不同 VP 的 VC 可以具有相同的 VCI 值。因此在一个接口上必须用 VPI 和 VCI 两个值才能唯一地标识一个 VC。

3. VC 与 VP 交换

1）VC 交换

VPI 和 VCI 作为逻辑链路标识，只具有局部意义。也就是说，每个 VPI/VCI 的作用范围只局限在链路级。交换节点在读取输入信元的 VPI/VCI 的值后，根据本地转发表，查找对应的输出 VPI/VCI 进行转发并改变原来 VPI/VCI 的值。因此，信元流过 VPC/VCC 时可能要经过多次中继。VC 交换过程如图 5-11 所示。

图中交换机 1 的输出端口 3 和交换机 2 的输入端口 2 之间有一条传输线路，交换机 2 的输出端口 4 连接交换机 3 的输入端口 1。一个发端用户使用 VPI1/VCI6 接入交换机 1；交换机 1 将输入标识 VPI1/VCI6 转换为输出标识 VPI2/VCI15；交换机 2 再将输入标识 VPI2/VCI15 转换为输出标识 VPI16/VCI8。这里 VPI 和 VCI 组合构成了网络的每段链路。

最后，交换机 3 将 VPI16/VCI8 转换成目的地的标识 VPI1/VCI6。这种根据 VPI 和 VCI 组合来翻译信元标识的交换称为 VC 交换。

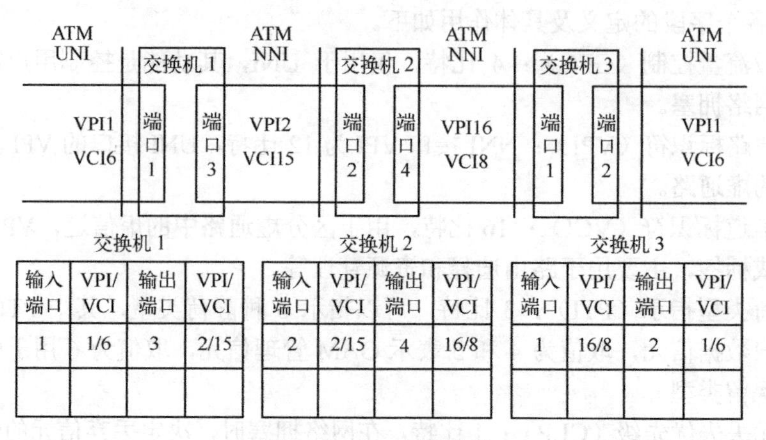

图 5-11　VC 交换过程

2）VP 交换

在 ATM 骨干网中，同时有几百万个用户在通信，其中可能同时有成千上万个 VC 从属于同一个 VP。如果网中所有交换机都进行 VC 交换，就要对几百万个独立的通信过程进行选路控制和数据转发。可想而知，骨干节点的处理负荷将十分繁重，转发速率将受到影响。如果骨干交换机把具有相同属性的若干个 VC 作为一个处理对象看待，只根据 VPI 字段选路并进行转发，将大大简化处理和管理过程。这种基于粗颗粒度的交换方式就是 VP 交换。

VP 交换意味着只根据 VPI 字段来进行交换。它是将一条 VP 上所有的 VC 链路全部转送到另一条 VP 上去，而这些 VC 链路的 VCI 值都不改变。VP 交换过程如图 5-12 所示。VP 交换的实现比较简单，可以看成传输信道中的某个等级数字复用线的交叉连接。在骨干网边缘，交换机仍然可以进行 VC 交换。

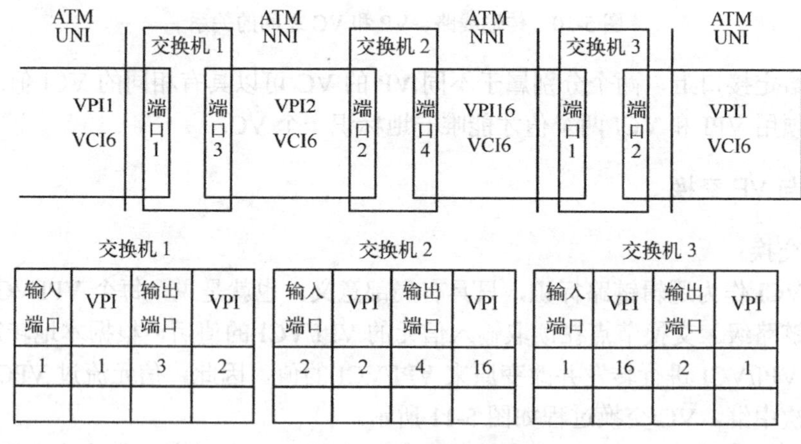

图 5-12　VP 交换过程

ATM 网络中 VP 和 VC 上的通信可以是对称双向、不对称双向或单向的。ITU-T 建议要求为一个通信的两个传输方向分配同一个 VCI 值。对 VPI 值也按同样方法分配。这种分配方法容易实现和管理，且有利于识别同一通信过程涉及的两个传输方向。

5.4.2　ATM 协议模型

ATM 协议模型大致可分为 3 层，即物理层、ATM 层和 ATM 适配层（ATM Adapter Layer，AAL），如图 5-13 所示，图中还给出了 ATM 协议参考模型层次的进一步划分和相应的功能。

层	子层	功能
AAL层	CS	汇聚
	SAR	分段和重装
ATM层		一般流量控制
		信元VPI/VCI翻译
		信头的产生和提取
		信元复用与分路
物理层	TC	信元速率解耦
		信头差错控制(HEC)
		信元定界
		传输帧的适配
		传输帧的产生/恢复
	PM	比特定时
		物理媒体

图 5-13　ATM 分层模型及各层功能

1．物理层

物理层包括物理媒体（Physical Media，PM）子层和传输汇聚（Transmission Convergence，TC）子层。物理媒体子层支持与物理媒体有关的比特流透明传输功能，包括物理媒体定义（如光纤、同轴电缆、双绞线等）、定时比特插入和提取、线路编码等。传输汇聚子层的主要功能如下。

（1）传输帧的适配、传输帧的产生/恢复。ITU-T 定义了 3 种传输帧适配规范：基于 SDH（同步数字系列）、基于 PDH（准同步数字系列）和基于信元的规范。

（2）信头差错控制（HEC）。ATM 信头的一个差错控制字节由传输汇聚子层产生和处理。HEC 能够纠正信头的单比特错误或检测多比特错误。

（3）信元定界（Cell Delimitation）。从连续比特流中分离出信元称为信元定界。建议的定界方法是基于信头的前 4 字节和第 5 字节（HEC 字节）的校验关系来设计的，即在比特流中连续 5 字节满足 HEC 的校验关系，就认为是某个信元的开始。考虑到信元的其他部分也可能恰巧满足 HEC 算法，所以一般需要连续多个信元中的前 5 字节满足 HEC 算法，才认为真正实现了的信元定界。

（4）信元速率解耦。在恒定比特率的物理信道上传输信元时，传输汇聚子层在没有上层交给的信元需要传输时，可以插入仅用于速率适配的空闲信元，在接收端则可以去除空闲信元。将空闲信元插入和去除的过程称为“信元速率解耦”。空闲信元头部的前 4 字节除了 CLP 字段，其他所有字段均为 0，包含 VPI、VCI、PTI 等。

2．ATM 层

在发送方向，ATM 层从上一层接收信元负载信息，并产生一个相应的 ATM 信头，但是这里的信头还不包括信头差错控制。在接收方向，ATM 层从下一层接收信元，完成信头提取与处理后将信元负荷内容提交给上一层。ATM 层与上、下层之间的关系如图 5-14 所示。

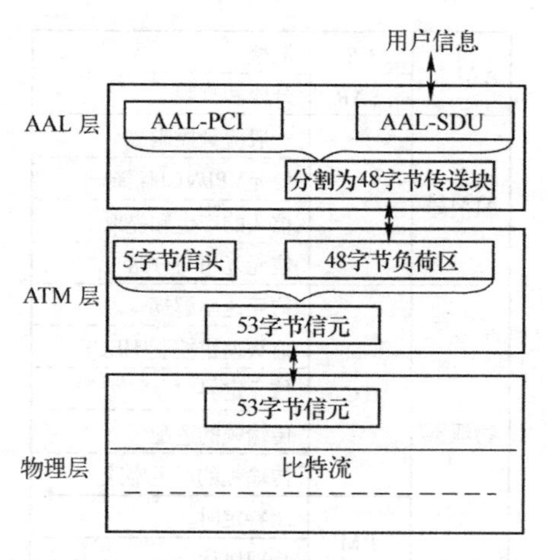

图 5-14　ATM 层与上、下层之间的关系

ATM 层的主要功能如下。

（1）将不同连接的信元复用在一条物理信道上，向物理层输送信元流，接收方向的功能与此相反。

（2）将上层递交的静荷信息增加信元头，并在反方向提取信元头。

（3）根据信元标识（VPI/VCI），实现 ATM 交换功能。

（4）通过 CLP 来区分不同 QoS 的信元。

（5）发生拥塞时在用户信元头中增加拥塞指示。

（6）在 UNI 上实施一般流量控制。

3．ATM 适配层

ATM 层提供的只是一般意义的信元传送能力，为了使 ATM 能够承载不同业务，并具有端到端的差错控制功能，在 ATM 系统中增加了 ATM 业务适配层 AAL。AAL 层实际上用于增强 ATM 的数据传输能力，以适应各种通信业务的要求。AAL 层分为两个子层：分段和重装子层（Segment And Reassemble sub-layer，SAR）和汇聚子层（Convergence Sub-layer，CS）。

分段和重装子层（SAR）实现 CS 协议数据单元与信元负载格式之间的适配。上层应用交付的信息格式与具体应用相关，信息长度不定，而下层（ATM 层）处理的是统一的、长度固定的 ATM 信元，SAR 完成的是两种数据格式的适配。

CS 的基本功能是进行端到端的差错控制和时钟恢复（如实时业务的同步），它与具体的应用有关。对某些 AAL 类型，CS 又分为两个子层：公共部分汇聚子层（Common Part Convergence Sub-layer，CPCS）和业务特定汇聚子层（Service Specific Convergence Sub-layer，

SSCS）。如果 ATM 层提供的信元传输能够满足用户业务的需求，可以直接利用 ATM 层的传送能力。

考虑到现在和未来业务对传输要求的不同，即使 AAL 层也无法完全适配所有的业务。因此，ITU-T 把所有业务划分为 4 种类型进行适配，每类业务对 AAL 有一定的特殊要求。业务类型的划分基于下列 3 个基本参数。

（1）信源和信宿之间的定时关系：信息传送是否要求实时性或时间透明性。

（2）比特率：信息传送的速率是否恒定。一些业务具有固定速率，称为固定比特率（Constant Bit Rate，CBR）业务；另一些业务称为可变比特率（Variable Bit Rate，VBR）业务。

（3）连接方式：通信是否采用面向连接方式。对于实时业务和数据量比较大的通信业务，一般采用面向连接方式，这样可以减少选路开销。但是对于小数据量业务的传送，可以直接采用数据报方式进行通信，即使用无连接方式传送信息。

图 5-15 所示为 ITU-T 建议 I.363 给出的 AAL 支持的 4 种业务类型。

业务类型	A类	B类	C类	D类
定时关系	实时		非实时	
比特率	恒定	变比特率		
连接特性	面向连接			无连接
应用举例	64kbps话音	变比特话音/视频	面向连接数据	无连接数据

图 5-15　AAL 支持的 4 种业务类型

A 类：信源和信宿之间存在定时关系，具有恒定的比特率，业务是面向连接的，类似于电路交换网提供的业务，因此称为“电路仿真业务（Circuit Emulation Service，CES）”。

B 类：信源和信宿之间存在定时关系，业务也是面向连接的，但传输速率是可变的。

A、B 类的不同点是业务是否具有恒定比特率。显然 B 类具有更大的自由度，适合恒定质量的压缩信息，如音频、视频传送。但对资源管理、流量监测和控制提出了更高的要求。

C 类：信源和信宿之间不存在定时关系，传输速率是可变的，但具有面向连接特征。此类业务适用于面向连接的数据和信令传输，与传统的 X.25 支持的业务是一致的。

D 类：信源和信宿之间不存在定时关系，传输速率可变且具有无连接特征，适用于传送无连接的数据，如 IP 数据包在 ATM 上的传送。

上述业务类型按定时关系可分为实时业务和数据业务。实时业务一般采用面向连接方式，但有速率是否恒定之分，因此 ITU-T 制定了 AAL1 和 AAL2 两种协议，分别针对实时业务的 A 和 B 两种类型。对于数据业务，计算机数据或信令信息的速率一般是可变的，区别在于是否采用面向连接方式。ITU-T 制定的 AAL3/4 协议和 ATM 论坛提出的 AAL5 协议都能支持 C 和 D 两类业务传送。在实际运用时，AAL1、AAL2 和 AAL5 应用较多。

5.4.3　ATM 交换机的组成

如图 5-16 所示，ATM 交换机的基本组成包括 4 个部分：输入处理、输出处理、交换结构和管理控制单元。其中ATM交换结构完成交换的实际操作（将来自入线的输入信元交换到出线上）。ATM管理控制单元控制ATM交换结构的具体动作（VPI/VCI翻译、路由选择）。输入处理对各入线上的ATM信元进行处理，使它们成为适合ATM交换结构内部处理的形式。输出处理则是对ATM交换单元送出的ATM信元进行处理，使它们适合在线路上传输。ATM交换实际上就是相应的VP/VC交换，即进行VPI/VCI翻译和将来自特定VPC/VCC的信元根据要求输出到另一特定的VPC/VCC上。

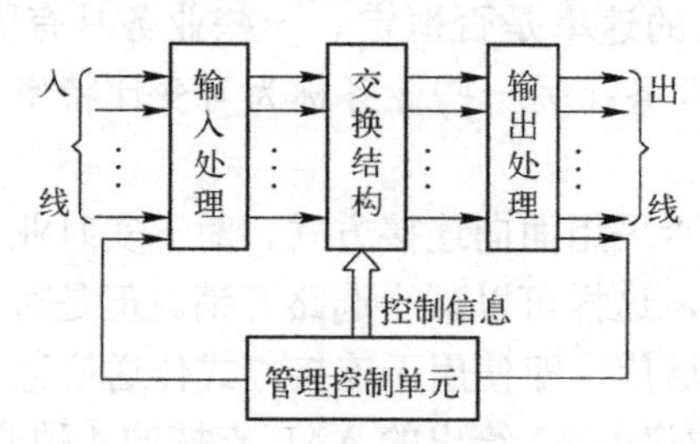

图5-16　ATM交换机的基本组成

1．输入处理

ATM交换机的输入处理完成的功能如下。

（1）传输帧处理、信元提取与定界：基于不同类型传输系统（如SDH、PDH等）的具体特点，完成比特同步、传输帧同步、业务数据提取等功能。在此基础上，根据ATM信元定界规则，从业务数据流中提取出信元流。

（2）信元有效性检验：将信元流中的空闲信元、传输中信头出现无法纠正错误的信元丢弃，然后将有效信元送入系统的交换/控制单元。

（3）信元分类处理：根据VCI标志分离VP级OAM信元，根据PTI标志分离VC级OAM信元并提交管理控制单元，其他用户信元送入交换结构。

2．输出处理

输出处理完成与输入处理相反的操作，即把ATM信元变成适合于特定传输媒体的比特流形式，具体功能如下。

（1）复用：将交换单元输出的信元流、控制单元产生的OAM信元流，以及相应的信令信元流合路，形成送往出线的信元流。

（2）速率适配：将来自ATM交换机的信元适配成适合线路传输的速率。当输出的信元流速率过低时，填充空闲信元；当速率过高时，使用存储区予以缓存。

（3）成帧：将信元比特流适配成特定的传输系统要求的格式（如SDH帧格式），组成传输帧并发送至线路。

3．管理控制单元

管理控制单元负责建立和拆除VCC和VPC，并对ATM交换结构进行控制。同时处理和生成OAM消息，主要功能如下。

（1）连接控制：VCC和VPC的建立和拆除操作。例如，在接收到一个建立VCC的信令后，如果经过控制单元分析处理允许建立，控制单元就向交换单元发出指令，指示交换结构凡是 VCI 等于该值的 ATM 信元均被输出到特定的出线上。拆除操作执行相反的处理过程。

（2）呼叫控制：在 UNI 和 NNI 接口上，接收和发送相应的信令信元以使用户/网络之间的协商得以顺利进行。

（3）OAM 信元处理和发送：根据接收到的 OAM 信元，进行操作维护处理，如性能统计或故障处理。同时控制单元能够根据本节点接收到的传输性能参数或故障情况发送相应的 OAM 信元。

4．交换结构

交换结构是实际执行交换动作的重要部件，其网络结构、缓冲机制、选路策略和阻塞特性等直接关系到交换机的效率和性能。交换结构可分为时分交换结构和空分交换结构两大类，其中，时分交换结构是指输入和输出端口共享一条高速信元流通道，它又可分为共享总线型和共享存储器型。空分交换结构是指输入和输出端口之间有一组可并行工作的通路，使得不同输入端口的信元可同时交换至相应的输出端口，空分交换单元可分为单级全互连交换结构和多级联网交换结构。

5.4.4　ATM 网络信令

ATM 信令的主要功能是控制网络的呼叫和接续，在用户与节点和节点与节点之间，动态建立、保持/修改和释放各种通信连接，为连接协商和分配网络资源；支持点到点及点到多点通信；支持对称和非对称通信。用户和网络之间的信令为 ATM 接入信令；节点之间的信令为局间信令。ATM 信令较为复杂，这里不再详细介绍。

5.5　局域网

5.5.1　局域网概述

在一座办公大楼、一个校园或一个企业内的网络是局域网（LAN），其范围通常在几千米之内。当距离较远达到百千米以上，就是广域网（WAN）。

局域网通常要比广域网具有高得多的传输速率，常见的局域网包含以太网、令牌环、FDDI、无线局域网等，其中最常见的局域网类型是经济实用的以太网。广域网中使用 ATM 交换机和路由器。随着局域网交换技术和光纤传输技术的发展，出现了三层交换机和千兆、万兆以太网等新型局域网网络产品，成本上的优势、互连的简便，使得局域网交换产品也成功地应用到广域网中。

从交换方式来看，局域网可分为共享式局域网和交换式局域网。从网络拓扑结构上看，局域网可以分为总线型、环形和星形 3 种，如图 5-17 所示。

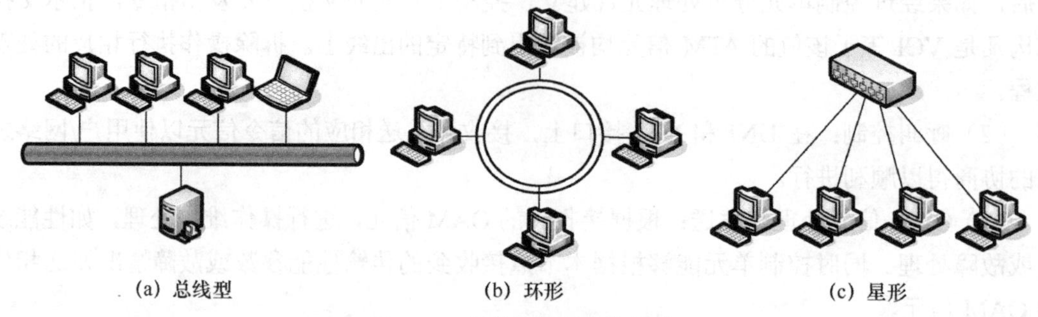

(a) 总线型　　(b) 环形　　(c) 星形

图 5-17　常见局域网拓扑结构

总线型局域网所需的电缆较少、价格便宜、管理成本高，不易隔离故障点、采用共享的访问机制，易造成网络拥塞。早期以太网多使用总线型拓扑结构，采用同轴电缆作为传输介质，连接简单，通常在小规模网络中不需要专用的网络设备，但由于其存在固有缺陷，已逐渐被集线器和交换机所代替。

环形网最具代表性的就是 IBM 公司在 20 世纪 70 年代初开发的令牌环（Token Ring）。工作站以串行方式顺序相连，形成一个封闭的环路结构。令牌（Token）是一个特殊的控制帧，总是沿着环单向逐个节点传送，获得令牌的节点才可以向网络发送数据。如果接收到令牌的节点无数据发送，则把令牌传递给下一个节点。每个节点保留令牌的时间不得超过规定的最大时限。令牌环的主要优点是访问方式的可调整性和确定性，适用于重负载网络。缺点是需要复杂的令牌维护控制信令，而且其中一个节点出故障，会使得整个网络失效，可靠性较差，目前使用比较少见。

星形网管理方便、容易扩展、需要专用的网络设备作为网络的核心节点、需要更多的网线、对核心设备的可靠性要求高。采用专用的网络设备（如集线器或交换机）作为核心节点，通过双绞线将局域网中的各台主机连接到核心节点上。星形网络虽然需要的线缆比总线型多，但布线和连接器比总线型的要便宜。此外，星形拓扑结构可以通过级联的方式很方便地将网络扩展到较大规模，因此得到了广泛应用，被绝大部分的以太网所采用。

从分层网络体系结构来看，局域网工作在第二层，局域网体系结构没有网络层，因为局域网交换机是在第二层上进行交换的。局域网的进一步发展导致了交换式路由器或路由式交换机的出现，也可称为第三层交换机，它工作在网络层，可用硬件实现 IP、IPX 等分组的转发。

5.5.2　局域网的体系结构

图 5-18 所示的是美国电气与电子工程师协会（IEEE）802 委员会制定的局域网参考模型，它分为 3 层：物理层、媒质访问控制（Medium Access Control，MAC）层和逻辑链路控制（Logical Link Control，LLC）层。在互联网中，LLC 层的上层是 IP 层，MAC 层和 LLC 层合并起来可实现 OSI 参考模型中数据链路层的功能。

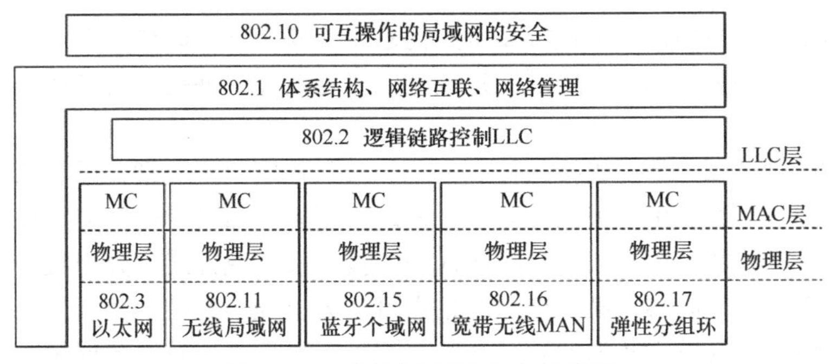

图 5-18　局域网分层协议参考模型

1．局域网的物理层

局域网的物理层规范定义了局域网的物理媒质、连接方式、线路编解码方式、传输速率等。以以太网为例，以太网的速率从最初的 10M 以太网，经过了百兆以太网（Fast Ethernet，FE）、千兆以太网（Gigabit Ethernet，GE）、万兆以太网（10GE）直至目前的 40G 以太网和 100G 以太网，其采用的物理传输媒质、信道编码方式等也存在明显差异。例如，早期 10M 以太网定义了 10BASE5（粗同轴电缆）、10BASE2（细同轴电缆）、10BASE-T（双绞线）和 10BASE-F（光纤）4 种物理媒质，10M 以太网中采用曼彻斯特线路编码方式。在后来的千兆以太网中定义了如表 5-2 所示的物理媒质，千兆以太网中采用 8b/10b 编码作为信道编码方式。

表 5-2　千兆以太网物理媒质

媒体类型	线　缆	最大传输距离	优　点
1000Base-SX	光纤	550m	多模光纤
1000Base-LX	光纤	5000m	单模或多模
1000Base-CX	2 对非屏蔽双绞线	25m	屏蔽双绞线
1000Base-T	4 对非屏蔽双绞线	100m	标准 5 类非屏蔽双绞线

2．媒质访问控制层

媒质访问控制层的主要功能是实现多用户媒质访问控制功能。早期的以太网采用共享信道（媒质）结构，如图 5-19 所示。其中的 N 个站点连接在一个共享的总线信道上，每次只有一个站点可以发送数据帧，不发送数据帧的站点都处于接收状态，它们收到在信道上广播的数据帧后检查以太网帧头携带的目的地址信息，如果目的地址是本站点，则接收，否则将帧丢弃。这种方案最大的优点是简单、成本低；缺点是需要制定一套规范（媒质访问控制协议），解决多个站点同时发送数据造成的冲突问题。

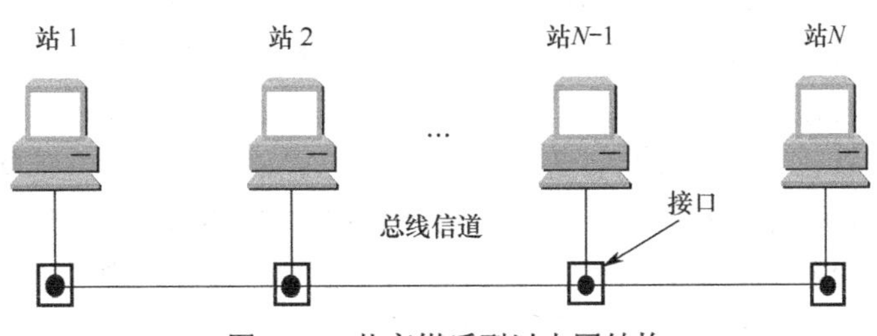

图 5-19　共享媒质型以太网结构

共享媒质型的局域网需要解决媒质争用问题，也就是同一时刻只能有一台计算机发送数据，否则会造成冲突，同时还需要制定规范，确定在发生冲突后的具体操作方式，降低冲突概率。

媒质接入控制可以分为随机接入控制和受控接入控制两大类别。采用随机接入控制方式时，网络中的各个站点可以根据需要自主发送数据帧，如果发生冲突，通常采用后退一个随机时间然后重发数据的方式。受控接入控制技术按实现方式可分为集中式控制和分布式控制两类。集中式控制时，某一个网络站点可作为主控站点控制其余站点（从站点）是否可以接入网络，想要发送数据的站点必须在得到许可后才能发送数据帧。集中式控制方式的优点是可对站点接入网络按照预定的规则进行有效管理，使网络具有良好的可管可控性，可以简化主控站点之外从站点的接入控制复杂度。这种方式的不足之处在于网络可靠性较差，主控站点出现故障后整个网络都将无法正常运行。分布式控制方式中，除了最为简单的随机接入方式，还可以使用循环占用方式和预约使用方式。

令牌环网采用的是循环占用方式。环网上的站点需要先获得令牌才能发送数据，发完之后将令牌顺序传递给后续站点，如果后续站点有数据，那么可以进行发送，否则将向下顺序传递令牌。预约方式将数据发送过程分为预约阶段和发送阶段。在预约阶段，所有站点按照站点编号依次表示自己是否有数据要发送，如果有数据要发送，那么在发送阶段可以按照预约的顺序占用一个时间片进行数据发送。

在 IEEE 802 体系结构中，最具代表性的媒质访问控制技术是以太网使用的带冲突检测的载波监听多点接入/冲突检测（Carrier Sense Multiple Access with Collision Detection，CSMA/CD）技术和无线局域网中使用的带冲突避免的载波监听多点接入/冲突避免（CSMA with Collision Avoidance，CSMA/CA）技术，二者都属于争用方式。

3．逻辑链路控制（LLC）层

局域网中的 LLC 层主要负责向网络层提供与媒质接入方式无关的差错控制和流量控制功能。LLC 层的上层为网络层，LLC 层可为网络层提供 3 种不同的服务模式。

第一种为无确认、无连接的服务。这种服务模式不提供差错控制和流量控制功能，差错控制和流量控制由高层协议负责完成。这种方式常用于采用有线方式连接的以太网中，此时网络的信道质量好，传输误码率非常低，采用无确认、无连接方式有利于提高传输效率。此时，发送方有数据需要发送时无须建立连接就可以直接发送，如果接收方发现接收数据帧有错误，那么就直接将数据帧丢弃，由高层协议负责重传工作。此时不需要 LLC 层的功能，可以直接在 MAC 层上承载网络层数据。

第二种为有确认、有连接的服务。此时，两个进行数据交互的站点之间需要先建立数据链路连接，然后才进行数据传输。在数据传输过程中可以提供差错控制和流量控制。LLC 层每次通信都要经过链路连接建立、数据传输和连接断开 3 个过程。这种模式适用于数据量大、链路可靠性较差的场合。

第三种为有确认、无连接服务。发送方发送数据之前不需要建立连接，收方收到数据帧之后需要进行确认，此后发送方才会发送后续数据。在 WLAN 中，这种服务模式经常采用。发送方发送一个数据帧后，接收方会返回一个短的确认帧，说明正确接收或接收端发现数据帧中存在错误。这种模式适用于信道差错概率较大的无线局域网环境。

5.5.3　局域网的帧结构

图 5-20 给出了采用 IP 协议的封装结构。图中的 LLC 子层在 IP 数据报之上增加了目的服务访问点（DSAP）、源服务访问点（SSAP）及控制字段；MAC 子层在 LLC 子层的基础上增加了 6 字节的目的地址、6 字节的源地址和 2 字节的长度/类型字段及 4 字节的帧校验序列（Frame Check Sequence，FCS）字段。目前，在采用有线媒质的以太网中，LLC 子层不再使用，图 5-21 所示的是目前使用的 802.3 MAC 帧结构。

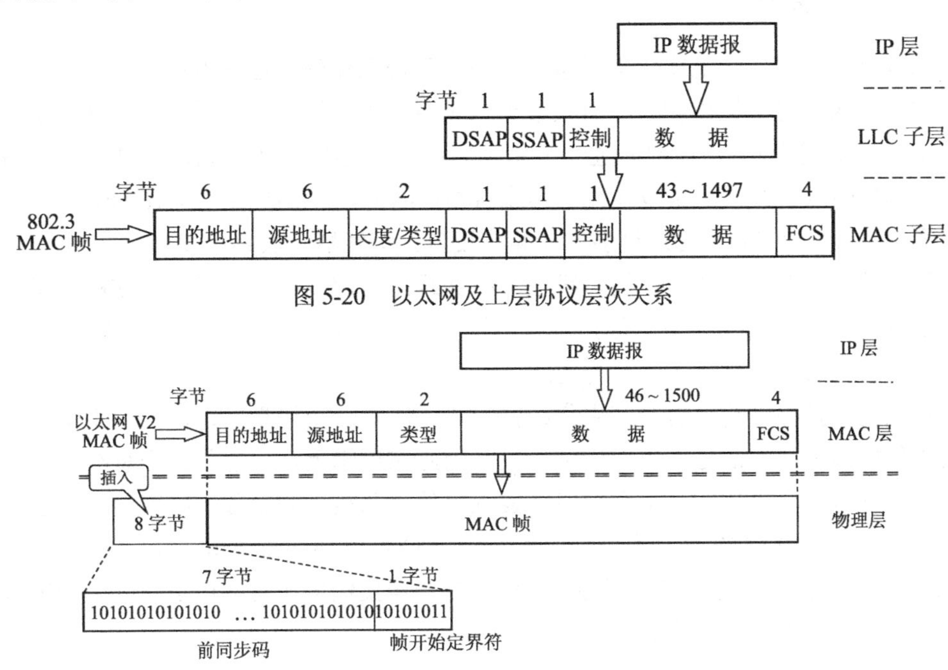

图 5-20　以太网及上层协议层次关系

图 5-21　采用有线媒质的以太网帧结构

采用有线媒质时，以太网帧结构中各个字段的定义和功能介绍如下。

（1）前同步码。由 7 字节的 10101010 组成，用于供接收端提取位同步时钟。在空闲状态下，以太网媒质上没有信号，当发送方发送 MAC 帧的前导码时，接收方能够通过自己的时钟提取电路锁定发送方的时钟以便于处理后续的数据。

（2）帧开始定界符。其比特序列为 10101011。接收方接收到这一字符后表示后面就是一个以太网帧的目的 MAC 地址，标志着一个以太网帧真正开始了。

（3）目的 MAC 地址。接收站点的 MAC 地址，共 6 字节。需要说明的是，如果目的地址为全“1”，则其为广播地址，此时以太网上所有的站点都要接收并处理该数据帧。

（4）源 MAC 地址。发送站点的 MAC 地址，共 6 字节。

（5）类型字段。用于指明数据字段所属的上层协议的类型，比较常用的包括 0x0800（IP 数据报）、0x0806（ARP 报文）和 0x8808（以太网 PAUSE 帧）。

（6）数据。用于存放上层数据，标准规定数据字段的最小长度为 46 字节，最大长度为 1500 字节，长度不足 46 字节时需要进行填充补足。

（7）校验序列。采用 32 位的 CRC-32 校验，校验范围从目的 MAC 地址开始，直到数据（含填充）字段。对于采用 802.3 规范的以太网，当接收方检测到 MAC 帧出错时，直接将其丢弃，差错控制由上层协议负责处理。

5.5.4 以太网技术

以太网是当前应用最普遍的局域网技术，它很大程度上垄断了局域网标准。100MB 以太网在 20 世纪末得到了飞速发展，而千兆以太网、10GB 甚至 40GB 以太网已成为应用的主流。

1. 共享式以太网

早期以太网使用同轴电缆，采用总线结构，每台工作站通过网卡适配器使用同轴电缆相连，这种结构信号衰耗比较大，而且接头比较多，可靠性较低。后来人们使用了一种集线器（Hub）的有源设备，内部通过一个总线把各端口连在一起，如图 5-22 所示。每个工作站使用非屏蔽双绞线或屏蔽双绞线与集线器相连组网，通信距离达到 100m，而且可靠性大大增强。集线器（Hub）可连接多台计算机设备。集线器一般具有 8～48 个端口，通过双绞线和计算机相连。集线器之间可级联，级联线路可用双绞线或光纤。这就是早期使用广泛的 10Base-T 双绞线以太网，这是局域网发展史上一个非常重要的里程碑，它为以太网在局域网中的统治地位奠定了牢靠的基础。

虽然从物理拓扑结构上看，使用集线器的以太网是一个星形网络，但由于集线器实质上只完成各端口之间的信号再生发送和接收，因此在逻辑上，仍然是一个总线网，集线器各个接口仍然是共享媒体的，每个端口需要竞争使用总线，为此各个站点的网卡适配器需要运行带有冲突检测的载波侦听多路访问（Carrier Sense Multiple Access/Collision Detection，CSMA/CD）的访问控制协议。这就意味着集线器所有端口是在一个冲突域范围内，因此共享式以太网的传输效率不高。

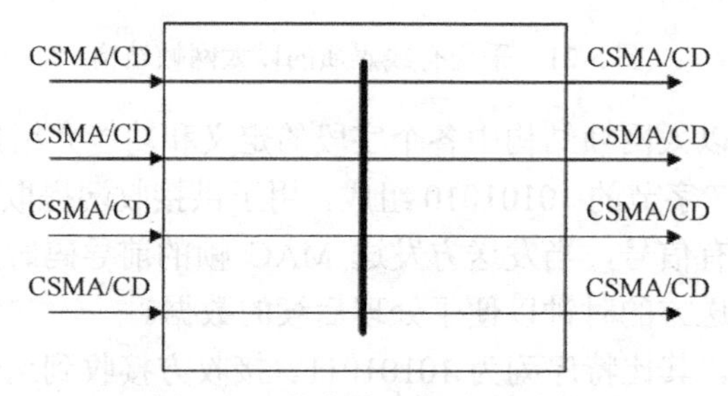

图 5-22 共享式 Hub 内部结构

CSMA/CD 源于 ALOHA 技术。ALOHA（Additive Link On-line Hawaii system）技术于 20 世纪 70 年代初在夏威夷大学试验成功，目的是解决分散用户如何通过无线链路来使用中心计算机。其基本思想是计算机在任何时刻都可以自由地发送数据帧，如果在规定的等待时间内收到对方计算机的确认信息，则表示发送成功，否则认为数据信号在媒质上发生了冲突，需要重发该帧。

为了减少冲突，提高网络吞吐率，人们对 ALOHA 技术不断改进，提出了载波侦听技术。其基本思路是一个站点在发送数据之前先监听信道，如果信道上没有用户发送数据才可以发送自己的数据帧，否则要等到信道空闲才能发送。这种方式降低了冲突概率。

采用共享媒质的以太网借鉴了这种载波侦听技术以降低冲突概率，同时增加了冲突检测功能，即发送过程中通过检测信道上的信号判断是否发生了冲突，如果发现冲突，则不再继续发送数据帧剩余的部分，以减少了无用的信道占用，提高信道的利用率。

CSMA/CD 的基本工作流程如图 5-23 所示。计算机有数据要发送时，先监听信道是否处于空闲状态；若信道忙，继续监听，直到信道变为空闲为止；若信道处于空闲状态，则立即发送数据，并进行监听，一旦监听到冲突，便立刻停止发送，同时发送一个强化干扰信号来通知其他各计算机信道上存在冲突。此后，该站点会等待一段随机的时间，然后重新开始发送操作。

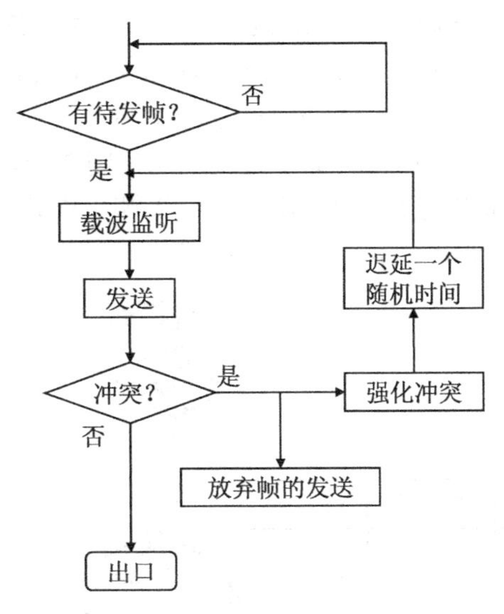

图 5-23　CSMA/CD 的基本工作流程

2. 交换式以太网

为了提高共享式以太网的工作效率，有效减少端口之间的冲突，人们提出了交换式以太网，其核心就是将原来共享式集线器更换为交换式集线器，也就是以太网交换机，其内部结构如图 5-24 所示。交换式集线器使用带有交换芯片的高速背板连接各个端口。交换芯片是一个 $N \times N$ 的交叉开关矩阵，N 为端口数，通过识别 MAC 帧的目的地址来实现数据的转发。交换机具有学习功能，能建立站点表以记录各站点的 MAC 地址和所属端口。当交换机收到一个数据帧时，能根据其 MAC 地址来查询站点表以向目的端口转发。

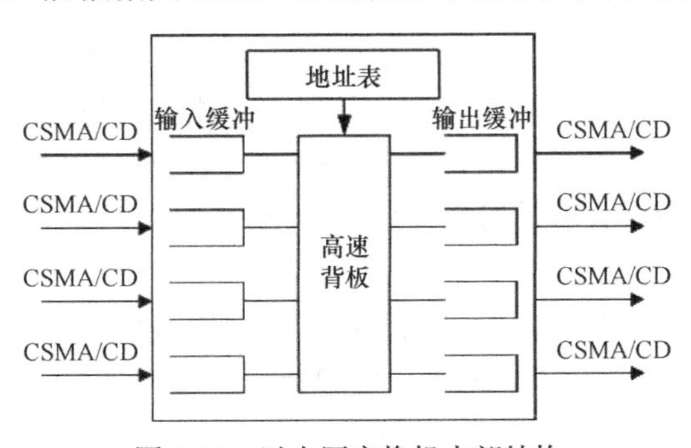

图 5-24　以太网交换机内部结构

随着集成电路技术的高速发展，以太网交换机成本不断降低，被广泛应用。采用交换方式的以太网称为交换式以太网，此时的计算机通过点到点的链路连接到交换机的不同端口上，交换机在不同端口之间根据交换机中的转发表（包括目的 MAC 地址、输出端口号和老化时间）进行 MAC 帧的转发。交换式以太网不存在共享媒质型以太网中的冲突问题，使得网络性能大大提升。如图 5-25 所示的以太网中有 A、B、C、D 4 个站点，它们分别连接在交换机的 4 个端口上，交换机中的转发表显示了具有不同 MAC 地址的站点所连接的端口，该转发表是由交换机自身的自学习机制自动地从各个端口接收到的 MAC 帧中源 MAC 地址学习到的。例如，当主机 D 向交换机发送一个 MAC 帧时，交换机就会立即从该 MAC 帧中学习端口 4 连接主机 D 的 MAC 地址，并设置生存期，一般默认为 5min。当转发表的生存期倒计时为 0 时，交换机会自动清除该表项。而交换机在收到某一 MAC 帧时，先识别该 MAC 帧的目的 MAC 地址，如果是广播帧，则向所有其他端口广播转发，如果是单播帧，则查找内部转发表进行匹配，如果查找成功，则选择转发表中该 MAC 地址对应的端口进行单端口转发；如果查找失败，则会像广播帧一样处理，向所有其他端口进行广播转发。因此交换机的所有端口均属于一个广播域。

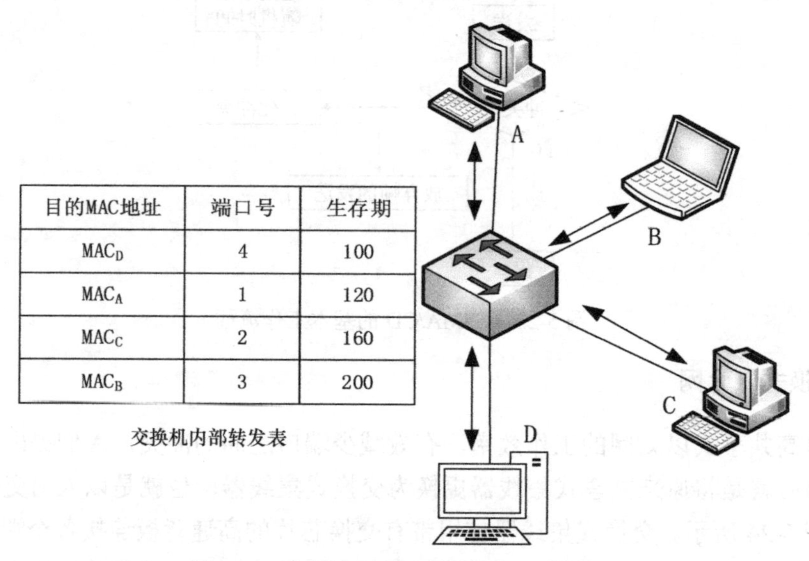

目的MAC地址	端口号	生存期
MAC_D	4	100
MAC_A	1	120
MAC_C	2	160
MAC_B	3	200

图 5-25　交换式局域网的构成与工作特点

在站点 A 和 B 进行双向数据收发的同时，站点 C 和 D 之间也可以同时进行双向数据收发，相互之间没有影响。如果站点 A 和 B 同时向 C 发送数据，那么交换机可以将来自 B 的数据帧暂时进行本地缓存，当 A 的数据帧发送完后再向 C 发送。

以太网交换机能同时连通许多对端口，使每一对相互通信的主机都能像独占通信媒体那样，进行无冲突地传输数据。对于普通 100Mbps 的共享式以太网，若共有 N 个用户，则每个用户占有的平均带宽只有总带宽（100 Mbps）的 N 分之一。但交换机的每个端口均可独享 100Mbps 带宽。

以太网交换机应用最为普遍，价格也较便宜。它的端口速率可以不同，工作方式也可以不同，如可以提供 10Mbps、100Mbps、1000Mbps、1Gbps 等不同端口速率的交换机，还可提供半双工、全双工、自适应的工作方式等。

3．虚拟局域网（Virtual LAN，VLAN）

由于传统局域网对广播帧和未知 MAC 地址的帧都采用洪泛法向其他端口转发，使得任何一个端口上的广播帧都会出现在其他端口上，降低了网络带宽的有效利用率，容易造成广播风暴和网络拥塞。另外，任何一个站点只要知道其他端口上的 MAC 地址，就可以与它通信，网络的安全性也较差。

为了克服以太网交换机的局限性，需要对局域网之间的互连做适当限制，把分布在全网上的各站点在逻辑上（而不是根据它们的物理位置）分成一些工作组，组内各站好像接在一个局域网上（它们的广播包只在组内传播）；组间通信则有一定的控制，如安全检查，一个站点即使知道另一个网段上站点的 MAC 地址，也不能把 MAC 帧发给该站点。每个工作组就称为一个虚拟局域网（VLAN）。VLAN 的组网和划分有以下几种方法。

（1）按交换机端口划分：不同交换机之间的端口也可以划分在同一个 VLAN 组内，如图 5-26 所示。

（2）按 MAC 地址划分：即通过人工配置将工作站的网卡 MAC 地址集合定义为一个 VLAN 组。

（3）按 IP 地址划分：根据网络层的 IP 地址进行划分。

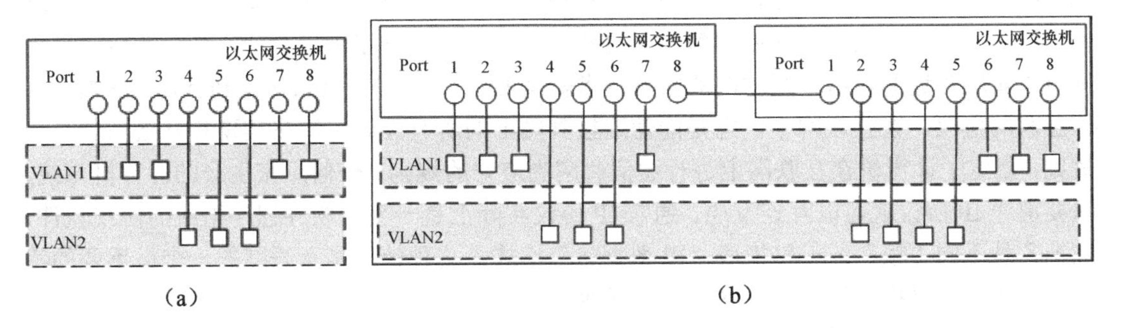

图 5-26　按交换机端口划分 VLAN 示例

VLAN 帧格式在 IEEE 802.1Q 中定义，它与标准以太网帧的区别是在源 MAC 地址与长度/类型字段之间增加了一个 4 字节的标识符，称为 VLAN 标记（VLAN tag），用于指明该帧属于哪一个 VLAN。而以太网的长度/类型字段固定为 0x8100 时，表示该以太网帧为 VLAN 帧结构。

由于不同 VLAN 之间不能通过第二层的 MAC 地址直接通信，它们的互连要通过第三层的 IP 协议进行处理，因此它们的互连通常要使用路由器。

4．生成树协议（Spanning Tree　Protocol，STP）

使用以太网交换机可以构建复杂的局域网拓扑，这种拓扑中可能存在环路。存在环路的优点是有利于提高网络的可靠性，避免因为个别链路故障造成局部网络互连中断，这带来的问题是可能造成广播风暴，数据帧在网络中被广播并循环“兜圈子”，造成网络带宽的浪费。出现这种问题主要是由以太网的转发机制决定的，解决方法是采用生成树协议（STP）。生成树协议的基本工作原理如下。

（1）每台交换机广播自己的桥编号（注意，这里仍然沿用了网桥中的术语），桥编号是网桥生产时分配的一个编号，编号最小的交换机称为根交换机，同时它也是生成树的根。

（2）每台网桥计算自己到根的最短路径，使得每台交换机到根交换机的路径最短。这些最短路径连接起来呈现出树状结构，称为生成树。

（3）不同交换机之间，数据帧只能沿着生成树中给出的路径进行传播，避免了“兜圈子”的问题。

（4）生成树构造完后，算法继续执行以便自动发现拓扑结构变化，更新生成树。

（5）当某个 LAN 或交换机发生故障时，要重新计算生成树，绕开故障链路或节点。

这样，当以太网中的交换机运行生成树协议之后，数据帧就沿着生成树指定的拓扑路径进行转发，防止数据帧在网络中“兜圈子”，提高了网络带宽利用率。

5.6 IP 互连技术

目前存在着大量采用不同技术体制网络，将这些网络连接在一起，实现跨网通信，需要解决很多现实问题。例如，这些网络可能采用不同的编址方式，支持的最大分组长度，在网络接入机制、差错控制、路由技术及管理控制方式等方面可能存在较大的差异。互联网采用了一整套协议体制很好地解决了这些问题，构建了一张覆盖全球，任意两台终端之间可以实现互连的网络。互联网的联网技术就是 IP 协议。IP 是 Internet Protocol 的缩写，即互联网协议。在互联网中，它是能使连接到网上的所有计算机网络实现相互通信的一套规则，规定了计算机在互联网上进行通信时应当遵守的规则。任何厂家生产的计算机系统，只要遵守 IP 协议就可以互连互通。通常 IP 协议实际上是一套由软件程序组成的协议软件，它把各种不同“帧”统一转换成“IP 数据包”格式，这种转换是互联网的一个最重要的特点，使所有计算机都能在互联网上实现互通。

计算机网络的参考模型主要包括两种，一种是国际标准化组织提出的开放系统互联参考模型（OSI/RM）；另一种是工业界广泛使用的 TCP/IP 协议模型。OSI/RM 从理论上看完备性好，具有普遍适用性，但其过于复杂，实际应用中存在困难。TCP/IP 协议从模型本身上看存在不足，但实现相对简单，可以解决不同类型网络互连的主要问题。从教学角度，通常将二者结合起来进行考虑，采用五层协议参考模型，如图 5-27 所示。由于 IP 简单开放，易于在各种广域网、局域网中实现，能在各种物理媒体（如拨号线、专线、卫星、无线、光纤）上运行，具有很好的适应性，使得整个网络具有灵活的拓扑结构，便于网络互连和扩展。这些特点使 IP 成为不同网络互连的通用标准。

采用 TCP/IP 协议模型时，只有终端部分运行完整的协议，在路由器中，只使用网络接口层和网际层。一台路由器连接多个网络时，网络接口层采用的协议体制与所连接的具体网络相同，一台路由器可能采用多个不同的网络接口层协议，但在网际层，都统一到 IP 协议上。路由器在不同网络之间进行数据包的转发，在子网内部，数据包（帧）根据自己的网络协议进行数据转发。如图 5-28 所示的网络 1 为以太网，网络 2 为 ATM 网络，那么主机 A 安装的是以太网网卡，路由器与网络 1 的接口也是以太网接口；主机 B 安装的是 ATM 网卡，路由器与网络 2 相连的也是 ATM 接口，但这些设备都具有相同的网际层。

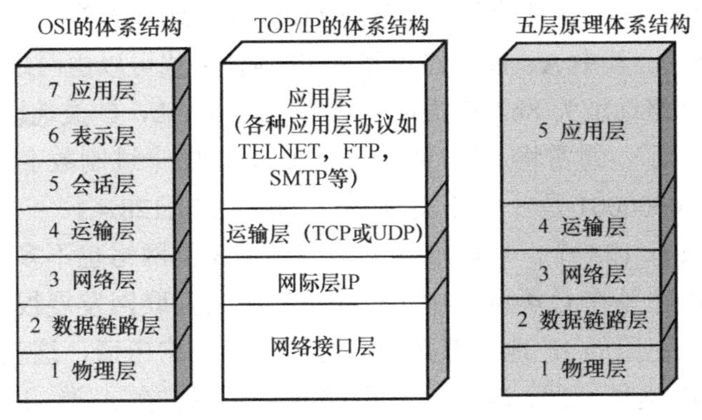

图 5-27　计算机网络协议参考模型

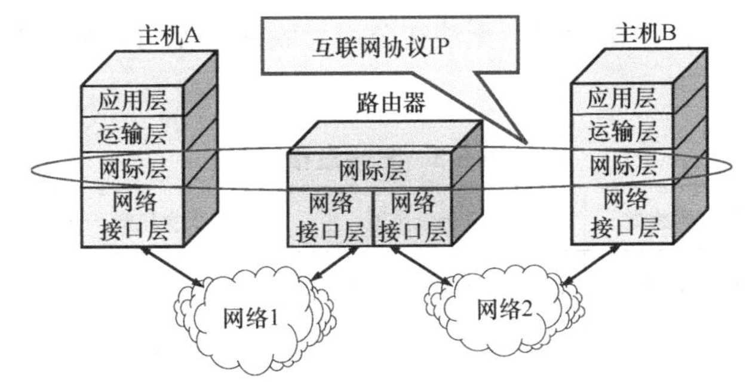

图 5-28　IP 协议联网示意图

5.6.1　IP 地址

所谓 IP 地址，就是给每个连接在互联网上的主机分配的一个 32 位地址。IP 地址就好像电话号码（地址码）：有了某人的电话号码，就能与他通话了。同样，有了某台主机的 IP 地址，也就能与这台主机通信了。

网络地址是互联网协会的 ICANN（the Internet Corporation for Assigned Names and Numbers）分配的，下有负责北美地区的 InterNIC、负责欧洲地区的 RIPENIC 和负责亚太地区的 APNIC，目的是保证网络地址的全球唯一性。主机地址是由各个网络的系统管理员分配的。因此，网络地址的唯一性与网络内主机地址的唯一性确保了 IP 地址的全球唯一性。

IP 地址是 IP 网络中数据传输的依据，它标识了 IP 网络中的一个连接，一台主机可以有多个 IP 地址。IP 分组中的 IP 地址在网络传输中一般是保持不变的。按照 TCP/IP 协议规定，IP 地址用二进制来表示，每个 IP 地址长 32 比特，比特换算成字节，就是 4 字节。如果一个采用二进制形式的 IP 地址是一串很长的数字，人们记忆和处理起来也不方便。为了方便人们的使用，IP 地址经常被写成十进制的形式，中间使用符号“.”分开不同的字节。IP 地址的这种表示法称为“点分十进制表示法”，这显然比 1 和 0 容易记忆得多。

IP 地址分为五类，A 类保留给政府机构，B 类分配给中等规模的公司，C 类分配给任何需要的人，D 类用于组播，E 类用于实验，各类可容纳的地址数目不同。

五类 IP 地址的特征：当将 IP 地址写成二进制形式时，A 类地址的第一位总是 0，B 类地址的前两位总是 10，C 类地址的前三位总是 110，D 类地址的前四位总是 1110，E 类地址的前五位总是 11110。其中 A、B 和 C 类型的 IP 地址格式可以由网络地址和主机地址构成，其中 A 类地址网络地址为 8b，B 类地址网络地址为 16b，C 类地址网络地址为 24b。具体格式如表 5-3 所示。通常将 32b 地址用分成 4 节的十进制数字表示，如 11111011 10000000 00000100 00000001 是一个 C 类地址，可记为 251.128.4.1。

A 类网络总共只有 128 个，目前很难再申请到。B 类网络也不多。一般单位只能申请到 C 类地址，且往往是在 C 类网络中再做细分。近来互联网发展很快，IP 地址更加紧张。在公用互联网上使用的 IP 地址都必须向有关管理机构申请，这些 IP 地址称为公开 IP 地址。为了保护 IP 地址空间，减少无谓的 IP 地址消耗，在 A 类、B 类和 C 类地址中，分别预留了部分地址空间，以便各单位内部计算机互连。这些预留的地址成为私有 IP 地址，它们的使用限于单位内部网络，无法在公用互联网上使用。私有 IP 地址空间如表 5-3 所示。

表 5-3　IP 地址格式

类别	高位比特	最大网络数	IP 地址范围	最大主机数	私有 IP 地址范围
A	0	126（2^7-2）	0.0.0.0～127.255.255.255	16777214	10.0.0.0～10.255.255.255
B	10	16384（2^{14}）	128.0.0.0～191.255.255.255	65534	172.16.0.0～172.31.255.255
C	110	2097152（2^{21}）	192.0.0.0～223.255.255.255	254	192.168.0.0～192.168.255.255
D	1110	无	224.0.0.0～239.255.255.255	无	无
E	11110	无	240.0.0.0～255.255.255.255	无	无

IP 地址如果只使用 A、B、C、D、E 类来划分，就会造成大量的浪费。一个有 500 台主机的网络，无法使用 C 类地址。但如果使用一个 B 类地址，6 万多台主机地址只有 500 个被使用，造成 IP 地址的大量浪费。因此，IP 地址还支持可变长子网掩码（VLSM）技术，可以在 A、B、C 类网络的基础上，进一步划分子网。

目前，为了彻底解决 IP 地址的匮乏问题，人们提出了加长 IP 地址至 128b 的 IPv6 技术，并已取得了广泛应用。

5.6.2　子网、超网和无类别域间路由

传统 IP 地址分类的缺点是不能在网络内部使用路由，这样一来，对于比较大的网络，如一个 A 类网络，会由于网络中主机数量太多而变得难以管理。为此，引入子网掩码（Subnet Mask），从逻辑上把一个大网络划分成一些小网络。子网掩码是由一系列的 1 和 0 构成的，通过将其同 IP 地址做“与”运算来指出一个 IP 地址的网络号是什么。对于传统 IP 地址分类来说，A 类地址的子网掩码是 255.0.0.0；B 类地址的子网掩码是 255.255.0.0；C 类地址的子网掩码是 255.255.255.0。如果要将一个 B 类网络 166.111.0.0 划分为多个 C 类子网来用，那么只要将其子网掩码设置为 255.255.255.0 即可，这样 166.111.1.1 和 166.111.2.1 就分属于不同的网络了。像这样，通过较长的子网掩码将一个网络划分为多

个网络的方法就称为划分子网（Subnetting），即采用借位的方式，从主机位最高位开始借位变为新的子网位，所剩余的部分则仍为主机位。这使得 IP 地址的结构分为三部分：网络位、子网位和主机位。

1. 掩码（Mask）

掩码用于识别 IP 地址网络部分/主机部分。每一个网络都选用 32 位的掩码，掩码中的 1 对应着 IP 地址的网络位，掩码中的 0 对应着 IP 地址的主机位。子网掩码（Subnet Mask）则是掩码中的一部分，可以进一步划分出子网。

例如，IP 地址为 134.211.32.1，掩码为 255.255.0.0，将这两个数进行二进制数逻辑与（AND）运算，得出的结果为：网络部分是 134.211，IP 地址中剩余部分就是主机号 32.1。

2. 三类地址的子网划分

三类地址的掩码如下。

A 类：11111111.00000000.00000000.00000000，即 255.0.0.0。

B 类：11111111.11111111.00000000.00000000，即 255.255.0.0。

C 类：11111111.11111111.11111111.00000000，即 255.255.255.0。

通过子网掩码，可以进一步在各类网络中进行子网划分。子网掩码的定义有一种灵活性，允许子网掩码中的“0”和“1”位不连续。但是，这样的子网掩码给分配主机地址和理解路由表都带来了一定困难，并且极少的路由器支持在子网中使用低序或无序的位。因此在实际应用中通常各网点采用连续方式的子网掩码。

例如，网络号为 134.211 的一个 B 类网络，如果子网掩码为 0.0.240.0（整个掩码为 255.255.240.0，即 11111111.11111111.11110000.00000000），则该网络可进一步划分为 14 个子网（扣除子网号×.×.0000 和×.×.1111，它们用于本网络和广播地址），这 14 个子网号是：×.×.0001 → ×.×.1110。

每个子网主机号有($2^{12}-2$) 个= 4094 个，整个网络掩码也被表示为 255.255.240.0 或 134.211.240.0/20，其中“ /20” 明确指出网络掩码中网络位为 20 位。

3. 超网（Super-netting）

超网是与子网类似的概念，都是 IP 地址根据子网掩码被分为独立的网络地址和主机地址。但是，与子网把大网络分成若干小网络相反，它是把一些小网络组合成一个大网络——超网。

设现有 16 个 C 类网络，从 201.66.32.0～201.66.47.0，它们可以用子网掩码 255.255.240.0 统一表示为网络 201.66.32.0。但是，并不是任意的地址组都可以这样做，如 16 个 C 类网络 201.66.71.0～201.66.86.0 就不能形成一个统一的网络。

4. 无类别域间路由（Classless Inter-Domain Routing，CIDR）

由于互联网上主机数量的爆炸性增长，传统 IP 地址分类的缺陷使得大量空置 IP 地址浪费，造成 IP 地址资源出现了匮乏，同时网络数量的增长使路由表太大而难以管理。对于拥有数百台主机的公司而言，分配一个 B 类地址太浪费，而分配一个 C 类地址又不够，因此只能分配多个C类地址，但这又加剧了路由表的膨胀。在这样的背景下，出现了无类别域间路由（Classless Inter-Domain Routing，CIDR）用于解决这一问题。在CIDR中，地址根据网络拓扑来分配，可以将连续的一组网络地址分配给一家公司，并使整组地址作为一个网络地址（如使用超网技术），在外部路由表上只有一个路由表项。这样既解决了地址匮乏问题，又解决了路由表膨胀的问题。

CIDR丢弃了地址分类概念，用表示网络位比特数量的“网络前缀”，取代了A类、B类和C类地址划分。前缀长度不一，从13～27位不等，而不是分类地址的8位、16位或24位。这意味着地址块可以成群分配，主机数量既可以少到32个，也可以多到50万个以上。网络前缀的长度由掩码决定。

5.6.3 网络地址和硬件地址

在互联网中，不同类型的子网有自己的编址方式和数据交换方式。例如，以太网采用MAC地址（也可称为物理地址）区分不同的主机，采用以太网交换机实现数据帧的转发。当不同类型网络中的终端通过IP协议进行互连时，同时具有IP地址和物理地址。不同子网内部各终端的IP地址具有不同的网络号，路由器负责在不同子网之间进行IP包的转发，在子网内部，相应的交换设备根据各自的物理地址进行分组转发。只有当一个分组的IP地址和物理地址同属于一个终端时，该终端才能正确接收该分组。在一个子网内部，在已知IP地址的情况下，可以通过地址解析协议（Address Resolution Protocol，ARP）获取一个终端的物理地址，此时就可以向对方发送数据帧了。

ARP协议的工作范围为一个子网范围内，当某个主机需要知道其他主机的MAC地址时，会向子网发送一个广播请求数据包，该子网内的所有主机均能收到该广播请求，但只有目的主机会发出应答报文，包含其MAC地址。为了避免每次通信均要运行ARP协议进行地址解析，一般在主机内部会设置一个ARP高速缓存，用于存储已知的MAC地址与IP地址的映射关系，且每一条缓存均设置了生存时间，用于自然老化，防止出现错误映射。

5.6.4 IP分组格式

IP协议在网络中传输的基本单位是IP分组。IP分组由分组首部和数据两部分构成。首部的最小单位是20B，其中的地址信息用来进行路由选择。数据部分的最大长度接近64kB，不过由于物理子网的最大传输单元（MTU）限制（如以太网的MTU为1500B），使得IP分组在传输时可能要分段为小的单元，到达终点后再进行重装。

IP分组格式如图5-29所示。图中各字段意义如下。

（1）Version：版本，4b。当前版本为4，版本5用于实验，下一代版本为6。

（2）IHL：首部长度，4b，可表示的最大数值是15个单位（一个单位是4B），首部最小长度为5b。

（3）Total Length：总长度，16b。

字节 比特	0 0…7		1 8…15	2 16…23	3 24…31
Version	IHL	Type of Service		Total Length	
Identification				Flags	Fragment Offset
Time to Live		Protocol		Header Checksum	
Source Address					
Destination Address					
Options					Padding
Data					

图 5-29　IP 分组格式

（4）Type of Service：服务类型，8b。其含义如下。

比特 0～2：Precedence（优先级）。

比特 3：Delay（时延），0 为正常时延，1 为低时延。

比特 4：Throughput（吞吐量），0 为正常，1 为高吞吐量。

比特 5：Reliability（可靠性），0 为正常，1 为高可靠。

比特 6：C 比特，是最近增加的，表示更低廉费用的路由。

比特 7：Reserved（保留，以留在未来使用）。

（5）Identification：标识，16b，用于区分不同的分组，便于分段后的重装。与寿命配合使用，可保证分组标识不重复，使分段的重装不混淆。

（6）Flags：标志，3b，其含义如下。

比特 0：保留，必须为 0。

比特 1：（DF）0 为允许分段，1 为 Don't Fragment（不允许分段）。

比特 2：（MF）0 为最后一段，1 为 More Fragments（还有后续分段）。

（7）Fragment Offset：段偏移，13b，表示一个分段在分组中的位置，单位为 8B。

（8）Time to Live：寿命，8b，单位为 s。寿命的建议值是 32s。

（9）Protocol：上层协议类型，8b。

（10）Header Checksum：首部校验和，16b。

（11）Source Address：源地址，32b。

（12）Destination Address：目的地址，32b。

（13）Options：可选参数，长度可变，有时钟、安全、路由等方面的可选参数。

（14）Padding：填充，用于保证首部的长度，是 32b 的倍数。用 0 来填充。

5.6.5　路由器的工作原理

在 20 世纪 70 年代就已经出现了对路由技术的讨论，但是直到 20 世纪 80 年代路由技术才逐渐进入商业化的应用。路由技术之所以在问世之初没有被广泛使用，主要是因为 20 世纪 80 年代之前的网络结构都非常简单，路由技术没有用武之地。大规模的互联网络才逐渐流行起来，为路由技术的发展提供了良好的基础和平台。

1．路由器的基本概念

路由器（Router）是连接互联网中各局域网、广域网的主要节点设备，它通过内部路由决定 IP 数据报的转发。转发策略称为路由选择（Routing），这也是路由器名称的由来（Router，转发者）。路由器是互联网络的枢纽。目前，路由器已经广泛应用于各行各业，各种不同档次的产品已成为实现各种骨干网内部连接、骨干网间互连和骨干网与互联网互联互通业务的主力军。路由器（Router）又称为网关设备（Gateway），是用于连接多个逻辑上分开的网络，逻辑网络是代表一个单独的网络或一个子网。当数据从一个子网传输到另一个子网时，可通过路由器的路由功能来完成的。因此，路由器具有判断网络地址和选择 IP 路径的功能，它能在多网络互连环境中，建立灵活的连接，可用完全不同的数据分组和介质访问方法连接各种子网，路由器只接受源站或其他路由器的信息，属于网络层的一种互连设备。

路由和交换机之间的主要区别就是交换机工作在 OSI 参考模型第二层（数据链路层），而路由工作在第三层，即网络层。这一区别决定了路由和交换机在传送信息的过程中需使用不同的控制信息，所以说两者实现各自功能的方式是不同的。简而言之，路由器是一种工作在网络层，实现不同网络之间的互连，并对数据进行路由选择和转发的网络设备。

作为不同网络之间互相连接的枢纽，路由器构成了基于 TCP/IP 的国际互联网络的主体脉络，也可以说，路由器构成了互联网的骨架。它的处理速度是网络通信的主要瓶颈之一，它的可靠性则直接影响着网络互连的质量。因此，在园区网、地区网，乃至整个互联网研究领域中，路由器技术始终处于核心地位，其发展历程和方向，成为整个互联网研究的一个缩影。

2．路由器结构与工作原理

路由器可以看成一种具有多个输入/输出端口的专用计算机，其任务是转发 IP 数据报。从路由器某个输入端口接收到分组，根据该分组要去的目的地，把该分组从路由器某个输出端口转发给下一跳路由器或主机。图 5-30 所示为路由器内部结构，内部可以划分为路由选择控制部分和分组数据转发部分。在控制部分，路由协议可以有不同的类型。路由器通过路由协议交换网络的拓扑结构信息，依照拓扑结构动态生成路由表。在数据转发部分，转发引擎从输入线路接收 IP 分组后，分析与修改分组头，使用转发表查找下一跳，把数据交换到输出线路上，向相应方向转发。转发表用于查找下一跳，把数据交换到输出线路上，向相应方向转发。转发表是根据路由表生成的，其表项和路由表项有直接对应关系，但转发表的格式和路由的表格式不同，它更适合实现快速查找。转发的主要流程包括线路输入、分组头分析、数据存储、分组头修改和线路输出。

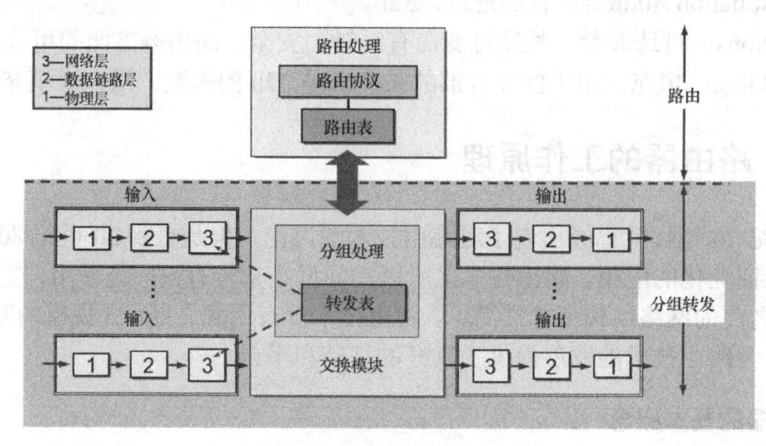

图 5-30　路由器内部结构

路由表中存储有关可能的目的网络及怎样到达目的网络的相关信息，如图 5-31 所示。由于 IP 编址方式和分配方法的特点，因此使得路由表只包含网络前缀的信息而不需要整个 IP 地址。路由器并不知道到达目的网络的完整路径，只知道到达目的网络的下一跳。这种方式使得选路效率较高，同时也可减小路由表。为了进一步减小路由表，可使用默认路由的方式，对多种未说明路由的目的地使用默认路由。例如，一个企业网络，只有一个到互联网的连接，其路由器出口路由表就只有一个表项，这就是到所有外部网络的默认路由。如果一个路由器是互联网骨干路由器，有多条链路连接，那么其路由表就可能有几十万个表项，这对路由器性能提出了很高的要求。

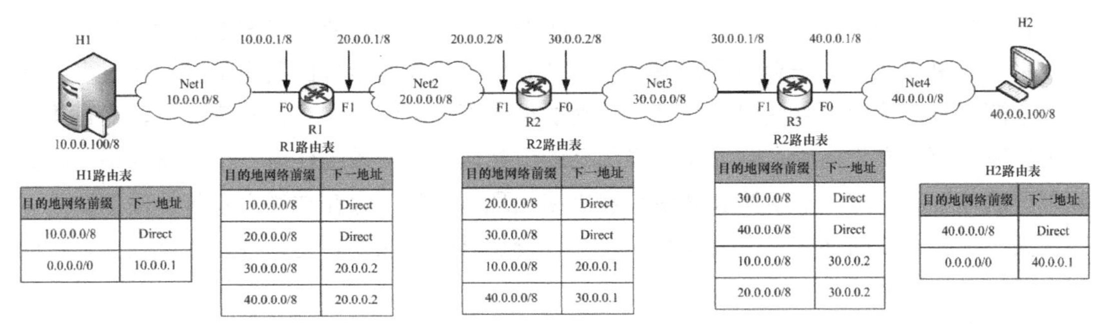

H1路由表

目的地网络前缀	下一地址
10.0.0.0/8	Direct
0.0.0.0/0	10.0.0.1

R1路由表

目的地网络前缀	下一地址
10.0.0.0/8	Direct
20.0.0.0/8	Direct
30.0.0.0/8	20.0.0.2
40.0.0.0/8	20.0.0.2

R2路由表

目的地网络前缀	下一地址
20.0.0.0/8	Direct
30.0.0.0/8	Direct
10.0.0.0/8	20.0.0.1
40.0.0.0/8	30.0.0.1

R2路由表

目的地网络前缀	下一地址
30.0.0.0/8	Direct
40.0.0.0/8	Direct
10.0.0.0/8	30.0.0.2
20.0.0.0/8	30.0.0.2

H2路由表

目的地网络前缀	下一地址
40.0.0.0/8	Direct
0.0.0.0/0	40.0.0.1

图 5-31　路由表举例

3. 路由选择协议

路由器对分组的转发是通过查路由表进行的（实际上是转发表，而转发表是由路由表生成的），路由表的生成可以有两种方式：静态路由和动态路由。

静态路由：是由网络管理员在路由器中手工设置的固定路由表。由于静态路由不能对网络拓扑变化做出反应，一般用于网络规模不大、拓扑结构固定的网络中。静态路由的优点是简单、高效、可靠。在所有的路由中，静态路由优先级最高。

动态路由：是网络中的路由器之间相互通信，传递路由信息，利用收到的路由信息更新路由表的过程。它能实时地适应网络结构的变化。如果路由更新信息发生了网络变化，路由选择算法就会重新计算路由，并发出新的路由更新信息。这些信息通过各个网络，引起各路由器重新启动其路由算法，并更新各自的路由表以动态地反映网络拓扑变化。动态路由适用于网络规模大、网络拓扑复杂的网络。当然，各种动态路由协议会不同程度地占用网络带宽和 CPU 资源。

静态路由和动态路由有各自的特点和适用范围，因此在网络中动态路由通常作为静态路由的补充。当一个分组在路由器中进行寻径时，路由器首先查找静态路由，如果查到则根据相应的静态路由转发分组；否则再查找动态路由。

根据是否在一个自治域内部使用，动态路由协议分为内部网关协议（IGP）和外部网关协议（EGP）。这里的自治域是指一个具有统一管理机构、统一路由策略的网络。自治域内部采用的路由选择协议称为内部网关协议，常用的有 RIP、OSPF；外部网关协议主要用于多个自治域之间，常用的是 BGP 和 BGP-4。

1）RIP 协议

路由信息协议（Routing Information Protocol，RIP）是以跳数作为衡量指标的距离向量协议。RIP 是一种内部网关协议（Interior Gateway Protocol，IGP），即在自治系统内部执行路由功能，在各种边缘网络、企业网络中应用广泛。RIP 在两个文档中定义：RFC 1058（1988）描述了 RIP 的第一版；RFC 1723（1994）是它的更新版本，即 RIPv2，它允许 RIP 分组携带更多的信息和安全特性，能提供简单的认证机制。

RIP 协议要求网络中的每一个路由器都要维护从它自己到其他每一个目的网络的距离值。RIP 按照一定的周期或在网络拓扑改变时向相邻路由器发送路由更新信息。RIP 协议认为一条好的路由是经过路由器少的路由。RIP 中对“距离”的定义为：从一个路由器到直接连接的网络的距离定义为 1；从一个路由器到非直接连接的网络的距离定义为所经过的路由器数加 1；RIP 协议中的“距离”也称为“跳数”，每经过一个路由器，跳数就加 1。

采用 RIP 协议时，一台路由器只和相邻的路由器交换所掌握的路由信息，经过多次交互，逐渐形成到达网络中任何一个目的子网的最佳下一跳路由。在正常情况下，通过重复若干次路由更新操作，所有路由器最终都会知道到达本自治系统任何一个子网的最短距离和下一跳地址。不过，早期的 RIP 协议在网络出现故障时，存在故障消息传播慢的缺点。即当某一链路（或网络）出现故障时，要经过较长时间（往往要几分钟）才能使非直连的路由器知道这一情况。

RIP 简单、易实现，在一些小型网络中得到普遍应用。

2）OSPF 协议

开放最短路径优先协议（Open Shortest Path First，OSPF）是由 IETF 开发的路由协议，与 RIP 一样，它也是一种内部网关协议。OSPF 创建的动机是解决 RIP 的缺点，即 RIP 不能服务于大型网络。OSPF 有两个主要的特性：一是该协议是开放的，即其规范是公开的，公布的 OSPF 规范是 RFC1247。二是 OSPF 基于最短路径算法，该算法也称为 Dijkstra 算法，即以创建该算法的人来命名。

OSPF 是基于链路状态的路由协议，在同一区域内与其他所有路由器交换链路状态公告（LSA）信息。OSPF 的 LSA 中包含连接的路径、该路径的 metric（度量）及其他的变量信息。在 OSPF 中，metric 是一个无量纲的参数，可以是距离、迟延、带宽等，也可以是这些参数的综合。OSPF 路由器收集链路状态信息，并使用最短路径算法来计算到各节点的最短路径。与 RIP 不同，OSPF 的工作是有层次的。一个 OSPF 网络可以分为多个区间（Area），即一组连续的网络和相连的主机。拥有多个接口的路由器可以加入多个区间，这些路由器称为区间边缘路由器，分别为每个区间保存其拓扑数据库。拓扑数据库实际上是与路由器有关联的网络的总图，包含从同一区间所有路由器收到的 LSA 的集合。因为同一区间内的路由器共享相同的信息，所以它们具有相同的拓扑数据库。

3）BGP 协议

BGP 是一种在不同自治系统路由器之间进行路由信息交换的外部网关协议。目前使用的版本是 1993 年开发的 BGP 版本 4，版本 4 的主要改进在于支持无类别域间路由（CIDR），并使用路由聚合来减小路由表的尺寸。

BGP 与其他 BGP 系统之间交换网络可达信息，这些信息包括要到达某个网络所必须经过的一系列自治系统。根据这些信息构造一幅自治系统连接图。然后，根据连接图删除选路环，制定选路策略。一个自治系统中的 IP 数据报可以分成本地流量和通过流量。在自治系统中，本地流量是起始或终止于该自治系统的流量。也就是说，其信源 IP 地址或信宿 IP 地址所指定的主机均位于该自治系统中。其他流量则为通过流量。在互联网上使用 BGP 的一个目的就是减少通过流量。

与 RIP 和 OSPF 不同的是，BGP 使用 TCP 作为其传输层协议。两个 BGP 路由器首先建立 TCP 连接，交换自治系统号、BGP 版本、路由器 ID 等信息，这些信息被接受并确认后，邻居关系就建立起来了。BGP 信息是一组通过 BGP AS 号来描述的完整路径，两台路由器建立起邻居关系之后，通过交换此信息来表明路由的可达性。需要注意的是，由于 BGP 使用的 TCP 连接是可靠的，因此不需要定时更新，在 BGP 刚刚运行时，BGP 邻站之间交换整个路由表，但以后只需要更新有变化的部分。这样做对节省网络带宽和减少路由器的处理开销都有好处。

5.6.6　传输层协议

IP 协议提供了互联网中主机到主机之间的通信服务，但一个主机同时可以运行多种应用程序，需要进一步确定每个主机接收到分组交付给哪个具体应用。同时 IP 协议仅仅提供尽力而为的主机交付服务，不为具体应用提供可靠性保证。为此，人们提出在网络层之上设计一个传输层，UDP 和 TCP 都是传输层协议，UDP 提供无连接的、不可靠传送服务，而 TCP 则提供面向连接的、可靠交付服务。随着网络融合和应用的进一步发展，人们还提出了其他的传输层协议，如流控制传输协议（SCTP）等。传输层以上的协议都是只存在于网络两端的计算机中。

端口（Port）是传输层向上层提供服务的接口，不同的端口对应不同的应用层程序。一些常用的应用层服务，都有一个对应的端口号码，这种端口号码称为熟知端口（Well-known Port），数值为 0～1023。例如，FTP 使用 21 号端口，SMTP 使用 25 号端口，SNMP 使用 161 号端口，Telnet 使用 23 号端口。端口和 IP 地址组合在一起，就称为套接字（Socket）。通常传输层协议在主机的操作系统内核协议栈中实现，用户可以通过套接字编程调用传输层协议来实现各种不同的应用。

1．UDP 协议

用户数据报协议（User Datagram Protocol，UDP）是一个很简单的协议，没有在 IP 上增加额外功能，仅通过端口向上层提供复用功能。

UDP 协议主要特点是：①无连接，传输时延小；②首部简单，仅有 8 字节；③无流量控制机制；④面向报文，即应用程序下发的数据一般封装在一个 UDP 数据报中，并下发至 IP 层进行传输，接收端收到的也是完整的用户报文；⑤可以实现一对一和一对多的通信。

UDP 首部字段很简单，只有 8 字节，由 4 个字段组成，每个字段 2 字节，UDP 数据报的首部和伪首部如图 5-32 所示。各字段含义如下。

（1）源端口：源端口号码。上层应用通过端口使用传输层提供的服务，无论是 UDP 还是 TCP 服务。

（2）目的端口：目的端口号码。

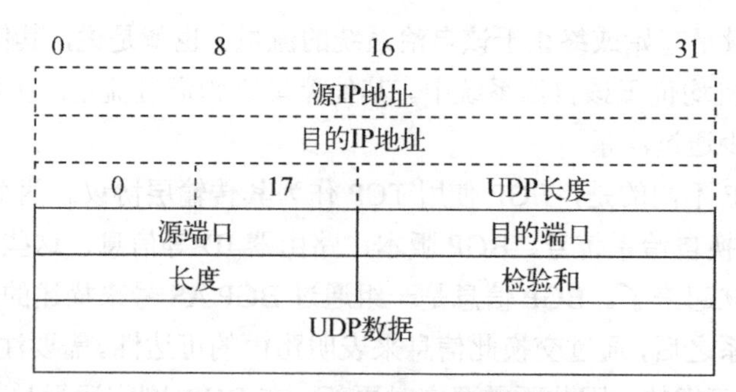

图 5-32　UDP 数据报的首部和伪首部

（3）长度：UDP 数据报的长度，包括首部和数据部分。

（4）检验和：防止 UDP 数据报在传输中出错。

UDP 数据报首部中检验和的计算方法有些特殊。计算检验和时，在 UDP 数据报之前要增加 12 字节的伪首部，如图 5-32 所示的虚线部分。“伪首部”是因为它并不是 UDP 数据报真正的首部，只是在计算检验和时，临时与 UDP 数据报连接在一起，得到一个新的 UDP 数据报。检验和就是按照这个新的 UDP 数据报来计算的。伪首部既不向下传送，也不向上递交。图 5-32 中的虚线部分给出了伪首部各字段的内容。

伪首部的第三个字段是全零，第四个字段是 IP 分组首部中的“协议类型”字段的值，对于 UDP，此协议字段值为 17；第五个字段是 UDP 数据报的长度。检验和是对由伪首部和 UDP 数据报构成的内容进行计算得出的，在计算时先把检验和填为零。

需要说明的是，检验和的计算是可选的。当检验和为零时，表示不使用检验和。由于 IP 分组不对数据部分计算检验和，因此在无线移动环境中应当计算 UDP 检验和，以提高通信的可靠性。当计算出的检验和为零时，UDP 使用反码表示法，把所有的位都置为 1。

UDP 协议通常应用于实时媒体传输和一些频发性控制管理消息的承载，如 IP 网络电话中的实时媒体传输 RTP、域名解析服务 DNS 和简单网络管理 SNMP 等。

2. TCP 协议

传输控制协议（Transmission Control Protocol，TCP）是面向连接的传输层协议，即通信双方在通信之前必须先建立连接，其中发起连接请求的一方通常称为客户端，接收连接的一方则称为服务器。与链路层、网络层中面向连接服务在原则上是相同的，即给报文编号，接收方回送应答，超时重发。但由于连接两端传输层实体的网络比较复杂，因此 TCP 相比链路层协议也更复杂，具体主要有以下几个方面。

（1）发送窗口、接收窗口尺寸可动态调整。在 TCP 中，可发送的未应答信息长度是可以调整的。根据接收方和网络负载情况，可动态调整窗口大小。例如，当出现网络拥塞时，TCP 会自动将窗口尺寸减小一半的方法来逐步减小发送流量。

（2）超时重发间隔。TCP 超时间隔的计算较复杂，要使用很多参数，动态进行计算。当发生网络拥塞时，TCP 按照逐步加倍超时间隔的方法来适应网络状态。

（3）编号与确认。TCP 把所传送信息看成一个连续的字节流。一个 TCP 报文所传送的信息段在该字节流中的位置就是该报文段的编号，接收方可据此对报文段进行应答。TCP

中无否认应答 NAK，其差错控制由 ACK 和超时重发完成。当收到错序的报文时应如何处理，TCP 未做明确规定，而是让 TCP 实现者自行决定。因为按字节流编号方便了缓冲区管理，通常选择 ARQ 方式。

TCP 协议的主要特点有：①面向连接，连接建立一般通过“三次握手”，以防止连接应答报文丢失而导致出现半连接状态；②提供可靠端到端传输服务，包括差错控制和流量控制机制；③面向字节流，即 TCP 协议通信双方以字节为编号单位，按字节流编号方便了接收方缓冲区管理。如果接收方收到错序报文，可以方便地嵌入接收缓存区中的适当位置。当所缺报文到达时，可以将接收缓冲区中的数据连续地拼接在一起，并提交给上层。这样可以避免对缓冲区进行搜索，避免出现内存碎片，提高了内存利用率和处理速度。④提供拥塞控制机制；⑤只能一对一进行通信。

TCP 报文的格式如图 5-33 所示。同 IP 数据报格式一样，TCP 报文的长度是以 4B 为单位的。TCP 报文分为首部和数据两个部分。首部的前 20B 是固定的，后面的选项长度可变。

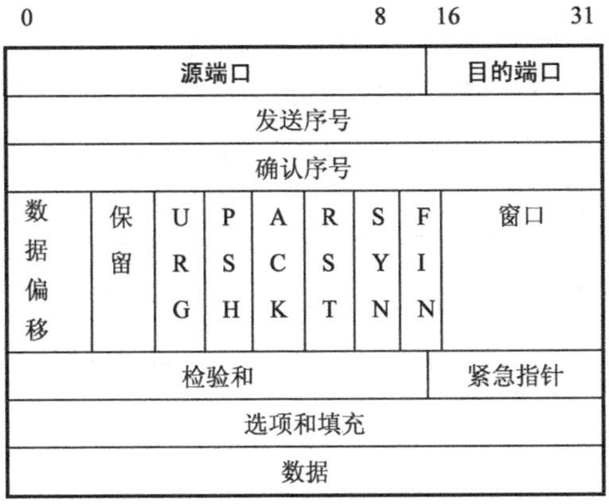

0　　　　　　　　　　8　　16　　　　31

<table>
<tr><td colspan="8">源端口</td><td>目的端口</td></tr>
<tr><td colspan="9">发送序号</td></tr>
<tr><td colspan="9">确认序号</td></tr>
<tr><td>数据偏移</td><td>保留</td><td>URG</td><td>PSH</td><td>ACK</td><td>RST</td><td>SYN</td><td>FIN</td><td>窗口</td></tr>
<tr><td colspan="8">检验和</td><td>紧急指针</td></tr>
<tr><td colspan="9">选项和填充</td></tr>
<tr><td colspan="9">数据</td></tr>
</table>

图 5-33　TCP 报文的格式

首部固定部分各字段含义如下。

（1）源端口和目的端口：各 16B。

（2）发送序号：32b，可在 4GB 的数据流中定位。前面已介绍过，TCP 报文不是按报文个数来编号的，而是按它所传数据第一个字节在数据流中的位置来编号的。

（3）确认序号：32b，表示期望收到的下一段数据的第一个字节序号。

（4）数据偏移：表示数据从什么位置开始，也就是首部长度，4b，可表达的长度范围为 0～15，单位为 4B，即首部长度最大可达 60B。

（5）URG（Urgent）：紧急比特。当收到 URG=1 的报文时，通知上层应用程序，目前数据流中有紧急数据，应用程序不能按原来的排队顺序接收数据，而是优先接收紧急数据。例如，发送方刚发送了很长的数据给对方，又有紧急信息要发送给对方，就可用 URG=1 的方式。这时收方应用程序停止正常数据接收，待取走控制信息后，再恢复正常数据接收。URG 紧急比特需和“紧急指针”配合使用。

（6）ACK：确认比特。ACK=1 时“确认序号”才有意义，ACK=0 时“确认序号”无意义。

（7）PSH（Push）：急迫推进比特。PSH=1 时应立即将报文发送出去，而不应在缓冲区停留。在上层应用程序和 TCP 之间，有一个缓冲区。上层应用程序通过向这个缓冲区写入或取出数据，便可使用 TCP 提供的数据流传送服务。在传送数据时，每个应用程序都可使用可变的数据段长度。这样的长度可能小到只有一个字节。TCP 为了提高传送效率，要收集足够的数据，填入一个适当大小的 TCP 报文中，再通过网络发送出去。为了把数据立即传送给对方，便要使用 PSH=1 的方式：在发送方，TCP 立即将发送缓冲区中数据全都发送出去，不用等到收集到足够的数据；在接收方，上层应用程序立即把数据取走。

（8）RST（Reset）：重建比特。RST=1 时表明出现严重差错，必须释放连接，然后再重建传输层连接。

（9）SYN：同步比特。当 SYN=1、ACK=0 时，表明请求建立连接；当 SYN=1、ACK=1 时，表明同意建立连接。

（10）FIN（Final）：终止比特 FIN=1 时释放连接。

（11）窗口：16b，告诉对方在“确认序号”后能够发送的数据量。用于流量控制，当该值为零时，对方要暂时停止发送。

（12）检验和：16b。检验的范围包括首部和数据。

（13）紧急指针：16b。指出紧急数据的最后一个字节相对于“序号”字段给出位置的偏移。当紧急数据传送结束后，恢复正常数据传送。紧急数据的开始位置，由第一个紧急报文“序号”字段给出。

（14）选项：长度可变。用来说明常规 TCP 没有的附加特性，常用的选项有“最大报文长度”。利用选项，可增加网络需要的特性。

TCP 协议通常应用于对可靠性要求较高的应用，如文件传输协议 FTP、超文本传输协议 HTTP、邮件传输协议 SMTP 等。

5.7 宽带 IP 通信网

5.7.1 宽带 IP 网络的关键问题

传统的 IP 网提供的是“尽力而为”的服务，无法提供服务质量（Quality of Service，QoS）保证。传统的 IP 网在设计上考虑的是尽量降低路由器的实现复杂度，IP 层为上层提供的服务是无连接、无差错控制、无按序到达保证和无带宽保证的，其核心功能是建立多种路由协议，为数据在不同子网间转发建立最佳路由，这也是“尽力而为”的具体体现。用户应用程序所需的可靠传输服务是通过使用 TCP 协议的运输层提供的。TCP 可以为上层提供可靠数据传输服务，这里的可靠体现在 TCP 具有差错重传机制、支持流量控制机制以减少网络拥塞、支持向上层按序交付数据等。TCP/IP 协议体制可以满足文件传输等应用的要求，对于有实时性和带宽保证要求的业务，其从协议体制上无法满足。

近年来，IP 网的性能有了很大的提高，这主要是由 3 个因素造成的：其一，IP 网中的节点设备从技术上获得很大的发展，路由器已从传统基于总线（背板）交换、软件包转发和集中式处理结构转变为采用交换矩阵、硬件包转发和分布式处理结构，处理能力和吞吐量已大大提高，高端路由器中包转发时延大大降低。其二，由于传输技术的发展，特别是密集波分复用（Dense Wavelength Division Multiplexing，DWDM）技术的大量商用，使网络互连带宽大大增加，传输资源对于 IP 网络提供者来说不再是紧缺资源。其三，IP 网上的业务发展相对比较慢，从而使得网络相对处于轻载状态。以上 3 个因素的结合使得近年来互联网性能有了很大提升，甚至可以在互联网上很好地开展实时话音或视频通信。但需要说明的是，IP 网服务质量的提升与能够提供 QoS 保证是两个不同的概念，由于 IP 网自身的特点，仅仅通过提升网络带宽来满足不同类型业务的服务质量需求是非常困难的。

IP 网的 QoS 是指 IP 网络的服务质量，也就是指 IP 数据流通过网络时的性能，具体包含时延、时延抖动、吞吐量、丢包率、差错率等参数。

为解决 IP 网的 QoS 问题，IETF 建议了多种服务模型和实现方案，主要有综合业务模型（Integrated Services，IntServ）和区分业务模型（Differentiated Services，DiffServ）。

5.7.2　综合业务模型

1．综合业务模型的基本概念

综合业务模型（IntServ）的基本思想是资源预留，端系统拥有与分组流相关的状态信息，知道如何为分组流预留资源，对分组进行接纳控制，网络也知道如何对分组进行调度。“流（Flow）”是多媒体通信中常用的一个名词，一般是指具有相同的源 IP 地址、源端口号、目的 IP 地址、目的端口号和协议标识的一系列彼此相关的分组。这些分组源于某一用户的特定行为，具有相同的 QoS 要求，且可能有多个接收者。IntServ 框架使 IP 网能够提供具有 QoS 的传输，可以用于对 QoS 要求较为严格的实时业务（声音/视频）。

2．综合业务模型的基本原理

1）资源预留协议

IntServ 使用一种类似于 ATM 的 SVC 的机制，它在发送方和接收方之间采用资源预留协议（Resource reSerVation Protocol，RSVP）作为流的控制信令。RSVP 信息跨越整个网络，从接收方到发送方之间沿途的每个路由器都要为每一个要求 QoS 的数据流预留资源。因此，路径沿途的各路由器必须为 RSVP 数据流维护状态。

资源预留协议是 Internet 上的信令协议，通过资源预留协议，用户可以给特定的业务流（或连接）申请资源预留，预留的资源包括缓冲区及带宽。这种预留需要在路径上的每一跳都进行，这样才能提供端到端的 QoS 保证。RSVP 提供单向资源预留，适用于点到点及点到多点通信。如图 5-34 所示，使用 RSVP 协议时，发送方 A 通过发送 PATH 报文给接收方 B，使得中间路由器和接收方都知道流的特性，同时收集路径的最小可用带宽和最小传输时延。接收方按照应用的时延要求计算沿途允许的排队时延（排队时延 = 应用允许的端到端时延 – 最小传输时延）。然后选择满足应用需要的带宽，并回复一个 RESV 报文进行响应。中间的每个路由器对 RESV 报文的请求都可以拒绝或接受。当请求被某个路由器拒绝时，路由器就发送一个差错报文给接收方，从而中止信令过程。当请求被接受时，链路带宽和缓存空间被分配给发送方和接收方之间的分组流。

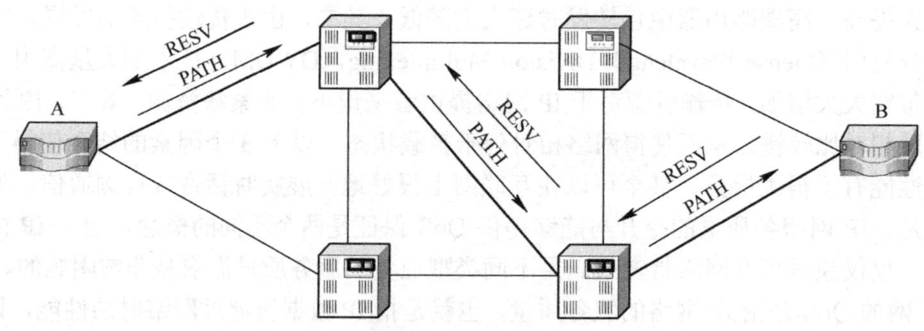

图 5-34 采用综合业务模型的通信过程

2）接纳控制

接纳控制基于用户和网络之间达成的服务协议，对用户的访问进行一定的监视和控制，有利于保证双方的共同利益。保证业务和负载可控业务的服务质量要得到保障，必须通过接纳控制以限制网络的负载。

对于用户的连接请求，接纳控制算法要综合考虑用户的服务质量要求和网络的可用带宽、队列长度、交换机或路由器处理资源等因素，决定是否接受用户的连接请求。如果网络能够满足用户的服务质量要求，并且不会降低其他已接纳用户的服务质量，则可以接受用户的请求。在网络负载较重的情况下，接纳控制算法往往会拒绝一些用户的请求，以保证网络的稳定性。

当用户连接请求被接纳后，用户在通信过程中的流量要受到监管，以使用户流量实际占用带宽不超过 RSVP 预留的带宽。当用户流量超过预留带宽时，超过的流量将被丢弃。

3．综合业务模型的优缺点

1）综合业务模型的优点

（1）它能够提供绝对有保证的 QoS。详细的设计使 RSVP 用户能够仔细地规定业务种类。因为 RSVP 运行在从源端到目的端的每个路由器上，所以可以监视每个流，以防止其消耗多于它请求预留的资源。

（2）RSVP 在源和目的地间可以使用现有的路由协议决定流的通路。RSVP 使用 IP 包承载，使用“软状态”的概念，通过周期性重传 PATH 和 RESV 消息，协议能够对网络拓扑的变化做出反应。软状态需要由周期性的 PATH 和 RESV 来刷新保持。当超过一定时间没有收到这些消息时，软状态被清除，RSVP 协议释放与之关联的资源。

（3）综合业务模型在开始设计时就注意对单播和多播服务质量的支持。RSVP 协议能够让 PATH 消息识别多播流的所有端点，并发送 PATH 消息给它们。它同样可以把来自每个接收端的 RESV 消息合并到一个网络请求点上，让一个多播流在分开的连接上发送同样的流。

2）综合业务模型的缺点

（1）可扩展性差是 IntServ 结构最致命的一个问题。因为状态信息数量与流的数目成正比，这使路由器的处理负载很大，路由器所能支持的流数受到限制。所以这种结构不适合用于互联网中的主干网。

（2）对路由器的要求较高。由于需要进行端到端的资源预留，必须要求从发送者到接收者之间的所有路由器都支持所实施的信令协议，因此所有路由器必须实现 RSVP。因为 IntServ 要求端到端的信令，这在一个实际运行的运营商网络中几乎无法实现。IP 网络的最大特点是无连接的，即各分组是独立选路、转发的，路由器原本无须识别分组之间的关系，而 IntServ 结构却要求路由器保存分组流的状态，因此路由器改造、升级的工作量很大。另外，为保证业务需要网络节点全部使用综合业务，如果中间有不支持的节点/网络存在，虽然信令可以透明通过，但实际上对于应用来说，已经无法实现真正意义上的资源预留，所希望达到的 QoS 保证也就打了折扣。

（3）不适合于短生存期的流。因为短生存期流预留资源的信令开销很可能大于处理流中所有分组的开销。但 Internet 流量绝大多数是由短生存期的流构成的。在短生存期的流需要一定程度的 QoS 保证时，综合业务模型就显得得不偿失了。

5.7.3 区分业务模型

由于综合业务模型需要在无连接的 IP 网上通过资源预留协议提供面向连接的服务，很难在大规模网络中实施。因此希望一种新的解决方案，既考虑已有网络的现状，又能达到提高服务质量的目的，由此出现了区分业务模型（DiffServ）。它的思路是对网络层和运输层只做相对较小的改动，在网络的边缘对分组进行分类和管制，核心路由器相对简单，只需根据预先定义好的策略对各类分组进行转发。区分业务模型的网络结构如图 5-35 所示。

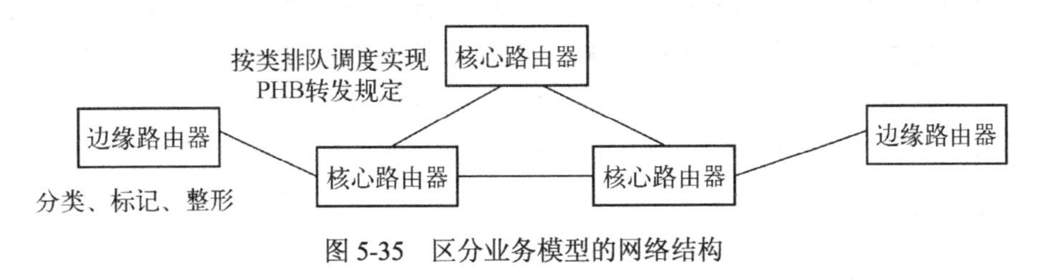

图 5-35 区分业务模型的网络结构

在采用区分业务模型的网络区域中，主要部件有核心路由器和边缘路由器。在区分服务中，边缘路由器（也称为叶子路由器）对每个分组进行分类、标记 DS 码点，用 DS 字段标识 IP 分组对服务的要求。区分服务重用了 IPv4 分组头中的 ToS（Type of Service，服务类型）字段，并改称为 DS（区分服务）字段。DS 字段中含有 DS 码点（DiffServ Code Point，DSCP）。在网络的核心节点上，路由器根据分组头上的 DS 标识选择所对应的转发处理操作。资源控制器配置管理规则，为客户分配资源，它可以与用户进行协商，签订用户服务等级协定（Service Level Agreement，SLA），以便更好地提供所需服务。

1. 区分业务模型的类型

区分业务模型定义了以下 3 种业务类型。

（1）优质的业务（Premium Service，PS）：提供低时延、低抖动、低丢包率、保证带宽的端到端或网络边界到边界的传输服务，是目前所定义的服务级别最高的区分服务种类。“三低一保证”的服务承诺使用户可以得到类似于专线的服务质量，因此也称为“虚拟专线”服务。

（2）确保的业务（Assured Service，AS）：在网络拥塞的情况下仍能保证用户拥有一定的预约带宽。其着眼点是对带宽与丢包率进行合理管理，但对时延、抖动则未做更多的处理。服务原则是：无论是否拥塞，都保证用户占有预约的最低带宽；当网络负载较轻时，用户可以使用更多的带宽。用户最终得到的带宽分为两部分：预约的最小保证值和与其他业务流竞争而获得的额外带宽。但与PS对带宽的严格承诺不同，AS定位于统计性保证，这样可以提高资源利用率并降低实现复杂度，但也弱化了AS的质量保证能力。

（3）尽力而为业务（Best-Effort，BE）：类似于IP网中的尽力而为业务。

区分业务模型充分考虑了IP网络本身的灵活性、可扩展性强的特点，将复杂的服务质量保证通过DS字段转换为中间网络设备的单跳行为，避免了复杂信令的使用。

2．转发处理等级

分组在边缘路由器中被加上标记，核心路由器根据标记进行转发。不同服务类型的转发处理对应于不同的每跳行为（Per Hop Behavior，PHB）。目前具有代表性的转发处理等级如下。

（1）快速转发（Expedited Forwarding，EF）：分配单独的DS码点。EF可以把时延和抖动减到最小，因此能提供服务质量等级最高的PS业务。

（2）保证转发（Assured Forwarding，AF）：AF可提供4种转发行为类别，每个类别包括3个优先级，总共有12个对应的DSCP值。如果业务的实际带宽超过预定值，服务可能被降级，但不会完全阻塞。它支持的业务类型为确保的业务。

（3）尽力而为转发（Best Effort，BE）：这是默认的转发类型，提供尽力而为业务。

区分业务模型采用的是分散控制策略，其精髓是仅控制路径中路由器的PHB，同一级别的业务具有相同的PHB。因此，大量的业务流在网络的边缘被汇聚成少量的不同业务级别的聚合流，对聚合流进行相同的PHB操作，从而简化了核心节点的处理。

3．区分业务模型的优缺点

1）区分业务模型的优点

（1）可扩展性较好。DS字段只是规定了有限数量的业务级别，状态信息的数量正比于业务级别，而不是业务流的数量。 因此，与综合业务模型相比，网络的扩展性较强。

（2）便于实现和部署。由于只在网络的边界上才需要复杂的分类、标记、管制和整形操作，核心路由器只需要实现聚合流的分类转发，因此实现和部署区分业务比较容易。

2）区分业务模型的缺点

区分业务为IP 网提高QoS奠定了基础，但还无法提供端到端的QoS服务，因为这需要大量网络单元的协同动作。鉴于这些网络单元高度分散的特点和对它们进行集中管理的需要，必须有一个全局的带宽管理器来对全局资源进行动态管理。

另外，区分业务中分组流的粒度较粗。由于缺少信令机制，难以像在综合业务模型中那样，实时地为每个流申请网络资源。用户和网络所签订的SLA，往往是静态的、针对用户总接入流量带宽的，而不是对每一个流的细致规定。

解决这些问题的方法有两种：一种是用功能强大的全局策略管理器来完成这一任务；另一种是利用MPLS将第三层的QoS转换为第二层的QoS，通过第二层交换来实现端到端的服务质量保证。

5.7.4　包分类器与队列调度器

自互联网迅速发展和普及以来，高性能路由器越来越受到人们的重视，特别是对网络安全和网络服务质量提出了更高的要求和挑战，而包分类器和队列调度器是高性能路由器的重要功能。前面提到的综合业务模型和区分业务模型中，也要用到包分类器和队列调度器。

1．包分类器

包分类就是根据网络上传输的数据包的包头信息，将数据包按照一定规则进行分类。IP 网中的包分类算法一直是学术界和工业界的研究热点，由数据头中若干域组成的集合来对业务流进行分类，也称为规则（Rules）。每条规则对应着一个操作行为（Action），如队列优先级、丢弃优先级、指定路由、带宽管理等，而对进入设备的各个到达分组进行规则匹配就是分类（Classification）。每个输入 IP 包的相关区域对照数据库中的规则进行匹配，对于匹配成功的规则，其操作行为就会成为分组报文本地头的重要组成部分，供后续处理单元使用，包分类器功能示意图如图 5-36 所示。分类的目的是分组的调度和业务的管理，根据预置的分类规则，对进入路由器的每一个分组进行分类。

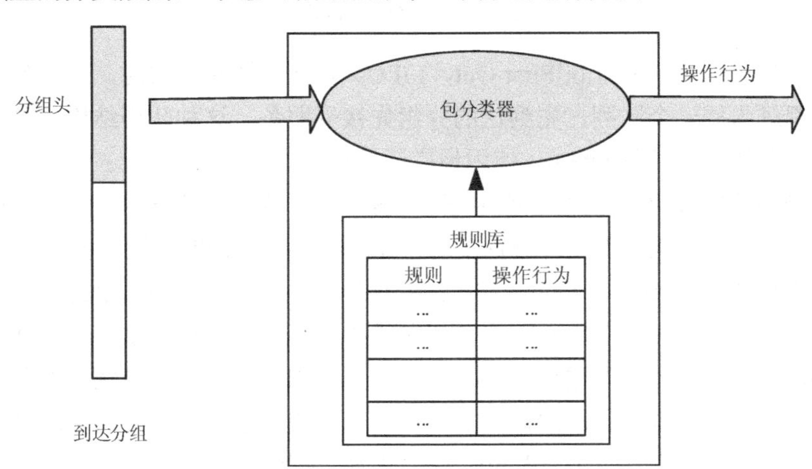

图 5-36　包分类器功能示意图

一般来说，规则表中包含 *k* 个域的分类器称为 *k* 维包分类器。例如，传统的单播路由查找为一维包分类，区分业务中常用到的是 5 元组，包括源 IP 地址、目的 IP 地址、上层协议类型、源端口号、目的端口号则称为五维包分类。分组经过分类以后被放到不同的队列中等待服务，同一类分组形成一个处理队列，由队列调度器进行后续处理。

从算法实现的角度，可将包分类算法分为两种，一种是全部用硬件实现的算法，采用三态内容寻址存储器（TCAM）或内容寻址存储器（CAM）查表来实现规则分类查找，TCAM 可以保存任意长度的关键字表项，因此非常适合最长匹配路由的查找和 IP 分类，由于采用并行查表，优点是查表速率快，查找电路设计简单，其主要不足是单位比特存储空间的成本远高于常规的 RAM，功耗也大很多，价格昂贵，因此常用在高性能核心路由器中。另一种是基于多核网络处理器和现场可编程门阵列（Field Programmable Gate Array，FPGA），这种算法基于高性能硬件配合高效的软件算法，已成为当前的深度分组检测和分类算法实现的研究热点。这类包分类算法包含穷举分类算法、基于 Trie 树分割算法、几何区域分割算法、元组空间分割算法和维度分解算法等。

包分类器的应用领域主要包含网络安全应用、QoS 保障及 VPN 设置等。

2．队列调度器

交换机内部的不同位置上都会使用到队列结构进行业务缓冲。此处以对业务性能影响较大的输出端口处的队列为例分析不同的队列结构和队列调度算法对交换机服务质量的影响。分组队列调度如图 5-37 所示，下面简要介绍几种常见的队列调度算法。

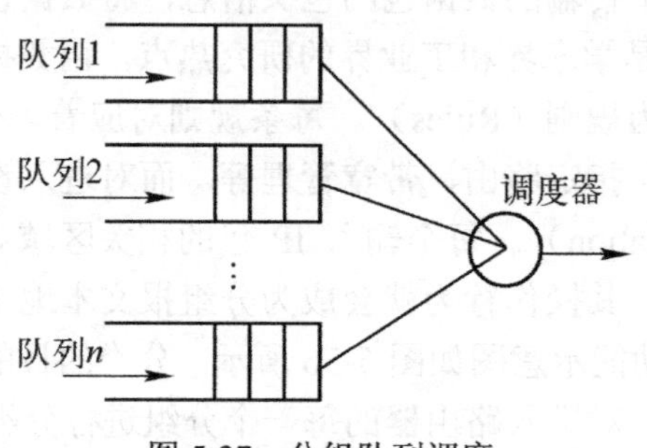

图 5-37　分组队列调度

（1）先入先出队列（First In First Out，FIFO）。采用这种方式时，所有想从一个端口输出的分组都进入同一个队列，先到达的分组先接受服务。这种队列结构非常简单，调度算法也是最简单的，是目前 Internet 使用最广泛的一种方式。

FIFO 队列无法区分不同的业务或用户，大家都在一个队列中排队，必须按照进入队列的先后次序而不是优先级与重要性进行发送，无法提供有差别的发送服务。

（2）优先级队列（Priority Queue）。优先级排队是一种传统而简单的基本排队方案。在每个输出端口处，针对每个优先级都有独立的队列，通常优先级数为 4 或 8。优先级最高的队列将得到绝对的优先发送权，这样就保证了最重要业务得到最优先的服务。这种调度方式给高优先级的业务以绝对的优先权，在高优先级的分组没有发送完成之前，低优先级的业务不会被处理。如果高优先级的业务量过大，低优先级业务可能永远也得不到带宽，这是不公平的。

（3）加权公平轮询（Weighted Round Robin，WRR）队列。针对固定优先级排队的弊端，WRR 调度算法通常采用与 PQ 相同的队列结构，但在调度时给予高优先级队列更大的相对权重，使之得到更大的带宽比例，但同时兼顾到了低优先级队列，使之也可按较低的权重得到服务。这种方式兼顾了服务的公平性，使用较为广泛。

（4）基于流的队列。基于流的队列结构可以在输出端口处针对一个具体的业务流建立单独的队列，调度器可以为单独的业务流精确地分配带宽。此时交换机可以为一条业务流预留独立的存储资源和独立的带宽资源，从而确保该业务流在本交换机处得到确定的服务质量。这种方式服务质量保证能力最强，但当需要 QoS 保证的业务流数量较多时，实现复杂度较大。IntServ 模型采用的就是基于流的队列方案。

5.7.5 多协议标记交换

1. 多协议标记交换的基本概念和特点

ATM、帧中继、X.25 等网络本身具有标记功能（如 ATM 的 VPI/VCI、帧中继的 DLCI、X.25 的逻辑信道号）。这些标记都是虚电路建立时由网络分配的一种连接标识，不需要包含网络地址，字节长度较短。ATM、帧中继交换机是通过硬件在第二层根据标记实现信元或帧的快速转发（标记交换）的，X.25 分组交换机是由软件在第三层根据标记实现分组转发的。如果能够把 IP 分组也打上标记，用标记识别路由，根据标记用硬件实现分组快速转发，则可以大大提高 IP 分组的转发速率。按照这种思路，一些厂家推出了标记交换产品，如 Ascend 公司（已被 Lucent 收购）的 IP 导航器和 Cisco 公司的标签交换等。

IETF 基于 Cisco 公司的标签交换技术，在 1997 年正式推出了多协议标记交换（Multi-Protocol Label Switching，MPLS），目前 MPLS 广泛应用于大规模网络中，具有以下优点。

（1）基于原有的 IP 路由协议，如 OSPF 等，建立 MPLS 内部标签转发路径，保证了 MPLS 网络路由的灵活性。

（2）在 MPLS 网络内部，LSR 根据短而定长的标签转发报文，不再是根据目的 IP 地址进行最长前缀匹配查找路由，具有高速高效的特点。MPLS 所采用的标签与 ATM 中采用的 VPI/VCI 有相似之处。

（3）MPLS 位于链路层和网络层之间，支持多种链路层协议，可为不同类型的网络层协议提供面向连接的服务，兼容现有各种主流网络技术，具有良好的可扩展性。

（4）支持 QoS，可以针对不同类型的业务进行分类转发。

2. 多协议标记交换的网络结构

MPLS 的基本原理是在网络边缘对 IP 分组进行分类并打上标记，在网络核心按照标记进行分组的快速转发。MPLS 网络的典型结构如图 5-38 所示。网络中包括两个处于边缘地位的 IP 网络和一个处于核心地位的 MPLS 网络（又称为 MPLS 域）。IP 网络中，数据包根据目的 IP 地址进行转发，MPLS 网络中，根据本地标签进行转发。在 MPLS 网络中有两类典型设备，一类是位于 MPLS 网络边缘、连接 IP 网络和 MPLS 内部网络的标签边缘路由器（Label Edge Router，LER）和位于 MPLS 网络内部的标签交换路由器（Label Switching Router，LSR）。

当一个 IP 网络中的 IP 报文流需要穿过 MPLS 网络和另一个 IP 网络互连时，MPLS 网络入口处的 LER 会分析 IP 报文的内容，包括目的 IP 地址和区分服务字段（TOS 字段）等，为每个业务流分配一个具有特定结构的定长本地标签并插入到 IP 包头部之前。持有不同标签的业务流会沿着不同的标记交换路径（Label Switched Path，LSP）穿过一个或多个 LSR 到达各自的出口 LER。在出口 LER 处，MPLS 标签会被取出，恢复原始的 IP 包并进入出口网络，出口网络根据目的 IP 网段查找路由表进行后续转发过程。

入口 LER 为每个进入的 IP 包“打”上的标签中包含了该分组在 MPLS 域内转发所需的路径和 QoS 信息。在 MPLS 域内，各个路由器不再根据 IP 头相关信息进行分组转发，而是根据此标签进行转发，直至分组离开 MPLS 网络。在标签中，除了与转发路径有关的信息，还包括与转发优先级相关的信息。

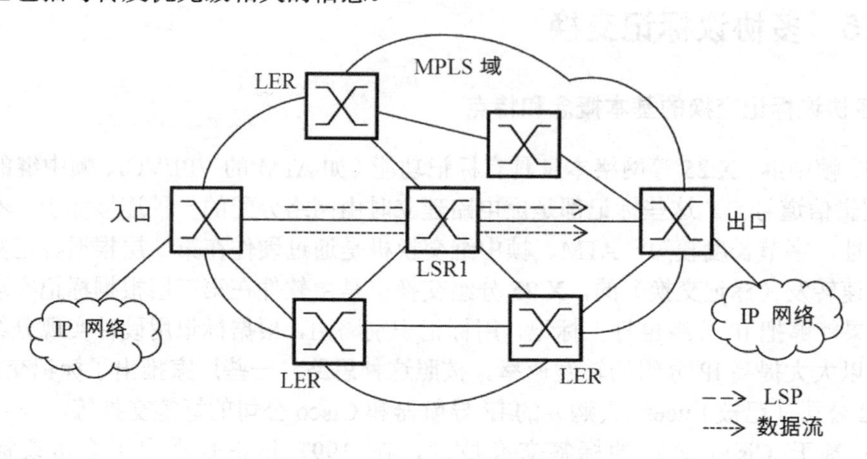

图 5-38　MPLS 的典型网络结构

3．标签结构

标签（Label）是一个短而定长、只具有本地意义的标识符，决定一个分组在 MPLS 网络中的交换路径和转发方式。MPLS 标签的长度为 4 字节。MPLS 标签位于链路层帧头和 IP 包之间，可以支持任意的链路层协议。MPLS 标签的结构如图 5-39 所示。

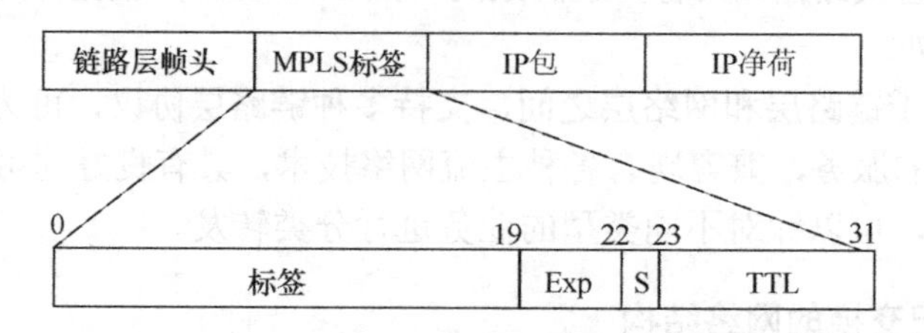

图 5-39　MPLS 标签的结构

标签包括以下 4 个字段。

（1）Label：20 比特，为标签值，其功能与 ATM 中的 VPI/VCI 类似。

（2）Exp：3 比特，现在通常用作服务类别（Class of Service，CoS），表示 8 个不同的转发优先级，当发生网络拥塞时，优先发送高优先级分组。在 IP 网络中，目前主要采用 DiffServ 模型进行 QoS 保证，它利用 IP 分组中的 DS（Differentiated Service）字段（由 IP 包中的 ToS 字段演化而来）标记该 IP 业务的类别，决定其转发优先级。MPLS 与之类似，MPLS 是用 Exp 字段标识一个业务流的转发优先级的。

（3）S：1 比特，用作栈底标识。MPLS 支持多层标签，S 值为 1 时表明当前标签为最底层标签。

（4）TTL：8 比特，英文全称为 Time To Live，表示生存时间，与 IP 报文中的 TTL 字段功能相同。当分组经过一个 MPLS 路由器后，该值减 1，当其值为零时，MPLS 交换机不再继续转发该分组，而是将其丢弃，以避免分组在网络中“兜圈子”，浪费网络资源。

MPLS 将具有相同特征，采用相同转发行为的报文归为一类，称为转发等价类（Forwarding Equivalence Class，FEC），具有相同 FEC 的报文在 LSR 中具有相同的转发路径和转发优先级。在 LER 中，FEC 可以根据源地址、目的地址、源端口、目的端口、VPN

等要素进行划分。

一个 MPLS 报文可以携带多个标签，称为标签栈（Label Stack）。其中，靠近链路层帧头的标签称为栈顶 MPLS 标签或外层 MPLS 标签，靠近 IP 首部的标签称为栈底标签或内层标签。理论上，MPLS 标签可以无限嵌套，在 MPLS 交换机中，首先从栈顶标签开始进行处理。

4. 转发等价类

转发等价类（FEC）是具有相同业务特征和转发处理要求的分组的集合。FEC 既体现了业务对网络的服务需求，也体现了网络对流的处理方式。

FEC 的一个重要特征是它的转发粒度。例如，在一种情况下，一个 FEC 可以包括网络层目的地址与一个特定地址前缀相匹配的所有分组，即通向相应子网的所有分组。这种类型的 FEC 提供粗转发粒度（子网粒度）。在另一种情况下，一个 FEC 只包括那些属于在一对主机之间运行的一类特定应用的分组，也就是说，一个 FEC 只包括那些网络层源地址和目的地地址都相同且传输层端口也相同的分组（源地址和目的地址被用于识别主机，而传输层端口则被用于识别计算机内的一个特定的应用）。这种类型的 FEC 提供非常精细的转发粒度。粗转发粒度对于整个系统的可扩展性是非常重要的。另外，只支持粗粒度又会使整个网络的灵活性降低，因为它不能区别不同类型的流。例如，它对属于不同应用的业务流将不允许不同方式的转发或资源预留。这说明，建立既可以扩展而又功能丰富的路由系统将需要支持广泛的转发粒度，同时也需要系统具有灵活地组合不同转发粒度的能力。

与 ATM、帧中继中的标记（VPI/VCI、DLCI）一样，MPLS 协议规定标记只具有本地意义（每个标记交换机对标记是独立编号的），沿着 LSP 路径逐跳（Hop by Hop）进行分组转发，在每一跳都要完成标记的替换操作。在通常情况下，标记交换路径 LSP 的建立基于标准的 IP 路由协议，如开放最短路径优先协议（Open Shortest Path First，OSPF）。在传统的 ATM 和 IP 网中引入 MPLS 控制机制，仅从通信量管理和 QoS 两个侧面来看，MPLS 确实有着传统 IP 技术所无法实现的功能，可以将 ATM 和 IP 很好地结合在一起。

5. 标记分发机制

在 MPLS 网络中，各标签交换路由器（LSR）在分配好标记后，需要将该标记信息通知相邻 LSR。标记分配与通知的方法有两种，按照与数据流传送方向的关系，分别称为下游标记分配方式和上游标记分配方式。

1）下游标记分配方式

首先由 LSP 路径上的最末端节点根据业务流的 FEC 为该流分配一个标记，然后把标记传给它上游的相邻节点；该相邻节点也为业务流分配一个标记，把其标记与末端节点的标记进行绑定（建立映射关系），再把其标记向上游节点传送；以此类推，直到 LSP 路径起始节点。

下游标记分发又可以分为下游标记请求分发和下游标记主动分发。下游标记请求分发是指下游 LSR 在接收到上游 LSR 发出的“标记与 FEC 绑定请求”信息后，检查本地的标记与 FEC 映射表，如果已经有标记与该 FEC 绑定，就把该标记绑定信息发给上游 LSR；否则在本地分配一个标记与该 FEC 绑定，再发回给上游 LSR。

下游标记主动分发是指在上游 LSR 未提出标记绑定请求的情况下，下游 LSR 把本地标记绑定信息分发给上游 LSR。

2）上游标记分配方式

与下游标记分配方式相反，LSP 路径起始节点首先根据业务流的 FEC 为该业务流分配一个标记，然后把标记信息传给它下游的相邻节点；该相邻节点使用收到的标记与该 FEC 绑定，同时为其下游节点再分配一个标记，并把该标记向它的下游节点传送；以此类推，直到 LSP 路径末端节点。

在下游标记分配方式中，各 LSR 实际上是自己分配的标记，只不过标记之间的绑定关系是由下游传向上游。而在上游标记分配方式中，一个 LSR 使用的标记是由其上游 LSR 分配的，需要解决标记的不重复问题，不如下游标记分配方式简单、自然。上游标记分配方式适用于多播业务，它允许所有输出端口使用相同的标记。

MPLS 可以使用拓扑驱动模型，根据路由表反映的拓扑结构或请求信令，进行标记的分配、绑定和转发，建立 LSP；也可以使用流驱动模型，在分组流到达时，自动识别流的特性，实时进行标记的分配、绑定和转发，建立 LSP。

拓扑驱动的优点在于 LSP 路径的提前建立和长期保持（相当于半永久虚电路，只有当网络拓扑发生变化或网络管理人员重新配置时才会改变），并且一个 LSP 可以方便地被同一个转发等价类中的多个流复用；缺点是 LSP 复用性能依赖于转发等价类的粒度，在粒度较粗时不能提供区别服务的 QoS 保证。

信令请求驱动方式和 ATM 中交换虚电路的建立方式类似，优点在于可以为每个流预约合适的网络带宽，能保证每个流的服务质量；缺点是对于短流，效率不高。

在流驱动模型中，属于同一个转发等价类的流开始的若干个分组仍然在 IP 层进行路由转发，同时进行 LSP 路径的建立，后续分组沿 LSP 进行快速交换。流驱动模型是拓扑驱动和请求驱动特点的折中，它既能较好地保证单个重要流的 QoS，对短流也有较高的效率。

3）标记分配协议

在 MPLS 网络中，标记分配功能是通过标记分配协议（Label Distribution Protocol，LDP）实现的。LDP 还描述了 MPLS 域中路径的建立、维护，以及设备操作等一系列内容。

LDP 有 4 种消息类型：发现消息（Discovery Message），用于通告 LSR 的存在；会话消息（Session Message），用于建立、维护和停止 LDP 对等实体间的会话；公告消息（Advertisement Message），用于建立、修改和删除 FEC 的标记映射；通知消息（Notification Message），用于提供各类报告信息。

LDP 的主要功能包括规定 MPLS 的信令与控制方式、发布〈标记，FEC〉映射、传递路由信息、建立与维护标记交换路径等。按照事件顺序，LDP 的操作主要由 LDP 发现、LDP 会话路径的建立与维护、标记交换路径的建立与维护、会话的撤销等 4 个阶段构成。

LDP 发现阶段：是一种用于探知潜在 LDP 对等体的机制，它使得不必手工配置 LSR 的标记交换对等体。LDP 发现有两种不同的机制：基本发现机制用于探知链路级直接相连的 LSR；扩展发现机制用于支持链路级上不直接相连的 LSR 间的会话。

LDP 会话路径的建立与维护阶段：LSR 使用发现消息，得知网络中潜在的对等体之后，就开始与该潜在对等体建立 LDP 会话。会话建立分两步进行：传送连接建立和会话初始化。

标记交换路径的建立与维护阶段：在建立了 LDP 会话之后，LSR 就可以进行标记绑定消息的分发了。所有 LSR 由此过程可以建立标记信息库，多个路由器的标记信息库的建立过程也是标记交换路径（LSP）的建立过程。

会话的撤销阶段：LSR 针对每个 LDP 会话连接维护一个会话保持定时器，如果会话保持定时器超时就结束 LDP 会话，也可以通过发送关闭消息来终止 LDP 会话。

6. 多协议标记交换的发展与应用

MPLS 较好地将二层交换与三层路由结合起来，是目前主流的宽带 IP 交换技术。在实际组网中获得较多应用，包括 QoS 保障、MPLS 虚拟专用网、流量工程等。

1）MPLS 虚拟专用网

虚拟网技术主要用于跨国企业用户和行业用户在国内外的分支机构（如银行、保险、运输、大型制造和连锁企业等）。虚拟网的目标是为地理位置分布在不同地区的大型企业及其合作伙伴、客户建立一个安全可靠、高性能的通信环境。虚拟网技术可以分为虚拟局域网（VLAN）和虚拟专用网（VPN）两大类。VPN 是在公共通信网络中应用的虚拟网技术，它从公共通信网络中划分出一个可控的通信环境，只有授权的用户才能访问一个指定的 VPN 内的资源。VPN 内部用户之间的通信比较简便、高效。在公用电话网中开设的集中用户交换机（Centrex）就是一种虚拟专用网技术。

在 MPLS 中应用的虚拟网技术主要是 VPN。MPLS VPN 为用户提供了质量和安全保证，同时大大节省了成本，特别是通过 VPN 可以为企业用户提供话音、数据甚至视频业务在内的多媒体统一通信平台。

2）流量工程

流量工程是根据业务需要分配网络资源的控制过程，可将通信流量分配到特殊路径和专用资源上以实现负载均衡，使得网络资源得到充分利用，提高网络性能和用户服务质量。

5.8　新型网络技术 SDN 与 NFV

2006 年美国 GENI（Global Environment Networking Innovations）项目资助的由斯坦福大学学生 Martin Casado 负责的一个关于网络安全与管理的项目 Ethane，该项目试图通过一个集中式的控制器，让网络管理员可以方便地定义基于网络流的安全控制策略，并将这些安全策略应用到各种网络设备中，从而实现对整个网络通信的安全控制，这种控制与转发完全解耦的体系架构包含了软件定义网络（Soft ware Defined Network，SDN）早期的思想。2008 年，基于 Ethane 及其前续项目 Sane 的启发，斯坦福大学教授 Nick McKeown 等提出了 OpenFlow 的概念，并于当年在 ACM SIGCOMM 发表了题为“OpenFlow: Enabling Innovation in Campus Networks”的论文，首次详细地介绍了 OpenFlow 的概念，并基于 OpenFlow 给网络带来可编程的特性，提出了 SDN 的概念。

2011 年 3 月，在 Nick McKeown 等的推动下，开放网络基金会 ONF 成立，主要致力于推动 SDN 架构、技术的规范和发展工作。2012 年 4 月，ONF 发布了 SDN 白皮书，其中的 SDN 三层模型获得了业界广泛认同。2012 年 7 月，由 SDN 先驱者 Martin Casado 和两位斯坦福大学教授 Nick McKeown、Scott Shenker 开创的开源网络虚拟化私人控股企业 Nicira 以 12.6 亿美元被 VMware 收购，成为 SDN 走向市场的第一步。

5.8.1 SDN

1. SDN 的基本概念

ONF 认为，SDN 是一种将网络的控制平面与数据转发平面进行分离，实现控制可编程的新型网络架构。在 SDN 网络中，网络设备只负责单纯的数据转发，可以采用通用的硬件，而原来负责控制的操作系统将提炼为独立的网络操作系统，负责对不同业务特性进行适配，而且网络操作系统和业务特性，以及硬件设备之间的通信都可以通过编程实现。

随着软件定义内涵的不断发展，业界对 SDN 的认识逐渐深化。现在 SDN 已经从初始的基于 OpenFlow 的狭义定义转变为更广泛意义上的 SDN 概念。广义的 SDN 泛指向上层应用开放接口，实现软件编程控制的各类基础网络架构。

2. SDN 的体系架构

ONF 组织最初在白皮书中提到 SDN 的体系架构，SDN 由下到上（或称为由南向北）依次分为 3 层：基础设施层（也称为数据平面）、控制层和应用层，如图 5-40 所示。

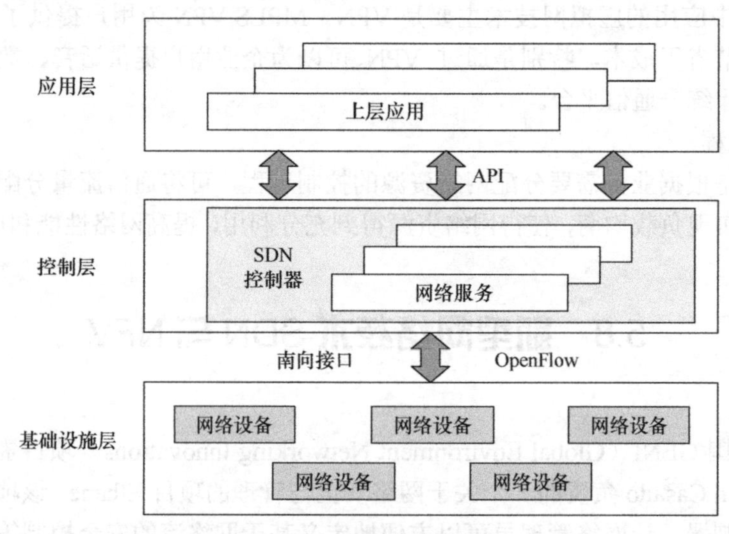

图 5-40 SDN 的体系架构

（1）基础设施层也称为物理层，主要由网络交换设备组成，可以是硬件交换机也可以是虚拟交换机，还可以是路由器。其基本功能是按照控制层下发的策略完成基于流表的数据处理、转发和状态收集。SDN 要求网络硬件实现软硬件和控制转发分离，要求网元硬件去智能化和去定制化，向开放、标准、统一的通用货架商品 COTS（Commercial Off-The-Shelf）硬件演进。实际上，为了兼容现有网络，大多数 SDN 解决方案都支持传统网络设备。常见 SDN 交换机有 vSwitch、Pica8、POFSwitch、Indigo、ONetSwitch 等。

（2）控制层包含一个或多个控制器，负责修改和控制底层网络设备的转发行为，包括链路发现、拓扑管理、策略控制、表项下发等。同时控制器将底层网络资源抽象成可操作的信息模型提供给上层应用程序，并将应用程序的网络需求（如查询网络状态、修改网络转发行为等）转化成低层次的网络控制指令，下发到网络设备中。目前业内并没有控制器实现相关的标准规范，主要由厂家和开发者按照私有方式实现。控制器是 SDN 网络中的核心元素，是各大公司抢夺市场的制高点。当前较热的 SDN 控制器主要有 Floodlight、OpenDaylight、ONOS、RYU、POF 等，提供 SDN 控制的公司有传统的网络设备商，如思科、华为等，也有传统的 IT 设备商，如惠普、IBM 等，还有传统的软件公司，如 VMvare、微软，有芯片生产商，如 Intel、盛科，也有新成立的新型公司，如 BigSwitch。

（3）应用层处于 SDN 的网络架构的最上层，是 SDN 核心价值所在。应用层通过控制层提供的编程接口对底层设备进行编程，把网络的控制权开放给用户，以便开发各种应用，实现丰富多彩的业务创新。

各层之间通过标准开放接口实现资源分配和网络服务，其中基础设施层与控制层之间的接口称为南向接口，南向接口是物理设备与控制器信号传输的通道，相关的设备状态、数据流表项和控制指令都需要经南向接口传达，实现对设备管控，目前主要采用 OpenFlow 协议。

控制层与应用层之间的接口称为北向接口，北向接口是通过控制器向上层业务应用开放的接口，目的是使业务应用能够方便地调用底层网络资源和能力，直接为业务应用服务，其设计需要密切联系业务应用需求，具有多样化的特征。

综上所述，SDN 网络的主要构成自下向上依次包括基础设施层交换机、南向接口、控制器、北向接口和应用层。其中南向接口主要采用 OpenFlow 协议，OpenFlow 采用基于流表的匹配规则。由于应用业务具有多样性，北向接口目前没有统一标准。

与传统网络相比，SDN 的基本特征有以下 3 点。

（1）控制与转发分离。数据转发平面由受控转发的设备组成，转发方式和业务逻辑由运行在分离出去的控制面上的控制应用所控制。

（2）网络的抽象。通过中间层的控制器实现了对基础网络设施的抽象，通过这种方式，控制应用只需要关注自身逻辑，而不需要关注底层更多的实现细节。

（3）可编程性。可编程性是 SDN 的核心，将控制和管理平面从交换机、路由器中移到设备外的软件中，并通过 SDN 协议来连接网络设备。这些设备外的软件平台有自己的 API、处理逻辑，以及向网络提出要求、接受事件、处理 SDN 通信协议的能力，这些软件平台就是控制器。应用开发人员只使用控制器提供的 API 来实现网络自动化、网络编排和操作网络。

3．SDN 的优势及面临的问题

相比传统分层网络架构，SDN 的网络架构具有以下几个优点。

（1）设备硬件归一化，硬件只关注转发和存储能力，与业务特性解耦，可以降低硬件成本。

（2）网络的智能全部由软件实现，网络设备的种类及功能由软件配置而定，使得网络运维更加灵活。

（3）对业务响应相对更快，可以定制各种网络参数，如路由、安全、策略、QoS、流量工程等，实时配置到网络中，因此运营商开通业务的周期将缩短。SDN 快速的发展可能会对网络产业格局造成重大影响，传统通信设备的企业将会面临巨大挑战，IT 和软件开发商将拥有更高的市场价值。

因此，SDN 的应用前景已被工业界和运营商看好，但同时也必须看到，SDN 还不能完全代替现有网络，SDN 本身还有一些问题需要解决。另外，SDN 还面临大量的非技术挑战。例如，产业链还需要更多解决实际问题的商业产品、芯片产商的参与度有待提高、国内数据中心的虚拟化比例过低导致对 SDN 的引入动力不足等问题。

未来，SDN 可能会对现有网络设备的销售模式造成极大的颠覆，复杂的软件可以在更为廉价且于简单的设备上实现运作，让未来的客户市场不再专属于大型网络服务商。

4. SDN 的应用

SDN 自概念提出以来，业内人士曾一度认为 SDN 只不过是学术界创造出来的一个新概念。直至 Google 公司在 2010 启动 SDN 网络建设方案，并自行开发了支持 OpenFlow 协议的网络交换机及路由协议栈，并于 2012 年在其数据中心的骨干网中全面采用 SDN 架构，建立了一个集中的流量控制中心，通过这种方式，Google 能够从全局的高度有效地调整数据中心端到端的数据路由，使得数据中心的链路利用率从 30%提高到 95%。这在工业界引起了巨大反响，使得 SDN 成为网络技术的发展热潮。

具体来说，目前在网络中引入 SDN 的典型应用场景有以下几种。

（1）数据中心网络。通过在现有物理网络上叠加逻辑网络，可实现网络虚拟化，满足云计算对网络灵活、动态、弹性配置等需求，还可以利用 SDN 通过全局网络信息消除数据传输冗余。一方面降低运维成本，同时又可以提高网络资源利用率；另一方面支持业务创新，促进收入增长。

（2）广域网流量工程。传统互联网一般通过 MPLS 实现流量工程，但 MPLS 本身存在路径计算过程优先利用率低、扩展性和健壮性等问题，使用 SDN 实现流量工程，具有集中控制、业务粒度可控、网络架构简单等优势。

（3）IPv4 向 IPv6 过渡。传统互联网面临着 IPv4 地址耗尽的问题，解决这个问题最有效的方法就是全网使用 IPv6 地址。然而，IPv4 网络规模大、服务质量高，短时间内难以实现全网 IPv6。为了实现平滑过渡，IPv6 过渡技术成为当前互联网的热点。现存的 IPv6 过渡机制种类繁多，适用场景局限。利用 SDN 掌握全局信息的能力来融合各种过渡机制，可充分提升灵活性，最终实现 IPv6 网络的快速平稳过渡。

随着 SDN 的快速发展，SDN 已应用到各个网络场景中，从小型的企业网和校园网，扩展到数据中心与广域网，从有线网扩展到无线网。无论应用在任何场景中，大多数应用都采用了 SDN 控制层与数据层分离的方式获取全局视图来管理自己的网络。

传统的网络一般采用专用硬件设备，随着网络技术的不断演进，网络给用户提供的业务不断丰富，各种专用网络设备的类型和数量也越来越多，运营商进行网络运维时需要提供物理空间和电力，需要投入大量的设备成本、空间成本和能源成本。同时专用设备的集成和复杂性越来越大，设备的升级扩容一般需要经历从规划到设计再到整合集成的流程，使得硬件的升级扩容速度跟不上用户需求。网络功能虚拟化（Network Function Virtualization，NFV）的提出，可以解决运营商遇到的上述问题。网络功能虚拟化的目的是通过标准的服务器、存储和交换设备，来取代通信网中那些专用的昂贵网元设备。网络虚拟化在云计算、平台化实现和 SDN 等相关领域的研究目前十分火热，必将对通信网的发展产生深远影响。

5.8.2　NFV

1. NFV 的概念

网络功能虚拟化（NFV）就是一种新的网元实现形态，实现传统网元设备软件功能和硬件功能的解耦，使得硬件平台通用化，软件运行环境虚拟化，网络功能部署动态化和自动化。所谓硬件解耦，就是指不再绑定专用的硬件设备，利用通用设备来承载各种网络功能。NFV 是实现网络资源高效利用、按需分配的重要手段，NFV 可以与 SDN 互为补充，有效降低部署周期和成本。

2. NFV 的体系架构

2012 年由 AT&T、德国电信、中国移动等 13 个国际主流网络运营商牵头，联合多家网络运营商和设备制造商在 ETSI 成立了网络功能虚拟化行业规范组，发布了 NFV 的白皮书，2013 年 ETSI 发布了首批 NFV 规范。ETSI 给出的 NFV 的体系架构，如图 5-41 所示。

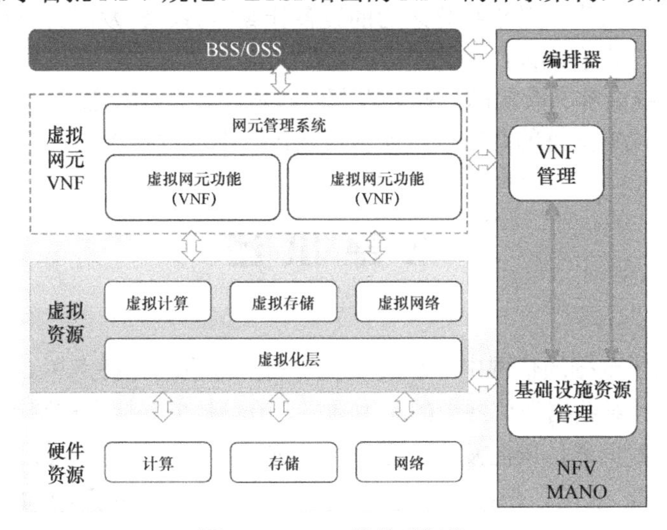

图 5-41　NFV 的体系架构

NFV 的体系架构可以分为以下 3 个部分。

（1）网络功能虚拟资源，也称为网络功能虚拟基础设施，提供支持执行虚拟网络功能所需的虚拟资源，包括通用硬件资源、必要的虚拟化层加速组件，以及虚拟化抽象底层硬件的软件层。

（2）虚拟网元（VNF），能在网络功能虚拟资源之上运行的网络功能的软件实现，可以附带一个网元管理系统。VNF 是与当前网络节点相对应的软件实体，一般由其依赖的硬件设备提供。

（3）网络管理和编排器（MANO），主要对完成虚拟资源的编排与生命周期管理，同时还与外部现有的业务支撑系统和运营支撑系统环境（BSS/OSS）相互作用，可以整合到整个网络环境中。

3．NFV 的优势及面临的挑战

NFV 的主要推动力来自网络运营商，采用 NFV 对运营商而言，主要有以下 3 个方面的优势。

（1）降低管理和维护复杂度。网络中采用通用的统一平台，可以发挥集中优势，实现网元的集中部署和管理。同时通过虚拟化特点，实现新业务的自动化部署。

（2）提升网络资源利用率。网络功能虚拟化可以使不同网元同时共享硬件，同时硬件还可以与网元软件解耦，实现硬件资源的重复循环利用。

（3）缩短业务推出周期，降低运营成本。通过虚拟化可以将业务部署周期从传统的几个月缩减到几天，网络资源的调度分配可以从数周降低到数分钟，这样设备商和运营商可以将重点放在新业务开发上，提升网络的弹性。

运营商和标准化组织在推动 NFV 向前发展的同时，也面临着一些技术上的挑战，主要有以下几点。

（1）可靠性问题。传统的电信运营商专用设备对可靠性要求可达 99.99%，采用 NFV 虚拟化后的通用设备可靠性能可能达不到传统电信运营商要求。

（2）性能问题。采用设备虚拟化之后的设备计算能力、转发能力及存储能力与传统设备相比，会存在 30%左右的差距。

（3）与现有系统兼容共存问题。NFV 在部署过程中，必须考虑与原有网络设备的共存，这需要虚拟化设备能够支持的北向接口提供与原传统物理设备相同的接口功能。

本章小结

本章首先介绍了数据通信网中分组交换技术的基本概念、特点和工作原理，以及虚电路和数据报，然后针对数据通信网中的路由选择、流量控制、拥塞控制等问题进行了分析。

本章后面按照数据通信网的发展历史和演进过程，依次介绍了 X.25、帧中继、ATM、以太网、IP 网和宽带 IP 网，根据应用范围和重要性，重点介绍了 ATM、以太网、IP 网和 MPLS 及软件定义网络。

X.25 是在早期传输质量较差、终端智能化程度较低的条件下制定的具有复杂的差错控制和流量控制机制的一种数据通信网接口标准，主要用于广域互连。帧中继是在高性能光纤传输系统大量使用条件下，人们提出的一种简化差错控制过程的快速分组交换技术，同时提供带宽管理和拥塞控制机制，主要用于早期的宽带数据通信网。

ATM 网络与帧中继类似，采用快速信元交换技术，但其分组长度固定、结构简单，方便采用全硬件方式对其进行快速处理和转发，转发速度快，时延小，因此被国际电信联盟看作未来宽带网络的信息传送模式。ATM 网络采用了一整套非常独特的技术体制，包括分层模型、信元结构、信令方式、流量管理方式、业务适配和服务质量保证方式，对后续宽带交换网络的发展具有深远影响。

局域网是大多数网络用户直接面对的网络，目前最为主流的局域网是以太网。重点介绍了以太网的分层协议模型、帧结构、共享介质型以太网及虚拟局域网的工作机制和主要技术特点。

针对 IP 网，本章重点介绍了 IP 地址、IP 报文格式及路由器工作原理和典型路由协议。宽带 IP 交换技术的发展使得在 IP 网络上提供 QoS 成为可能，本章详细介绍了宽带 IP 网络提供 QoS 保证的综合业务模型和区分业务模型的具体实现机制和各自特点。MPLS 技术兼具 IP 网络的灵活路由技术和快速交换能力，主要应用于宽带核心网中。它采用 32 比特长的标签作为 MPLS 网络内部的交换依据，可以兼容现有的常见网络协议，同时支持按照优先级转发，具有 QoS 保证能力。

狭义的 SDN 是一种将网络的控制平面与数据转发平面进行分离，实现控制可编程的新型网络架构。在 SDN 网络中，网络设备只负责单纯的数据转发，可以采用通用的硬件，而原来负责控制的操作系统将提炼为独立的网络操作系统，负责对不同业务特性进行适配，而且网络操作系统和业务特性，以及硬件设备之间的通信都可以通过编程实现。广义的软件定义网络泛指向上层应用开放接口，实现软件编程控制的各类基础网络架构。SDN 网络的主要构成自下向上依次包括基础设施层交换机、南向接口、控制器、北向接口和应用层。其中南向接口主要采用 OpenFlow 协议，OpenFlow 采用基于流表的匹配规则。由于应用业务具有多样性，北向接口目前没有统一标准。与传统网络相比，SDN 的基本特征有 3 点：控制与转发分离、通过中间层控制器实现了对基础网络设施的抽象及可编程性。

网络功能虚拟化是一种新的网元实现形态，实现传统网络网元设备软件功能和硬件功能的解耦，使得硬件平台通用化，软件运行环境虚拟化，网络功能部署动态化和自动化。NFV 是实现网络资源高效利用、按需分配的重要手段，NFV 可以与 SDN 一起互为补充，有效降低部署周期和成本。NFV 架构分为 3 个部分：网络功能虚拟资源、虚拟网元（VNF）和网络管理与编排器（MANO）。

习题与思考题

5.1　分组交换与电路交换相比，存在哪些明显不同？

5.2　分组交换在复用方式、转发方式、可靠性、延迟等方面的主要技术特点包括哪些？

5.3　两个终端通过虚电路网络进行数据通信时，其基本通信流程是什么？

5.4　虚电路交换的典型特征是什么？

5.5　请简单说明虚电路网络中 SVC 和 PVC 的具体含义和应用特点。

5.6　简述数据报网络提供交换服务的基本流程和主要特点。

5.7　网络交换机中路由表和转发表各自的主要用途是什么？

5.8　通过帧校验序列进行检错的基本工作方式是什么？在网络中，什么情况下采用基于点到点链路的差错控制，什么情况下采用端到端的差错控制？并举例说明。

5.9　简述拥塞控制技术中反向拥塞指示和前向拥塞指示的具体使用方法，简述隐式拥塞控制方法的实现机制。

5.10　帧中继网络所采用的帧结构中增加了哪些比特用于实现数据链路层的流量控制

功能？

5.11 简述 ATM 采用的信头定界方式。

5.12 ATM 将业务划分为 4 个类别，请结合信源和信宿之间的定时关系、比特率和连接方式分别说明这 4 类业务的各自特点。

5.13 简述 RIP 协议和 OSPF 协议的工作机制。

5.14 简述综合业务模型和区分业务模型在提供 QoS 保证时各自的特点。

5.15 试简述 MPLS 的网络结构和工作原理。

第6章　移动交换与移动通信网

6.1　移动通信概述

移动通信是指通信的一方或双方在移动中进行的通信过程，即至少有一方具有移动性。因此，移动通信可以是移动台与移动台之间的通信，也可以是移动台与固定台之间的通信。移动通信满足了人们无论在何时何地都能进行通信的愿望。因此，20 世纪 80 年代以来，特别是 2000 年以后，公用移动通信得到了飞速的发展。

相比固定通信而言，移动通信不仅要给用户提供与固定通信一样的通信业务，而且由于用户的移动性，其控制与管理技术要比固定通信复杂得多。同时，由于移动通信采用无线传输，其传播环境要比固定通信网中有线媒质复杂，因此，移动通信有着与固定通信不同的特点。

1．移动通信的特点

（1）用户的移动性。要保持用户在移动状态下的通信，必须采用无线通信或无线通信与有线通信的结合。因此，移动通信系统要有完善的管理技术来对用户的位置进行登记、跟踪，使用户在移动时也能进行通信，不会因为位置的改变而中断。

（2）电波传播环境复杂。移动台可能在各种环境中运动，如平原、山地、森林和建筑群等，存在各种障碍，因此电磁波在传播时不仅有直射信号，而且还会有反射、折射、绕射和多普勒效应等现象，从而产生多径干扰、信号传播时延和时延展宽等。因此，必须充分考虑电波的传播特性，使系统具有足够的抗衰落能力，才能保证通信系统正常运行。

（3）噪声和干扰严重。移动台在移动时不仅受到城市环境中的各种工业噪声和天电噪声的干扰，同时，由于系统内有多个用户，因此移动用户之间还会有互调干扰、邻道干扰、同频干扰等。这就要求在移动通信系统中对信道进行合理的划分和频率规划。

（4）系统和网络结构复杂。移动通信系统是一个多用户通信的系统和网络，必须使用户之间互不干扰，能协调一致地工作。此外，移动通信系统还应与固定网、数据网等互连，整个网络结构比较复杂。

（5）有限的频率资源。在有线网络中，可以依靠铺设电缆或光缆来提高系统的带宽资源。而在无线网络中，频率资源是有限的，ITU 对无线频率的划分有严格的规定。因此，如何提高系统的频率资源利用率是发展移动通信要解决的主要问题之一。

2．移动通信的分类

移动通信的种类繁多，其中陆地移动通信系统包括以下几个方面。

（1）寻呼系统。无线电寻呼系统是一种单向传递信息的移动通信系统。它由寻呼台发送信息，寻呼机接收信息来完成通信。

（2）无绳电话。对于室内外慢速移动的手持终端的通信，一般采用功率小、通信距离近、轻便的无绳电话。它们可以经过通信点与其他用户进行通信。

（3）集群移动通信。集群移动通信是一种高级移动调度系统。所谓集群通信系统，是指系统所具有的可用信道为系统的全体用户公用，具有自动选择信道的功能，是共享资源、分担费用、公用信道设备及服务的多用途和高效能的无线调度通信系统。

（4）公用移动通信系统。它是指给公众提供移动通信服务的网络，这是移动通信最常见的方式。这种系统又可以分为大区制移动通信和小区制移动通信，小区制移动通信又称为蜂窝移动通信。

（5）卫星移动通信。移动通信还可与卫星通信相结合形成卫星移动通信，实现全球范围内的移动通信服务。它是利用卫星转发信号来实现移动通信的。对于车载移动通信就可采用同步卫星，而对手持终端，采用中低轨道的卫星通信系统较为有利。

6.2 公用蜂窝移动网

6.2.1 网络结构

为了实现移动网络设备之间的互联互通，ITU-T 早在 1988 年对公用陆地移动通信网（Public Land Mobile Network，PLMN）的结构、功能和接口及其与公用交换电话网（Public Switched Telephone Network，PSTN）等的互通做出了详尽的规定。PLMN 的功能结构如图 6-1 所示，下面以 GSM 系统为例讲述移动通信网络的基本概念和工作原理。

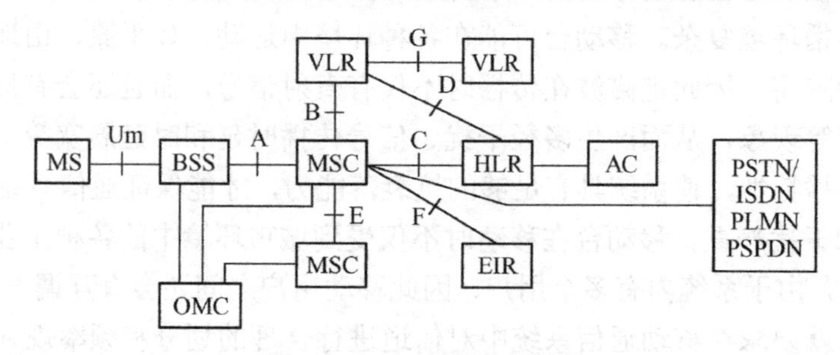

图 6-1　PLMN 的功能结构

1．功能实体

1）移动台（Mobile Station，MS）

MS 是移动通信网的用户终端。用户使用 MS 接入 PLMN，得到所需的通信服务。MS 分为车载台、便携台和手持台等类型。对于 GSM 等系统，移动台并非固定于一个用户，在系统中的任何一个移动台上，都可以通过用户识别卡（Subscriber Identity Module，SIM）来识别用户，此外还可以设置个人识别码（PIN），以防止 SIM 卡未经授权而被使用。

移动台具有国际移动设备识别码（IMEI），IMEI 主要由型号许可代码和厂家产品号构成。此外，每个用户都有一个唯一的国际移动用户识别码（IMSI），存储在 SIM 卡上。

2）基站系统（Base Station System，BSS）

BSS负责在一定区域内与移动台之间的无线通信。一个BSS包括一个基站控制器（Base Station Controller，BSC）和一个或多个基站收发信台（Base Transceiver Station，BTS）。

BTS是BSS的无线部分，包括无线传输所需要的各种硬件和软件，如发射机、接收机、天线、接口电路，以及收发信台本身所需要的检测和控制装置等。BTS完成BSC与无线信道之间的转换，实现BTS与MS之间通过空中接口的无线传输及相关的控制功能。

BSC是BSS的控制部分，处于BTS和移动业务交换中心（MSC）之间。一个基站控制器通常控制若干个基站收发信台，主要功能是无线信道管理、实施呼叫和通信链路的建立和拆除，并为本控制区内移动台越区切换进行控制等。

3）移动业务交换中心（Mobile Service Switching Center，MSC）

MSC完成移动呼叫接续、越区切换控制、无线信道资源和移动性管理等功能，是移动通信网的核心。同时，MSC也是PLMN与固定网之间的接口设备。

4）归属位置寄存器（Home Location Register，HLR）

HLR是一种用来存储本地归属用户位置信息的数据库。归属是指移动用户开户登记所属区域。在移动通信网中，可以设置一个或若干个HLR，这取决于用户数量、设备容量和网络的组织结构等因素。每个用户都必须在某个HLR中登记。登记的内容如下。

（1）用户信息：如用户号码MSISDN、移动用户识别码IMSI等。

（2）位置信息：如当前所在的MSC、VLR地址等，以便建立至移动台的呼叫路由。

（3）业务信息：基本电信业务签约信息、业务限制（如限制漫游）和始发CAMEL签约信息O-CSI、终结CAMEL签约信息T-CSI、补充业务信息等。

5）拜访位置寄存器（Visitor Location Register，VLR）

用于存储所有当前在其管理区活动的移动台的相关数据，如IMSI、MSISDN、TMSI及MS所在的位置区、补充业务、O-CSI、T-CSI等。VLR是一个动态数据库，它从用户归属的HLR获得并存储必要的信息，一旦移动用户离开本VLR在另一个VLR控制区登记，原VLR将取消该用户的数据记录。通常MSC和VLR处于同一物理设备中，因此常记作MSC/VLR。

6）设备标识寄存器（Equipment Identity Register，EIR）

EIR是存储移动台设备参数的数据库，用于对移动设备的鉴别和监视，并拒绝非法移动台入网。在我国的移动通信系统中，目前尚未设置EIR。

7）鉴权中心（Authentication Center，AC）

AC存储移动用户合法性检验的专用数据和算法，用于防止无权用户接入系统和保证通过无线接口的移动用户通信的安全。通常，AC与HLR合设于一个物理实体中。

8）操作维护中心（Operation and Maintenance Center，OMC）

OMC是网络运营者对移动网进行监视、控制和管理的功能实体。

2．网络接口

1）Um接口

Um接口又称为空中接口，是PLMN的主要接口之一。Um接口传递的信息包括无线资源管理、移动性管理和连接管理等信息。该接口采用的技术决定了移动通信系统的制式。

2）A 接口

A 接口：为基站系统与 MSC 之间的接口。该接口传送有关移动呼叫处理、基站管理、移动台管理、无线资源管理等信息，并与 Um 接口互通，在 MSC 和 MS 之间传递信息。该接口采用 No.7 信令作为控制协议。

A-bis 接口：BSC 与 BTS 之间的接口，该接口未完全标准化。

3）网络内部接口

B 接口：为 MSC 与 VLR 之间的接口，MSC 通过该接口传送漫游用户位置信息，并在呼叫建立时向 VLR 查询漫游用户的有关数据。该接口采用 No.7 信令的移动应用部分（MAP）协议规程。由于 MSC 与 VLR 常合设在同一物理设备中，该接口为内部接口。

C 接口：为 MSC 与 HLR 之间的接口，MSC 通过该接口向 HLR 查询被叫的选路信息，以便确定呼叫路由，并在呼叫结束时向 HLR 发送计费信息等。该接口采用 MAP 协议规程。

D 接口：为 HLR 与 VLR 之间的接口，该接口主要用于传送移动用户数据、位置和选路信息。该接口采用 MAP 协议规程。

E 接口：为 MSC 之间的接口，该接口主要用于越区切换和话路接续。当通话中的移动用户由一个 MSC 进入另一个 MSC 服务区时，两个 MSC 需要通过该接口交换信息，由另一个 MSC 接管该用户的通信控制，使移动用户的通信不中断。对于局间话路接续，该接口采用 ISUP 或 TUP 信令规程；对于越区（局）频道切换的信息传送，采用 MAP 协议规程。

F 接口：为 MSC 与 EIR 之间的接口，MSC 通过该接口向 EIR 查询移动台的合法性数据。该接口采用 MAP 协议规程。

G 接口：为 VLR 之间的接口，当移动用户由一个 VLR 管辖区进入另一个 VLR 管辖区时，新老 VLR 通过该接口交换必要的控制信息。该接口采用 MAP 协议规程。

4）PLMN 与其他网络之间的接口

为 PLMN 实现与其他网络（如 PSTN/ISDN、PSPDN 等）业务互通的网间互连接口。

3. 区域划分

由于用户的移动，位置信息是一个很关键的参数，移动通信系统中 PLMN 网络覆盖区域划分如图 6-2 所示，按从小到大的顺序，包括下列各组成区域。

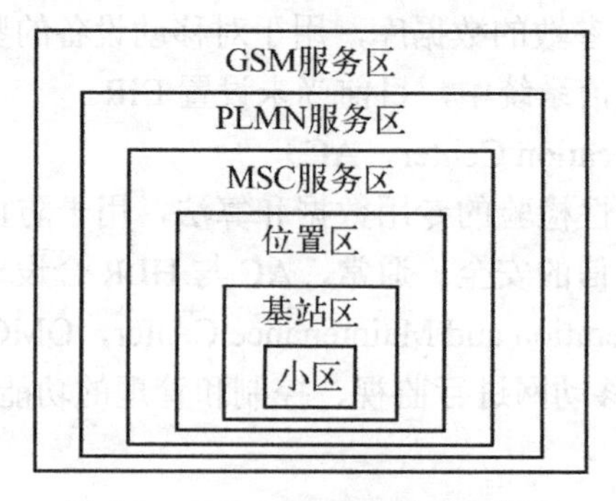

图 6-2　PLMN 网络覆盖区域划分

（1）小区：为 PLMN 的最小覆盖区域。小区是由一个基站（全向天线）或基站的一个扇形天线所覆盖的区域。

（2）基站区：是一个基站提供服务的所有小区所覆盖的区域。

（3）位置区：指移动台可任意移动而不需要进行位置更新的区域。一个位置区可由若干个基站区组成，因此寻呼移动台时，可在一个位置区内的所有基站同时进行。位置区由运营商设置，一个位置区可能与一个或多个 BSC 有关，但只属于一个 MSC。

（4）MSC 服务区：指由一个 MSC 所控制的所有小区共同覆盖的区域，由一个或若干个位置区构成。

（5）PLMN 服务区：由一个或多个 MSC 服务区组成，每个国家有一个或多个。例如，中国移动的所有 MSC 服务区构成中国移动全国 GSM 移动通信网，以网络号“00”标识；中国联通的所有 MSC 服务区构成中国联通全国 GSM 移动通信网，以网络号“01”标识。

（6）GSM 服务区：由全球各国的 PLMN 网络所组成，GSM 移动用户可以自动漫游。

6.2.2　编号计划

在移动通信网中，由于用户的移动性，需要设置下列号码和标识来对用户进行识别、跟踪和管理。

1．移动用户号码簿号码

移动用户号码簿号码（Mobile Subscriber Directory Number，MSDN）是指主叫用户为呼叫移动用户所拨的号码，其编号方式同 PSTN/ISDN。在 GSM 系统中，被称为 MSISDN；在 CDMA 系统中，被称为 MDN。MSDN 的结构为：MSDN = [CC] + [NDC] + [SN]。

CC：国家编号，即移动用户登记注册的国家编号，如中国为 86。

NDC：国内移动网络接入号。例如，中国移动的 134～139 号段、158 号段，中国联通的 130～132 号段、188 号段，中国电信的 133、189 号段等。

SN：用户号码，我国采用 8 位等长编号，前四位 $H_0H_1H_2H_3$ 为用户 HLR 的标识号，具体分配由运营商决定。

例如，一个 GSM 移动手机号码为 861377083****，其中 86 是中国的国家编号（CC），137 是中国移动 GSM 网络接入号（NDC），7083****是用户号码（SN），7083 为用户归属区识别号 $H_0H_1H_2H_3$，表明用户归属地为南京，****则是移动用户码。

2．国际移动用户识别码

国际移动用户识别码（International Mobile Subscriber Identity，IMSI）是网络识别移动用户唯一的国际通用标识，总长度为 15 位数字。移动用户以此号码发起入网请求或位置登记，网络据此查询用户数据。此号码也是 HLR、VLR 的主要检索参数。

IMSI 编号计划国际统一，由 ITU-T E.212 建议规定，以适应国际漫游需要。它与 MSDN 编号相互独立，使得各国电信管理部门可以根据本国移动业务的实际情况，独立制订自己的编号计划，不受 IMSI 的约束。

ITU-T 规定的 IMSI 结构为：IMSI = [MCC] + [MNC] + [MSIN]。

MCC：国家编码（3 位），由 ITU-T 统一分配，同数据国家码（DCC），如中国为 460。

MNC：移动网号，最多 2 位数字，用于识别归属的移动网。例如，中国移动的 MNC 为 00、02，中国联通的 MNC 为 01，中国电信的 MNC 为 03。各运营商 3G 系统网号分配同上。

MSIN：国内移动用户识别码，由各运营商自行规定编号原则，但 MSIN 的前四位与

$H_0H_1H_2H_3$之间有一定的对应关系。

IMSI 不用于拨号和路由选择，因此其长度不受 PSTN/PSPDN/ISDN 编号计划的影响。但 ITU-T 要求各国应努力缩短 IMSI 的位长，并规定其最大长度为 15 位。每个移动台可以是多种移动业务的终端（如话音、数据等），相应地可以有多个 MSDN；但是 IMSI 只有一个，移动网据此受理用户的通信或漫游登记请求，并对用户进行计费。IMSI 由电信运营部门在用户开户时写入 SIM 卡的 EPROM 中。当移动用户为被叫时，终端 MSC 将根据被叫用户的 IMSI 在无线信道上进行寻呼。

3．国际移动设备识别码

国际移动设备识别码（International Mobile Equipment Identification，IMEI）是唯一标识移动台的号码，又称为移动台电子串号。该号码由制造厂家永久地置入移动台，用户和网络运营部门均不能改变它，其作用是防止有人使用非法的移动台进行呼叫。ITU-T 建议 IMEI 的最大长度为 15 位。其中，设备型号占 6 位，制造厂商占 2 位，设备序号占 6 位，另有 1 位保留。

4．移动台漫游号码

移动台漫游号码（Mobile Station Roaming Number，MSRN）是系统分配给拜访用户的一个临时号码，供移动网进行路由选择使用。移动台的位置是不确定的，MSDN 中的移动网络接入号和 $H_0H_1H_2H_3$ 只反映它的归属地。当它漫游进入另一个移动业务区时，该地区的移动交换机必须根据当地编号计划给它分配一个 MSRN，并经由 HLR 告知主叫被叫所在 MSC，MSC 据此建立至该用户的路由。当移动台离开该业务区后，拜访 VLR 和 HLR 都要删除该漫游号码，以便再分配给其他移动用户使用。MSRN 由被拜访地 VLR 动态分配，它是系统预留的号码。在 CDMA 系统中，MSRN 被称为临时本地号码簿号码（Temporary Local Directory Number，TLDN）。

除了上述 4 种号码，为了对 IMSI 保密，在空中传送用户识别码时还采用临时移动用户识别码（Temporary Mobile Subscriber Identity，TMSI）来代替 IMSI。TMSI 是由 VLR 给用户临时分配的，只在本地有效（在该 MSC/VLR 区域内有效）。

5．位置区识别码

位置区识别码（LAI）由 3 部分组成：移动国家编码（MCC）+移动网号（MNC）+位置区编码（LAC）。

MCC、MNC 与 IMSI 中的编码相同，LAC 为 2 字节十六进制 BCD 码，表示为 $L_1L_2L_3L_4$。其中，L_1L_2 全国统一分配，L_3L_4 由各省分配。

6.3 移动交换原理

6.3.1 移动呼叫的一般过程

移动网呼叫建立过程与固定网具有相似性，其主要区别表现为：一是移动用户发起呼叫时必须先输入号码，确认不需修改后才发送。二是在号码发送和呼叫接通之前，移动台（MS）与网络之间必须交互控制信息。这些操作是设备自动完成的，无须用户介入，但有一段时延。下面以 GSM 系统为例，介绍移动呼叫的一般过程。

1．移动台初始化

在蜂窝网系统中，每个小区都配置了一定数量的信道，其中有用于广播系统参数的广播信道，用于信令传送的控制信道和用于用户信息传送的业务信道。MS 开机时通过自动扫描，捕获当前所在小区的广播信道，根据系统广播的训练序列完成与基站的同步；然后获得移动网号、基站识别码、位置区识别码等信息；此外，MS 还需获取接入信道、寻呼信道等公共控制信道的标识。上述任务完成后，移动台就监视寻呼信道，处于守听状态。

2．用户的附着与登记

移动台一般处于空闲、关机和忙 3 种状态之一，网络需要对这 3 种状态进行管理。

1）MS 开机，网络对其做“附着”标记

若 MS 是开户后首次开机，在其 SIM 卡中找不到网络的位置区识别码（LAI），于是 MS 以 IMSI 作为标识申请入网，向 MSC 发送“位置更新请求”，通知系统这是一个位置区内的新用户。MSC 根据用户发送的 IMSI 中的 $H_0H_1H_2H_3$，向该用户的 HLR 发送“位置更新请求”，HLR 记录发送请求的 MSC 号码，并向 MSC 回送“位置更新证实”消息。至此当前服务的 MSC 认为此 MS 已被激活，在其 VLR 中对该用户做“附着”标记；再向 MS 发送“位置更新接受”消息，MS 的 SIM 卡记录此位置区识别码（LAI）。

若 MS 不是开户后的首次开机，当接收到的 LAI（来自广播控制信道）与 SIM 卡中的 LAI 不一致，也要立即向 MSC 发送“位置更新请求”。MSC 首先判断来自 MS 的 LAI 是否属于自己的管辖范围。如果是，MSC 只需修改 VLR 中该用户的 LAI，对其做“附着”标记，并在“位置更新接受”消息中发送 LAI 给 MS，MS 更新 SIM 卡中的 LAI。如果不是，MSC 需根据该用户的相关标识信息，向其归属 HLR 发送“位置更新请求”，HLR 记录发送请求的 MSC 号码，并回送“位置更新证实”；同时，MSC 在 VLR 中对该用户做“附着”标记，并向 MS 回送“位置更新接受”，MS 更新 SIM 卡中的 LAI。如果 MS 接收到的 LAI 与 SIM 卡中的 LAI 相同，那么 MSC/VLR 只需刷新该用户的“附着”标记。

2）MS 关机，网络对其做“分离”标记

当 MS 切断电源关机时，MS 在断电前需向网络发送关机消息，其中包括分离处理请求，MSC 收到后，即通知 VLR 对该用户做“分离”标记，但 HLR 并没有得到该用户已经脱离网络的通知。当该用户为被叫时，归属地 HLR 会向拜访地 MSC/VLR 索取 MSRN，MSC/VLR 通知 HLR 该用户已离开网络，网络将中止接续，并提示主叫用户被叫已关机。

3）用户忙

此时，网络分配给 MS 一个业务信道用以传送话音或数据，并标注该用户“忙”。当 MS 在小区间移动时必须有能力转换至其他信道上，实现信道切换。

4）周期性登记

当 MS 要求“IMSI 分离”时，由于无线链路问题，系统没能正确译码，这就意味着系统仍认为 MS 处于附着状态。再如，MS 在开机状态移动到覆盖区以外的地方（如盲区），系统仍认为 MS 处于附着状态。此时如果该用户被呼叫，系统就会不断寻呼该用户，无限占用无线资源。为了解决上述问题，GSM 系统采取了强制登记措施，如要求 MS 每 30min 登记一次（时间长短由运营者决定），这就是周期性登记。这样，若 GSM 系统没有接收到某 MS 的周期性登记信息，它所在的服务 VLR 就以“隐分离”状态对该 MS 做标记；只有当再次接收到正确的位置更新或周期性登记后，才将它改写成“附着”状态。周期性登记的时间间隔由网络通过广播控制信道（BCCH）向用户广播。

3．移动用户呼叫固定用户（MS→PSTN 用户）

MS 入网（附着）后，即可进行呼叫，包括作为主叫或被叫。移动用户呼叫固定用户的流程如图 6-3 所示。

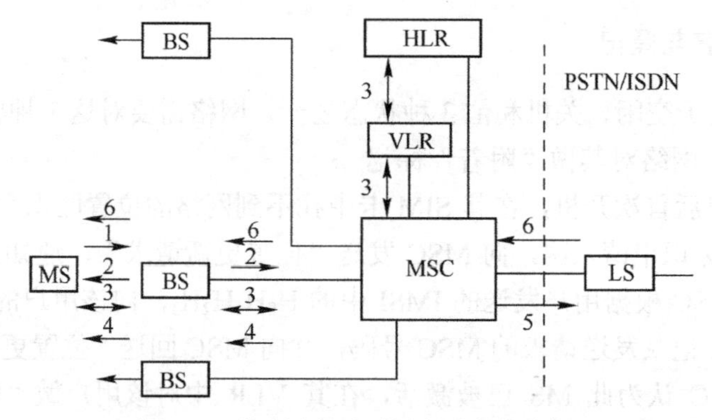

图 6-3　移动用户呼叫固定用户的流程

（1）移动用户起呼时，MS 采用类似于无线局域网中常用的“时隙 ALOHA”协议竞争所在小区的随机接入信道。如果由于冲突，小区基站没有收到移动台发出的接入请求，则 MS 将收不到基站返回的响应消息。此时，MS 随机延时若干时隙后再重发接入请求。从理论上说，第二次发生冲突的概率将很小。系统通过广播信道发送“重复发送次数”和“平均重复间隔”参数，以控制信令业务量。

（2）MS 通过系统分配的专用控制信道与系统建立信令连接，并发送业务请求消息。请求消息中包含移动台的相关信息，如该移动台的 IMSI、本次呼叫的被叫号码等参数。

（3）MSC 根据 IMSI 检索主叫用户数据，检查该移动台是否为合法用户，是否有权进行此类呼叫。在此，VLR 直接参与鉴权和加密过程，如果需要 HLR 也将参与操作。如果需要加密，则需协商加密模式。然后进入呼叫建立起始阶段。

（4）对于合法用户，系统为 MS 分配一个空闲的业务信道。一般地，GSM 系统由基站控制器分配业务信道。MS 收到业务信道分配指令后，即调谐到指定的信道，并按照要求调整发射电平。基站在确认业务信道建立成功后，通知 MSC。

（5）MSC 分析被叫号码，选择路由，采用 No.7 信令协议（ISUP/TUP）与固定网（ISDN/PSTN）建立至被叫用户的通话电路，并向被叫用户振铃，MSC 将终端局回送的建立成功消息转换成相应的无线接口信令回送给 MS，MS 听回铃音。

（6）被叫用户摘机应答，MSC 向 MS 发送应答（连接）指令，MS 回送连接确认消息。然后进入通话阶段。

4. 固定用户呼叫移动用户（PSTN→MS 用户）

MS 作被叫，固定用户呼叫移动用户的流程如图 6-4 所示。GMSC 为网关 MSC，在 GSM 系统中定义为与主叫 PSTN 最近的 MSC。图中流程说明如下。

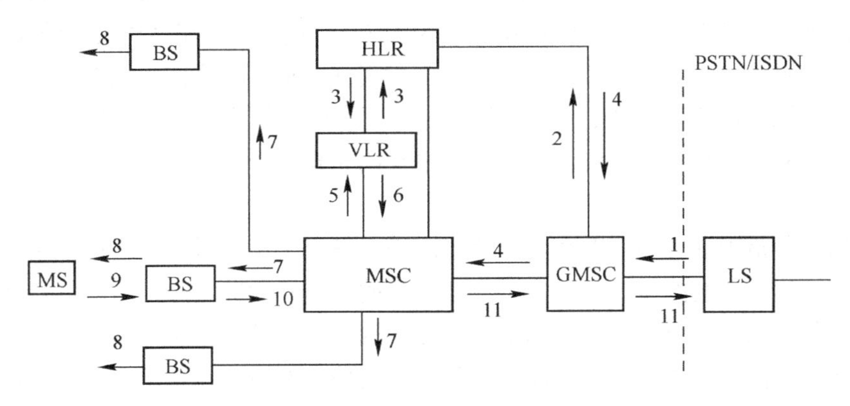

图 6-4　固定用户呼叫移动用户的流程

（1）PSTN 交换机 LS 通过号码分析判定被叫为移动用户，通过 ISUP/TUP 信令将呼叫接续至 GMSC。

（2）GMSC 根据 MSISDN 确定被叫所属的 HLR，向 HLR 询问被叫用户正在拜访的 MSC 地址。

（3）HLR 检索用户数据库，若该用户已漫游至其他地区，则向用户当前所在的 VLR 请求漫游号码，VLR 动态分配 MSRN 后回送 HLR。

（4）HLR 将 MSRN 回送 GMSC，GMSC 根据 MSRN 选择路由，将呼叫接续至被叫当前所在的 MSC。

（5）、（6）拜访 MSC 查询数据库，从 VLR 获取有关被叫用户的呼入信息。

（7）、（8）拜访 MSC 通过位置区内的所有 BS 向 MS 发送寻呼消息。各 BS 通过寻呼信道发送寻呼消息，消息的主要参数为被叫的 IMSI 号码。

（9）、（10）被叫用户收到寻呼消息，发现 IMSI 与自己相符，即回送寻呼响应，基站将寻呼响应消息转发至 MSC。然后 MSC 执行与移动用户呼叫固定用户流程（1）～（4）相同的过程，直到 MS 振铃，向主叫用户回送呼叫接通证实信号（图中省略）。

（11）移动用户摘机应答，向固定网发送应答（连接）消息，最后进入通话阶段。

5. 呼叫释放

在移动网中，为节省无线信道资源，呼叫释放采用互不控制复原方式。通话可由任意一方释放，移动用户通过按挂机“NO”键终止通话。这个动作由 MS 翻译成“断连”消息，MSC 收到“断连”消息后，向对端局发送拆线或挂机消息，然后释放局间通话电路。但此时信道资源仍未释放，MSC 与 MS 之间的信道资源仍保持着，以便完成诸如收费指示等附加操作。当 MSC 决定不再需要呼叫时，发送“信道释放”消息给 MS，MS 以“释放完成”消息应答。这时，连接信道才被释放，MS 回到空闲状态。

6.3.2 漫游与越区切换

漫游（Roaming）是蜂窝移动网的一项重要服务功能，它可使不同地区的移动网实现互连。移动台不但可在归属区中使用，也可以在拜访区使用。具有漫游功能的用户，在整个移动网内都可以自由地通信，其使用方法不因位置不同而异。在移动通信的发展过程中，曾出现过人工漫游、半自动漫游和自动漫游 3 种形式。前两种方式，大多用于早期的模拟网。目前，数字蜂窝移动网均支持自动漫游方式，这种方式要求移动网数据库通过 No.7 信令进行互连，网络可自动检索漫游数据，并在呼叫时自动分配漫游号码，而对于移动用户则是无感的。

越区切换是指当通信中的 MS 从一个小区进入另一个小区时，网络把 MS 从原小区占用的信道切换到新小区的某一信道，以保证用户的通信不中断。移动网的特点就是用户的移动性，因此，保证用户信道的成功切换是移动网的基本功能，也是移动网和固定网的重要区别。切换是由网络决定的，除越区需要切换之外，有时系统出于业务平衡需要也要进行切换。例如，MS 在两个小区覆盖重叠区进行通话时，由于被占信道小区业务特别繁忙，这时 BSC 可通知移动台测试它临近小区的信号质量，决定将它切换到另一个小区。

切换时，基站首先要通知 MS 对其周围小区基站的有关信息及广播信道载频、信号强度进行测量，同时还要测量它所占用业务信道的信号强度和传输质量，并将测量结果传送给 BSC，BSC 根据这些信息对 MS 周围小区的情况进行比较，最后由 BSC 做出切换的决定。另外，BSC 还需判别在什么时候进行切换，切换到哪个基站。

越区切换是由网络发起、移动台辅助完成的。MS 周期性地对周围小区的无线信号进行测量，及时报告给所在小区基站，并上报 MSC。MSC 会综合分析 MS 送回的报告和网络所监测的情况，当网络发现符合切换条件时，执行越区切换的信令过程，指示 MS 释放原来所占用的无线信道，在临近小区的新信道上建立连接并进行通信。下面就两种不同情况下的越区切换进行讨论。

1. MSC 内部切换

同一 MSC 服务区内基站之间的切换，称为 MSC 内部切换（Intra-MSC）。它又分为同一 BSC 控制区内不同小区之间（Intra-BSS）的切换和不同 BSC 控制区内（Inter-BSS）小区之间的切换。MSC 内部切换（Intra-MSC）过程如图 6-5 所示。

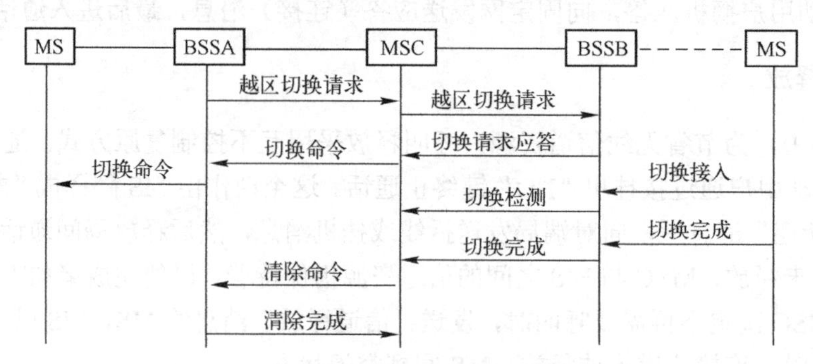

图 6-5 MSC 内部切换过程

MS 周期地对周围小区的无线信号进行测量，并及时报告给所在小区基站。当信号强度过弱时，该 MS 所在的基站（BSSA）就向 MSC 发出“越区切换请求”消息，该消息中包含了 MS 所要切换的后选小区列表。MSC 收到该消息后，开始向切入基站（BSSB）转发该消息，要求切入基站分配无线资源，BSSB 开始分配无线资源。

若 BSSB 分配无线信道成功，则给 MSC 发送“切换请求应答”消息。MSC 收到后，通过 BSSA 向 MS 发送“切换命令”。该命令中包含了由 BSSB 分配的一个切换参考值，包括所分配信道的频率等信息。MS 将其频率切换到新的频点上，向 BSSB 发送“切换接入”消息。BSSB 检测 MS 的合法性；若合法，BSSB 发送“切换检测”消息给 MSC。同时，MS 通过 BSSB 发送“切换完成”消息给 MSC，MS 通过 BSSB 进行通信。当 MSC 收到“切换完成”消息后，通过“清除命令”释放 BSSA 上的无线资源，完成后，BSSA 回送“清除完成”给 MSC。至此，一次切换过程完成。

2. MSC 间切换

不同 MSC 服务区基站之间的切换，称为 MSC 间切换（Inter-MSC）。MSC 之间切换的过程与 Intra-MSC 的切换基本相似。所不同的是，由于切换是在 MSC 之间进行的，因此，MS 的漫游号码要发生变化，由切入服务区的 VLR 重新分配，并且在两个 MSC 之间建立电路连接。信令过程参见 6.4.3 节。

6.3.3　网络安全

GSM 提供了较完备的网络安全功能，包括用户识别码（IMSI）的保密、用户鉴权和信息在无线信道上的加密。

1. IMSI 保密

IMSI 是唯一识别一个移动用户的识别码，如果被截获，就会被人跟踪，甚至被人盗用，造成经济损失。为此，GSM 系统可为每个用户提供一个临时移动用户识别码（TMSI）。该编码在用户入网时由 VLR 分配，它与 IMSI 一起存在 VLR 数据库中，只在拜访期间有效。移动台起呼、位置更新或向网络发送报告时将使用该编码，网络对用户进行寻呼时也使用该编码。如果移动用户进入一个新的 VLR 服务区，需要进行位置更新，TMSI 更新过程如图 6-6 所示。新的 VLR 首先根据更新消息中的 TMSI 及 LAI 判定分配该 TMSI 的前一个 PVLR（Previous VLR），然后从 PVLR 获取该用户的 IMSI，再根据 IMSI 向 HLR 发出位置更新消息，请求有关的用户数据。与此同时，PVLR 将收回原先分配的 TMSI，当前所在的 VLR 重新给该用户分配新的 TMSI。从以上讨论可知，IMSI 不在空中信道上传送，取而代之的是 TMSI，而 TMSI 是动态变化的，避免了 IMSI 被截获的可能，因此 IMSI 得到了保护。

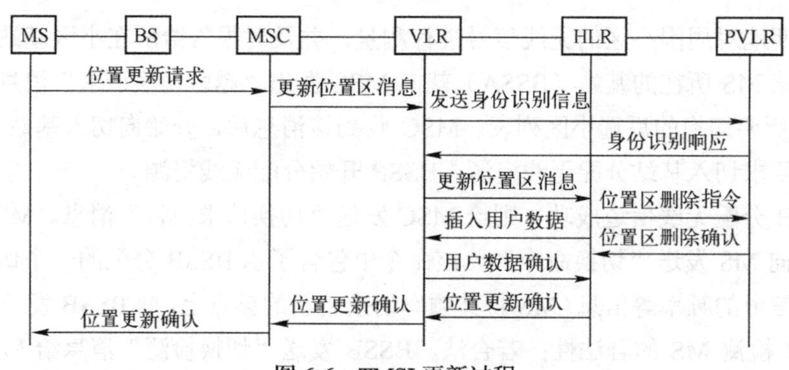

图 6-6　TMSI 更新过程

2. 用户鉴权

GSM 的用户鉴权（Authentication）实际上是一种认证，其目的是以一种可靠的方法确认用户的合法身份。它不依赖于 IMSI、MSDN 或 IMEI，这是 GSM 区别于其他系统的一个特色。

用户鉴权由鉴权中心（AC）、VLR 和用户配合完成，用户鉴权原理如图 6-7 所示。当用户起呼、被呼或进行位置更新时，VLR 向该移动用户发送一个随机数（Rand）；用户的 SIM 卡以随机数和鉴权键 Ki 为输入参数运行鉴权算法 A3，得到输出结果，称为符号响应（SRES），回送 VLR。SRES 是一种数字签名，VLR 将此结果和预先算好并暂存在 VLR 的结果进行比较，如果两者相符，表示鉴权成功。

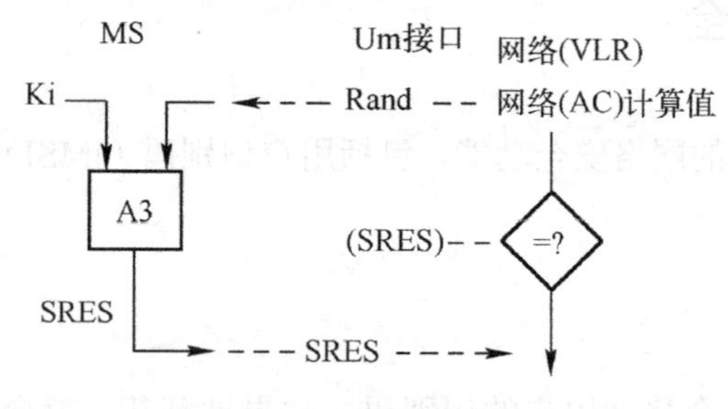

图 6-7　用户鉴权原理

如果 VLR 发现鉴权结果与预期不符，且用户是以 TMSI 发起鉴权的，则 TMSI 可能有误，这时 VLR 可通知用户发送其 TMSI。如果 TMSI 与 IMSI 的对应关系不一致，则以 IMSI 为准再次鉴权。如果鉴权再失败，VLR 就要核查用户的合法性。鉴权记录由 VLR 保存。

VLR 存储的随机数和符号响应对是由 AC 预先产生并传送到 VLR 中的。AC 中存有用户的 Ki 和相同的算法 A3。VLR 可为每个用户最多暂存 10 对随机数和符号响应对，每执行一次鉴权使用一对数据，鉴权结束这对数据就销毁。当 VLR 只剩下少量鉴权数据时就向 AC 申请，AC 将向它发送鉴权数据。用户的 Ki 在 SIM 卡和 AC 中存放，其他网络部件包括 HLR、VLR 都无此参数，以保证用户安全。

CDMA 移动网的鉴权与 GSM 具有相似性，如同样采用数字签名。但 CDMA 系统允许由 VLR 代替进行鉴权，以减轻 AC 的负荷。相应的鉴权过程更为复杂，功能则更为完善。

3．数据加密

数据加密（Encryption）用于确保信令和用户信息在无线链路上的安全传送，用户信息是否需要加密可在起呼时由系统确定。数字通信系统有许多成熟的加密算法，GSM 采用可逆算法 A5 进行加解密。为了提高加密性能，AC 为每个用户提供若干对三参数组（Rand、SRES、K_c）。如图 6-8 所示，在鉴权过程中，当 MS 计算 SRES 时，同时利用 A8 算法计算密钥 K_c。一旦鉴权成功，MSC/VLR 根据系统要求向 BTS 发送加密模式指示，消息中包含加密模式（M），然后 BTS 通知 MS 启动加密操作。MS 根据 K_c 和 TDMA 帧号通过算法 A5 对 *M* 进行加密，然后将密文传回 BTS，同时报告加密模式完成。BTS 解密后得到明文 *M*，将其与从 MSC/VLR 收到的 *M* 进行对比，如果相同则加密成功，同时向 MSC/VLR 回送加密完成消息，表明 MS 已成功启用加密，就可以进行呼叫建立了。

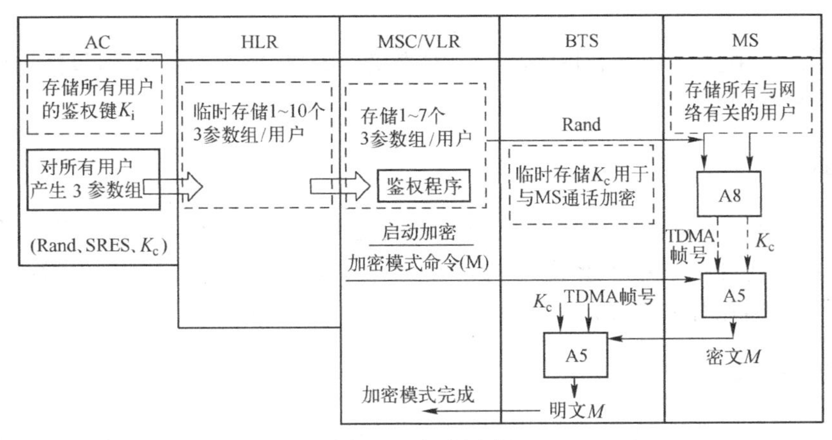

图 6-8　加密过程

4．移动台识别

移动台识别是通过国际移动用户设备标识码和设备识别寄存器（EIR）完成的。设备识别过程如图 6-9 所示，根据需要，系统可要求 MS 报告其国际移动设备识别码（IMEI），并与 EIR 中存储的数据进行比对，以确定 MS 的合法性。在 EIR 中建有一张“非法 IMEI 列表”，俗称“黑名单”，用以禁止被盗移动台的使用。整个系统通过建立白名单、黑名

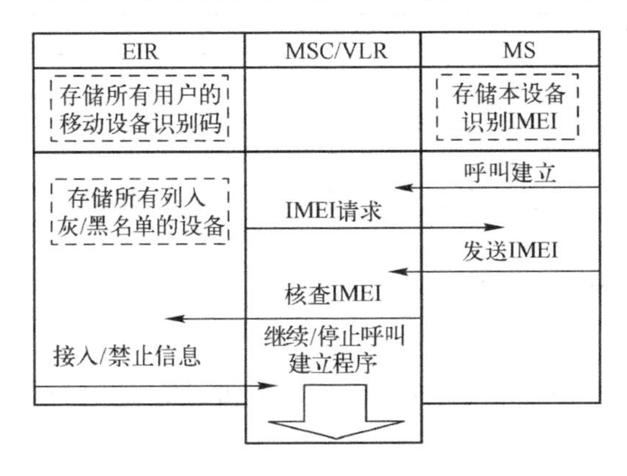

图 6-9　设备识别过程

单和灰名单，来监控移动台的使用情况，增强系统的安全性。目前，我国的 GSM 系统暂不提供此项功能。

6.4 移动交换信令

GSM 系统设计的一个重要出发点是支持泛欧漫游和多厂商环境，因此定义了完备的接口和信令。其接口和信令协议结构对后续移动通信标准的制定具有重要影响。本节介绍空中接口信令、基站接入信令和高层应用协议。

6.4.1 空中接口信令

GSM 系统空中接口继承了 ISDN 用户/网络接口的概念，其控制平面包括物理层、数据链路层和信令层 3 层结构。

1. 物理层

GSM 无线信道分为业务信道（TCH）和控制信道（CCH）两类。业务信道承载话音编码或用户数据；控制信道用于承载信令或同步数据，GSM 包括 3 类控制信道：广播信道、公共控制信道和专用控制信道。

2. 数据链路层

GSM 空口数据链路层协议称为 LAPDm，它是在 LAPD 基础上做少量修改形成的。修改原则是尽量减少不必要的字段以节省信道资源。LAPDm 支持两种操作：一是无确认操作，其信息采用无编号信息帧 UI 传输，无流控和差错控制功能；二是确认操作，使用多种帧传输第三层信息，可确保传送帧的顺序，具有流控、差错控制功能。为此，GSM 定义了多种简化帧格式以适应各种应用。LAPDm 定义的 5 种帧格式如图 6-10 所示。

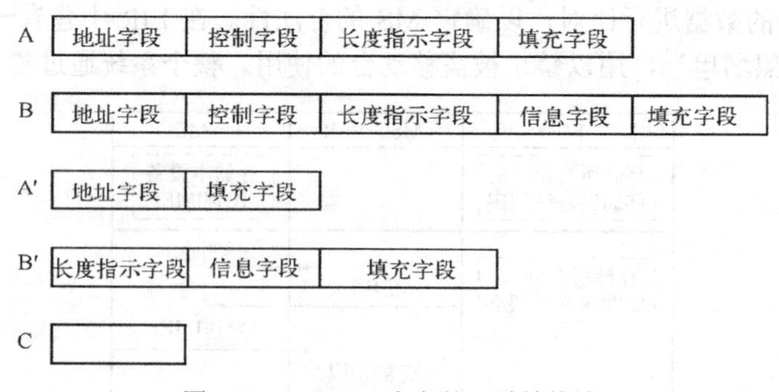

图 6-10 LAPDm 定义的 5 种帧格式

格式 B 是最基本的一种帧，与 LAPD 相同。地址字段增设一个服务访问点标识 SAPI，用于识别上层应用，如 SAPI=0 为呼叫控制信令，SAPI=3 为短消息业务。短消息业务（Short Message Service，SMS）是指在专用控制信道上传送的长度受限的用户信息，犹如 ISDN 中 D 信道上传送的分组数据。系统将其转送至短消息中心，进而转送到目的用户。但 SAPI=0

的帧优先级高于 SAPI=3 的帧。控制字段定义了 I 帧和无编号信息帧 UI，前者用于专用控制信道（SDCCH、SACCH、FACCH），后者用于除随机接入信道之外的所有控制信道。

格式 A 对应 UI 帧和 S 帧。

格式 A′和 B′用于 AGCH、PCH 和 BCCH 信道。这些下行信道的信息自动重复发送，无须证实，因此不需要控制字段；由于所有移动台都接收这些信道，因此不需要地址字段。B′格式帧传送不需要证实的无编号帧 UI。A′只起填充作用。

格式 C 仅一个字节，专用于 RACH 信道。实际上 C 不是 LAPDm 帧，只是由于接入的信息量少，因此采用了一个最简化的结构。

3．信令层

信令层是收、发和处理信令消息的实体，其主要功能是传送控制和管理信息。它包括以下 3 个功能子层。

（1）无线资源管理（RR），其作用是对无线信道进行分配、释放、切换、性能监视和控制。对于 RR，GSM 共定义了 8 个信令过程。

（2）移动性管理（MM），定义了位置更新、鉴权、周期更新、开机接入、关机退出、TMSI 重新分配和设备识别 7 个信令过程。

（3）连接管理（CM），或者称为呼叫管理，负责呼叫控制，包括补充业务和短消息业务的控制。由于有 MM 功能子层的屏蔽，CM 子层已感觉不到用户的移动性。其控制机制继承了 ISDN 的 UNI 接口原理，包括去话建立、来话建立、呼叫中改变传输模式、MM 连接中断后呼叫重建和 DTMF 传送 5 个信令过程。

信令层消息结构如图 6-11 所示。其中，事务标识 TI 用于区分多个并行的 CM 连接。TI 标志由连接的发起端和目的端设置，起始端 TI 标志为 0，目的端设置为 1。TI 值由发起端分配，一直保持到连接处理结束。因此，TI 标志和 TI 值结合起来，既可表示方向，又可区分连接。对于 RR 和 MM 实体，由于同时只有一个处理有效，因此 TI 对它们没有意义。协议指示语（PD）定义了 RR、MM、呼叫控制、SMS 业务、补充业务和测试 6 个协议。消息类型（MT）指示每种协议的具体消息。消息本体由信息单元（IE）组成。

移动台呼叫的无线接口信令过程如图 6-12 所示。首先，MS 通过 RACH 发送“信道请求”，申请占用信令信道。如果申请成功，基站经 AGCH 回送“立即分配”，指派一个专用信令信道（SDCCH），然后 MS 转入此信道进行通信。先发送“CM 服务请求”消息，告诉网络要求 CM 实体提供服务，但 CM 连接必须建立在 RR 和 MM 连接基础上，因此首先执行用户鉴权请求（MM 信令），然后执行加密模式命令（RR 信令）。MS 发送“加密模式完成”消息后启动加密，如果不需要加密，则网络在发送的“加密模式命令”消息中将进行指示。接着 MS 发送“呼叫建立”消息，该消息指明业务类型、被叫号码，也可以给出自身的标识和相关信息。MSC 启动呼叫建立进程，并发回“呼叫进行中”消息，同时网络（一般是 BSC）分配业务信道用于传送用户信息。该 RR 信令过程包含“业务信道分配命令”和“业务信道分配完成”两个消息，其中“业务信道分配完成”表明 MS 已在新指派的 TCH/FACCH 信道上发送信令，其后的消息转由 FACCH 承载，原先分配的 SDCCH 被释放。当被叫空闲且振铃时，网络向主叫发送“振铃”提示消息，MS 听回铃音。被叫应答后，网络发送“连接”消息，MS 回送“连接证实”，这时 FACCH 任务完成，进入正常通话阶段。

值得注意的是，图中“网络侧”泛指信令消息在网络侧的对应实体，可能位于基站子系统的 BSC 或交换机（MSC）中。

TI标志	TI	协议指示语（PD）
0	消息类型（MT）	
信息单元（必备）		
信息单元（任选）		

图 6-11　信令层消息结构

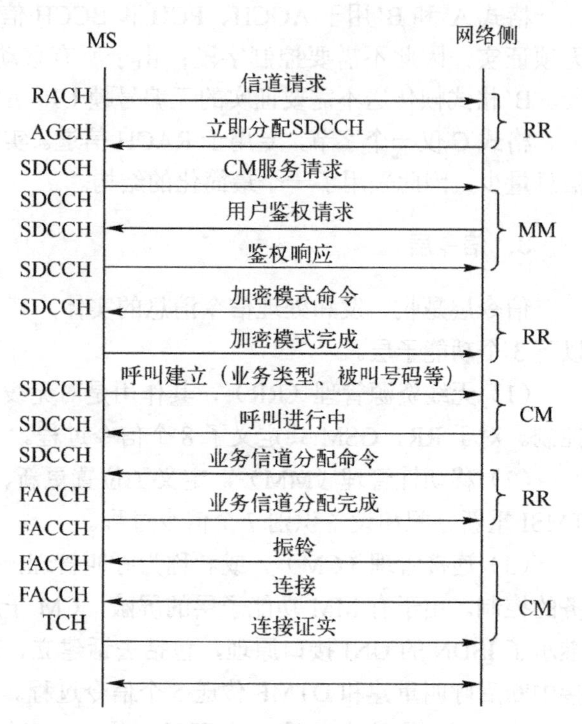

图 6-12　移动台呼叫的无线接口信令过程

6.4.2　基站接入信令

如图 6-13 所示，基站子系统（BSS）与网络子系统（NSS）的接口称为 A 接口；BTS 与 BSC 之间的接口称为 A-bis 接口。A 接口已在 GSM 规范中进行了标准化定义，A-bis 接口未标准化，因此不能支持 BSC-BTS 的多厂商设备互连环境。

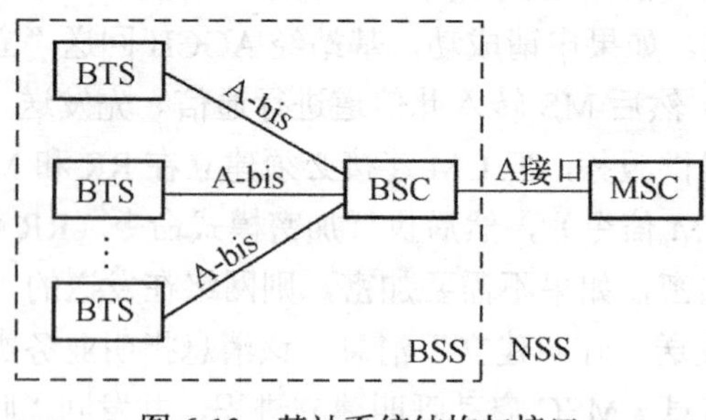

图 6-13　基站系统结构与接口

1．A-bis 接口信令

A-bis 接口信令同样采用 3 层协议结构。其中，第二层采用 LAPD 协议；第三层包括业务管理过程、网络管理过程和第二层管理过程 3 个实体，其服务访问点标识分别为 0、62 和 63。第二层管理过程已由 LAPD 本身定义；网络管理过程未标准化，这是 A-bis 接口不支持多厂商的主要原因；GSM 标准只定义了业务管理过程。

业务管理过程完成两项任务：一是透明地传送绝大部分的无线信令，以适配无线和有线接口的差异。所谓透明，就是 BTS 对第三层消息内容不做处理，仅进行中继。二是对 BTS 的物理和逻辑设备进行管理，管理过程是通过 BSC-BTS 之间的命令和响应消息完成的，消息的源点和终点就是 BSC 和 BTS，与无线接口消息无对应关系，这类消息统属于不透明消息。

GSM 将 BTS 的管理对象分为四类：无线链路层、专用信道、控制信道和收发信台。相应地定义了 4 个子过程：无线链路管理负责无线数据链路的建立和释放，以及透明消息的转发；专用信道过程负责 TCH、SDCCH 和 SACCH 的激活、释放、性能参数和操作方式控制，以及测量报告等；控制信道管理过程负责不透明消息转发及公共控制信道的负荷控制；收发信台管理过程负责收发信机流量控制和状态报告等。

A-bis 接口信令消息结构如图 6-14 所示。其中，消息鉴别语表示哪一类管理消息，并指明是否为透明消息；信道号表示信道类型；链路标识表示哪种专用控制信道。

2. A 接口信令

A 接口信令分层结构如图 6-15 所示，A 接口采用 No.7 信令，包括物理层、链路层、网络层（MTP-3 + SCCP）和应用层。A 接口属于点到点接入，网络功能有限，因此 GSM 将应用层作为信令处理的第三层。MTP-2/3 + SCCP 作为第二层，负责消息的可靠传送。MTP-3 复杂的信令网管理功能基本不用，主要采用其信令消息处理功能。由于 A 接口传送许多与电路无关的消息，需要 SCCP 支持，但其 GT 翻译功能基本不用，而利用子系统号（SSN）识别第三层应用实体。第三层包括下列 3 个实体。

消息鉴别语	
EM	消息类型
信道号	
链路标识	
其他信息单元	

图 6-14　A-bis 接口信令消息结构

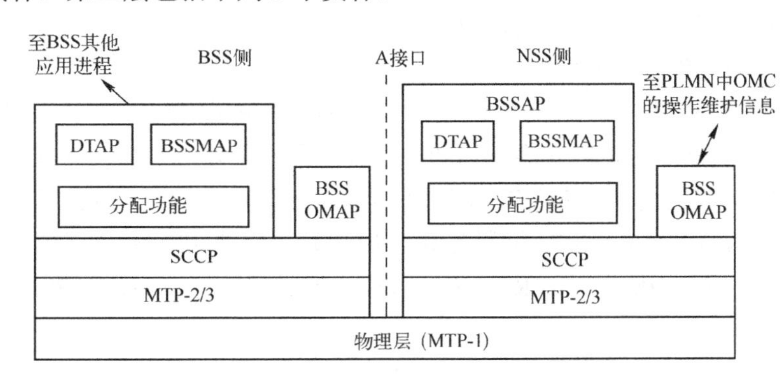

图 6-15　A 接口信令分层结构

（1）BSS 操作维护应用部分（BSSOMAP），用于 BSS 和 MSC 与 OMC 交换维护管理信息。

（2）直接传送应用部分（DTAP），用于透明地传送 MSC 和 MS 之间的消息，包括 CM 和 MM 消息。RR 协议消息终结于 BSS，不再发送到 MSC。

（3）BSS 管理应用部分（BSSMAP），用于 MSC 和 BSS 交换管理信息，对 BSS 进行资源管理、调度、监测、切换控制等。消息源点和终点为 BSS 和 MSC，消息均与 RR 有关。某些 BSSMAP 过程将直接触发 RR 过程，反之，RR 消息也可能触发某些 BSSMAP 过程。GSM 共定义了 18 个 BSSMAP 信令过程。

综上所述，空中接口和基站接入信令协议模型如图 6-16 所示。图中虚线表示对等实体之间的逻辑连接。Um 接口直接和 MS 相连，所有与通信相关的信令信息都源于该接口，因此空中接口 Um 是用户侧最重要的接口。

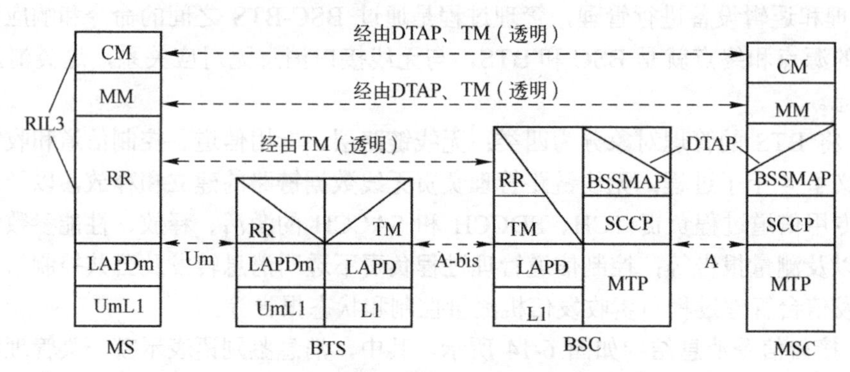

图 6-16　空中接口和基站接入信令协议模型

6.4.3　高层应用协议

GSM 高层应用协议为移动应用部分（MAP），MAP 的主要功能是支持 MS 移动性管理、漫游、切换和网络安全。为实现网络互连，GSM 系统需要在 MSC 和 HLR/AUC、VLR 和 EIR 等网络部件之间频繁地交换数据和指令，这些信息大都与电路无关，因此最适合采用 No.7 信令传送。MSC 与 MSC 之间及 MSC 与 PSTN/ISDN 之间关于电路接续的信令则采用 TUP/ISUP 协议。下面首先结合第 4 章的信令知识和 GSM 系统的控制需要简要介绍 MAP 使用 SCCP 和 TCAP 的情况。

1）SCCP 的使用

在 GSM 移动应用中，MAP 仅使用 SCCP 的无连接协议，MSC/VLR、EIR、HLR/AUC 在信令网中寻址时采用下列两种方式：国内业务采用 GT、SPC、SSN；国际业务采用 GT。GT 为移动用户的 MSISDN 号码；国内 SPC 采用 24bit 点码；SSN 为使用 MAP 的各个功能实体，如 HLR（SSN 编码为 00000110）、VLR（SSN 编码为 00000111）、MSC（SSN 编码为 00001000）、EIR（SSN 编码为 00001001）、AUC（SSN 编码为 00001010）、CAP（SSN 编码为 00000101）。

SCCP 被叫地址表示语：SSN 表示语为 1（包含 SSN），全局码（GT）表示语为 0100（GT 包括翻译类型、编号计划、编码设计、地址性质），但翻译类型为 00000000（不用）。

路由表示语：我国规定在移动本地网内，路由表示语为 1，即按照 MTP 路由标记中的 DPC 和被叫用户地址中的子系统号选路。在不同移动本地网之间（如省内、国内长途呼叫），路由表示语为 0，即按照全局码寻址。

2）TCAP 的使用

作为 TCAP 的用户，MAP 的通信部分由一组应用服务单元构成，这组应用服务单元（ASE）由操作、差错和一些任选参数组成，该应用服务由应用进程调用并通过成分子层传送至对等实体。图 6-17 所示的是系统 1 与系统 2 中 MAP 应用实体之间通信的逻辑和实际信息流。

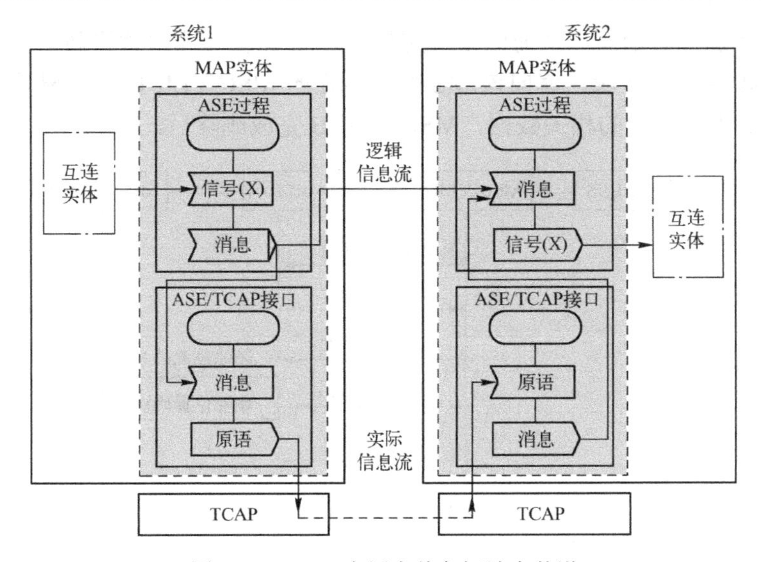

图 6-17　MAP 应用实体之间消息传递

MAP 消息是由包含在 TCAP 消息中的成分协议数据单元传送的。

按照 GSM 要求，MAP 定义了移动性管理、操作维护、呼叫处理、补充业务、短消息业务和 GPRS 业务等几类信令程序。移动性管理程序包括位置管理、切换、故障后复位程序；操作维护程序包括跟踪、用户数据管理、用户识别程序；呼叫处理程序包括查询路由程序；补充业务程序包括基本补充业务处理、登记、删除、激活、去活、询问、调用、口令登录、移动发起无结构化补充数据业务（Unstructured Supplementary Service Data，USSD）和网络发起 USSD 程序；短消息程序包括移动发起、移动终结、短信提醒、短信转发状态等程序。下面主要介绍 4 个典型的信令流程。

1．MS 位置更新信令流程

位置更新包括位置登记与删除。所谓位置登记，就是 MS 通过控制信道向 MSC 报告其当前位置。如果 MS 从一个 MSC/VLR 管辖区域进入另一个 MSC/VLR 管辖区域，就必须向归属 HLR 报告，使 HLR 能随时跟踪 MS 的位置，从而实现对漫游用户的接续。位置登记过程涉及 B 接口和 D 接口，由于 MSC 与 VLR 一般处于一个物理实体中，MSC 与 VLR 之间的接口实际为内部接口。因此，下面主要讨论 MSC/VLR 与 HLR 之间的位置登记与删除的信令过程。

1）基于 IMSI 的位置更新

位置更新时，如果 MS 用其识别码（IMSI）来标识自身，其位置更新过程只涉及用户新进入区域的 MSC/VLR 及用户归属地的 HLR，其位置更新过程如图 6-18 所示。

当 MS 进入由 MSC/VLR-A 控制的区域并用其 IMSI 来标识自己时，MSC/VLR-A 根据 IMSI 导出 MS 归属的 HLR，并将其映射为 MS 的 MSISDN，用 MSISDN 作为全局码（GT）对 HLR 进行寻址。在位置更新执行前，首先进行鉴权，MSC/VLR-A 发送鉴权请求消息要求得到 MS 的鉴权参数，HLR 用鉴权响应消息将鉴权参数回送 MSC/VLR-A。鉴权通过后，MSC/VLR-A 向 HLR 发送位置更新消息，收到位置更新消息后，HLR 将 MS 的当前位置记录在数据库中，同时将用户数据发送给 MSC/VLR-A，当收到用户数据确认消息后，HLR

回送接受位置更新确认消息，从而结束位置更新。HLR在完成位置更新后，确定该MS进入MSC/VLR-A管辖的区域，就向该MS原来所在的MSC/VLR-B发送删除位置消息，要求MSC/VLR-B删除MS的相关数据，MSC/VLR-B完成删除后，发送确认消息。

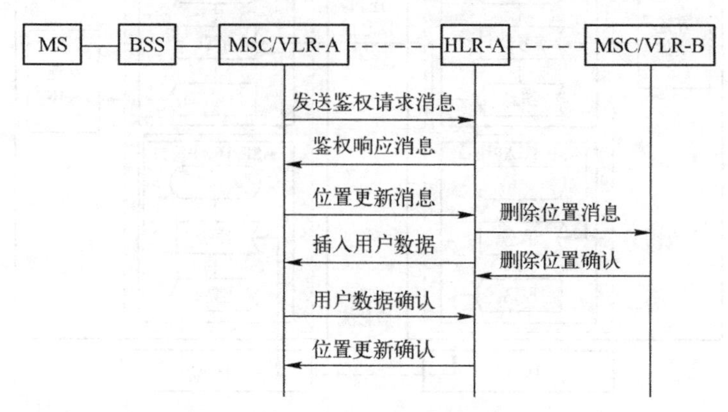

图6-18　基于IMSI的位置更新过程

2）基于TMSI的位置更新

MS从MSC/VLR-B管辖区域进入MSV/VLR-A管辖区域，在位置登记时，用户采用MSC/VLR-B分配的TMSI标识自己，其位置更新过程如图6-19所示。

由于VLR-A没有MS的任何信息，VLR-A只能从MS上报的LAI导出MSC/VLR-B地址，然后从MSC/VLR-B得到MS的IMSI及相关参数，以便确定其归属地HLR。若不能从MSC/VLR-B中得到该MS的IMSI，MSV/VLR-A需要求MS提供IMSI。然后MSC/VLR-A对MS进行鉴权，鉴权通过后，才向HLR发送位置更新请求。后续信令过程同图6-18所示。

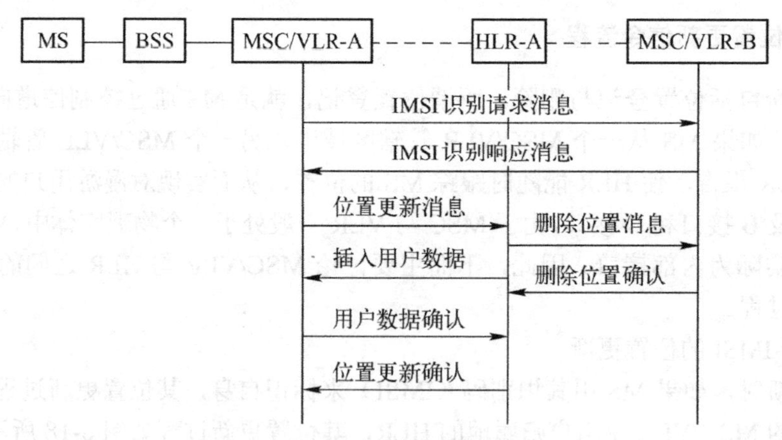

图6-19　基于TMSI的位置更新过程

2．MS呼叫流程

1）MS始呼信令流程

MS作为主叫呼叫PSTN用户时，其发起呼叫的信令过程如图6-20所示。图中，对MSC与基站子系统的信令进行了简化。

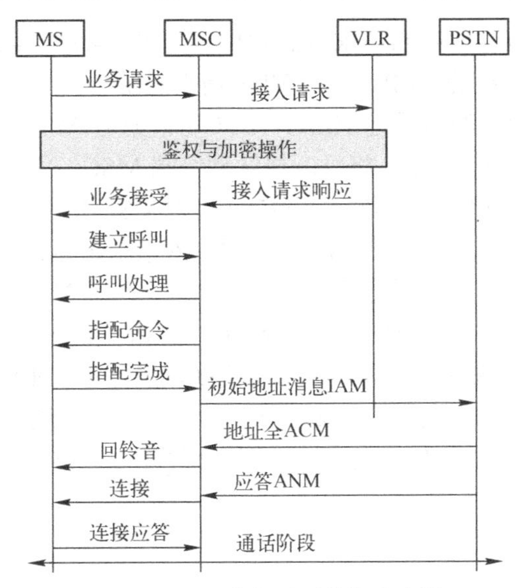

图 6-20　MS 发起呼叫的信令流程

MS 通过 BSS 向 MSC 发起业务请求，MSC 向 VLR 发送处理接入请求。MSC/VLR 首先对 MS 进行鉴权，鉴权通过后启动加密处理。然后，VLR 向 MSC 发送处理接入请求响应消息，MSC 向 MS 回送业务接受消息。MS 发送建立呼叫消息，MSC 向 MS 回送呼叫处理消息，表示正在进行处理。MSC 通过指配命令控制 BSS 为 MS 分配业务信道，一旦信道指配完成，MSC 通过 ISUP 信令向 PSTN 发送 IAM 消息，当接收到 ACM 消息后，主叫听回铃音；被叫应答，MSC 收到 ANM 消息后，向 MS 发送连接消息，MSC 收到 MS 发出的连接应答后，进入通话阶段。

2）MS 终呼信令流程

以固网用户呼叫 MS 为例，MS 终结呼叫的信令流程如图 6-21 所示。

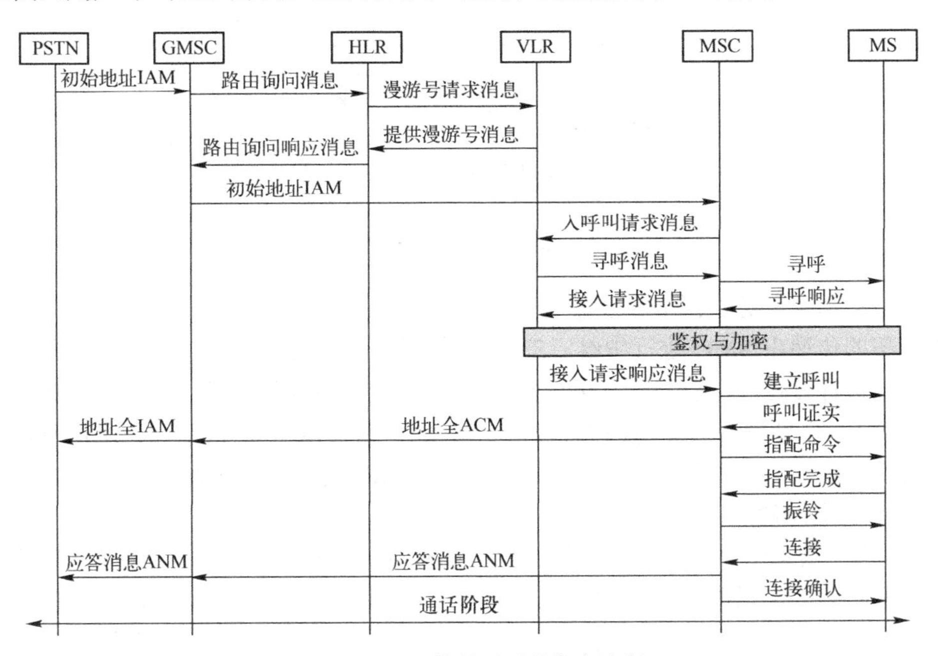

图 6-21　MS 终结呼叫的信令流程

GMSC 收到来自 PSTN 的呼叫请求，根据被叫号码向 MS 归属的 HLR 发送路由询问消息。HLR 查询 MS 目前所在的 VLR，并向 VLR 请求漫游号，当前服务的 VLR 为 MS 分配漫游号，并通过提供漫游号消息回送 HLR。HLR 将漫游号 MSRN 通过路由询问响应消息回送至 GMSC。GMSC 根据 MSRN 将呼叫接续到终端 MSC，终端 MSC 向 VLR 发送入呼叫请求消息。VLR 回送寻呼消息，指示 MSC 寻呼该 MS。MSC 指示 MS 所在位置区基站广播寻呼，MS 应答寻呼后，MSC 向 VLR 发送接入请求消息，要求处理被叫接入业务。VLR 首先对 MS 进行鉴权，鉴权通过后启动加密处理，然后 VLR 向 MSC 回送接入请求响应消息，表明系统接受 MS 作为被叫接入。MSC 向 MS 发送建立呼叫“SETUP”消息，MS 回送呼叫证实，MSC 通过关口局向 PSTN 交换局发送 ACM 消息，同时指示基站系统为被叫分配业务信道。一旦信道指配完成，MSC 即可向被叫发送振铃消息；当被叫应答时，MS 发送连接消息，MSC 经 GMSC 向 PSTN 回送应答消息 ANM，并向被叫回送连接确认消息，至此进入通话阶段。

3. 短消息信令流程

1）短消息业务网络结构

移动网短消息业务网络结构如图 6-22 所示，SMS-G/IWMSC（短消息业务关口/互连移动业务交换中心）和短消息中心（SMC）通常在同一个物理实体内。在这种情况下，一般是由 SMC 通过 PSTN、PSPDN 连接各种外部短消息实体，SMS-G/IWMSC 是 SMC 与移动网之间的接口设备，采用标准的 MAP 信令，而 SMC 与外部短消息实体之间采用 SMPP 协议，SMS-IWMSC 从 PLMN 接收 MS 发送的短信，并递交给 SMC。反过来，SMS-GMSC 从 SMC 接收短信，向被叫 MS 归属的 HLR 询问路由信息，并通过被叫 MS 拜访的 MSC 向 MS 转发短信。

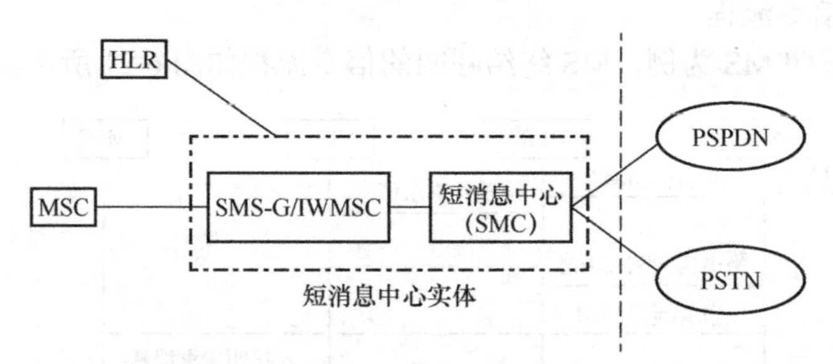

图 6-22 移动网短消息业务网络结构

点到点短消息业务包括 MS 发起的短信业务（MO）及 MS 终结的短信业务（MT），点到点短信的传递由 SMC 进行中继。SMC 的作用就像邮局一样，接收来自各方的邮件，然后对它们进行分拣，再投递到目标用户。SMC 的主要功能是接收、存储和转发用户的短消息。通过 SMC 能够可靠地将消息传递到目的地，如果传送失败，SMC 保存消息直至发送成功为止。短消息业务的一个突出特点是：即使 MS 处于通话状态，仍可收、发短信。

2）MS 发送短消息

MS 发送短消息信令流程如图 6-23 所示，MS 始发短信从 MS 向拜访的 MSC 发送短消息开始，到收到 SMC 回复发送成功响应为止。MS 将短信发送给拜访 MSC，MSC 根据短信中携带的 SMC 地址（手机入网时就已设置，并非被叫手机地址），将短信递交给 IW-MSC，由其转交 SMC。SMC 收到短信后，向 IW-MSC 回送确认消息，并依次将确认消息由

VMSC/VLR-A 转发给发信 MS。

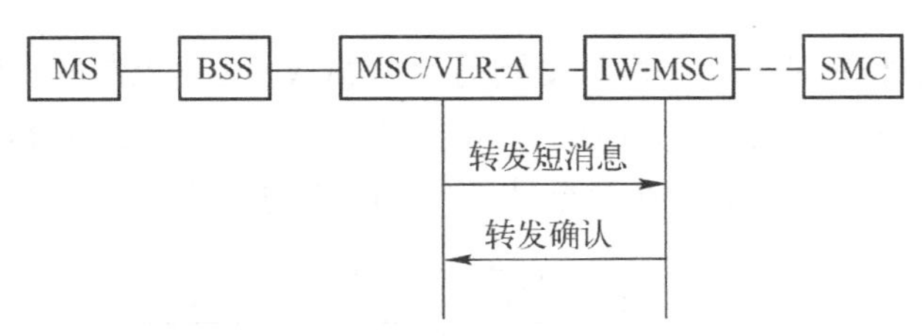

图 6-23 MS 发送短消息信令流程

3）MS 接收短消息

MS 接收短消息信令流程如图 6-24 所示，连接 SMC 的 GMSC-A 收到 SMC 发出的短信后，根据被叫 MS 号码(MSISDN)，向被叫归属的 HLR-A 询问路由，HLR-A 响应 GMSC-A 询问，将 MS 当前拜访的 MSC-B 的号码传送给 GMSC-A，然后由 GMSC-A 向 MSC-B 发送短消息。如果 MSC-B 发现该 MS 无法接通，就在 VLR-B 中设置短消息等待标志，同时向 GMSC-A 发送被叫缺席指示（Absent Subscriber），说明由于被叫无法接通，因此无法将短消息送达。GMSC-A 收到消息后向 HLR-A 发送包含被叫号码和 SMC 地址的“报告短信递交状态”消息。一旦被叫 MS 拜访的 MSC/VLR-B 检测到被叫 MS 可达（在线）时（如被叫响应寻呼或进行位置登记），就向被叫 MS 归属的 HLR-A 发送“短消息接收准备就绪（Ready for SM）”消息，然后 HLR-A 向 GMSC-A 发送“提醒短消息中心（Alert Service Center）”消息，GMSC-A 通知 SMC 并再次接收 SMC 发出的短消息，然后向 HLR-A 询问路由信息（Send Routing Info for SM），HLR-A 用响应消息将 MS 当前位置通知 GMSC-A，GMSC-A 即可向 MSC-B 再次发送短消息。当消息成功发送到被叫用户时，MSC-B 用响应消息报告 GMSC-A。至此，短消息成功发送至被叫 MS。

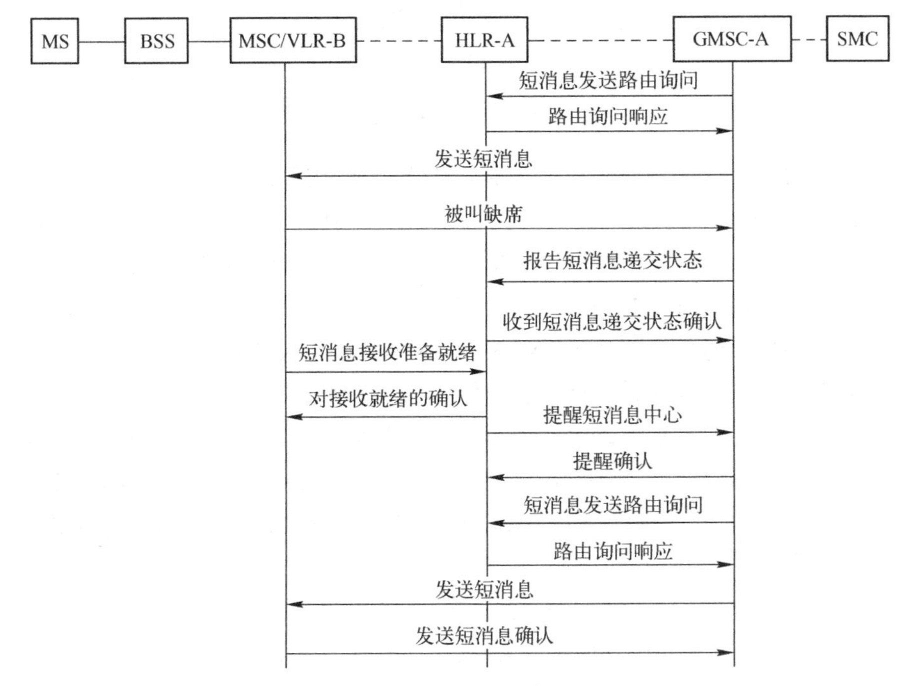

图 6-24 MS 接收短消息信令流程

4．越区切换信令流程

当 MS 在通话过程中从一个小区移动到另一个 MSC/VLR 控制的小区时，MSC/VLR 之间需要交换有关信令，以便 MS 能够使用新进小区分配的信道继续通信。下面以跨 MSC/VLR 服务区为例介绍信道切换信令过程，如图 6-25 所示。

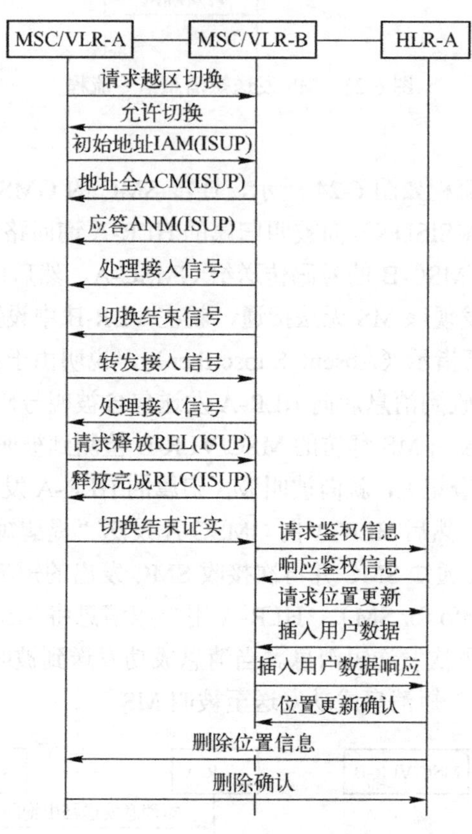

图 6-25　越区切换信令流程

如果 MS 在通话时从 MSC/VLR-A 控制区进入由 MSC/VLR-B 控制区，MSC/VLR-A 向 MSC/VLR-B 发送请求越区切换消息。MSC/VLR-B 收到切换请求后，为该呼叫分配并保留一个空闲的无线信道，同时为该次切换分配一个切换号码。该号码的作用类似于漫游号码，用于建立 MSC-A 至 MSC-B 的话路。MSC/VLR-B 采用允许切换消息，将分配的切换号码及已经分配的无线信道号传送给 MSC/VLR-A。MSC/VLR-A 收到此消息后，通过 ISUP 建立话路，在 IAM 消息中，被叫号码就是切换号码。当 MSC/VLR-B 接收到从 MS 发出的呼叫请求时，采用处理接入信号将该呼叫处理请求透明地传送给 MSC-A。如果需要，MSC-A 向 MSC-B 发送转发接入信号，传送需要透明地发送给 MSC-B 交换机 A 接口所需的呼叫控制和移动性管理消息。当话路建立后，MSC-A、MSC-B 分别在原信道和新分配信道上，向 MS 发送切换指示。

当 MSC-B 收到 MS 环回的证实消息后，即向 MSC-A 发送切换结束信号，表示信道切换成功。通话完毕，如果主叫用户先挂机，MSC-A 发送请求释放“REL（ISUP）”，MSC-B 发送释放完成“RLC（ISUP）”将话路释放。MSC-A 向 MSC-B 发送切换结束信号证实，通知切换过程已经结束。呼叫结束后，MSC-B 与 HLR-A 之间完成位置更新操作，MSC/VLR-A 与 HLR-A 之间完成位置删除操作。

6.5　通用分组无线电业务

GSM 系统采用电路交换，主要提供话音业务。制定 GPRS 标准的目的，就是要在 GSM 系统中引入分组交换和数据传输能力，以便移动用户接入和访问国际互联网或其他分组数据网。在通信速率方面，GSM 电路型数据业务（CSD）只能提供 9.6kbps 的传输速率，限制了移动数据业务的开展。而 GPRS 可同时采用 8 个信道进行数据传输，如采用 CS-2 编码方式最高速度可达 115kbps，采用 CS-3、CS-4 编码后理论速率可达 171kbps。增强型数据速率 GSM 演进技术（EDGE）进一步提高了 GPRS 信道的编码效率，速度可达 384kbps。

6.5.1　GPRS 网络架构

GPRS 网络分为两部分：无线接入网和核心网。无线接入网在移动台与基站子系统之间传输数据；核心网在基站子系统和外部数据网边缘路由器之间传输数据。GPRS 的基本功能就是在 MS 和外部数据网之间传输分组业务。

1．GPRS 网络结构

由 GSM 升级为 GPRS 需要增加 GPRS 业务支持节点（Servicing GPRS Support Node，SGSN）和 GPRS 网关支持节点（Gateway GPRS Support Node，GGSN）设备。此外，还需要在 BSS 中增加分组控制单元（Packet Control Unit，PCU），并对原有 BSC、BTS 进行软件升级。与此同时，GSM 电路域中的 HLR 也需升级，以支持 Gc、Gr 接口；MSC 也需要升级软件，以支持 Gs 接口。使用 GPRS 业务的移动台必须是 GPRS 手机或 GPRS/GSM 双模手机。由于 GGSN 与 SGSN 具有处理和管理分组数据的功能，因此 GPRS 网络能够和包括国际互联网在内的其他数据网互连，其网络结构如图 6-26 所示。

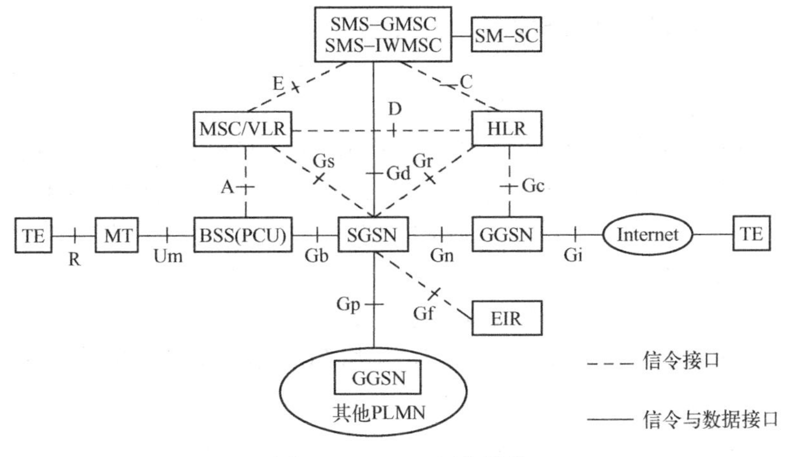

图 6-26　GPRS 网络结构

下面对各功能实体进行简要介绍。

1）终端设备（Terminal Equipment，TE）

TE 用于发送和接收分组数据。TE 可以是独立的计算机，也可以将 TE 的功能集成到手持终端，同移动终端（Mobile Terminal，MT）合二为一。从某种意义上说，GPRS 所提供的所有功能都是为了在 TE 和外部数据网络之间建立一个分组数据的传送通道。

2）移动终端

MT 一方面与 TE 通信，另一方面通过空口与 BSS 通信，并建立到 SGSN 的逻辑链路。GPRS 的 MT 必须配置 GPRS 功能软件，以便使用 GPRS 业务。在数据通信过程中，从 TE 的角度看，MT 的作用相当于将 TE 连接到 GPRS 网络的 MODEM。

3）移动台（Mobile Station，MS）

MS（如手机）可以看作是 MT 和 TE 功能的集成，物理上可以是一个实体，也可以是两个实体（TE + MT）。GPRS 移动台具有以下 3 种操作模式。

A 类模式：GPRS 和 GSM 电路型业务可同时工作。

B 类模式：MS 可同时附着在 GPRS 和 GSM 网上，但两者不能同时工作。

C 类模式：只能附着在 GPRS 网上。

A、B 类模式都能进行数据与话音业务的切换，区别在于：当 MS 在数据传送期间，有呼叫进入时，A 类 MS 能应答呼叫并通话，通话过程中继续保持数据传送；B 类 MS 应答后切换至话音业务，数据业务被悬置；待话音业务结束后，才能切换回数据业务。

4）SGSN 及其接口

在一个 PLMN 内，可以设置多个 SGSN。SGSN 的功能类似于 GSM 的 MSC/VLR，主要是对移动台进行鉴权、移动性管理和路由选择；建立 MS 与 GGSN 的逻辑链路；接收 BSS 透明传送的分组数据；完成协议转换并经 GPRS 核心网传送至 GGSN（或 SGSN），或者进行反向操作；另外 SGSN 还具有计费和业务统计功能。

Gb 接口：是 GPRS 核心网与接入网的接口，用于信令和业务信息传输。通过传送网（如早期的帧中继）提供流量控制，支持移动性和会话管理功能，如 GPRS 附着/分离、安全、路由选择、PDP 连接的激活/去活等；同时支持 MS 经 BSS 到 SGSN 的分组数据传送。

Gn 接口：为同一个 PLMN 内 SGSN 间、SGSN 和 GGSN 间的接口，该接口采用基于 TCP 或 UDP 的 GTP（GPRS 隧道协议）进行通信。

Gp 接口：为不同 PLMN 网 SGSN 之间或 SGSN 与 GGSN 之间的接口，在通信协议上与 Gn 接口相同，但网间通信需要增加边界网关（Border Gateway，BG）和防火墙，通过 BG 提供的路由，完成网间 GPRS 支持节点之间的通信。

Gs 接口：为 SGSN 与 MSC/VLR 之间的接口，采用基于 No.7 信令的 BSSAP+协议，SGSN 和 MSC/VLR 配合完成对 MS 的移动性管理功能，包括联合附着/分离、联合路由区/位置区更新等操作。SGSN 还可接收从 MSC/VLR 来的电路型寻呼信息；并通过 PCU 下传到 MS。对于 GPRS 手机 C 类操作，Gs 接口提供与否对业务没有影响；但是对于 A、B 类操作模式，Gs 接口有利于提高空中接口的利用效率。

Gr 接口：为 SGSN 和 HLR 之间的接口，采用 MAP 协议，SGSN 通过 Gr 接口从 HLR 获得 MS 的相关信息，HLR 保存 GPRS 用户数据和路由信息，当发生 SGSN 间的路由区更新时，SGSN 将更新 HLR 中的相应信息；当 HLR 中数据有变动时，也将通知 SGSN 进行相关的处理。

Gd 接口：为 SGSN 与 SMS-GMSC、SMS-IWMSC 的接口。SGSN 和 SMS-GMSC、SMS-IWMSC、短消息中心之间通过 Gd 接口配合完成 GPRS 的短消息业务。通过该接口，SGSN 能接收短消息，并将它转发至 MS。在不设置 Gd 时，短消息业务只能通过电路域提供。

Gf 接口：SGSN 与 EIR 之间的接口。支持 SGSN 与 EIR 之间的数据交换，支持对移动台的 IMEI 进行认证。

5）GGSN 及其接口

GGSN 是 GPRS 网络与外部数据网的网关或路由器，提供 GPRS 与外部分组网的接口。用户选择哪一个 GGSN 作为网关，是在 PDP 上下文（Context）激活过程中根据用户的签约信息及用户的接入点名称（APN）来确定的。GGSN 可通过 Gc 接口向 HLR 请求位置信息，对于漫游用户，HLR 可能与当前拜访的 SGSN 不在同一个 PLMN。

GGSN 主要功能：①GGSN 提供 MS 接入外部分组网的关口功能，从外部网看，GGSN 就像是可寻址 GPRS 网中所有用户的路由器，因此，需要同外部网络交换路由信息；②GPRS 会话管理，完成 MS 同外部数据网的连接建立；③将发送至 MS 的分组数据送往正确的 SGSN；④话单的产生和输出，主要体现用户使用外部网络的情况。

GGSN 的接口除了 Gn、Gp，还有与外部数据网及 GSM 电路域的接口。

Gi 接口：GPRS 与外部数据网的接口。GPRS 通过该接口和各种外部数据网（如 IP 网）互连，在 Gi 接口上进行协议的封装/解封装、地址转换、接入鉴权和认证等操作。

Gc 接口：该接口为可选接口，主要用于网络侧主动发起对 MS 的业务请求时，查询 HLR 中被叫用户当前所在 SGSN 的地址。

2. GPRS 网络协议体系结构

GPRS 网络协议体系结构如图 6-27 所示。

图 6-27（a）所示为 GPRS 控制平面（信令）协议结构，MS-SGSN 之间的控制协议与 GPRS 移动性管理和会话管理功能有关，如 GPRS 附着/分离、路由区更新和 PDP 上下文的激活。GSN（SGSN、GGSN 总称为 GSN）节点之间的信令传输采用 GTP 协议，GTP 用于隧道的建立、管理和释放。

图 6-27（b）所示为 GPRS 业务（传输）平面协议结构，GPRS 分组数据业务平面涉及的各个协议层，包括 SNDCP、LLC、RLC、BSSGP、NS、GTP 等。所有 MS 传输到 GGSN 的数据都要经过这些协议层的处理，MS、SGSN、GGSN 完成的是数据包的打包、拆包等协议转换功能。

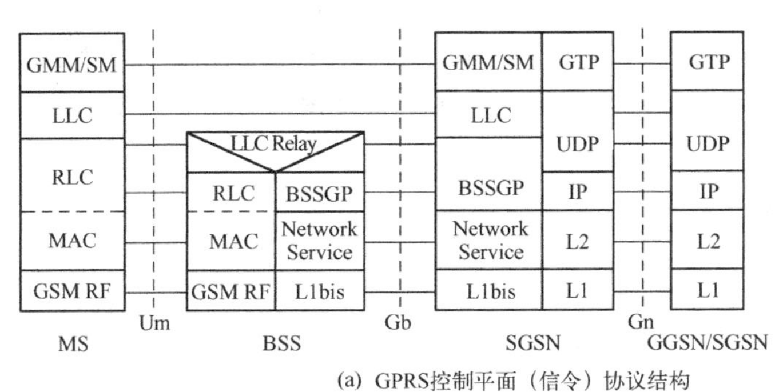

(a) GPRS控制平面（信令）协议结构

图 6-27　GPRS 网络协议体系结构

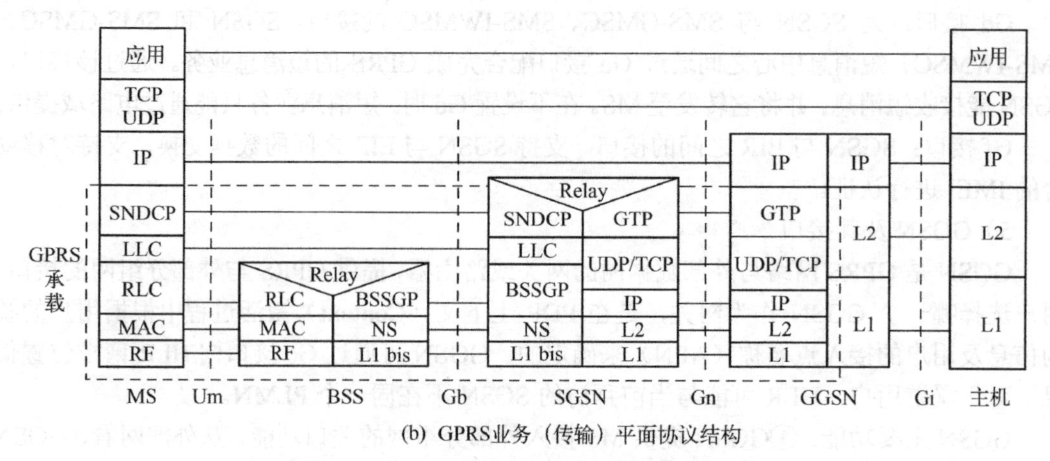

(b) GPRS业务（传输）平面协议结构

图 6-27 GPRS 网络协议体系结构（续）

下面介绍几个主要的 GPRS 协议。

（1）子网相关汇聚协议（SNDCP）。SNDCP 是为屏蔽底层子网差异而引入的，支持多种网络层协议（如 IPv4、IPv6 等）的统一适配，实现网络层数据的透明传输；对用户数据或协议控制信息进行压缩和解压，以提高信道利用率；对分组数据进行分段与重装，以适应无线链路的传输要求。

（2）逻辑链路控制协议（LLC）。LLC 基于 HDLC 协议，负责信令、短信和 SNDCP 协议数据单元的传输，向上层提供与底层协议无关的、安全可靠的逻辑链路。

（3）无线链路控制/媒体接入控制协议（RLC/MAC）。RLC 实现 LLC 协议数据的分段和重装以便在无线信道上传送，支持选择性重传，向上提供一个可靠的无线链路。MAC 协议定义和分配空中接口的逻辑信道并控制 MS 的接入以共享这些逻辑信道。RLC/MAC 提供确认和非确认两种操作模式。

（4）基站子系统 GPRS 应用协议（BSSGP）。BSSGP 主要提供与无线相关的 QoS 和选路信息，以满足 Gb 接口传输用户数据的需要。

（5）网络服务协议（NS）。NS 传送 BSSGP 协议数据，提供网络传输服务，如采用帧中继或 IP 传送方式。

（6）隧道协议 GTP。GTP 协议用于在 GSN 节点之间透明地传输用户和信令信息。GTP 数据单元由 TCP 或 UDP 承载，然后封装成 IP 包，IP 包的目的地址即为目标 GSN 地址。这个地址是运营商的内部地址，与此相对应，封装在 GTP 协议内部的 IP 包称为外部 IP 包。使用隧道的好处：一是当 MS 移动需要变换 SGSN 时，只需改变 GTP 的配置即可，而对上层 IP 数据包是透明的；二是在 Gi 与 Gn 之间不需要路由只有封装关系，提高了系统的安全性。

3．GPRS 网络业务

1）承载业务

GPRS 定义了两类承载业务：点到点数据业务（Point To Point，PTP）和点到多点数据业务（Point To Multipoint，PTM）。

2）短信业务

附着在 GPRS 网络的移动台，可以通过 GPRS 无线信道收、发短消息。利用 GPRS 的分组信道传送短消息，效率更高，容量更大。

6.5.2　移动性与会话管理

与 GSM 移动台相似，GPRS 终端必须注册到 PLMN 网络，所不同的是 GPRS 终端要将位置更新信息同时存储到 SGSN 中。分布在 GPRS 网络单元中的用户信息包括认证信息、位置信息、业务信息和鉴权信息等。

GPRS 用户信息存储位置如表 6-1 所示。

表 6-1　GPRS 用户信息存储位置

信息类型	信息元素	存储位置
认证信息	IMSI	SIM、HLR、VLR、SGSN、GGSN
	TMSI	VLR、SGSN
	IP 地址	MS、SGSN、GGSN
位置信息	VLR 地址	HLR
	位置区	SGSN
	当前服务的 SGSN	HLR、VLR
	路由区	SGSN
业务信息	基本业务 补充业务 电路交换承载业务 GPRS 业务信息	HLR
	基本业务 补充业务 电路交换承载业务	VLR
	GPRS 业务信息	SGSN
鉴权信息	K_i、算法	SIM、AC
	三参数组	VLR、SGSN

1．基本概念

为了理解 GPRS 移动性管理和会话管理原理，需要明确下列基本概念。

1）路由区（RA）

GPRS 网络是按路由区进行位置管理的。路由区是位置区的子集，即一个位置区可作为一个路由区，也可划分为几个路由区，每个路由区只有一个 SGSN 对其提供服务。定义路由区的目的是有效地寻呼 GPRS 手机。路由区由 RAI 识别，其结构为：RAI = MCC + LAC + RAC。其中，MCC 为移动国家号码；LAC 为位置区代码；RAC 为路由区代码。RAI 由运营商确定，并作为系统信息进行广播；移动台监视 RAI，以确定是否启动路由区位置更新过程。

2）GPRS 位置区管理

GPRS 位置区管理就是对移动台位置的管理，如当移动台从一个位置区或路由区移动到另一个位置区或路由区时，网络是如何进行管理的。位置更新过程如下。

（1）当 MS 处于就绪状态，在小区间移动时，需要进行小区位置更新（Cell Update）。

（2）当 MS 从一个路由区移动到另一个路由区时，需要进行路由区位置更新（Routing Area Update）。更新包括同一 SGSN 内的路由区位置更新和不同 SGSN 之间的路由区位置更新。

（3）当 SGSN 与 MSC/VLR 建立关联后，基于 Gs 接口还可实现 RA/LA 联合更新过程（Combined Inter-SGSN RA/LA Update）。

入网的 GPRS 手机首先要注册到网络，网络则为注册用户分配一个 IP 地址，其注册过程类似于 GSM 的位置登记，这一过程称为 GPRS 附着。网络为移动台分配 IP 地址，使其成为外部 IP 网络的一部分，这一过程称为 PDP 上下文（PDP CONTEXT）激活。

3）GPRS 附着与分离

MS 请求接入 GPRS 网络并提供相关信息，SGSN 对其进行鉴权，鉴权通过后，在 MS 和 SGSN 之间建立移动性管理上下文（GMM Context），至此，完成 GPRS 附着。GMM 上下文的内容包括 IMSI、MM 状态、P-TMSI、MSISDN、Routeing Area、 Cell identity 、New SGSN Address 、VLR Num 等。

与附着相反的操作是分离，分离就是 GPRS 手机断开与网络的连接，MS 从就绪状态转为空闲状态，清除与 SGSN 建立的移动性管理上下文（GMM Context）记录。

4）PDP 上下文（PDP Context）

PDP（分组数据协议）是外部数据网与 GPRS 接口所用的会话层协议。PDP 上下文是在 MS 和 GSN 节点中存储的与会话管理有关的信息列表（如 PDP 类型、PDP 地址、接入点名称 APN、QOS 参数等）。这些信息分为签约信息和位置信息两类。

简单地说，GPRS 手机上网分为附着、PDP 激活、数据传输 3 步。因此，GPRS 手机附着后，在传输数据之前，必须先建立 PDP 上下文，这一过程称为会话（类似于呼叫）。会话过程就是 MS 发起 PDP 上下文的过程，在这个过程中，MS 与网络之间协商 QoS 参数、动态分配 IP 地址、选择 GGSN、分配外部的 PDP 合法地址、建立 SGSN 与 GGSN 之间的隧道等。一旦 PDP 上下文激活，即可进行数据传送。

从业务管理角度来说，GPRS 网络必须具有两个管理过程：一是 GPRS 移动性管理过程（GMM）；二是 GPRS 会话管理过程（SM）。GMM 主要支持用户的移动性，实时掌握用户的位置信息。SM 是指支持移动用户对 PDP 上下文的处理，即 GPRS 移动台连接到外部数据网的处理过程。下面分别对这两个过程进行介绍。

2．GPRS 移动性管理

GMM 主要包括附着（Attach）、分离（Detach）、位置管理等处理流程，每个处理流程中通常包括登记、鉴权、IMEI 校验、加密等接入控制与安全管理功能。通过 GMM，SGSN 建立如表 6-2 所示的当前活动在该 SGSN 区域的 MS 的相关信息（移动性管理上下文）。

表 6-2　与 GPRS 移动性管理相关的信息

信息类型	描　述	信息类型	描　述
IMSI	国际移动用户标识	CKSN	加密键序列号
MM 状态	移动性管理状态，包括空闲、守候或就绪	加密算法	选择的加密算法
P-TMSI	分组临时移动用户标识	级别标志	MS 的级别标志
IMEI	国际移动设备标识	DRX	参数间歇接收参数
P-TMSI 签名	用于标识校验的签名	MNRG	指示是否应将 MS 的动作报告给 HLR
路由区	当前路由区	NGAF	指示是否应将 MS 的动作报告给 MSC/VLR
小区标识	当前小区，仅在就绪状态有效	PPF	指示能否发起对 GPRS 和非 GPRS 业务的呼叫
VLR 号码	当前服务于 MS 的 MSC/VLR 的 VLR 号码	MSISDN	MS 的基本 MSISDN
新 SGSN 地址	新 SGSN IP 地址，后续 N-PDU 将转发给该 SGSN	SMS	短消息相关参数，如运营者决定的限制
鉴权 Triplets	鉴权和加密参数（3 参数组）	恢复	指示 HLR 或 VLR 是否执行数据库恢复
K_c	当前使用的加密密钥		

GPRS 移动台具有 Idle（空闲）、Standby（守候）、Ready（就绪）3 种移动性管理状态，MS 在某个时刻总是处在某一状态。与 GSM 相比，GPRS 移动台能保持一直在线（Always on-line）状态，当收到来自上层应用的数据时，立即启动分组传送。移动性管理上下文（GMM Context）也称为移动性管理场景，是描述 MS 和 SGSN 中存储信息的总称。

1）空闲状态

在空闲状态下，MS 尚未附着到 GPRS 网络，SGSN 和 MS 的 GMM 上下文中未存有用户的任何信息，系统不能执行与该用户有关的移动性管理过程。

MS 可通过 GPRS 附着过程在 MS 和 SGSN 中建立 GMM 上下文，使 MS 状态由空闲转至就绪。

2）守候状态

守候也称为待命，在该状态下，MS 和 SGSN 已经为 MS 建立了 GMM 上下文，由于尚未启动数据传输，MS 基本不占用网络资源。在守候状态下，MS 可执行本地 GPRS 路由区（RA）、小区选择和重选。当 MS 进入新路由区时，将执行移动性管理并通知 SGSN。如果只在同一个路由区中的小区之间移动，MS 不会通知 SGSN。因此，守候状态下 GMM 上下文仅包含 MS 路由区标识（RAI）。

MS 在守候状态可以发起激活或去活分组数据协议上下文（PDP Context）过程。

3）就绪状态

在就绪状态下，SGSN 的 GMM 上下文是对守候状态下 GMM 上下文的用户位置信息在小区的扩展。MS 执行移动性管理向网络报告实际所在的小区。此时，MS 可以收、发分组数据，也可以发起激活或去活 PDP 上下文。MS 停留在就绪状态的时间由一个定时器监视，传输数据时定时器复位，当计时超过规定时限（如 30 秒）时，MS 转到守候状态。如果要从守候状态转入空闲状态，MS 必须发起 GPRS 分离。移动性管理工作状态的转移过程如图 6-28 所示。

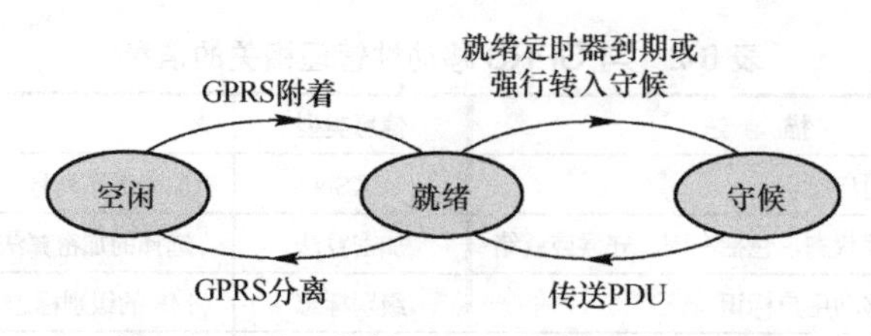

图 6-28　移动性管理工作状态的转移过程

3．GPRS 会话管理

会话管理（SM）是指将 GPRS 移动台连接到外部数据网的信令过程，包括对 PDP 上下文的激活、去活和修改。PDP 上下文是 PDP 地址的一个信息描述表，描述在移动台和网络之间传递数据分组的路由信息、QoS、优先权及计费信息等。数据通信时，首先要激活 PDP 上下文，才能建立数据链路。数据传输结束后，则要去活 PDP 上下文，使其进入非活动状态。数据传输过程中，可以修改 PDP 上下文，即修改某些参数。PDP 上下文分布在 MS、SGSN 和 GGSN 中。SGSN 中存储的当前活动 MS 的 PDP 信息如表 6-3 所示。

表 6-3　与 GPRS 会话管理相关的 PDP 信息

信息类型	描　述
PDP 类型	指 IP 数据网络或 X.25 网络
PDP 地址	指 IP 地址或 X.25 地址
NSAPI	网络层业务接入点标识符
PDP 状态	分组数据协议状态未激活或激活
APN	MS 请求的接入点名称（Access Point Name，APN）
使用的 GGSN 地址	激活的 PDP 上下文当前所使用的 IP 地址
允许的 VPLMN 地址	规定允许 MS 在 HPLMN 或 VPLMN 中使用的 APN
压缩	商定的数据压缩参数
签约 QoS 文件	该 PDP 上下文的签约 QoS 文件
所请求的 QoS 文件	在 PDP 上下文激活时请求的 QoS 文件
商定的 QoS 文件	该 PDP 上下文所商定的 QoS 文件
无线优先级	RLC/MAC 优先级
SND	发往 MS 的下行 N-PDU 的 GTP 序号，仅用于面向连接型 PDP
SNU	发往 GGSN 的上行 N-PDU 的 GTP 序号，仅用于面向连接型 PDP
要求重新排序	规定 SGSN 在将 N-PDU 传送给 MS 之前是否重新排序

PDP 上下文主要包括 APN、QoS、PDP 类型、PDP 地址等信息。其中 APN 是所使用的 GGSN 参考名（如域名），用于标识所接入的外部网络。当手机接入不同外网时 APN 是不同的，在 PDP 上下文激活过程中 DNS 将 APN 翻译成 GGSN 的 IP 地址，通过此 GGSN 就可接入相应的外部数据网。例如，中国移动将 APN 分为两类，一类是通用的 APN（如 CMNET 和 CMWAP），这类 APN 在全网所有 GGSN 中都有定义，当 MS 使用通用 APN 激活 PDP 上下文时，DNS 总是将它翻译成 MS 漫游地 GGSN，就近接入外网；另一类是区域性的 APN（如南京市某行业部门利用 GPRS 实现移动办公所设置的 APN 等），这样的

APN 只在 MS 归属地 GGSN 中定义，当 MS 使用区域性 APN 激活 PDP 上下文时，DNS 总是将它翻译成归属地的 GGSN 地址。

6.5.3　GPRS 信令流程

下面介绍几个典型的 GPRS 信令流程。

1. GPRS 附着信令流程

MS 附着 GPRS 网络的信令流程如图 6-29 所示，其中简化了鉴权和加密部分的处理。

当具有 GPRS 功能的 MS 进入一个新的位置区时，立即向当前服务区的 SGSN 发起附着请求，GPRS 网络对 MS 进行鉴权，鉴权成功后启动加密操作。新 SGSN 向 HLR 发送位置更新请求，告知归属地 HLR MS 已进入新 SGSN 服务区。HLR 向 MS 原来所在的 SGSN 发送位置删除信息请求，要求该 SGSN 删除与该 MS 相关的信息。同时，归属 HLR 向新 SGSN 插入用户数据，将与该 MS 相关的用户信息发送到新 SGSN。在成功完成旧 SGSN 中用户数据删除和新 SGSN 中用户数据插入后，HLR 将该用户的新位置登记到数据库中，并向新 SGSN 确认位置更新成功。

GPRS 附着后，当前服务于 MS 的 SGSN 就存放有 MS 的相关数据，MS 归属 HLR 中也存放了该用户的位置信息（如 SGSN 地址）。MS 原来所在的 SGSN 则删除了该用户的相关数据。

2. GPRS 分离信令流程

MS 发起的分离包括 3 种类型，分别用不同的 Detach Type 值表示。一是 GPRS Detach，MS 只与 GPRS 网脱离；二是 IMSI Detach，MS 只与 GSM 网脱离；三是 IMSI/GPRS Detach，MS 同时脱离 GPRS 和 GSM 网。MS 分离 GPRS 网络的信令流程如图 6-30 所示，其中省略了鉴权和加密处理。

MS 向 SGSN 发送分离请求；SGSN 首先判断此 MS 是否存在激活的 PDP 上下文，如果有，发起到 GGSN 的去活 PDP 请求，GGSN 向 SGSN 回送去活响应。如果 MS 已附着在 MSC/VLR，并且此次分离类型为 IMSI/GPRS 联合分离，SGSN 还应向 MSC/VLR 发送 IMSI 分离指示。如果 MS 此次分离类型为 GPRS 分离，MS 还想保留 IMSI 附着，SGSN 应向 MSC/VLR 发送 GPRS 分离，取消 SGSN 与 MSC/VLR 的关联。分离完成后，SGSN 向 MS 发送 Detach 接受消息。

3. MS 激活 PDP 信令流程

MS 激活一个 PDP 上下文意味着发起一个分组数据呼叫。图 6-31 所示是处于附着状态的 MS 成功激活 PDP 上下文的信令流程。通过该流程，MS 建立 PDP 上下文。当处于附着状态的 MS 需要传输数据时，MS 向目前所在区域的 SGSN 发送一个 PDP 上下文激活请求，其中包含上下文接入点名称（APN）、QoS 要求、PDP 类型、PDP 地址等信息。SGSN 对 MS 进行鉴权，鉴权通过后启动加密过程。SGSN 根据收到的 APN 解析 GGSN 地址，将 PDP

请求路由到与该PDP上下文相关的GGSN，并向其发送PDP上下文激活请求，建立与GGSN之间的隧道连接。GGSN确认可建立到指定外部网络（APN）的连接时，就向SGSN回复应答消息。SGSN向MS返回接受PDP上下文激活消息，至此PDP建立成功，即可进入数据传输。

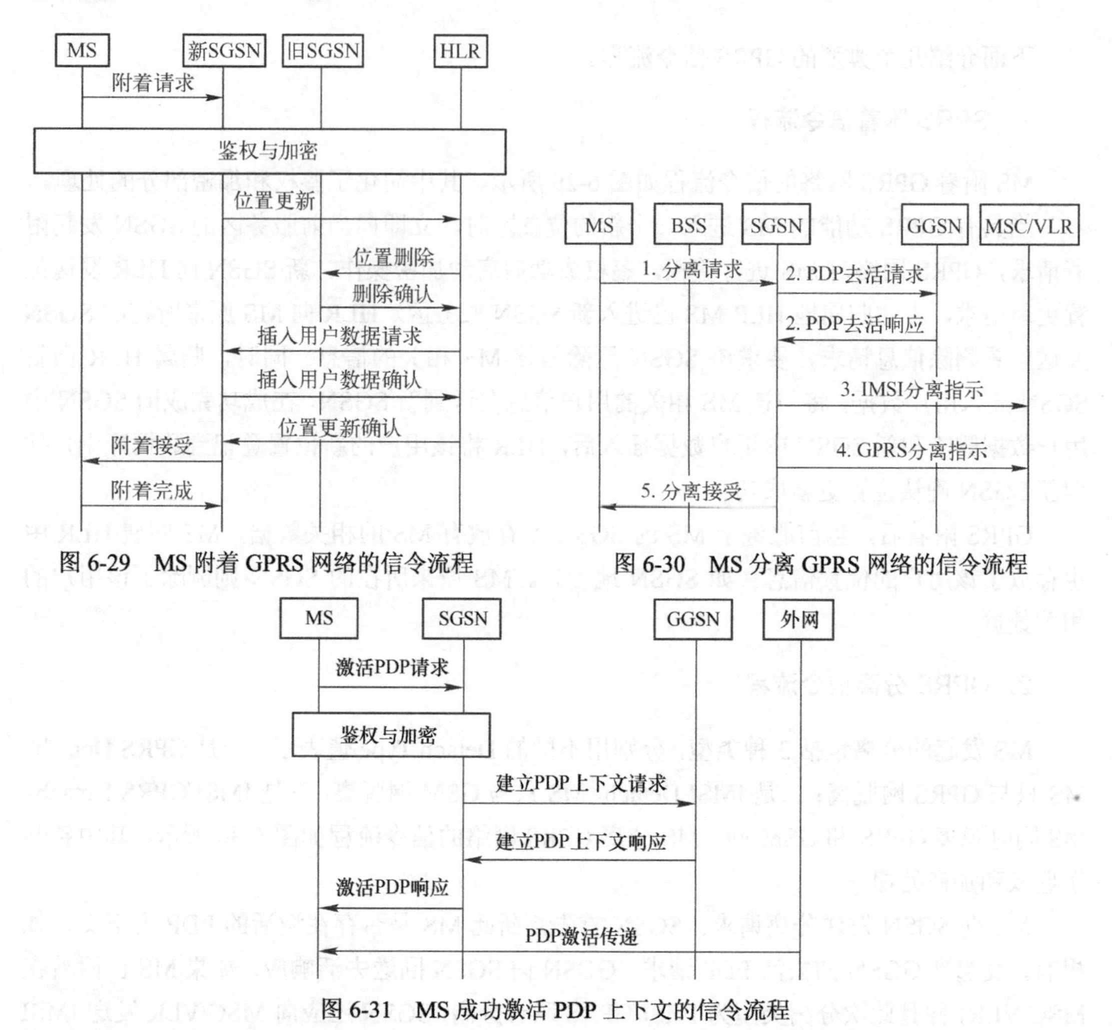

图 6-29　MS 附着 GPRS 网络的信令流程

图 6-30　MS 分离 GPRS 网络的信令流程

图 6-31　MS 成功激活 PDP 上下文的信令流程

4．网络激活 PDP 信令流程

当MS分配静态PDP地址时，可由网络侧发起PDP上下文激活流程。当GGSN接收到外网发给某MS的PDP协议数据单元（PDU）时，如果确认需要激活PDP上下文，立即启动如图6-32所示的信令过程。GGSN先将来自外网的协议数据单元PDU存储起来，然后向MS归属的HLR发送路由询问消息。如果HLR确认MS可达，将响应路由询问消息，在该消息中包括目前服务于该MS的SGSN地址。GGSN根据收到的SGSN地址向当前服务于MS的SGSN发送“PDP通知请求”消息，通知其准备接收PDP数据单元。SGSN向GGSN回复应答消息，通知对端将启动PDP上下文激活流程。SGSN向MS发送请求PDP上下文激活消息，在MS和GGSN之间启动PDP上下文激活流程。PDP上下文激活后，

GGSN 即可将其缓存的 PDU 传送至 MS。

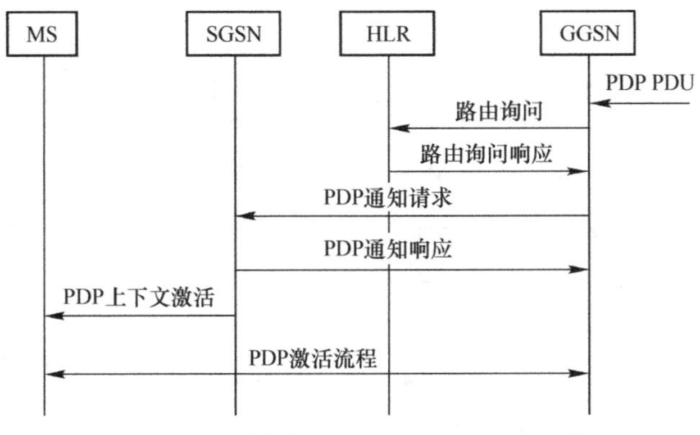

图 6-32　网络激活 PDP 上下文信令流程

6.6　3G、4G 核心网

3GPP 在制定 WCDMA R4 规范时正式把软交换引入移动网，移动软交换与固定软交换的原理是类似的。在移动网中，传统的 MSC 被分割成 MSC 服务器（MSC-Server）和媒体网关（MGW），将所有的控制功能集中在 MSC-Server 中，并通过标准化的媒体网关控制协议实现对 MGW 的控制和管理；而将所有的交换功能分散在各 MGW 中实现。MSC-Server 完成呼叫控制、业务提供、资源管理、协议处理、路由、鉴权、计费和操作维护等功能，并基于标准化的业务接口，向用户提供多样化业务。移动软交换符合移动通信网全 IP 发展的趋势，同时兼顾了原有 TDM 业务的承载需要。采用 IP 承载的移动软交换组网灵活、结构清晰，业务功能丰富，网络建设和管理成本较低，并可实现向下一代网络的平滑演进。

1）移动软交换与传统移动交换的区别

（1）传统移动网采用电路交换技术，每个话路对应一个物理连接；而软交换可将多个话路的虚连接同时映射到一个物理连接。

（2）传统移动交换将控制和交换功能集中在 MSC 中；而移动软交换将控制与交换功能分离，控制集中在 MSC-Server，交换功能则分布于媒体网关（MGW）。

（3）传统移动网基于 TDM 技术；而移动软交换则基于 IP 传送技术。利用软交换的分层体系结构，话音和 GPRS 数据业务可以共用一个核心网，便于降低运营和维护成本。

2）移动软交换与固网软交换的比较

移动软交换与固网软交换在体系结构、承载方式和业务架构等方面基本一致。但由于移动通信的特点，移动软交换与固网软交换的最大区别在于接入层面，由于以无线接入为基础，因此需要提供控制无线接入网（RAN）和管理移动用户的必要功能，使得移动软交换的控制和协议更为复杂。在核心控制层，移动软交换除了要实现呼叫控制功能，还要实现由于用户移动而带来的位置管理、漫游和切换等功能。在业务层面，移动网和固定网都支持标准化、开放的业务接口，与承载和接入方式无关。

3）移动软交换网络结构

移动软交换网络基本结构如图 6-33 所示，核心网电路域主要由 MSC-Server、GMSC-

Server 和 MGW 组成，承载方式可以使用不同的传送技术，如 IP、ATM 或 TDM。目前主要采用 IP 承载。

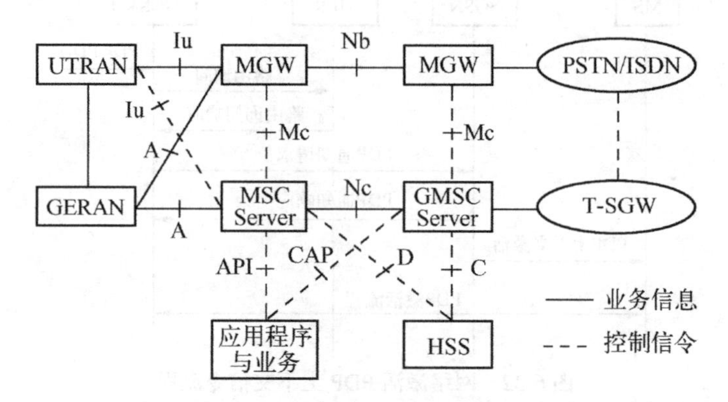

图 6-33　移动软交换网络基本结构

主要的网络实体及相关接口功能如下。

（1）MSC-Server：其功能包括呼叫控制、MGW 控制、信令互通、业务提供、认证与授权、地址解析、移动性管理，以及网络互通、系统过负荷控制、计费、性能统计、告警和网管等。

（2）GMSC-Server：是移动软交换电路域中负责与外部网络（如 PSTN/ISDN）互通的软交换设备，主要包含传统 GMSC 的呼叫控制和移动性管理功能。

（3）MGW：主要功能是将一种网络的媒体格式转换为另一种媒体格式，以及实现其他媒体资源（如 IVR）和多媒体会议等功能。

（4）T-SGW：即传送信令网关（Transport Signalling GateWay，T-SGW），主要用于呼叫控制信令的转换，其功能是执行 No.7 信令的 TDM 承载和 IP 承载的转换，以实现 No.7 信令网和软交换网的信令互通；提供 PSTN/PLMN 和 IP 传送层地址的映射。

（5）Mc 接口：为 MSC-Server 与 MGW 之间的接口，主要功能是媒体控制，以实现 MSC-Server 与 MGW 的交互，完成承载控制、管理等功能，接口协议包括 H.248/MeGaCo 和 Q.1950。

（6）Nc 接口：为 MSC-Server 与（G）MSC-Server 之间的接口，采用控制和承载分离的方式解决 ISUP 信令的呼叫控制，如采用 BICC、SIP-T 协议。BICC 协议是 ITU-T 推荐的标准协议，是在 ISUP 协议基础上发展而来的，协议版本较为稳定；SIP-T（用于电话的会话起始协议）是 IETF 推荐的基于 SIP 的扩展协议。

（7）Nb 接口：为 MGW 之间的接口，主要功能是基于 IP 承载电路域业务，包括话音和电路域的数据承载业务。采用 IP 承载时，Nb 接口的用户面和控制面传送路径不同。用户面基于 RTP，直接在 MGW 之间传输，其协议栈为 RTP/UDP/IP；控制面采用 IPBCP（IP 承载控制协议），即 ITU-T Q.1970。MGW 之间的承载控制信息是通过 Mc、Nc 接口以隧道方式传送的。

（8）MSC-Server 与应用/业务层的接口：提供访问各种数据库、第三方应用平台和各种功能服务器的接口，实现对各种增值业务、管理业务和第三方应用的支持，具体包括：a. MSC-Server 与应用服务器的接口，使用 SIP 或 API（如 Parlay/OSA 标准）；b.MSC-Server 与策略服务器的接口，实现对网络设备的策略控制，如使用 COPS 协议；c. MSC-Server 与网管的接口，支持软交换的网管功能，如使用 SNMP 协议；d. MSC-Server 与智能网 SCP 的接口，实现软交换对现有智能业务的继承，采用 CAP/WIN/MAP 协议；e. MSC-Server 与 HLR、SMC 接口，实现对路由询问、位置登记、业务更新及短消息业务的支持，使用 MAP 协议。

综上所述，软交换的基本思想是实现网络结构的层次化、设备的部件化、接口的标准化和业务的开放性。其中，设备部件化使网关分离是软交换的核心理念。移动软交换通过移动网电路域承载和控制的分离，形成清晰的分层结构，符合网络发展的方向；引入 IP 承载，利用 IP 端到端的寻址能力便于简化网络结构；此外，采用 IP 承载可以实现灵活的组网应用，有利于降低网络建设成本和运营费用，同时提供丰富的业务，便于核心网的平滑演进。

6.6.1　3G 核心网

早期的 3G 核心网主要包括基于 GSM MAP 和基于 IS-41 演进两条路线。

1．基于 GSM 演进的核心网

3GPP 主要制定基于 GSM MAP 演进的核心网，以 WCDMA 和 TD-SCDMA 为无线传输技术的标准。3GPP 标准的制定是分阶段的，包括 R99、R4、R5、R6、R7、R8、R9、R10、R11、R12 等版本。R99 版本的核心网基于演进的 GSM MSC 和 GPRS GSN，电路域与分组域逻辑上是分离的；而无线接入网（RAN）则是全新的，其结构如图 6-34 所示。R4 版本最为突出的改变是在核心网电路域实现了承载和控制的分离，即引入了软交换。R5 引入了 IP 多媒体子系统（IMS），R6、R7、R8、R9、R10、R11、R12 等主要是无线传输技术、接入网架构和业务功能的演进、增强和完善。

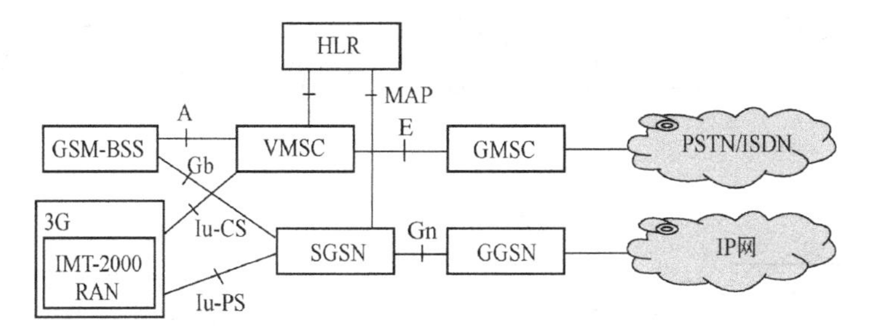

Gb—BSS 与 SGSN 之间的接口；　　Iu（Interface of UMTS）—接入网与核心网之间的接口；
SGSN—GPRS 业务支持节点；　　GGSN—GPRS 网关支持节点；
Iu-CS—UMTS 电路域接口；　　Iu-PS—UMTS 分组域接口

图 6-34　基于 GSM 演进的 3G 核心网结构

从图 6-34 中可以看出，核心网基于 MSC 和 GSN 网络平台，以实现 2G 向 3G 的演进。无线接入网通过定义的 Iu 接口，与核心网连接。Iu 包括支持电路交换的 Iu-CS 和支持分组交换的 Iu-PS，分别实现电路和分组型业务。3GPP 无线接入网 UTRAN 结构如图 6-35 所示，无线接入网由 RNC 和 NodeB 两大物理实体构成，分别对应二代网的 BSC 和 BTS。除 Iu 接口之外，还定义了 Iub 和 Iur 接口。早期定义的 Iu、Iub 和 Iur 接口的承载规定了 ATM 和 IP 两种方式，供运营商和厂家选择。在后续版本中，3GPP 提出了基于 IP 的核心网结构，将传输、控制和业务分离，前期IP化主要集中在核心网，后期将从核心网逐步延伸到无线接入网和终端。在GSM向WCDMA/TD-SCDMA的演进过程中仅核心网是平滑的；由于空中接口的巨大变化，无线接入网的演进是革命性的。

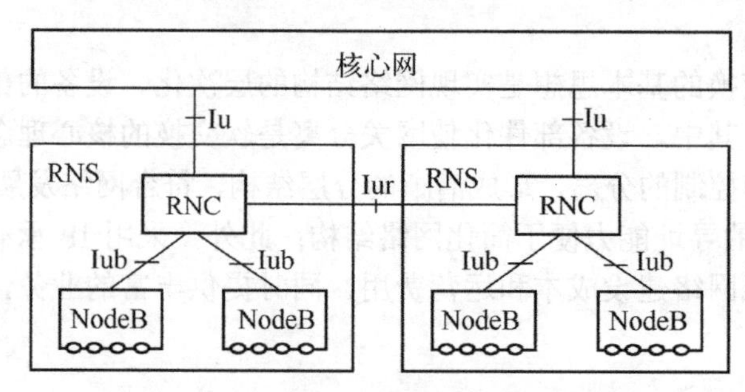

图6-35　3GPP无线接入网UTRAN结构

2．基于IS-41演进的核心网

3GPP2主要制定基于IS-41的全IP网络演进路线，以CDMA2000为无线传输标准。3GPP2的标准化是分阶段进行的，从IS95到CDMA2000 1X、CDMA2000 1X EV-DO及CDMA2000 1X EV-DV，具有后向兼容性。网络运营商通过平滑升级，不仅可以向用户提供各种新业务，而且很好地保护已有投资。3GPP2演进标准S.R0038描述的核心网演进路线共分4个阶段，其中阶段2对应传统移动域LMSD（Legacy Mobile Station Domain），阶段3对应多媒体域MMD（Multi-Media Domain），每个阶段中还可以分为几个步骤。

典型的阶段2核心网结构如图6-36所示。随着网络不断向前演进，核心网电路域（基于IS-41的核心网）的功能将不断减弱，最终整个网络所支持和提供的业务将由无线网和分组网共同实现。演进过程中系统的无线网和核心网可以独立发展，并且能够互相兼容。

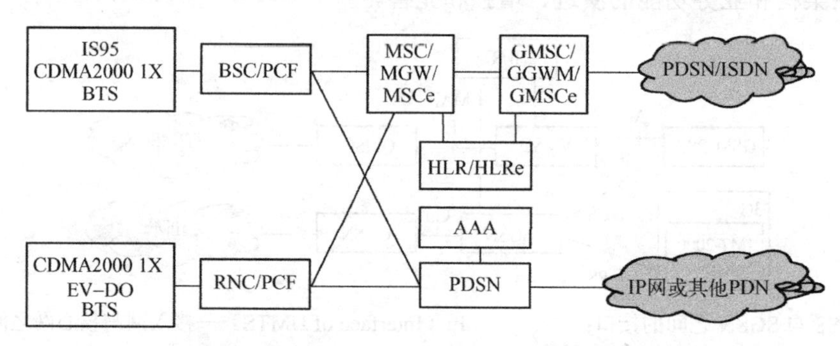

图6-36　基于IS-41演进的3G核心网结构

3．3G核心网的发展与演进

在WCDMA、CDMA2000和TD-SCDMA网络中。WCDMA和TD-SCDMA具有相同的核心网，3GPP制定的核心网标准成熟度较高，应用广泛，其核心网的结构和演进代表了3G的发展方向，因此，下面主要以WCDMA/TD-SCDMA核心网为例介绍3G核心网的演进。

1）R99版本

R99版本网络结构如图6-37所示。R99包括接入网（AN）和核心网（CN）。AN分为两种类型：一种是用于GSM的基站子系统（BSS）；一种是用于UMTS的无线网络系统（RNS），也称为 UTRAN。核心网分为电路域（CS）和分组域（PS）。CS 与 GSM 具有相同的核心网，采用电路交换。PS 主要由 SGSN 和 GGSN 组成；相对于 GPRS，增加了分级服务概念，分组域的 QoS 能力有所提高。

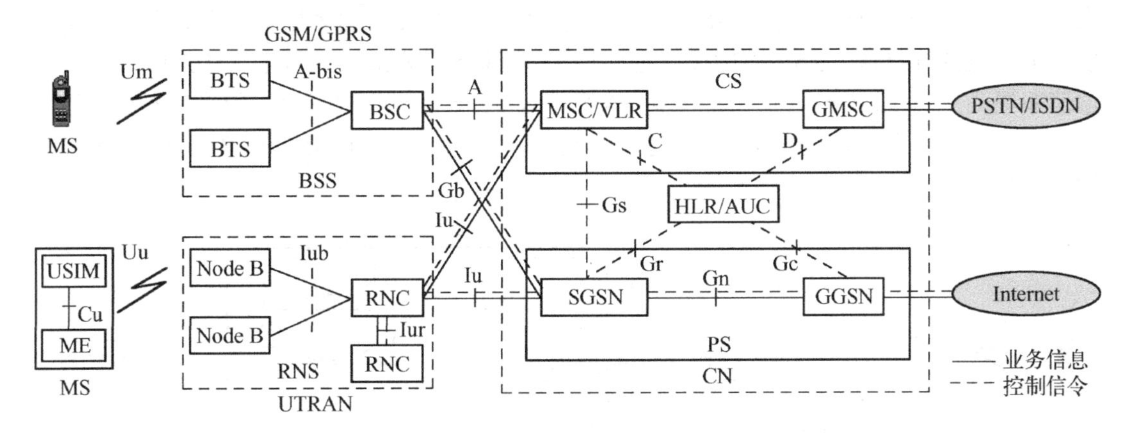

图 6-37　R99 版本网络结构

R99 版本网络主要以继承 GSM 为主，在网络特征上仍然属于传统的网络。因此 R99 版本网络还不能称为移动软交换网络。

2）R4 版本

R4 版本网络结构如图 6-38 所示，详细描述可参照 3G TS23.002v4.8.0。R4 的改进主要是在电路域，即将 MSC 分离成 MSC-Server 和 MGW，MSC-Server 完成呼叫控制和移动性管理，而 MGW 完成媒体流的处理功能。MSC-Server 与 MGW 之间采用 H.248 协议，MSC-Server 之间采用 BICC 协议，并且 MSC-Server 和 MGW 在地理上可以完全分离，从而实现控制和承载的分离。同时，电路域和分组域采用相同的分组承载（如 IP）。这样，分离后的两个平面可以根据业务发展需要各自独立发展，承载面专注于媒体流的传输、媒体格式转换、编解码及回波抵消、媒体资源等提供。控制面专注于与承载无关的呼叫控制、业务处理，并且通过提供标准的 API 连接外部应用服务器，方便扩展和生成新业务。（G）MSC-Server 通过信令网关（SGW）实现与 PSTN/PLMN 的互通。由此可见，R4 版本完全引入了移动软交换技术。

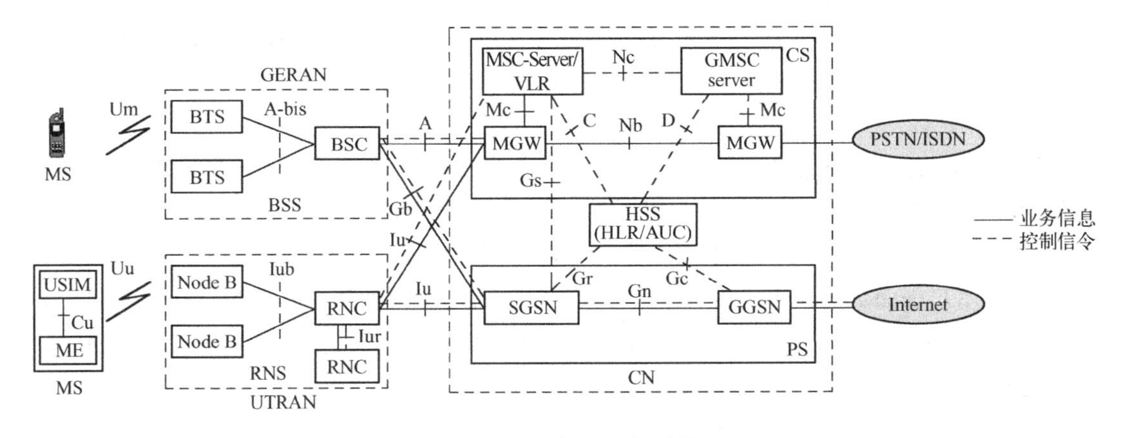

图 6-38　R4 版本网络结构

3）R5 版本

R5 版本网络结构如图 6-39 所示，详细描述可参照 3G TS23.002v5.0.0。R5 电路域和分组域与 R4 区别不大，只是在核心网中将 HLR 替换为归属用户服务器（HSS）。R5 最大的变化是增加了 IMS，它和分组域一起提供实时和非实时的多媒体业务，并且可以实现与电路域的互操作。R5 在空中接口上引入了高速下行分组接入技术（HSDPA），使传输速率提高到约 10Mbps（理论最大值 14.4Mbps）。软交换思想在 R5 得到完整的体现，使其在电路域及分组域的业务承载和控制都实现了分离，全 IP 架构的 R5 进一步发展了软交换技术。

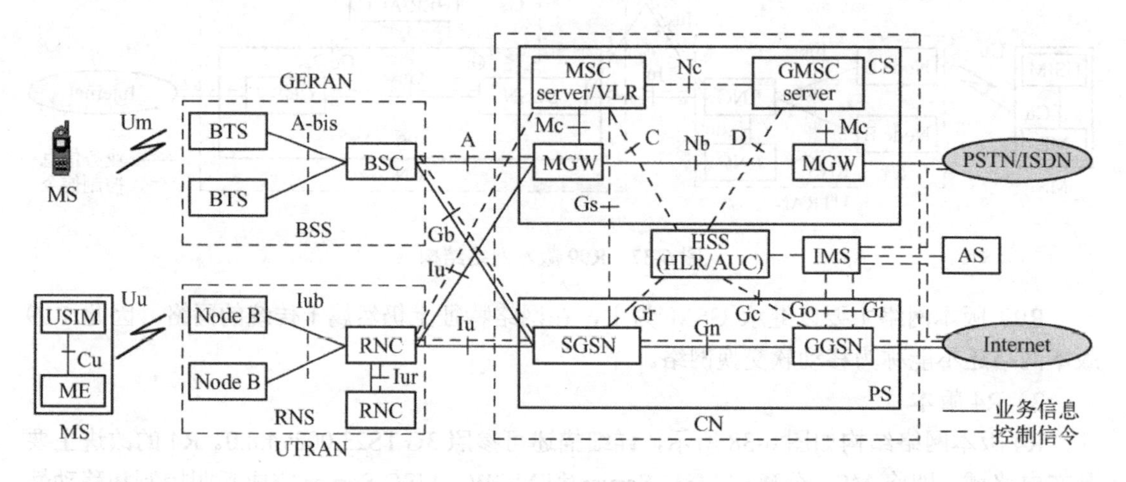

图 6-39　R5 版本网络结构

IMS 是移动核心网实现分组语音和分组数据业务，提供统一多媒体业务和应用的最终目标。IMS 和 PS 成为 R5 发展的重点，但 R5 的部件及业务实现思想也是基于控制和承载分离的，即 IMS 基于软交换思想。主要体现在：R5 将 R4 中设置的 MSC Server 在功能上进一步分离为 MGCF（媒体网关控制功能）和 CSCF（呼叫会话控制功能），分别处理语音呼叫控制和多媒体呼叫控制。

4）R6 版本

R6 版本主要致力于高速上行分组数据接入（HSUPA）标准的制定，HSUPA 将上行速率提高到 5.7Mbps。同时，进一步完善 IMS 接口和功能，增加对 WLAN 的接入支持，并研究 IMS 域基于流的计费和 QoS 控制技术，以及多媒体广播组播（MBMS）等技术。

5）R7 版本

R7 版本继续对无线接入技术进行增强，称为 HSPA+，引入了多输入多输出（MIMO）和正交频分复用技术（OFDM），进一步提高下行数据传输速率。HSPA+是 WCDMA 与 LTE 之间的过渡技术，有时称为 3.5G。R7 在核心网方面提出了直接隧道机制（Direct Tunnel，DT），即用户平面数据不再经由 SGSN 到 GGSN，而是在 RNC 与 GGSN 之间直接通信，从而降低用户数据传送时延。同时，R7 还对 IMS 进行增强，包括支持 xDSL 和 Cable Modem 等固定宽带接入、紧急呼叫、语音呼叫连续性（Voice Call Continuity，VCC）和策略与计费控制（Policy Charging and Control，PCC）等。

6.6.2　4G 演进的分组系统

为了配合移动通信在无线接入侧的长期演进（LTE）计划，3GPP 在 R8 版本提出了如图 6-40 所示的演进的分组系统（EPS）结构项目（原称为 SAE 项目）。EPS 包括演进的无线接入网（E-UTRAN）和演进的分组核心网（Evolved Packet Core，EPC），该项目的目标是制定一个面向未来移动通信的，以高数据率、低延迟、数据分组化、支持多种无线接入技术为特征的，具有可移植性的 3GPP 系统框架。

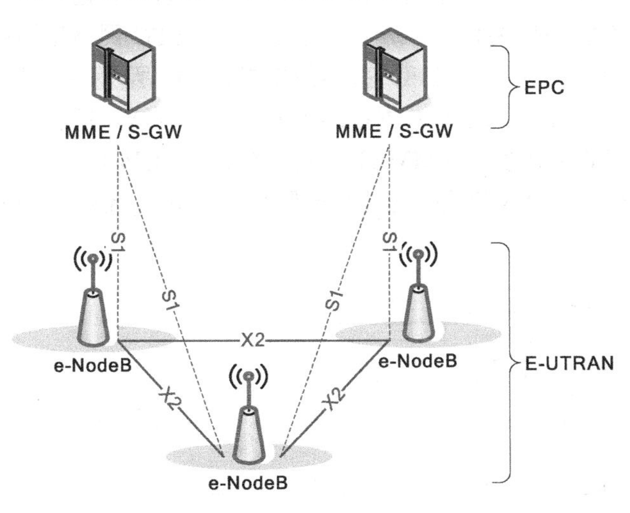

图 6-40　演进的分组系统结构

与 3G 无线接入网相比较，E-UTRAN 采用更加扁平化的结构，无线接入侧只设置 e-NodeB 负责终端的接入控制，并通过 S1 接口与移动性管理实体/服务网关（MME/S-GW）交互来管理终端的移动性；其中 S1-MME 是 e-NodeB 连接 MME 的控制面接口，S1-U 是 e-NodeB 连接 S-GW 的用户面接口。各 e-NodeB 之间还可通过 X2 接口进行交互，支持用户数据和控制信令在 e-NodeB 之间的直接传输，从而使无线接入系统更加合理和健壮。

3GPP 在 R8 中制定了第一个可商用的 EPC 版本，但由于 R8 定义的特性较多，很难在预定时间内完成所有工作，于是 3GPP 决定按优先级进行处理，将优先级较低的特性放在 R9 中实现。在 R10、R11 和 R12 等后续版本中，3GPP 又陆续对 EPC 的系统结构和功能进行了进一步增强。EPC 基于 GPRS 演进而来，但又是独立于 GPRS 的全新核心网，其主要技术特征如下。

（1）系统结构全 IP 化。核心网取消了电路域，仅提供分组域。所有业务都通过分组域提供，包括传统的电话业务。EPC 控制面主要基于 GTPv2-C 和 Diameter 协议，用户面主要基于 GTPv1-U 和 SCTP 协议。

（2）网络结构扁平化。基于控制与承载分离的思想，EPC 将控制平面与用户平面的网元实体分离，使得操作维护更为简单、灵活。此外，由于 LTE 无线接入网取消了 RNC，结构变得更加扁平化，这有利于缩短用户数据的传送时延。

（3）增强的 QoS 机制。EPC 能对每段承载网络进行 QoS 控制，从而实现端到端的 QoS。

（4）IP 永久在线。终端开机后，EPC 即可分配 IP 地址和默认承载，保证用户的永久在线。

（5）增强的策略与计费控制（PCC）结构。在GPRS中，PCC的控制能力很弱，且只支持静态策略配置，PCC加强了对QoS策略和计费管理的灵活性，并支持漫游场景。

（6）支持多种接入技术。EPC所支持的接入技术不仅包括3GPP自身定义的GERAN（GSM EDGE无线接入网）、UTRAN和E-UTRAN，而且还包括非3GPP定义的接入技术，如CDMA2000、Wi-Fi、WiMAX等。此外，EPC还支持不同接入技术之间的互操作，支持系统间的无缝移动，以及统一计费、策略控制、用户管理和安全机制等。

下面主要介绍支持3GPP接入的EPC网络结构。EPC包括漫游和非漫游场景，且在漫游场景下根据运营商对业务提供和业务疏导的方式不同，EPC网络结构还具有多种组网模式。非漫游场景下3GPP无线接入的EPC基本结构如图6-41所示。由于用户位于归属网络，EPC结构较为简单，因此信令和用户数据都通过归属网络传送，所有网元都由归属网络提供。EPC网元包括移动性管理实体（MME）、服务网关（S-GW）、分组数据网关（Packet-Gateway，P-GW）、SGSN、HSS和策略与计费规则功能（Policy and Charging Rule Function，PCRF）等。

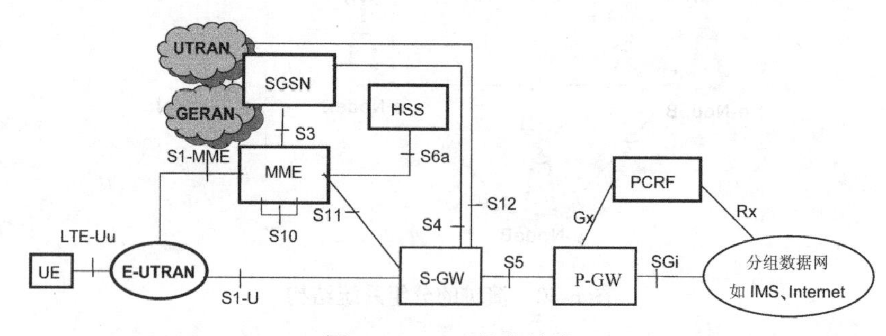

图6-41　EPS基本结构

1）MME

MME是移动性管理实体，负责处理UE和EPC之间的信令交互，实现移动性管理。MME的主要功能包括：UE的接入控制，MME通过与HSS的交互获取用户的签约信息，对UE进行鉴权认证；UE附着、位置更新和切换过程中，MME需要为UE选择S-GW/P-GW节点；UE处于空闲状态时，MME需要对UE进行位置跟踪，当下行数据到达时进行寻呼；当UE发起业务连接时，MME负责为UE建立、维持和删除承载连接；当UE发生切换时，MME执行控制功能；此外还包括信令的加密、完整性保护、安全控制。

2）S-GW

S-GW是UE附着到EPC的“锚点”，主要负责UE用户平面的数据传送、转发及路由切换等。当用户在eNodeB之间移动时，S-GW作为逻辑的移动性锚点，E-UTRAN内部的移动性管理及E-UTRAN与其他3GPP网元之间的移动性管理和数据包路由都需要通过S-GW实现。当用户处于空闲时，S-GW将保留承载信息并临时缓存下行分组数据，以使MME开始寻呼时建立承载。对每个UE，同一时刻只存在一个S-GW。

3）P-GW

P-GW提供与外部分组数据网络的连接，是EPC和外部分组数据网间的边界路由器。P-GW负责执行基于用户的分组过滤、IP地址分配和用户平面的QOS管理、执行计费功能、根据业务请求进行业务限速等。

P-GW 将从 EPC 收到的数据转发到外部 IP 网络，并将从外部 IP 网络收到的数据分组转发至 EPC 的承载上。接入到 EPC 系统的 UE 至少需要连接一个 P-GW，对于支持多分组数据连接的 UE，可同时连接多个 P-GW。此外，EPC 中还有 PCRF 和 HSS 等实体。HSS 类似于 GPRS 中的 HLR，用于存储用户签约信息，但与 HLR 采用基于 No.7 信令的 MAP 协议不同，HSS 采用基于 IP 的 Diameter 协议。PCRF 是策略决策和计费控制的实体，用于策略决策和基于流的计费控制。

4）接口

LTE 系统中定义了一些接口，包括 S1～S12、X2 等接口，下面介绍最主要的 S1 接口和 X2 接口。

X2 接口是 eNodeB 之间相互连接的接口，支持数据和信令的直接传输。X2 接口用户平面提供 eNodeB 之间的用户数据传输功能，其网络层基于 IP 传输，传输层使用 UDP 协议，高层协议使用 GTP-U 隧道协议。X2 接口控制平面在 IP 层之上采用流控制传输协议 SCTP 作为其传输层协议。

S1 接口是 E-UTRAN 与 EPC 之间的接口，其中 S1-MME 是 eNodeB 连接 MME 的控制面接口，S1-U 是 eNodeB 连接 S-GW 的用户面接口。

与 GPRS 相比，EPC 中的控制平面与用户（数据）平面是分离的，控制平面通过 S1-MME 接口与 MME 相连，用户数据平面通过 S1-U 直接与 S-GW 相连。MME 所起的作用相当于将 SGSN 中的移动性管理功能实体分离出来单独设置成一个网元。S-GW 相当于从 SGSN 剥离出了移动性管理相关的控制功能，而只用于承载用户数据。P-GW 类似于 GPRS 中的 GGSN 功能，是 EPC 与外部分组数据网的关口设备。此时的 S-GW 和 P-GW 功能可以合设，即位于同一物理设备中。

SGSN 节点用于将传统的 2G/3G 系统接入到 EPC，这里 SGSN 具有两种类型：一种是原 GPRS 中支持 Gn/Gp 接口的 SGSN（记作 Gn/Gp-SGSN）；另一种是支持通过 S4 接口与 S-GW 连接的 SGSN（记作 S4-SGSN）。在实际应用中，一般不存在纯粹的 S4-SGSN 物理实体，而是综合 S4-SGSN 和 Gn/Gp-SGSN 功能的混合实体。在图 6-41 中，只给出了 S4-SGSN。

LTE-Advanced 是 LTE 在 R10 及之后的技术版本，是 LTE 的演进。其目的是满足无线市场的更高需求和更多应用，满足和超过 ITU 所定义的 IMT—Advanced 的需求，同时保持对 LTE 的后向兼容性。2008 年 3 月，ITU 开始 ITM-Advanced 候选技术的征集和标准化工作。3GPP 响应 ITU 关于 4G（ITM-Advanced）技术的征集，将正在研究的 LTE Release10（R10）及之后的技术版本称为 LTE-Advanced，并提交 ITU 作为候选技术。R10 不需要改变 LTE 标准的核心，只需在 R8、R9 的基础上进一步扩充、增强和完善即可。

LTE-Advanced 主要技术指标如下。

（1）支持带宽灵活部署，通过频率聚合技术，最大可支持 100MHz 的系统带宽，各子载波可连续也可不连续。

（2）峰值速率进一步提高，下行超过 1Gbps，上行达到 500 Mbps。

（3）控制平面时延进一步降低，从驻留状态到连接状态时延小于 50ms，从休眠状态到激活状态时延小于 10ms。

（4）频谱效率进一步提高，下行峰值频谱效率可达 30bps/Hz，上行峰值频谱效率可达 15bps/Hz。

6.7 移动核心网的演进

蜂窝移动通信已经经历了第 1 代、第 2 代、第 3 代和第 4 代系统，目前正在向第 5 代系统演进。在未来宽带 IP 网络系统中，移动通信将作为一种接入手段融入全球 IP 系统。

第 1 代移动通信系统（First Generation，1G）是模拟蜂窝系统，如欧洲的全接入通信系统（Total Access Communication System，TACS）、美国的高级移动电话系统（Advanced Mobile Phone System，AMPS）等。这两种制式我国都曾建设过，但目前都已经停止使用。1G 系统主要提供模拟话音业务，实现了公众移动通信的第一次跨越，但 1G 系统存在诸多不足，如系统容量有限、制式多、兼容性和保密性差、通话质量不高、不能提供数据业务和自动漫游服务等。

第 2 代移动通信系统（Second Generation，2G）属于数字蜂窝系统，如欧洲的 GSM（全球移动通信）、美国的 CDMA（码分多址接入）等。针对 1G 系统的缺陷，2G 系统直接采用数字技术。GSM 基于时分复用方式，CDMA 基于码分复用方式，二者均采用电路交换技术，支持对数字信道的直接接入，通话质量、保密性都有所提高。但对突发型的数据业务，电路型数据业务的信道利用率较低，导致通信费用较高。为此，在 GSM 基础上发展了通用分组无线电业务（GPRS），以更好地支持移动数据业务，GPRS 被称为第 2.5 代系统，可实现无线信道的统计复用，用户数据速率可达 100kbps，信道利用率有所提高。CDMA 体制的第 2.5 代移动系统为 CDMA2000 1X，该系统开放的上行速率峰值为 153.6kbps。但在 GSM/GPRS、CDMA2000 1X 系统内部，话音和数据是分别传输的，话音业务依然采用电路交换。

第 3 代移动通信系统（Third Generation，3G）是指能支持话音、数据和移动多媒体等综合业务的宽带移动网。它由无线接入、宽带核心网和智能化的控制系统组成。无线接入部分包括移动卫星接入，用于覆盖边远地区、空中和海上目标；还包括以微微蜂窝、微蜂窝和宏蜂窝等多种接入方式，用于覆盖城市高密度话务区和郊区低密度话务区；终端包括普通话机、手持机、车载台和多媒体智能终端等。同固定通信网一样，移动通信从 1G 模拟系统到 2G 数字系统以后，也开始了向宽带综合业务网的演进。发展 3G 的目的是提供移动多媒体业务，同时扩展频率资源，提高频谱利用率和扩大系统容量，实现全球无缝漫游。3G 强调从 2G 演进，先在 2G 的基础上过渡到 2.5G（GPRS、CDMA 2000 1X 等），然后再演进到 3G 系统。与发展 B-ISDN 的过程类似，3G 开始也考虑采用 ATM 交换技术。然而，互联网的迅速发展及电信网从基于 ATM 的 B-ISDN 转向宽带 IP 承载，使得 3G 最终选择 IP 技术，并向全 IP 演进。

第 4 代移动通信（Fourth Generation，4G）按照 ITU-T 当时设想的目标：在 2005 年左右实现最高约 30Mbps 的数据速率，而 2010 年左右在高速移动环境下支持最高 100Mbps 的速率，在低速移动环境，如游牧/本地无线接入环境下达到最高 1Gbps 数据速率。在由 3G 向 4G 的演进过程中，3GPP 提出的长期演进计划（LTE）和相应的系统架构演进（SAE）得到了业界的广泛认同。LTE 和 SAE 分别侧重于无线接入技术和网络架构，LTE 与 E-UTRAN（演进的 UTRAN，UTRAN 为 3G 无线接入网）存在一定的映射关系，而演进的分组系统（Evolved Packet System，EPS）是 SAE 的主要内容，其基于全 IP 承载、扁平化网络结构和控制与承载分离的技术可进一步提高系统容量和性能、降低系统建设成本，同时支持端到端服务质量保证，支持多种接入环境，并能实现各接入系统之间的无缝切换和互联互通。

第 5 代移动通信（Fourth Generation，5G）于 2015 年 6 月由 ITU 正式确定其名称、愿景和时间表等关键内容，ITU-R 将 5G 命名为 IMT-2020，作为 ITU 现行移动通信全球标准 IMT-2000（3G）和 IMT—Advanced（4G）的延续，标准于 2020 年前制定完成，国际频谱于 2019 年开始分配。5G 将满足人们对超高流量密度、超高连接数密度、超高移动性的需求，能够为用户提供高清视频、虚拟现实、增强现实、云桌面、在线游戏等极致业务体验。

与 3G、4G 系统相比较，5G 需要满足多样化的场景和极致的性能挑战。IMT-2020 推进组对 5G 的主要场景和业务需求特征进行了归纳，提炼出连续广域覆盖、热点高容量、低时延高可靠和低能耗大连接 4 个主要技术场景。5G 主要性能指标包括：100Mbps~1Gbps 的用户体验速率，数十吉比特每秒的峰值速率；每平方千米数十太比特每秒的流量密度；每平方千米百万级的连接数密度；毫秒级的端到端时延。用户体验速率、连接数密度和时延是 5G 最基本的 3 个性能指标，同时 5G 还需要大幅提高未来部署和运营的效率，相比 4G，频谱效率提升 5～15 倍，能效和成本效率提升百倍以上。

5G 作为连接万物，赋能业务的社会化信息基础设施的重要环节，移动核心网在 5G 阶段将实现架构、功能和平台的全面重构。相比于 4G EPC 核心网，5G 核心网将采用原生态适配云平台的设计思路、基于服务的架构和功能设计提供更泛在的接入，更灵活的控制和转发，更友好的能力开放。实现 5G 新型网络平台的基础是网络功能虚拟化（Network Function Virtualization，NFV）和软件定义网络（Software Defined Network，SDN）技术。NFV 通过软件与硬件的分离，使网元功能与物理实体解耦，采用通用硬件替代专用硬件，以方便快捷地在网络中部署网元功能，同时对通用硬件资源实现按需分配，已达到最优化的资源利用率。而 SDN 是一种将网络设备的控制平面与用户平面分离，并将控制平面集中实现的可编程的新型网络体系架构。SDN 技术是针对 EPC 控制平面与用户平面的耦合问题而提出的解决方案，将用户平面与控制平面解耦以使得部署用户平面变得更加灵活，可以将用户平面功能部署在离用户无线接入网更近的地方，从而提高用户服务质量体验，如降低时延。NFV 是针对 EPC 软硬件严重耦合问题提出的解决方案，使运营者可以在通用服务器、交换机和存储设备上部署网络功能，极大地降低时间和成本。总之，5G 核心网的发展需要在满足未来新业务和新场景需求的同时，充分考虑与现有 4G 网络演进的兼容。未来架构和平台技术的发展演进将由局部变化向全网变革分步骤发展，通信技术与信息技术的融合也将从核心网向无线接入网逐步延伸，最终形成未来架构的整体改变。

本章小结

本章首先介绍了移动通信的基本概念、特点及分类，并对移动通信的发展演变过程进行了概述。然后，以 2G 的 GSM 为参照全面讨论了公用蜂窝系统的网络结构、功能实体、编号与识别、呼叫过程、移动性管理、漫游与切换、网络安全、接口与信令等经典原理与技术。GPRS 在移动互联网的发展过程中起着十分重要的作用，因此，本章也对其产生背景、组网结构及工作原理进行了介绍，同时对 GPRS 业务、移动与会话管理及其信令流程进行了描述。最后对移动软交换的基本概念、组网结构及软交换技术在新一代移动通信系统中的应用进行了系统阐述，接着对演进的分组核心网进行了介绍。

与固定通信网相比较，移动交换的呼叫处理具有突出的特点。由于用户位置经常变动，系统为了找到用户，对用户数据采用集中管理。移动用户必须将位置变化情况实时地报告给系统，移动用户接入和呼叫通过无线信道完成，但移动用户并不固定占用业务信道和信令信道，而是在通信时由系统按需分配。当移动用户为被叫时，始发移动交换机要向被叫归属 HLR 查询用户当前位置，再由被叫归属 HLR 向被叫当前拜访的 VLR 索取本次呼叫的漫游号码，始发移动交换机通过漫游号进行路由和接续。移动交换机在用户进入通信后继续监视信道质量，并按需进行信道切换以保证通信的连续性。

移动通信网与固定通信网的最大区别在于用户的移动性、网络控制和资源管理的复杂性，因此，移动通信网必须解决移动性管理、漫游、切换和网络安全与加密等问题。公用移动通信网基于蜂窝理论，以解决频率资源有限和系统容量的矛盾。空中接口是用户接入网络的开放接口，是众多移动用户的共享信道。了解移动通信信道类型对理解空中接口资源控制、位置更新、接入、鉴权、漫游切换等控制过程十分重要。

交换的目的是按需实现任意用户间通信链路的建立和管理，合理分配网络资源，并对呼叫进行计费，以实现网络资源的有效利用。因此寻址和选路是移动交换网实现呼叫和接续控制的基础。GSM 的编号计划涉及诸多号码和标识，以使移动网顺利地完成呼叫接续、移动性管理等相关控制。本章以基本呼叫过程为主线，介绍移动呼叫处理、漫游、切换和网络安全等基本原理，并对 GSM/GPRS 系统的实现技术进行了阐述，使读者系统地理解移动交换的本质所在。2G 系统空中接口继承了 ISDN 用户/网络接口概念，在控制平面包括物理层、数据链路层和信令层三层协议结构。在网络内部采用 No.7 信令传递呼叫和移动性管理等控制信息，并实现与其他网络的互联互通。对接口和信令协议的理解是掌握移动交换技术的关键。

发展第 3 代移动通信的目的是提供移动多媒体业务，同时扩展频率资源，提高频谱利用率和扩大容量，以及提供全球漫游。3G 强调从 2G 的平滑演进，先在 2G 已有的基础设施上过渡到 2.5G（如 GPRS、CDMA 1X 等），然后再发展 3G 乃至 4G 系统。从技术发展、业务互通、运营和建网成本等方面综合考虑，未来的移动通信网将是宽带的、支持多媒体业务的基于全 IP 的网络。

移动软交换的核心是控制与承载的分离。在移动软交换系统中，传统的 MSC 被分割成 MSC 服务器（MSC-Server）和媒体网关（MGW），将所有的控制功能集中在 MSC-Server 中，并通过标准化的媒体网关控制协议实现对媒体网关的控制和管理；而将所有的交换功能分散在各 MGW 中实现。MSC-Server 完成呼叫控制、业务提供、资源管理、协议处理、路由、鉴权、计费和操作维护等功能，并基于标准化的业务接口，向用户提供移动语音、数据及多样化的第三方业务。

在由 3G 向 4G 的演进过程中，3GPP 提出的 LTE/SAE 得到了业界的广泛认同。LTE 和 SAE 分别侧重于无线接入技术和网络架构，LTE 与 E-UTRAN 存在一定的映射关系，而演进的分组系统（EPS）是 SAE 的主要内容，其基于全 IP 承载、扁平化网络结构和控制与承载分离的技术可进一步提高系统容量和性能、降低系统建设成本，同时支持端到端服务质量保证，支持多种接入环境，并能实现各接入系统之间的无缝切换和互联互通。5G 核心网的发展需要在满足未来新业务和新场景需求的同时，充分考虑与现有 4G 网络演进的兼容。未来架构和平台技术的发展演进将由局部变化向全网变革分步骤发展，通信技术与信息技术的融合也将从核心网向无线接入网逐步延伸，最终形成未来架构的整体改变。

习题与思考题

6.1　简要说明数字蜂窝移动通信系统的基本组成及各部分的作用。

6.2　GSM 系统中，移动台是以什么号码发起呼叫的？

6.3　简要说明 GSM 系统中移动台呼叫移动台的一般过程。

6.4　假设 A、B 都是 MSC，其中与 A 相连的基站有 A1、A2，与 B 相连的基站有 B1、B2，那么把 A1 和 B1 组合在一个位置区内，把 A2 和 B2 组合在一个位置区内是否合理？为什么？

6.5　详细说明 VLR、HLR 中存储的信息有哪些？为什么有了 HLR 还要设置 VLR？

6.6　GPRS 系统中的 SGSN 和 GGSN 两个节点的功能分别是什么？

6.7　分别说明移动性管理上下文和 PDP 上下文的含义是什么？

6.8　简要说明 2G 系统如何向 3G 系统及向全 IP 的移动通信网演进？

6.9　根据统计，某网络的话务统计数据为：MS→PSTN 呼叫占 45%，呼叫成功率为 65%；PSTN→MS 呼叫占 25%，呼叫成功率为 70%；MS→MS 呼叫占 30%，呼叫成功率为 80%。在移动台中，车载台占 6%，每天成功呼叫次数为 14 次；手持机占 88%，每天成功呼叫次数为 7 次；固定台占 6%，每天成功呼叫次数为 18 次。请据此计算：

（1）平均每用户忙时成功呼叫次数（k=0.15）。

（2）平均每用户忙时呼叫次数。

（3）某移动交换机，其 BHCA 值为 1×10^4，估算出它可接入的移动用户总数。

6.10　说明呼叫建立阶段移动交换机获得路由信息的信令过程。

6.11　说明不同移动交换机之间切换的信令过程。

6.12　说明移动台发送短消息和接收短消息的信令过程。

6.13　传统移动交换与软交换有何区别？

6.14　移动软交换在 3G 中是怎样发展的？R99、R4 和 R5 各有何特点？

6.15　演进的分组核心网 EPC 与 GPRS 相比较，具有怎样的技术特征？

6.16　5G 系统的主要技术场景包括哪些内容？

第 7 章　软交换与下一代网络

以 IP 技术为核心的互联网因其廉价、开放的特点，在全球范围内得以迅速发展，除数据业务之外，它还可以向用户提供传统电信网的话音业务，甚至还可以提供图像、视频和多媒体等综合业务，互联网正在深刻地改变着以商业经营为主的电信网，传统的电信网正面临着一场百年不遇的巨变。在此背景下，人们提出了下一代网络（Next Generation Network，NGN）的概念。NGN 是集话音、数据、视频和多媒体业务于一体的全新网络架构，在一段时间内，软交换曾被认为是 NGN 的核心技术。而随着网络融合技术的发展，由 3GPP 提出的 IMS（IP Multimedia Subsystem），即 IP 多媒体子系统，一种全新的多媒体业务形式，它比软交换更方便实现终端客户更新颖、更多样化多媒体业务的需求，被认为是下一代网络的核心控制技术。

本章介绍软交换与 NGN 的基本概念、基于软交换的网络结构、软交换组网设备、主要协议及其组网应用，以及 IMS 的基本概念和工作原理。

7.1　概述

1．下一代网络的概念

从广义上看，NGN 泛指一个以 IP 为核心的全业务网络，可以支持话音、数据和多媒体业务的融合或部分融合，支持固定接入、移动接入。一方面，NGN 不是现有电信网和 IP 网的简单延伸和叠加，也不是单项节点技术和网络技术，而是整个网络框架的变革，是一种整体解决方案；另一方面，NGN 的出现与发展不是革命，而是演进，即在继承现有网络优势的基础上实现的平滑过渡。2004 年 2 月，ITU-T 对 NGN 给出的描述是：NGN 是一个分组网络，它提供包括电信业务在内的多种业务，能够利用多种带宽和具有 QoS 能力的传送技术，实现业务功能与底层传送技术的分离；它提供用户对不同业务提供商网络的自由接入，并支持通用移动性，实现用户对业务使用的一致性和统一性。ETSI 对 NGN 的定义是：NGN 是定义和部署网络的概念，由于网络在形式上分为不同的层和面，并且使用开放的接口，因此 NGN 给服务提供商与运营商提供了一个能逐步演进的平台，不断创造、开放和管理新的服务。

2．下一代网络的特点

1）控制与承载分离

由于在媒体层上采用现有分组网络，因此现有分组网络上的业务能够得到充分继承。另外，承载采用分组网络，NGN 可以很好地与现有分组网络实现互联互通，结束原 PSTN

网络、DDN 网络、HFC 网络、计算机网络等孤岛隔离，独自运营状况。再者，不同域的互联互通，也必将从中衍生出一些在单一媒体上无法开展的新业务。

控制与承载以标准接口分离，可以简化控制，让更多的中小企业参与竞争，打破垄断，降低运营商采购成本。同时可以重用现有分组网络（IP），大大降低运营商的初期设备投资成本，提高现有分组网络的利用率。

就容量而言，重用现有分组网络，其容量经过多年的投资，部分地区容量已经存在一定冗余。就可靠性而言，网络单点或局部故障对 NGN 网络没有影响或影响有限。

2）业务与呼叫分离

业务是网络用户的需求，需求的无限性决定了业务将是无限和不收敛的。如果将业务与呼叫集成在一起，则呼叫的规模和复杂度也必将是无限的，无限的规模和复杂度是不可控和不安全的。事实上，呼叫控制相对于业务而言是相对稳定和收敛的，将呼叫控制从业务中分离出来，可以保持网络核心的稳定和可控。人们可以通过业务服务器，不断延伸用户的需求。

3）接口标准化、部件独立化

部件之间采用标准协议，如媒体网关控制器（或软交换）与媒体网关之间采用 MGCP、H.248、H.323 或 SIP 协议。媒体网关控制器（或软交换）之间采用 BICC、H.323 或 SIP-T 协议等。接口标准化是部件独立化的前提和要求，部件独立化是接口标准化的目的和结果。部件独立化，可以简化系统、促进专业化社会分工和充分竞争，优化资源配置，并进而降低社会成本。

另外，接口标准化可以降低部件之间的耦合，各部件可以独立演进，而网络形态可以保持相对稳定，业务的延续性有一定保障。

4）核心交换单一化、接入层面多样化

在核心交换层，NGN 采用单一的分组网络，网络形态单一、网络功能简单化，这与 IP 核心网络的发展方向一致。核心网的主要功能是快速路由和转发。如果功能复杂，则难以达到这个目标。

接入层面向广大用户，单一的接入层根本无法满足千差万别的需求。以个性化、人性化的接入层面向用户是网络发展的方向。

5）开放的 NGN 体系架构

不但 NGN 之间采用开放的标准接口，而且 NGN 还对外提供 Open API，开放的网络接口设置可以满足人们对业务的自我实现。

3．软交换的基本概念

1995 年，最初由以色列 Vocal 公司的两位创始人突发奇想，编制了一个名为“Internet Phone”的软件，在两台计算机之间直接传送语音，开启了 VoIP 的应用历程。随后的 1996 年，美国的 IDT 公司推出了第一个在 IP 网与 PSTN 之间落地的电话软件“Net2Phone”，标志着 VoIP 的商用开始。在此基础上，软交换的概念也被提了出来。

软交换的概念最早起源于美国。在当时美国企业网络环境下，用户可采用基于以太网的电话，再通过一套基于服务器的呼叫控制软件，实现 PBX 功能（IP PBX）。该系统的实现方式不需要单独构架网络，而仅仅通过公用现有的局域网环境，就可以实现业务管理和维护的统一，其综合成本远远低于传统的 PBX。

受到 IP PBX 成功的启发，将传统的交换设备部件化，分为呼叫控制与媒体处理，二者之间采用标准协议（MGCP、H.248），呼叫控制实际上是运行于通用硬件平台上的纯软件，媒体处理将 TDM 转换为基于 IP 的媒体流。

SoftSwitch（软交换）技术应运而生，由于这一体系具有伸缩性强、接口标准、业务开放等特点，发展极为迅速，成为 NGN 的核心技术。

传统的电路交换机将传送接口硬件、呼叫控制和数字交换硬件，以及业务和应用功能结合到单个昂贵的交换机设备内，是一种垂直集成的、封闭和单厂家专用的系统结构，其结构如图 7-1 所示，新业务的开发必须以专用设备和专用软件为载体，导致开发成本高、时间长、无法适应快速变化的市场环境和多样化的用户需求。

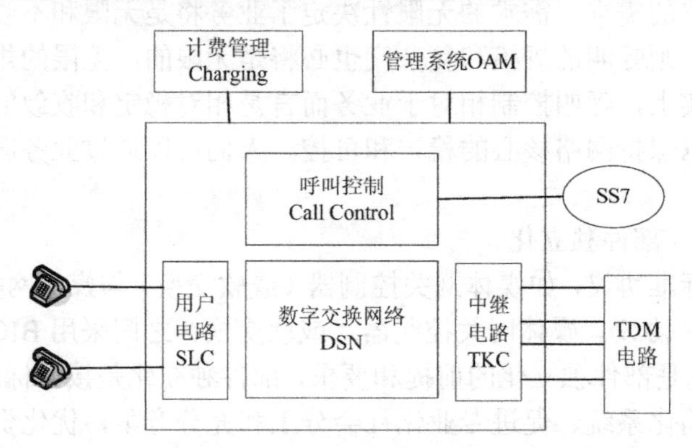

图 7-1　传统电话交换机结构

软交换打破了传统电话交换机封闭的交换结构，采用完全不同的功能分解工作模式，将传输、呼叫控制和业务控制管理三大功能进行分解，采用开放的接口和通用的协议，形成一个开放的、分布式和多厂家应用的系统结构，可以使业务提供者灵活地选择最佳和最经济的组合来构建网络，加速新业务和新应用的开发、生成和部署。以软交换为中心的系统结构如图 7-2 所示。由图 7-2 可以看出，传统电话的用户电路模块演变为媒体接入网关，呼叫控制功能演变为软交换设备，数字交换网络演变为分组交换网，各部分之间采用标准的协议进行通信。软交换的关键特点就是采用开放式的体系结构，实现分布式通信和管理，具有良好的系统扩展性。

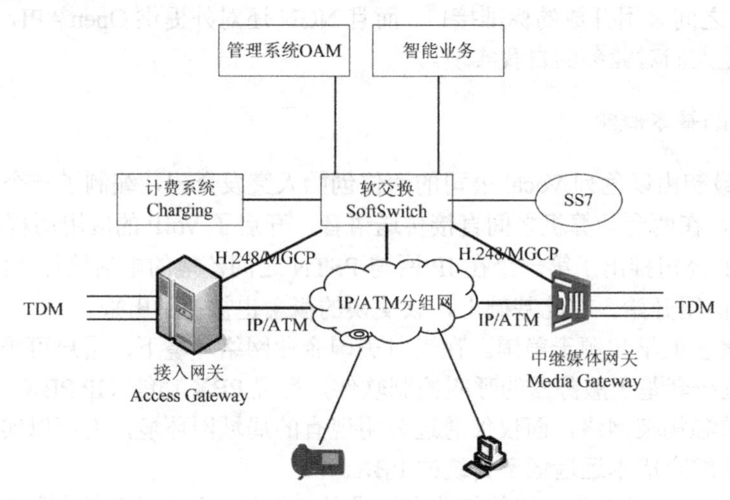

图 7-2　以软交换为中心的系统结构

7.2　基于软交换的网络结构

国际分组通信协会 IPCC（原国际软交换论坛 ISC）提出的基于软交换的 NGN 网络分层结构如图 7-3 所示。

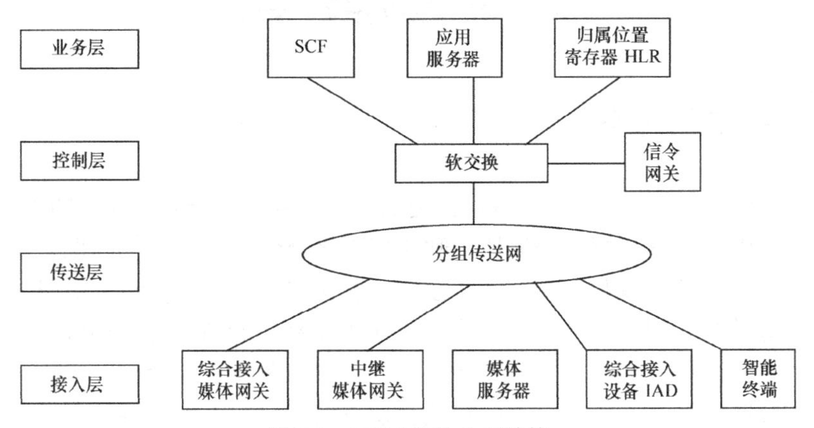

图 7-3　NGN 网络分层结构

各层主要功能如下。

（1）接入层：主要功能是利用各种接入设备实现不同用户的接入，并实现不同信息格式之间的转接。通过接入层设备可以将各类用户连接至网络，集中用户业务并将它们传送至目的地；包括各种接入手段，如固定或移动接入、窄带或宽带接入等。接入层的主要设备包括以下内容。

① 媒体网关（Media Gateway，MG）：负责将各种终端和接入网络接入核心分组网，用于将一种网络媒体格式转换为另一种网络所要求的媒体格式。根据具体功能的不同，媒体网关又可以分为接入网关、中继网关和综合接入设备（IAD）等。

② 信令网关（Signaling Gateway，SG）：负责 TDM 网络中 7 号信令与 IP 网中信令的相互转换。

③ IP 电话终端：通过 IP 直接接入软交换网络，IP 电话终端可以是硬终端，也可以安装在计算机的软终端。

（2）传送层：为各种不同业务和媒体流提供公共的传输平台，将信息格式转换成为能够在网络上传递的格式，如将话音信号分割成 IP 包，并实现信息媒体流的选路和传输。目前公认采用基于 IP 的承载网。

（3）控制层：完成各种呼叫控制功能，控制底层网络元素对接入层和传送层话音、数据和多媒体业务流的处理，在该层实现了网络端到端的连接。

控制层设备是下一代网络的核心设备，该层设备主要完成呼叫控制、媒体接入控制、资源分配、协议处理等，其核心设备通常称为软交换机（SoftSwitch）或媒体网关控制器（MGC）。

（4）业务层：在呼叫建立的基础上提供各种增值业务，同时提供开放的第三方可编程接口，易于引入新业务。另外也负责业务的管理功能，如业务逻辑定义、业务生成、业务认证和业务计费等。

业务层在呼叫控制层的基础上向最终用户提供各种增值业务，同时提供业务和网络管理功能。该层的主要设备包括：应用服务器、策略服务器、认证、授权和计费服务器（AAA）、目录服务器、数据库服务器、网管系统等。

7.3 软交换组网设备

7.3.1 软交换设备

软交换是NGN控制层的核心设备，也是从电路交换网向分组网演进的关键设备之一。软交换的概念虽然是从媒体网关控制器、呼叫代理等概念发展而来的，但它在功能上进行了进一步的扩展，除了完成呼叫控制、连接控制和协议处理功能，还提供资源管理、路由及认证、计费等功能。同时，软交换所提供的呼叫控制功能与传统交换机所提供的呼叫控制功能也有所不同，传统的呼叫控制功能是与具体的业务紧密结合在一起的。由于不同的业务所需要的呼叫控制功能不同，因此在软交换系统中，为了便于各类新业务和增值业务的引入，要求软交换所提供的呼叫控制功能是各种业务的基本呼叫控制功能。其功能结构如图7-4所示。

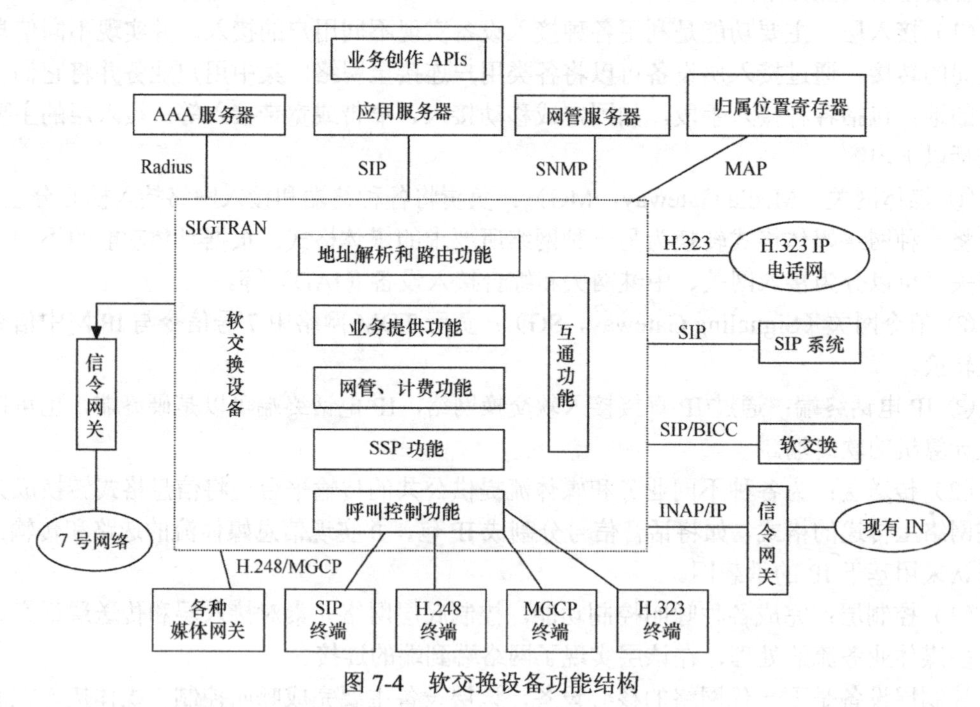

图7-4 软交换设备功能结构

概括起来，软交换的主要功能如下。

1）媒体接入功能

软交换可以通过H.248协议将各种媒体网关接入软交换系统，如中继媒体网关、ATM媒体网关、综合接入媒体网关、无线媒体网关和数据媒体网关等。同时，软交换设备还可以利用 H.323 协议和会话启动协议（SIP）将 H.323 终端和 SIP 客户终端接入软交换系统，以提供相应的业务。

2）呼叫控制功能

呼叫控制功能是软交换的重要功能之一。它为基本呼叫的建立、维持和释放提供控制功能，包括呼叫处理、连接控制、智能呼叫触发检出和资源控制等。可以说呼叫控制功能是整个网络的灵魂。

3）业务提供功能

由于软交换系统既要兼顾与现有网络业务的互通，又要兼顾下一代网络业务的发展，因此软交换应能够提供以下业务功能：实现现有 PSTN/ISDN 交换机提供的全部业务，包括基本业务和补充业务；可以与现有智能网配合提供现有智能网的业务；更为重要的是，能够提供开放的、标准的 API 或协议，以实现第三方业务的快速接入。

4）互联互通功能

在 IP 网上提供实时多媒体业务具有基于 H.323 协议和会话启动协议（SIP）的两种体系结构。因此软交换应能够同时支持这两种协议体系结构，并实现两种体系结构网络和业务的互通。另外，为了沿用已有的智能业务和 PSTN 业务，软交换还应提供与智能网及 PSTN/ISDN 的互通。主要互通功能如下。

（1）采用 SIP、SIP-T 或 BICC 协议与其他软交换设备互通。

（2）通过信令网关及中继网关实现与 PSTN、无线市话网络和移动网的互通。

（3）通过信令网关实现分组网与现有 No.7 信令网的互通。

（4）通过信令网关与现有智能网互通，为用户提供多种智能业务。

（5）通过 H.323 协议实现与现有 H.323 体系的 IP 电话网的互通。

（6）可以通过软交换中的互通模块，采用 SIP 协议实现与未来 SIP 网络体系的互通。

5）资源管理功能

软交换设备对系统中的各种资源进行集中管理，如资源的分配、释放和控制，接受网关的报告，掌握资源当前状态，对使用情况进行统计，以便决定此次呼叫请求是否进行接续等。

6）认证和计费

软交换可以对接入软交换系统的设备进行认证、授权和地址解析，同时还可以向计费服务器提供呼叫详细话单。软交换设备能够根据不同的计费对象进行计费和信息采集。计费方式可以选择主叫计费、被叫计费、账号计费；也可以选择按时间计费、按流量计费、按内容计费等方式。软交换还有采集详细话单及复式计次的功能，并能够按照运营商的需求将话单传送到相应的计费中心。

7）过负荷控制能力

软交换能在系统或网络过负荷时，具有对负荷控制的能力，如限制某些方向的呼叫或自动逐级限制普通用户的呼出等。能根据网络拥塞的不同程度进行分级拥塞控制。能根据资源的使用情况和网络的拥塞情况，动态调整编码方式，并通知网关设备（可选功能）。能够定义服务质量的门限值并下发给网关设备。能对话务统计数据和设备运行状态进行分析。能根据来话的主叫类别、主叫号码、时间段、入中继群标识按百分比来限制至特定出中继、目的码的呼叫量。能根据来话的主叫类别、主叫号码、时间段、入中继群标识来限制在规定的时间间隔内至特定出中继、目的码允许选择路由的最大试呼次数。

8）与移动业务相关功能

除了完成固定软交换设备需完成的功能，移动软交换服务器需增加的功能主要包括移动性管理功能、安全保密功能，以及查询被叫移动位置，完成对被叫移动用户呼叫控制。

7.3.2 媒体网关

媒体网关（MG）完成媒体流格式转换处理，如模拟话音信号向数字话音压缩编码转换。有多种媒体网关设备，它们完成不同的功能，如接入网关、中继网关、综合接入设备等。

1．接入网关

接入网关是大型接入设备，提供普通电话、ISDN PRI/BRI（基群速率接口/基本速率接口）、V5 等窄带接入，与软交换配合可以替代现有的电话端局。当接入网关作为呼叫的主叫侧时，与软交换机配合完成呼叫的起呼、用户拨号的 DTMF 识别、播放提示音等功能；当接入网关作为 VoIP 呼叫的被叫侧时，与软交换机配合完成呼叫的终结、用户振铃等功能。接入网关在信令网关的配合下完成现有电话用户接入。除完成电话端局功能之外，接入网关同时提供数据接入功能，可以提供 ADSL、LAN 等宽带接入方式。

2．中继网关

中继网关提供中继接入，可以与软交换及信令网关配合替代现有的汇接/长途局，主要中继功能如下。

1）话音处理功能

（1）具有话音信号的编解码功能，支持 G.711、G.729，G.723 等算法。

（2）具有回声控制机制，支持 G.168。

2）呼叫处理与控制功能

（1）能根据软交换机的命令对它所连接的呼叫进行控制，如接续、中断、动态调整带宽等。

（2）能够通过相关的信令检测出 PSTN 侧的用户占线、久振无应答等状态，并将用户状态向软交换机报告。

3）资源控制功能

（1）向软交换机报告由于故障、恢复或管理行为而造成的物理实体的状态改变。

（2）报告终结点的当前状态。

（3）支持对 TDM 电路终结点的阻塞管理和释放。

（4）及时保持与软交换机之间信息一致性。

（5）当资源耗尽或资源暂时不可用时，能向软交换机指示不能执行所请求的行为。

中继网关支持的接口如下。

话音网络侧接口：采用 E1 数字中继接口或其他 ISDN PRI 接口。

分组网络侧接口：采用 10/100M LAN 接口、千兆位以太网接口。

与网管中心接口：采用 10BaseT/100BaseT 接口。

中继网关支持的信令和协议：No.7、No.1、PRI、H.248、MGCP、H.323、SIP。

3. 综合接入设备

综合接入设备（IAD）是适用于小企业和家庭用户的接入产品，可提供话音、数据、多媒体业务的综合接入。在网络节点接口（NNI）侧，IAD 的接口类型可以是数字用户线路（Digital Subscriber Line，DSL）、10/100M 以太网接口、1000M 以太网（GE）接口，随着技术的发展还会出现 2.5G（2×GE）端口或 10GE 端口。在用户网络接口（UNI）侧，IAD 的接口类型有 10/100M 以太网、GE 接口、Z 接口（模拟用户接口）。

IAD 可以根据端口容量的大小提供不同的组网应用方式。对于小容量的 IAD 可以放置到最终用户的家中；对于中等容量的 IAD（一般为 5～6 个用户接口加 1 个以太网接口）可以放置在小型的办公室中；对于大容量的 IAD（一般为十几至几十个用户接口）可以放置在小区的楼道和大型的办公室中。

IAD 的优势在于数据业务在网络中有很好的通过性，而为了保证话音业务的质量就要求 IAD 具有一些相对复杂的机制。

7.3.3　信令网关

在下一代网络中，信令网关（SG）是在 IP 网和 No.7 信令网的边界接收或发送 No.7 信令的设备。它可向/从 IP 设备发送/接收 No.7 信令信息，并可管理多个网络之间的交互和互连，以便实现无缝集成。其实质就是实现 PSTN 端局与软交换设备之间的 No.7 信令互通，实现信令承载层电路交换与 IP 分组交换的转换功能。信令网关主要完成如下功能。

（1）协议适配功能。在 No.7 信令网侧，应支持 MTP1-3 和 SCCP 协议，在 IP 网侧，应支持链路层协议、IP 协议、SCTP 协议、M3UA 协议、M2PA 协议等。

（2）消息屏蔽功能。它包括 MTP 消息的屏蔽和 SCCP 消息的屏蔽。

（3）操作、管理和维护功能。配置管理、状态管理、故障管理、性能管理和消息维护监视功能。

（4）接口功能。信令网关主要接口包括窄带 E1 接口和宽带以太网接口，支持的协议包括窄带 MTP、SCCP、OMAP 等，增加了 IP 侧的 SCTP、M3UA、M2PA 等协议。

在 PSTN 电话网一侧，信令网关必须支持 No.7 信令的多种格式，包括传统的窄带和宽带 No.7 信令，支持传统的 T1/E1/J1 接口，以及不同的 No.7 变种。

在 IP 网络一侧，必须支持不同的物理传输介质及高速宽带和 IP 信令接口，即 SCTP 和 SIGTRAN（M2PA，M3UA，SUA 等），以及不同国家的变种。

7.3.4　应用服务器

应用服务器是软交换网络中向用户提供各类增值业务的设备，负责增值业务逻辑的执行、业务数据和用户数据的访问、业务计费和管理等。它一般通过 SIP 协议或智能网协议控制软交换机完成业务请求。应用服务器的提出主要是为了方便第三方业务应用开发商向用户提供各种定制业务，它向第三方应用开发者提供应用编程 API 接口，如 PARLAY API。

7.3.5 终端

软交换网络中的终端，包括POTS终端和SIP终端等。POTS是指老式模拟电话终端；SIP终端是指基于SIP协议的多媒体终端设备，包括硬终端和软终端两类。其中，硬终端提供按键、麦克风、摄像头、显示屏等，一般提供以太网接口连接。软终端是指运行于计算机上的SIP软件，可利用计算机的音视频提供多媒体通信，甚至即时消息和呈现等业务。

7.4 软交换主要协议

软交换体系涉及协议众多，包括H.248、SCTP、ISUP、TUP、INAP、H.323、RADIUS、SNMP、SIP、M3UA、MGCP、BICC、PRI、BRI等。国际上，IETF、ITU-T、SoftSwitch组织等对软交换及协议的研究工作一直起着积极的主导作用，许多关键协议都已制定完成。这些协议将规范整个软交换的研发工作，使产品从各厂家私有协议阶段进入业界共同标准协议阶段，各厂家之间产品互通成为可能，真正实现软交换产生的初衷——提供一个标准、开放的系统结构，各网络部件可独立发展。软交换协议体系如图7-5所示，下面介绍几个主要的软交换协议。

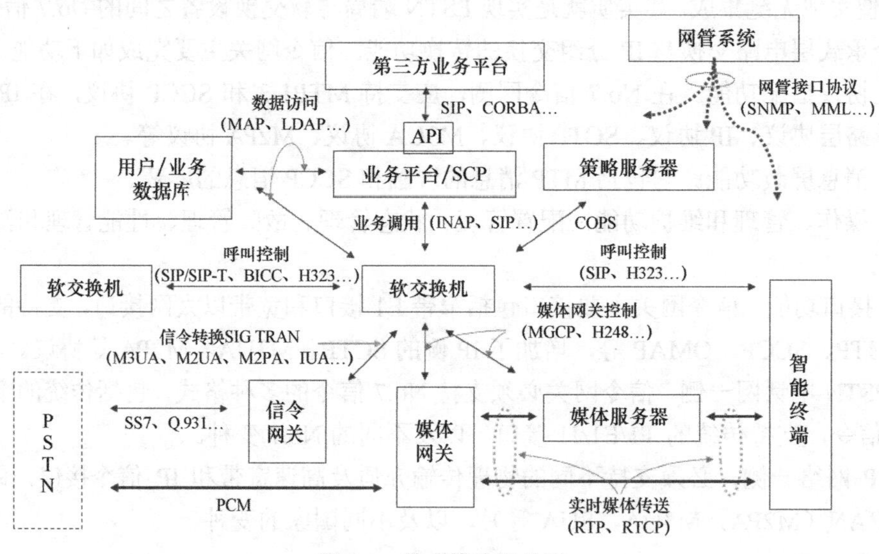

图7-5 软交换协议体系

7.4.1 H.248协议

H.248/Megaco协议是控制器和网关分离概念的产物。网关分离的核心是业务和控制分离，控制和承载分离。这样使业务、控制和承载可独立发展，运营商在充分利用新技术的同时，还可提供丰富多彩的业务，通过不断创新的业务提升网络价值。

IETF最早定义的媒体网关控制协议称为MGCP。1998年IETF和ETSI的电信和互联网协议协调项目组（TIPHON）发布了 MGCP 协议（RFC2705），主要用于媒体网关控制器和媒体网关之间的通信。H.248 是 IETF、ITU-T 制定的媒体网关控制协议，用于媒体网关控制器和媒体网关之间的通信。H.248 协议又称为媒体网关控制协议 Megaco（Media Gateway Control Protocol）。H.248/Megaco 协议是由 ITU-T 和 IETF 携手共同制定的标准，它是在 MGCP 协议的基础上，结合其他媒体网关控制协议特点发展而成的一种协议。

H.248/Megaco 是在 MGCP 基础上发展和演变而来的，两者的网络结构和控制机制完全相同，H.248/Megaco 在功能上有所扩展。MGCP 只支持文本编码，H.248/Megaco 则增加了二进制编码；在一个事务中，MGCP 只支持一个命令，H.248/Megaco 则可以有多个动作，每个动作中又可以有多个命令，使系统规模更大；MGCP 只用 UDP 协议传输且不支持多媒体业务，H.248/Megaco 则支持多媒体业务，允许更多样的传输层协议，如 TCP、UDP、SCTP、AAL2/AAL5 等。这样，虽然主流厂商大多已开发出支持 MGCP 的设备，但 MGCP 最终将被 H.248/Megaco 所代替。根据我国信息产业部颁布的《软交换设备总体技术要求》，在我国软交换组网中 H.248/Megaco 和 MGCP 均可采用，H.248/Megaco 为必选。

1）H.248 协议的主要功能

H.248 协议的目的是对媒体网关的承载连接行为进行控制和监控，提供媒体的建立、修改和释放机制，同时也可携带某些随路呼叫信令，支持传统网络终端的呼叫。该协议在构建开放和多网融合的下一代宽带网络中，发挥着重要作用。该协议的具体功能如下。

（1）监视各终端的“状态”，把当前状态或状态变化以标准的报文（H.248 格式）报告给媒体网关控制器。

（2）执行媒体网关控制器下发的命令，以控制各终端（如振铃、送信号音等）。

（3）执行媒体控制任务，如把一个终端上发出的媒体送入另一个终端，或者把多个终端上发出的媒体处理后送入另一个终端，或者把一个终端上发出的媒体送入其他指定的终端，或者把一个或多个终端发出的媒体处理后，经 RTP 送到指定的媒体网关/软交换机，又或者把从 RTP 上收到的媒体送到指定的一个或多个终端上。

2）H.248 协议对网关的抽象连接模型

H.248 协议对媒体网关进行了抽象，引入了 Termination（终端）和 Context（关联）两个抽象概念来进行描述。

终端是媒体网关逻辑实体，能够发送和（或）接收一种或多种媒体，如模拟用户接入网关中的电话线、中继网关中的中继电路或 IP 网中的 RTP 媒体流等，它封装了媒体流的参数和承载能力参数等。

关联（Context）则表明了在一组终端之间的相互连接关系，实际上对应为呼叫。H.248 通过 Add、Modify、Subtract、Move 等命令完成对终端和关联之间的操作，从而完成了呼叫的建立和释放。有一类特殊的关联成为空关联（Null），包括所有尚未和其他任何终端关联的终端，如在中继网关中，所有空闲的中继线就是空关联中的终端。

3）H.248 协议消息的结构

一个 H.248 协议消息中可以包含多个事务，每个事务可包含多个关联，每个关联中又可包含多个命令，每个命令可带一个或多个参数（也称为描述符）。其消息结构如图 7-6 所示。

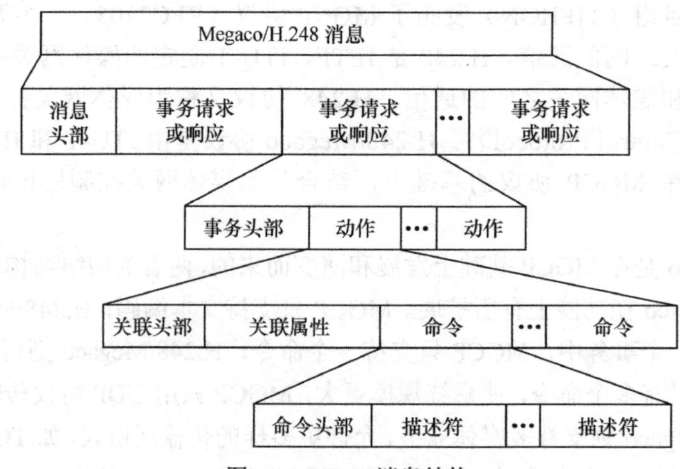

图 7-6　H.248 消息结构

H.248 协议中的事务有 3 种类型：事务请求、事务响应和事务进展。每个事务中使用的命令共包含 8 种命令：Add、Subtract、Move、Modify、Audit Value、Audit Capabilities、Notify、Service Change，各种命令通过其携带的参数实现各种业务。

H.248 消息有文本编码和二进制编码两种格式，目前主要应用文本格式。在文本格式时，一个消息以 MEGACO 带一斜线开头，随后是一个协议版本号、一个消息 ID、一个消息体。

例如，下列消息表示IP地址为202.195.114.12的网关控制器发送了一个消息ID为34567的 H.248 消息，它包含两个事务，其中第一个事务 ID 为 12345，包含两个关联，第一个关联为 1111，将终端 A5555 和 A6666 加入一个关联中，即为这两个终端建立一个通信连接；第二个关联 ID 为$，表示创建一个新关联，并将终端 A7777 加入该新关联中。

```
MEGACO/1[202.195.114.12]：34567
Transaction =12345{
                Context =1111{
                        ADD=A5555,
                        ADD=A6666
                             }
                Context =${
                        ADD =A7777
                           }
                }
```

4）H.248 呼叫流程

图 7-7 所示为一个基于华为软交换设备 SoftX3000 的典型的 H.248 呼叫建立流程，其基本过程如下。

（1）主叫摘机。

（2）媒体网关 1（MG1）检测到摘机信息后，通过 Notify 命令将摘机事件报告给媒体网关控制器 MGC（SoftX3000）。

（3）MGC 向 MG1 发送 Modify 命令，指示网关给终端 A 送拨号音；MG1 接到命令后，向终端 A 送拨号音，同时向 MGC 发送响应。

（4）用户拨号，MG 将收到的号码通过 Notify 命令报告给 MGC。

（5）MGC 向 MG1 发送 Add 命令，要求在 MG1 中创建一个新的关联，并在关联中加入终端 A 对应的 TDM 时隙和 RTP 流信息。

（6）MGC 分析被叫号码，找出被叫用户 B 和媒体网关 MG2。MGC 向 MG2 发送 Add 命令，在 MG2 中创建一个新的关联。

（7）MGC 收到 Add 命令响应后，向 MG2 发送 Modify 命令，修改终端属性，并命令 MG2 给用户 B 送振铃。同时向 MG1 发送 Modify 命令，修改终端 A 的属性，要求 MG1 给终端 A 送回铃音。

（8）被叫摘机，MG2 通过 Notify 向 MGC 报告，MGC 返回确认信息。

（9）MGC 同时分别向 MG1 和 MG2 发送 Modify 命令，通知两者修改 RTP 终端属性，在 MG1 和 MG2 之间建立一条 RTP 媒体流。

（10）终端 A 和终端 B 进行通信。

（11）主叫挂机，MGC 通过 Subtract 命令各 MG 释放连接，同时将主/被叫关联清空。

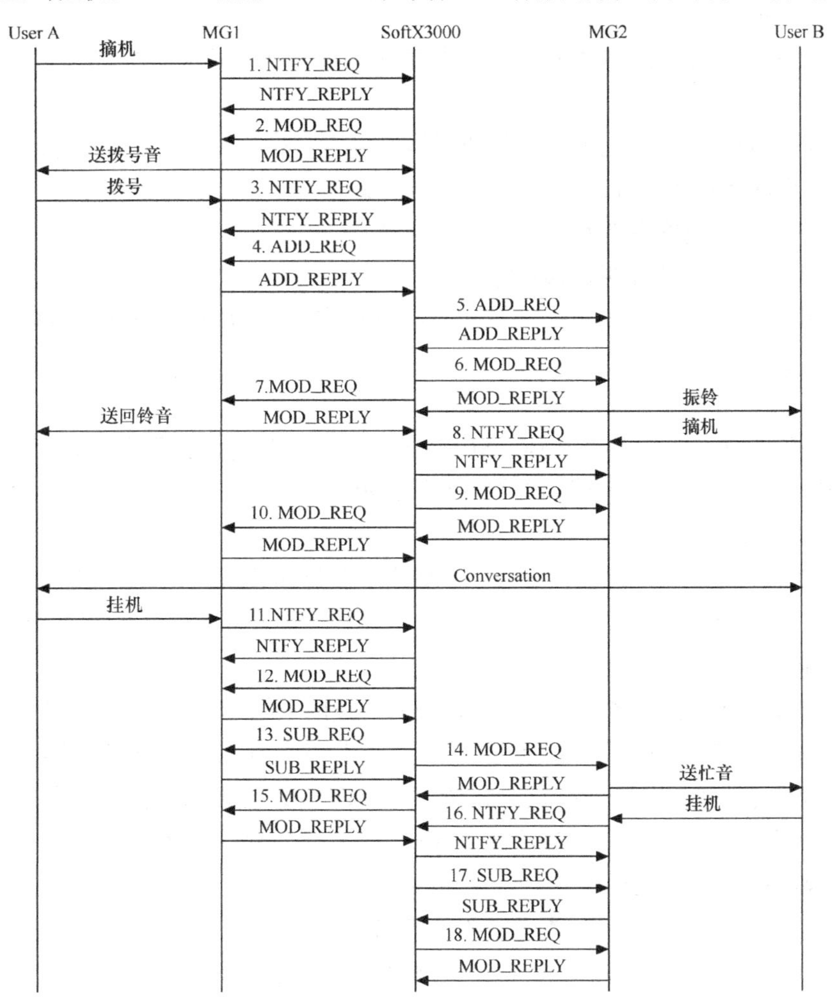

图 7-7　H.248 呼叫建立流程示例

7.4.2 SIP 协议

IETF 提出的会话启动协议（SIP）是一个基于文本的应用层控制协议，独立于底层协议，用于建立、修改和终止 IP 网上的双方或多方多媒体会话。SIP 协议借鉴了 HTTP、SMTP 等协议的思路，支持代理、重定向、登记定位用户等功能，支持用户移动，与 RTP（实时传输协议）、SDP（会话描述协议）、DNS 等协议配合，支持话音、视频、数据、电子邮件、呈现（Presence，表示用户开机、在线、入网、位置等）、文字聊天、即时消息、交互游戏，甚至虚拟现实等业务（会话）。SIP 独立于底层 UDP/TCP 等传输协议，消息中可携带任意类型的消息体。但 SIP 协议不是孤立工作的，而需要与其他协议配合，如 DNS、RTP、RSVP 等，提供类似 PSTN 的呼叫处理功能，如拨号、振铃、回铃音或忙音等。SIP 协议只负责会话的建立、修改和删除，不负责终端用户媒体流的传输。

1. SIP 基本功能

SIP 基本功能如下。

（1）用户定位：通过向 DNS 服务器进行查询，可以得到某个用户当前的 IP 地址和电话号码。

（2）用户能力协商：确定通信媒体和媒体使用的参数，通常依靠 SDP 协议进行。

（3）用户可达性：确定被叫加入会话的意愿。

（4）呼叫建立：建立主叫和被叫的呼叫参数。

（5）呼叫处理：包括呼叫转移和呼叫终止。

此外，用户还可以通过对 SIP 协议进行扩展以支持新功能，如即时消息、呈现等。

2. SIP 功能实体

SIP 会话使用 4 个主要功能实体：SIP 用户代理、SIP 注册服务器、SIP 代理服务器和 SIP 重定向服务器。这些系统通过传输包括了 SDP 协议（用于定义消息的内容和特点）的消息来完成 SIP 会话。

SIP 用户代理（UA）是终端用户设备，如用于创建和管理 SIP 会话的移动电话、多媒体手持设备、PC、PDA 等。用户代理客户机（UAC）发出消息，用户代理服务器（UAS）对消息进行响应。

SIP 注册服务器是包含域中所有用户代理的位置的数据库。在 SIP 通信中，这些服务器会检索出对方的 IP 地址和其他相关信息，并将其发送到 SIP 代理服务器。

SIP 代理服务器接受 SIP UA 的会话请求并查询 SIP 注册服务器，获取收件方 UA 的地址信息。然后，它将会话邀请信息直接转发给收件方 UA（如果它位于同一域中）或代理服务器（如果 UA 位于另一域中）。

SIP 重定向服务器允许 SIP 代理服务器将 SIP 会话邀请信息定向到外部域。SIP 重定向服务器可以与 SIP 注册服务器和 SIP 代理服务器同在一个硬件上。

3．SIP 基本消息

SIP 协议是一个 Client/Sever 协议，因此 SIP 消息分为两种：请求消息和响应消息。请求消息是 SIP 客户端为了激活特定操作而发给服务器端的消息。常用的 SIP 消息如表 7-1 所示。

表 7-1　常用的 SIP 消息

消息类型	消息名称	说　明
请求消息	INVITE	表示主叫用户发起会话请求，邀请其他用户加入一个会话；也可以用在呼叫建立后用于更新会话
	ACK	客户端向服务器端证实它已经收到了对 INVITE 请求的最终响应
	BYE	表示终止一个已经建立的呼叫
	CANCEL	表示在收到对请求的最终响应之前取消该请求，对于已完成的请求则无影响
	REGISTER	表示客户端向 SIP 服务器端注册列在 To 字段中的地址信息
	OPTIONS	表示查询被叫的相关信息和功能
响应消息	1xx	表示正在处理，如 100 表示试呼叫，180 表示振铃，181 表示正在呼叫前转
	2xx	成功响应
	3xx	重定向响应，如 302 表示临时迁移
	4xx	客户端错误响应，如 400 表示错误请求，401 表示未授权，403 表示禁止，404 表示用户不存在，408 表示请求超时，480 表示无人接听，486 表示线路忙
	5xx	服务器错误响应，如 504 表示服务器超时
	6xx	全局故障，如 600 表示全忙

4．SIP 呼叫基本流程

SIP 协议不仅支持通过中间服务器转接的会话呼叫，还支持终端之间的直通呼叫。图 7-8 所示为基于中间代理服务器的典型 SIP 呼叫流程示意图，图中两端为两台 SIP 终端电话，用户名分别为 Mike 和 Bob，分别注册到 CompanyA 和 CompanyB 两台 SIP 服务器。

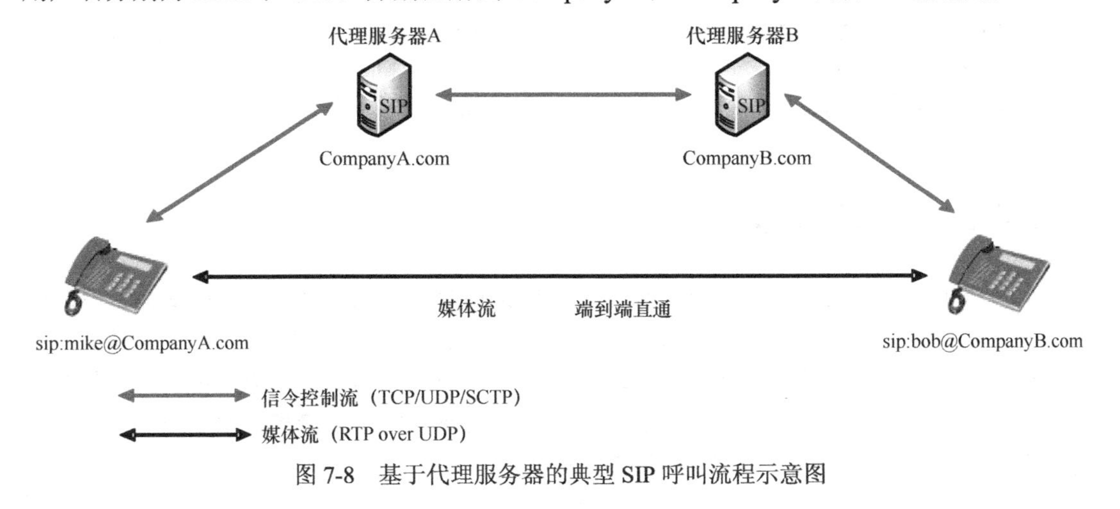

图 7-8　基于代理服务器的典型 SIP 呼叫流程示意图

假设 Mike 为主叫，其详细呼叫流程如图 7-9 所示。从流程图中可以看出，媒体流与呼叫信令控制流是分离的。

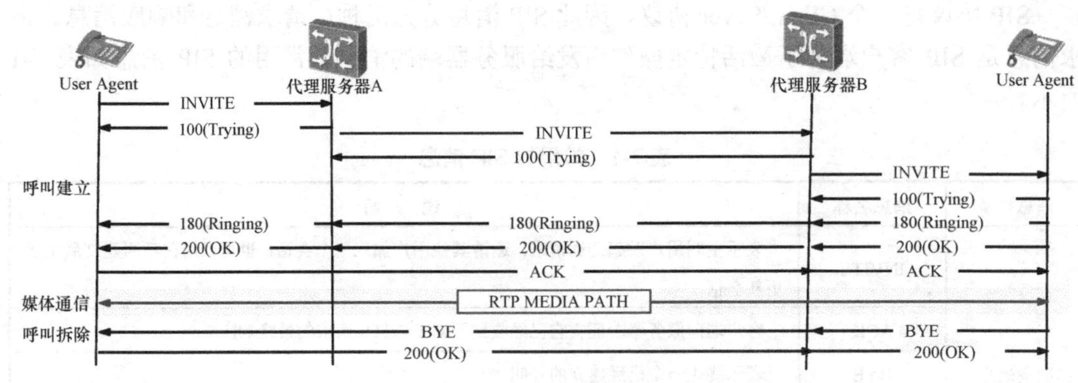

图 7-9　SIP 详细呼叫流程

下面以 INVITE 消息为例，说明 SIP 消息的基本结构。

```
INVITE sip:bob@CompanyB.com SIP/2.0                          <起始行：INVITE+URL+SIP 版本号>
Via: SIP/2.0/UDP pc33.CompanyA.com;branch=z9hG4bK776asdhds   <Via：记录消息的地址路径>
Max-Forwards: 70                                             <限定消息到目的地前经历最大跳数>
To: Bob sip:bob@ CompanyB.com                                <To：被叫用户注册号>
From: Alice <sip:mike@ CompanyA.com>;tag=1928301774          <From：本次会话主叫注册号>
Call-ID: a84b4c76e66710@pc33. CompanyA.com                   <Call-ID：本次会话编号>
CSeq: 314159 INVITE                                          <CSeq：本次会话请求消息编号>
Contact: <sip:mike@pc33. CompanyA.com>                       <Contact：主叫用户当前地址>
Content-Type: application/sdp                                <本消息体内容为 SDP>
Content-Length: 199                                          <消息体长度为 199 字节>
                                                             <空行、以下为 SDP 消息内容>
v=0                                                          <SDP 版本号>
o=Pingtel 5 5 IN IP4 10.77.226.121                           <描述源端地址信息>
s=phone-call                                                 <SDP 本次呼叫名称>
c=IN IP4 10.77.226.121                                       <主叫用户接收媒体信息的 IP 地址>
m= audio 8766    RTP/AVP    0    8                           <RTP 语音媒体描述，包含端口和语音编码格式>
a= rtpmap:0 pcmu/8000/1                                      <支持 PCMμ 率编码>
a= rtpmap:8 pcma/8000/1                                      <支持 PCM A 率编码>
```

7.4.3　H.323 协议

由于历史原因，H.323 和会话启动协议 SIP 是相互竞争的两个协议。软交换可以同时支持 H.323 和 SIP。不过在这两种体系结构中的软交换还是有区别的。由于 H.323 是集中管理，对系统状态、资源都要管理，因此基于 H.323 的软交换设备要复杂一些。SIP 体系是分散的，它不管理系统状态，基于 SIP 的软交换设备承担的工作量相对要小一些，因此它的呼叫处理能力要大于基于 H.323 的软交换设备。

H.323 协议原是 ITU-T 为在局域网上开展多媒体业务制定的，其初衷是希望该协议用于多媒体会议系统，但目前它却在 IP 电话领域得到广泛应用，并取得较好效果。H.323 是 H.320 的扩展，H.320 产品通常使用 ISDN、DDN 等电路交换广域网进行视频会议通信。H.323 则在分组网络上支持点对点和多点音像通信服务，目前普遍认为 H.323 协议是在分组网上支持话音、图像和数据业务最成熟的协议。

H.323 系统的 4 个部件是终端（Terminal）、网关（Gateway）、网守（Gatekeeper）和多点控制单元（Multipoint Control Unit，MCU）。

终端是用户设备，可进行实时单向、双向通信。所有终端必须支持话音通信，视频和数据通信则是可选项。终端间使用 H.245 协议来进行信道容量等的协商，使用 Q.931 协议进行连接建立，使用实时传输协议 RTP（Real-time Transfer Protocol）/实时传输控制协议 RTCP（Real-time Transfer Control Protocol）进行音频和视频分组传输。

网关是 H.323 会议系统的一个可选部件，它可在 H.323 系统和其他会议（如 H.320 系统）间进行转接。网关要完成通信协议转换和音视频编码格式转换。

网守也是 H.323 会议系统的一个可选部件，它完成别名到地址的解析、访问控制、带宽管理等功能。这些功能由 RAS（注册/接纳/状态）建议加以说明。

多点控制单元 MCU 支持在多个终端间举行会议，它由多点控制器（MC）和多点处理器（MP）组成。

多点控制器是 H.323 多点控制单元的一个必备部件，它可以控制多点处理器与各终端进行交互，用 H.245 在多个终端间对话音、视频、数据编解码能力、共同信道容量等进行协商，设置会议成员优先权，并决定哪些话音、数据、视频流应该组播发送，但它并不直接处理这些比特流。

多点处理器是 H.323 多点控制单元的一个可选部件，它完成话音、数据、视频流的混合、交换、处理。多点控制器可以作为一个单独的部件存在，也可以存在于其他的 H.323 部件（终端、网关、网守）中。

在软交换体系结构中，网守和多点控制器功能可以在网络控制层中由软交换等设备完成，网关和多点处理器功能可以在边缘接入层中由媒体网关等设备实现

7.4.4　实时传输协议（RTP）

RTP 协议详细规范了在互联网上传递音频和视频的数据包格式标准。它一开始被设计为一个多播协议，但后来被用在单播应用中。RTP 协议常用于流媒体系统（配合 RTSP 协议），视频会议和一键通（Push to Talk）系统（配合 H.323 或 SIP），使它成为 IP 电话的技术基础。RTP 协议和 RTP 控制协议（RTCP）一起使用，而且它是建立在用户数据报协议上的。RTP 广泛应用于流媒体相关的通信和娱乐，包括电话、视频会议、电视和基于网络的一键通业务（类似对讲机的通话）。

RTP 提供抖动补偿和数据无序到达检测的机制。由于 IP 网络的传输特性，数据的无序到达是很常见的。RTP 允许数据通过 IP 组播的方式传送到多个目的地。RTP 被认为是在 IP 网络中传输音频和视频的基本标准。RTP 通常配合模板和负载格式使用，如常见的语音编码格式包含 G.711、G.723、G.729 等，常见的视频编码格式包含 H.261 和 H.263 等。

每一个多媒体流会建立一个 RTP 会话。一个会话包含带有 RTP 和 RTCP 端口号的 IP

地址。例如，音频和视频流使用分开的 RTP 会话，这样用户可以选择其中一个媒体流。形成会话的端口由其他协议（如 RTSP 和 SIP）来协商。RTP 和 RTCP 使用 UDP 端口 1024～65535。

7.4.5 信令传输协议

在 IP 网络中，信令可以通过 TCP、UDP、SCTP 等传输层协议进行传输。UDP 是数据报方式，其优点是简单、易于实现，但不保证数据的正确传输，对于有些信令不适合。TCP 是面向连接方式的，在正常的网络状况下可以保证数据的正确传输，但在网络故障、拥塞等情况下性能较差，没有冗余通路。SCTP 是一个新型协议，支持经过多条路径向同一目的地传输，可靠性和实时性都较高，适合信令传输的要求。

各种信令传输使用的承载协议结构如图 7-10 所示。H.323 协议使用 TCP，H.248 可以使用 TCP 或 UDP，SIP 则可以选择使用 TCP、UDP、SCTP，BICC、No.7 信令（SS7）用户部分可通过 SIGTRAN 适配层经过 SCTP 传输。

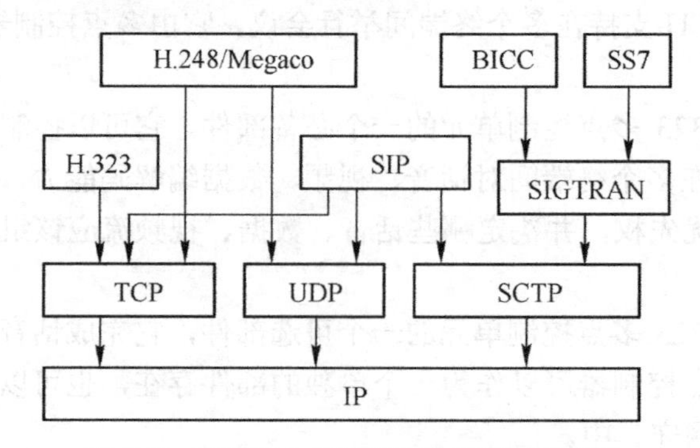

图 7-10 各种信令传输使用的承载协议结构

SIGTRAN（Signaling Transport，信令传输）是 IETF 的一个工作组，其任务是建立一套在 IP 网络上传送 PSTN 信令的协议。SIGTRAN 协议包括流控制传送协议（Stream Control Transmission Protocol，SCTP）、MTP2 用户适配协议（MTP2 User Adaptation，M2UA）、MTP3 用户适配协议（M3UA，MTP3 User Adaptation）、SCCP 用户适配协议（SCCP-User Adaptation，SUA）、MTP2 用户对等适配协议（MTP2 Peer-to-Peer Adaptation layer，M2PA）等。

SCTP 是一个传输层协议，支持多条路径并发传输，可替代 TCP、UDP 协议，用于在 IP 网络上可靠地传输 PSTN 信令；SCTP 在实时性和信息传输方面更可靠、更安全。TCP 不能提供多个 IP 连接，安全方面也受到限制；UDP 不可靠，不提供顺序控制和连接确认。除了传输 PSTN 信令，SCTP 还可以传输 SIP（SIP 也可使用 UDP、TCP 传输）。

M2UA 支持 MTP2 互通和链路状态维护，提供与 MTP2 同样的功能。

M3UA 支持 MTP3 用户部分互通，提供信令点编码和 IP 地址的转换。

SUA 支持 SCCP 用户互通，相当于 TCAP over IP。

M2PA 支持 MTP3 互通，支持本地 MTP3 功能，支持 M2PA SG（信令网关），可以作为信令转接点 STP。

7.5　软交换网络的应用

目前，软交换网络技术已经成熟，且建网成本较低，便于实现传统 PSTN 的平滑演进，因此国内外电信运营商部署了大量商用的软交换网络，以替代传统的电路交换网。运营商在建设软交换网时一般经历了 3 个阶段：第一个阶段是利用软交换技术实现长途网的优化改造，如中国移动、中国电信等运营商已经建成了覆盖全国的长途软交换网，用于分流长途语音业务，并逐步将长途业务转向软交换网；第二个阶段是利用软交换技术实现本地网的智能化改造，以及新建和网络扩容的重要手段；第三个阶段是利用软交换网络提供新型增值业务。中国电信于 2017 年 12 月实现了电路交换网的全部升级改造，中国移动则实现了长途移动通信网的软交换改造。与此同时，在企业网应用领域，越来越多的 IP-PBX 也逐渐取代了传统的基于电路交换的 PBX 交换机。

随着技术发展和市场应用的进一步拓展，基于软交换思想的 IP 多媒体子系统逐渐成为下一代网络建设和发展的主题和目标，并在固定和移动网络融合的演进过程中发挥越来越重要的作用。

7.6　IP 多媒体子系统

随着软交换技术的不断发展，网络融合是网络发展演进的必然趋势，固定通信网和移动通信网需要融合，传统的电信网和互联网需要融合，用户业务也逐步融合话音、数据和多媒体业务，这时需要新的网络体系架构，以对网络资源进行整合。新的体系架构应能满足以下 3 个方面的要求：一是能提供电信级的 QoS 保证；二是能提供融合各类网络能力的综合业务；三是能对业务进行有效而灵活的计费。

蜂窝移动通信技术和互联网技术的发展，为新的体系架构奠定了良好的技术基础，第三代合作伙伴计划（3GPP）将二者有机地结合起来，于 2002 年 9 月在 Release 5 版本中提出了支持 IP 多媒体业务的子系统（IP Multimedia Subsystem，IMS）技术标准。该标准已被 ITU-T 和欧洲电信标准化委员会（ETSI）认可，被纳入 NGN 的核心网框架中。此后 3GPP 又先后提出了 IMS 的 R6、R7、R8、R9、R10、R11、R12 等版本， 其中从 R9 版本开始主要针对 VoLTE（Voice over LTE）并进行功能增强。IMS 系统采用 SIP 进行端到端的呼叫控制，为同时支持固定和移动接入提供了技术基础，也使得网络融合成为可能。IMS 具有与接入无关、协议统一、业务与控制分离、归属服务控制、策略控制和 QoS 保证等特点，曾被业界普遍认为是解决固定和移动网络融合的理想方案。

IMS 相对于软交换有着非常多的优势，在 NGN 市场中正占据越来越重要的角色。国际权威标准组织普遍将 IMS 作为 NGN 融合，以及业务和技术创新的核心标准。IMS 不仅可以实现最初的 VoIP 业务，更重要的是 IMS 将更有效地对网络资源、用户资源及应用资源进行管理，提高网络的智能，支持多种固定和移动用户接入方式的融合，使用户可以跨越各种网络并使用多种终端，感受融合的通信体验。IMS 作为一个通信架构，开创了全新的电信商业模式，拓展了整个信息产业的发展空间。在北美五大电信运营商中，迄今已有四家部署了朗讯的IMS技术，对于无线和有线融合有着极为重要的象征性意义，标志着IMS在全球的部署进入到一个新的阶段。截至2019年，中国的三大电信运营商都已逐步开启VoLTE的商用进程，其核心网就是采用IMS架构，而部署IMS和加速VoLTE商用被认为是Vo5G（Voice over 5G）的必由之路。

7.6.1 IMS的基本概念

IP多媒体子系统是一组规范描述，用于实现基于IP的电话和多媒体服务的下一代网络（NGN）体系结构。IMS定义了一个完整的体系结构和框架，允许在基于IP的基础设施上对声音、视频、数据和移动网络技术进行聚合。IMS的远景是对互联网提供所有服务的移动接入。IMS是基于全IP的，核心控制采用SIP协议，同时支持移动与固定的多种接入方式。IMS体系架构具有以下特点。

1）接入无关

终端通过IP与网络连通，这种端到端的IP连通性，使得IMS真正实现了与接入的无关性，IMS不像软交换那样需要通过综合接入设备IAD和接入网关AG等设备来适配不同类型终端。

2）协议统一

IMS统一采用SIP协议进行呼叫控制。SIP协议具有简洁、可扩展和适用性广等特征，并可与现有固定IP网平滑对接。

3）业务与控制分离

IMS定义了标准的基于SIP的多媒体业务控制接口ISC，实现业务与控制的分离，有利于快速、灵活提供各种业务应用。第三方业务开发者可通过开放的编程接口开放各种用户应用和业务。

4）归属地服务控制

IMS采用归属地控制，这与软交换的拜访地控制不同，IMS只保留了移动网中的HLR，摒弃了VLR的概念，即与用户相关的数据信息只保存在用户的归属地，因为IMS系统基于IP网络承载，这种控制方式有利于运营商对网络的控制和管理，特别是计费和服务质量控制。

5）策略控制和QoS保证

在IMS网络中，终端在会话建立时可协商媒体能力并提出QoS要求，并有策略控制单元为会话预留资源，从而保证会话的QoS。

7.6.2 IMS的体系结构

1. IMS的网络结构

IMS最早由3GPP提出，3GPP的IMS网络采用了分层结构，自底向上依次可分为IP接入网络层、IP多媒体核心网络层和业务网络层，如图7-11所示。IP接入网络层类似NGN的接入层，主要功能是发起和终结各类SIP会话；实现IP分组承载与其他网络承载之间的格式转换，如 TDM 承载等；完成与传统（如 PSTN、PLMN）网络之间的互联互通功能。该层的主要设备保护各类 SIP 终端、接入网关和互联互通网关等。IP 多媒体核心网络层全部基于 IP，提供多媒体业务通信环境，完成基本会话控制，包含用户注册、会话路由控制、与应用服务器交互、维护管理用户数据等。本层是 IMS 网络的核心控制层，主要包含 CSCF、MRFC、BGCF 等重要功能实体。业务网络层是指通过各种开放接口提供多媒体业务的应用平台，向用户提供多媒体业务逻辑，实现各类补充业务和增值业务等。

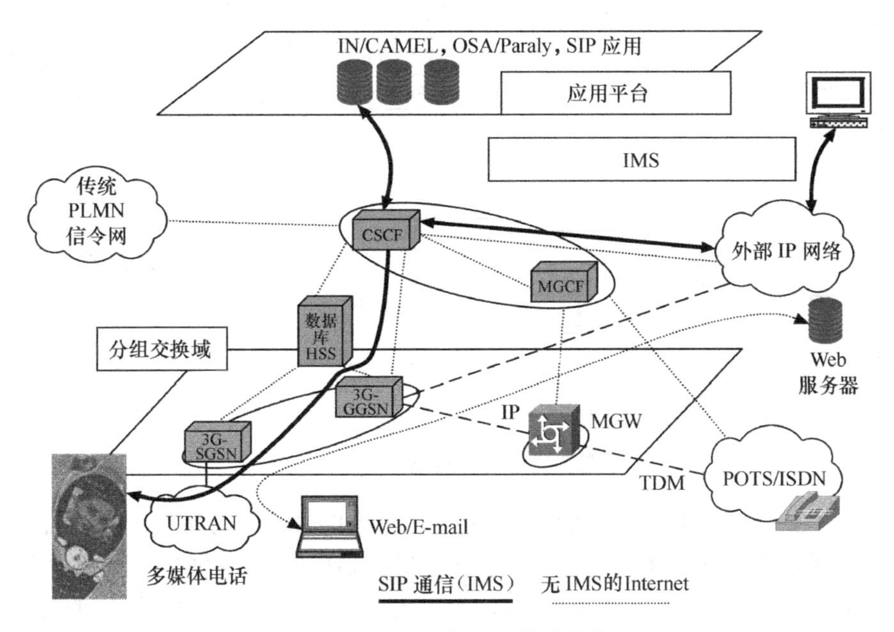

图 7-11　3GPP 的 IMS 体系结构

2. IMS 的功能实体

IMS 的主要功能实体包括呼叫会话控制功能（CSCF）、归属用户服务器（HSS）、媒体网关控制功能（MGCF）、IP 多媒体-媒体网关功能（IM-MGW）、多媒体资源功能控制器（MRFC）、多媒体资源功能处理器（MRFP）、签约定位器功能（SLF）、出口网关控制功能（BGCF）、信令网关（SGF）、策略决策功能（PDF）、应用服务器（AS）等。典型的 IMS 体系结构如图 7-12 所示。

1）CSCF

CSCF（Call Session Control Function）是 IMS 体系的控制核心。根据其功能的不同，CSCF 又分为 P-CSCF、I-CSCF、S-CSCF。

P-CSCF（Proxy-CSCF）称为代理呼叫会话控制功能，它是 IMS 用户的第一个接入点。所有 SIP 信令流，无论是来自 UE（User Equipment）或发给 UE，都必须通过 P-CSCF。P-CSCF 负责验证请求，将它转发给指定的目标，并且处理和转发响应，必要时执行 SIP 消息压缩解压，完成 QoS 服务保障管理等。同一个运营商的网络可以有一个或多个 P-CSCF。

I-CSCF（Inter-operating-CSCF）称为询问 CSCF，它可以充当网络中所有用户的连接点，也可以当作当前网络服务区内漫游用户的服务接入点。一个运营商的网络可以有多个 I-CSCF。I-CSCF 执行的功能包括指派 S-CSCF、查询 HSS、转发 SIP 请求或响应 S-CSCF 等。

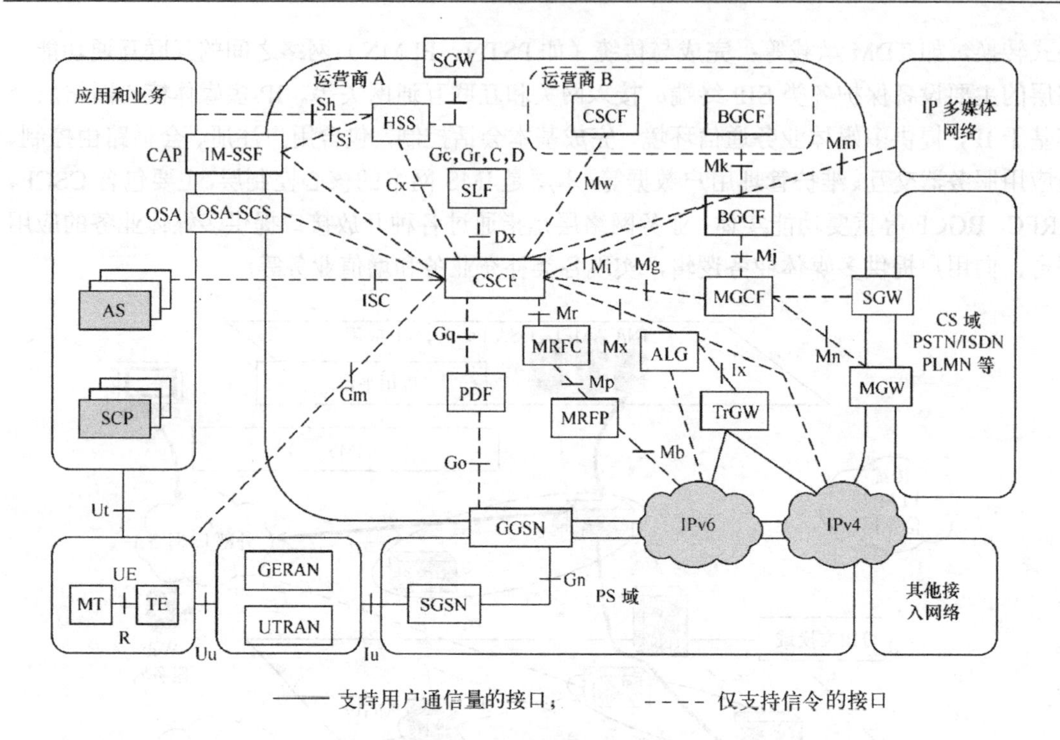

图7-12　典型的IMS体系结构

S-CSCF（Serving-CSCF）称为服务CSCF，它是IMS的核心所在，位于归属网络，为UE进行会话控制和注册服务，同时提供公共会话控制功能，如播放音、计费通知等。在一个运营商的网络中，可以有多个S-CSCF，并且这些S-CSCF可以具有不同的功能。

2）HSS

HSS（Home Subscriber Server）是IMS中所有与用户和服务有关的数据的主要存储器。存储在HSS中的数据主要包括用户身份、注册信息、接入参数和业务触发信息。

用户身份包括私有用户身份和公共用户身份两种类型。私有用户身份是由归属网络运营商分配的用户身份，用于注册和授权等用途；而公共用户身份用于其他用户向该用户发送通信请求。IMS接入参数用于会话建立，它包括用户认证、漫游授权和分配S-CSCF的名称等。业务触发信息使SIP服务得以执行。HSS也提供各个用户对S-CSCF能力方面的特定要求，这个信息用于I-CSCF为用户挑选最合适的S-CSCF。

在一个归属网络中可以有不止一个HSS，这取决于用户的数量、设备容量和网络的架构。在HSS与其他网络实体之间存在多个参考点。

3）SLF

SLF（Subscription Locator Function）是一种地址解析机制。当网络运营商部署了多个独立可寻址的HSS时，这种机制使I-CSCF、S-CSCF和AS能够找到拥有给定用户身份的签约关系数据的HSS地址。在单HSS的IMS系统中，是不需要SLF的。

4）MRFC

MRFC（Multimedia Resource Function Controller）用于支持和承载相关的服务，如会议、语音提示、承载代码转换等。MRFC解释从S-CSCF收到的SIP信令，并且使用媒体网关控制协议指令、控制多媒体资源功能处理器。MRFC还能够发送计费信息给CCF（Changing

Control Function）和 OCS（Online Charging Server）。

5）MRFP

MRFP（Multimedia Resource Function Processor）称为多媒体资源功能处理器，它提供 MRFC 所请求和指示的用户媒体资源。MRFP 具有下列功能。

（1）在 MRFC 的控制下进行媒体流及特殊资源的控制。

（2）对外部提供 RTP/IP 的媒体流连接和相关资源。

（3）支持多方媒体流的混合功能（如音频、视频多方会议）。

（4）支持媒体流发送源处理的功能（如多媒体公告）。

（5）支持媒体流的处理功能（如音频的编解码、转换、媒体分析）。

6）MGCF

MGCF（Media Gateway Control Function）是使 IMS 域和电路交换域（CS）之间进行信令交互的网关。所有来自 CS 用户的呼叫控制信令都指向 MGCF，它负责 ISDN 用户部分（ISUP）或承载无关呼叫控制（BICC）与 SIP 协议之间的转换，并且将会话转发给 IMS。类似地，所有 IMS 发起到 CS 用户的会话也经过 MGCF。MGCF 还控制与其关联的用户面实体——IMS-MGW 中的媒体通道。另外，MGCF 能够向计费系统提供计费信息。

7）BGCF

BGCF（Breakout Gateway Control Function）负责选择到 CS 域的出口位置。所选择的出口既可以与 BGCF 处在同一运营网络，也可以位于另一个运营网络。如果这个出口位于相同网络，那么 BGCF 选择媒体网关控制功能（MGCF）进行进一步的会话控制；如果出口位于另一个网络，那么 BGCF 将会话转发到相应网络的 BGCF。另外，BGCF 能够向外提供计费信息并收集统计信息。

8）SGF

SGF（Signalling Gateway Function）用于不同信令网的互连，其作用类似于软交换系统中的信令网关。SGW 在基于 No.7 信令系统的信令传输和基于 IP 的信令传输之间进行传输层的双向信令转换。SGW 不对应用层的消息进行解释。

9）AS

AS（Application Server）是为 IMS 提供各种业务逻辑的功能实体，与软交换体系中的应用服务器的功能相同。AS 所提供的功能称为应用功能（Application Function，AF）。

7.6.3 IMS 网络编号

IMS 中包含各种用户、终端和服务实体。为了使它们相互之间能够相互通信，需要使用名称、编号或地址等表示它们。这些名称、编号或地址就是它们的标识。

1. 对用户的标识

每个 IMS 用户都具有私有用户标识和公共用户标识。

1）私有用户标识

私有用户标识（IMS Private User Identifier，IMPI）是由归属网络运营商决定的全局唯一标识符。IMPI 主要被用来实现认证目的，也可用于计费和管理功能。IMPI 的功能类似于 GSM 网络定义的 IMSI，其对用户而言是不可知的，仅仅存储在 SIM 卡中，只用于签约标识和鉴权目的，不用于 SIP 请求的路由。其格式采用 RFC2486 定义的网络接入标识(NAI)的形式，具有 username@operator.com 格式。

2）公共用户标识

公共用户标识（IMS Public User Identifier，IMPU）是用于 IMS 用户之间进行通信的标识。归属网络运营商会给 IMS 用户分配一个或多个 IMPU，IMPU 的功能类似于 GSM 中的 MSISDN 号码，IMPU 用于路由 SIP 信令。

IMPU 可以采用 SIP URI（统一资源标识）或 TEL URL（统一资源定位）格式。

TEL URL 采用 E.164 编号，以“tel：”开头。例如，tel:+861012345678。

SIP URI 以“sip：”开头。例如，sip:+861012345678@ims.bj.chinamobile.com。

只有 SIP URI 用于在 IMS 网络中进行信令路由，当呼叫 IMS 用户采用 E.164 号码时，需要首先通过 ENUM 将 TEL URL 转换成用户对应的 SIP URI 进行路由。

3）私有用户标识和公共用户标识的关系

对 IMS 用户而言，运营商会为其分配一个或多个 IMPU 和一个 IMPI。公共标识是用户发起呼叫时实际输入的标识，是主、被叫用户可以看见的用户名或号码。一个用户的不同公共标识用于不同的目的，如一个公共标识号用于办公，另一个用于私事。私有标识则是通信双方都看不见的，由用户设备自动产生并发往 IMS 服务系统进行认证。也就是说，不管用户用哪个公共标识进行通信，其终端在注册时都会自动使用同一个私有标识参与认证，在注册的 SIP 消息中包括公共标识、私有标识、终端 IP 地址等内容，其中私有标识主要用于认证。

有时，多个终端（它们的 IMPI 不同）可以使用同一个 IMPU 进行注册。当其他用户向该 IMPU 呼叫时，网络可根据一定策略选择某个终端建立连接。利用这一功能，可以实现一号通、多机同振等业务。

2．对服务的标识（公共服务标识符）

随着呈现服务、短消息服务、会议服务和群组能力的引入，网络需要用标识符来标识应用服务器（Application Server，AS）上的服务和群组。用于这些目的的标识符同时要支持动态创建，也就是说服务商可以按需在 AS 上创建。为此 IMS R6 引入了一种新的标识符，公共服务标识符。公共服务标识符采用 SIP URI 或 TEL URL 形式。例如，有一个短消息聊天服务，它的公共服务标识符为 sip: messaginglist@ims.example.com，用户向这个标识符进行注册后，就可与其他用户进行短信息聊天，这同样适用于其他服务（如语音、视频等）。

3．对网络实体的标识

除了 IMS 用户和服务，处理 SIP 路由的网络节点也需要有一个有效 SIP URI 以便能被标识。这些 SIP URI 将被用在 SIP 消息头部中以标识这些节点。但这些标识符不必在 DNS 中全局发布。例如，一个运营商给其 S-CSCF 设置的标识符为：sip:scscf1@ims.example.com。

7.6.4　IMS 的通信流程

1. 注册过程

IMS 的注册分两个阶段：第一阶段 UE 向网络进行注册申请，网络将回答授权未响应；第二阶段 UE 再次向网络进行注册申请，网络将完成这次的注册申请。

在第一阶段，UE 发送一个 SIP 注册（REGISTER）请求给已发现的 P-CSCF，这个请求包含要注册的公共身份和归属域名。该 P-CSCF 处理注册请求，并使用用户提供的归属域名来解析 I-CSCF 的 IP 地址，然后把该请求转发给 I-CSCF，随后 I-CSCF 将询问归属用户服务器（HSS），以便通过 S-CSCF 选择过程来获取所需的 S-CSCF 能力要求。在 S-CSCF 选定之后，I-CSCF 将注册请求转发给选定的 S-CSCF。这时，S-CSCF 会发现这个用户没有授权，因此它会向 HSS 索取认证数据，并且通过一个 401 未授权消息响应用户。终端注册过程第一阶段如图 7-13 所示。

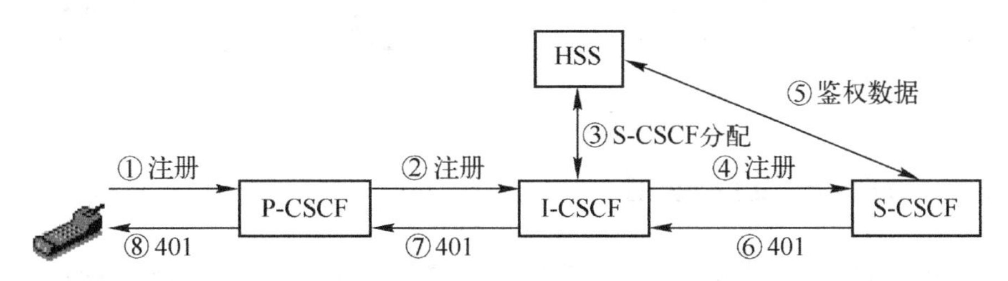

图 7-13　终端注册过程第一阶段

第二阶段，UE 收到 401（未授权响应）后，将根据认证要求和 S-CSCF 提供的鉴权参数发送另一个注册请求给 P-CSCF。P-CSCF 再次找到 I-CSCF，I-CSCF 也依次找到 S-CSCF。最后，S-CSCF 对用户进行认证，如果认证正确，它就从 HSS 下载用户配置数据，并且通过一个 200OK 响应接受该注册。一旦 UE 被成功授权，该 UE 就能够发起和接收会话。在注册过程中，UE 和 P-CSCF 会了解到网络中的哪个 S-CSCF 将要为该 UE 提供服务。终端注册过程第二阶段如图 7-14 所示。

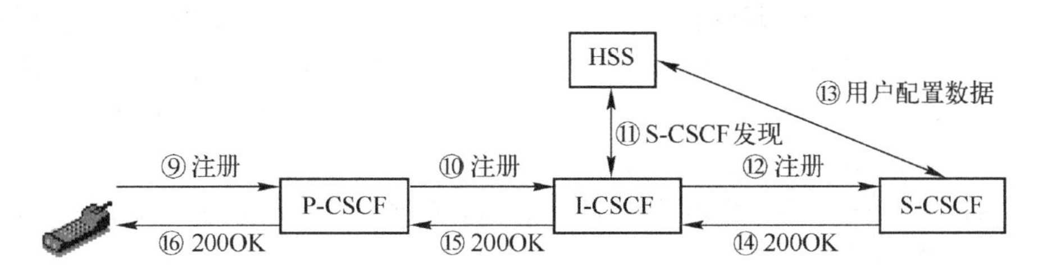

图 7-14　终端注册过程第二阶段

2. 会话建立过程

当用户 A 想要与用户 B 进行通信时，就向 P-CSCF 发起一个 SIP INVITE 请求。P-CSCF 会对这个请求进行处理。例如，它会将其解压缩并且验证呼叫发起用户的身份。之后，P-CSCF 将这个 INVITE 请求转发给为用户 A 提供服务的 S-CSCF，这个 S-CSCF 是在 A 的注册过程中为 A 指定的。S-CSCF 继续处理这个请求，执行服务控制，这包括与应用服务器 AS 的交互，并且通过 INVITE 请求中用户 B 的身份，最终确定用户 B 的归属网络入口点，即该网络中的一个 I-CSCF。之后，A 的 S-CSCF 将该请求转发给用户 B 归属网络中的 I-CSCF，I-CSCF 收到请求后会询问用户 B 归属网络中的 HSS，以便找到正在为用户 B 提供服务的 S-CSCF。该 S-CSCF 负责处理这个呼叫会话，包括与应用服务器的交互，并最终将这个 INVITE 请求发送给用户 B 的 P-CSCF，然后 P-CSCF 把这个请求送给用户 B。用户 B 收到这个请求后会生成一个 183（会话进行中）响应，该响应将按相反的路径传给用户 A。其会话建立过程如图 7-15 所示。

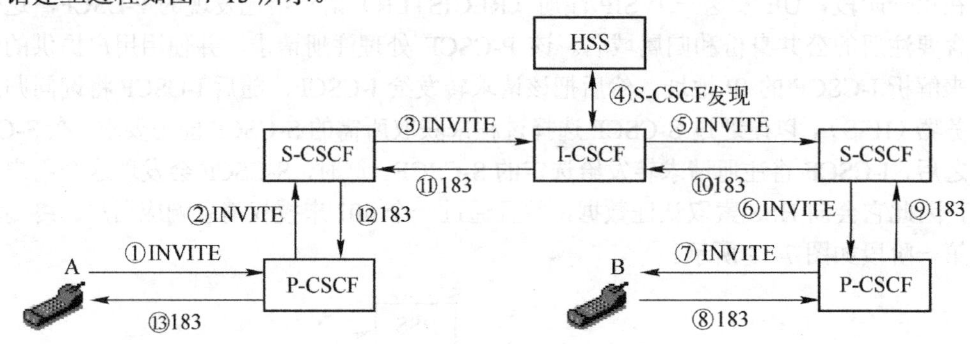

图 7-15　会话建立过程

7.6.5　IMS 的发展应用

由于 IMS 的接入无关性，在 3GPP 提出 IMS 之后，IMS 引起了广泛的关注。IMS 最初是移动通信领域提出的一种体系架构，但是其拥有的与接入无关的特性使得 IMS 可以成为融合移动网与固定网的一种手段，这是与 NGN 的目标相一致的。IMS 这种天生的优势使它得到了 ITU-T 和 ETSI 的关注，这两个标准化组织目前都把 IMS 纳入自己的 NGN 标准之中。在 NGN 的体系结构中，IMS 将作为控制层面的核心架构，用于控制层面的网络融合。

现在 IMS 已经成为通信业的焦点，电信运营商和设备制造商都对 IMS 投入巨大，尤其是电信运营商，目前正在实现从基于电路交换的 PSTN 和 PLMN 向基于全 IP 的 IMS 网络的逐步演进。在我国，中国移动、中国电信和中国联通三大运营商均建设了大规模的商用 IMS 网络。例如，中国电信已经完成了固定电话网向 IMS 的转换，配合“光进铜退、光纤到户”的推进，接入宽带用户。随着 4G LTE 的逐步发展，虽然 OTT（Over The Top，俗称过顶技术）通过互联网可以向用户直接提供语音等多种服务，如 Skype、微信和 QQ 等，但三大运营商仍然将 VoLTE 作为 4G/LTE 甚至 5G 网络下语音的最终解决方案，其核心就是采用基于 IMS 的网络架构。

本章小结

下一代网络是以宽带 IP 网络为基础，以软交换为核心，能为用户提供个性化、智能化和综合业务的可持续发展的网络。下一代网络可以分为接入层、传送层、控制层、业务层共 4 个层面。按照传输、控制、业务分离的思想，软交换实现呼叫控制功能，业务的提供由应用服务器提供，具体业务流的传输由宽带 IP 网络承载。这样就形成了开放的、分布式的、多协议的架构体系，便于新业务的快速引入，以及固定网和移动网等不同网络的互通和融合。

在软交换系统中，核心交换设备是软交换机/软交换服务器，它提供呼叫控制、信令处理、资源管理、计费、用户管理等功能。通过 IAD、媒体网关、信令网关等典型的软交换组网设备，可实现各类窄带和宽带接入。在这些软交换设备之间，使用 H.248、H.323、SIP 等基于 IP 的信令进行控制。

IMS 是基于软交换原理的，软交换网络与 IMS 是互通融合的关系。IMS 是移动和固定融合比较适合的架构，基于 IMS 的网络体系对移动性管理、承载网控制、接入控制等有了清晰的关系定义。每个 IMS 用户都具有私有用户标识和公共用户标识，IMS 的编号与路由具有其独特性，同时与 GSM 用户的编号与标识又具有一定的共通性。IMS 的会话控制是对 SIP 网络会话的扩展和增强，支持认证、授权和服务质量保证，在安全性方面也有所增强。现有网络向下一代网络的过渡将是一个漫长的过程，在这个过程中，电路交换网将逐步消亡，软交换将逐步取代传统电路交换网，最终基于 IMS 的下一代网络将融合各种网络而成为一个统一的平台。

习题与思考题

7.1　下一代网络分为哪些层次？各实现哪些功能？

7.2　在下一代网络中，软交换设备具有哪些功能？

7.3　软交换具有哪些特点？分析其优点和缺点。

7.4　IAD 是一种媒体网关吗？为什么？

7.5　H.248 协议是如何对媒体网关内部实体进行抽象描述的，具有什么特点？

7.6　在 SIGTRAN 体系中，SCTP 协议与 TCP 协议相比较，具有哪些特点？

7.7　SIP 是哪一层的协议？它与 HTTP 和 HTML 哪个更相似？

7.8　比较 SIP 和 H.323 协议的异同。

7.9　为什么 SIP 无法穿越普通 NAT 网关？

7.10　CSCF 按功能分为哪些逻辑实体？简要说明主要实体的功能。

7.11　IMS 对用户、服务和网络实体是如何进行标识的？其中用于会话的标识是什么？

7.12　简要说明 IMS 在哪些方面实现了对固定和移动网络融合的支持。

第8章　光交换与光通信网

8.1　概　　述

21世纪的通信网应该是能提供各种通信业务、具有巨大通信能力的宽带综合业务网。网络业务将以宽带视频和高速数据及普通话音业务为主。为提供这些业务，需要高速宽带、大容量的传输系统和宽带交换系统。

目前，光纤已成为通信网的主要传输媒介，每秒数百兆比特的视频通信业务像电话通信一样普及，网络交换节点的吞吐率可达太比特（Tbps）级。以电子技术为基础的交换方式，无论是数字程控交换、ATM交换，还是高速路由器，它们的交换容量都受到电子器件工作速度的限制。在这种情况下，人们对光交换的关注日益增长，因为光技术在交换高速宽带信号上具有独特优势，研究和开发具有高速宽带、大容量交换潜力的光交换技术势在必行。光交换被认为是未来宽带通信网的新一代交换技术，其优点主要集中在以下几方面。

（1）光信号具有极大的带宽。光载波的频率在10^{14}以上，结合光波分复用技术，光信道的带宽巨大。光交换器件只对波长敏感，一个光开关就可有每秒数百吉比特的业务吞吐量，可以满足大容量交换节点的需要。

（2）光交换对比特速率和调制方式透明，即相同的光器件能应用于比特速率和调制方式不同的系统，便于扩展新业务。

（3）具有空间并行传输信息的特性。光交换不受电磁波影响，传播方向性好，可在空间进行并行信号处理和单元连接，可做二维或三维连接而互不干扰，是增加交换容量的新途径。

（4）光器件体积小，便于集成。光器件与电子器件相比，体积更小，集成度更高，并可提高整体处理能力。

（5）光交换与光传输匹配可进一步实现全光通信网。从通信发展演变的历史可以看出交换技术受传输技术影响的发展规律：模拟传输导致机电制交换，而数字传输将引入数字交换。那么，传输系统普遍采用光纤后，很自然地导致光交换，通信全过程由光完成，从而构成完全光化的通信网，有利于高速大容量的信息通信。

（6）降低网络成本，提高可靠性。光交换无须进行光电转换，以光形式直接实现用户间的信息交换，这对提高通信质量和可靠性，降低网络成本大有好处。

光交换是指不经过任何光电转换，在光域直接将输入光信号交换到不同的输出端。由于目前光逻辑器件的功能还较简单，不能完成控制部分复杂的逻辑处理，因此现有的光交换控制单元还要由电信号来完成，即所谓的电控光交换。在控制单元输入端进行光电转换，而在输出端完成电光转换。随着光器件技术的发展，光通信的最终发展趋势将是光控光交换的全光通信网。

本章首先介绍几种光交换器件和光交换网络，然后介绍典型的光交换系统和自动交换光网络。

8.2　光交换器件

8.2.1　光交换器件的典型指标

不同的光交换器件具有不同的技术指标，有些指标具有通用性，主要包括交换时间、插入损耗、消光比和串扰等，在介绍不同类型的光交换器件之前先做一个简要说明。

1）交换时间

交换时间（用 τ 表示）被定义为输出光功率从最大输出功率 I_{max} 的 10%变化到 90%时所需要的时间。交换时间反映了光交换器件执行交换功能时的速度，与光交换器件的 3dB 带宽（用 $\Delta\nu$ 表示）有关系。交换时间的估算方法如下。

$$\tau=0.35/\Delta\nu$$

2）插入损耗

插入损耗（Insert Loss，IL）简称插损，是光器件中的一个常用指标，其定义为

$$\text{IL}=10\lg(P_{\text{imax}}/P_{\text{omax}})\ (\text{dB})$$

式中，P_{imax} 为输入最大光功率，P_{omax} 为输出最大光功率，其单位为 dB。如果光器件只有一个输入端口和一个输出端口，那么其插损只有一个值，如果光器件有多个输入端口或多个输出端口，其插损需要在不同端口间分别计算。

3）光放大增益

光放大增益（Gain）是光放大器件中的一个常用指标，其定义为

$$G=10\lg(P_{\text{o}}/P_{\text{i}})\ (\text{dB})$$

4）消光比

对于光开关、光调制器等器件，通常使用消光比（EXTinction ratio，EXT）表示器件通断或发送 1、0 时的光功率比值，具体计算表达式为

$$\text{EXT}=10\lg(P_{\max}/P_{\min})\ (\text{dB})$$

如果是光开关，P_{max} 和 P_{min} 分别表示其闭合和打开时的光功率；如果是调制器，P_{max} 和 P_{min} 分别表示发送 1 和 0 时的光功率。

5）串扰

串扰（Cross Talk，CT）反映的是不同信道之间的相互影响，如波分复用器件中不同波长信号之间的相互串扰。串扰的具体计算表达式为

$$\text{CT}_k=10\lg\left(\sum_{j\neq k}P_{jk}/P_k\right)\ (\text{dB})$$

式中，CT_k 为其他信道对信道 k 的串扰；P_{jk} 为信道 j 串扰到信道 k 的光功率；P_k 为信道 k 自身的光功率。

6）隔离度

隔离度用于描述两个相互隔离的输出端口之间实际输出功率的比值，具体表示式为

$$I_{1,2} = -10\lg(P_{o1} / P_{o2}) \text{ (dB)}$$

式中，P_{o1}和P_{o2}分别为光器件两个输出端口的输出光功率。

7）回波损耗

光器件互连时，在相互连接的光学端面上会产生回波，回波损耗（Return Loss，RL）表示如下。

$$\text{RL} = -10\lg(P_r / P_i) \text{ (dB)}$$

式中，P_r和P_i分别为光器件连接端面上的反射光功率和入射光功率。

8.2.2 光开关

光开关主要用于控制光路的通断与切换。光开关大致可分为半导体光开关、采用铌酸锂（$LiNbO_3$）的耦合波导光开关、M-Z 干涉型电光开关、液晶光开关、微机电系统（MEMS）开关等。

光开关在光通信中的作用有两种：一是将某一光纤通道中的光信号切断或开通；二是将某波长光信号由一个光纤通道转换到另一个光纤通道中。

光开关的特性参数主要有插入损耗、回波损耗、隔离度、串扰、工作波长、消光比、开关时间等。有些参数与其他器件的定义相同，有的则是光开关特有的。

1）半导体光开关

半导体光开关是由半导体光放大器转换而来的。通常，半导体光放大器用来对输入的光信号进行光放大，并且通过控制放大器的偏置信号来控制其放大倍数。当偏置信号为零时，输入的光信号将被器件完全吸收，使得器件没有任何光信号输出。器件的这个作用相当于一个开关把光信号给“关断”了。当偏置信号不为零且具有某个定值时，输入的光信号便会被适量放大并出现在输出端上，这相当于开关闭合让光信号“导通”。因此，这种半导体光放大器也可以用作光交换中的空分交换开关，通过控制电流来控制光信号的输出选向。这种半导体光放大器的结构及等效光开关示意图如图 8-1 所示。

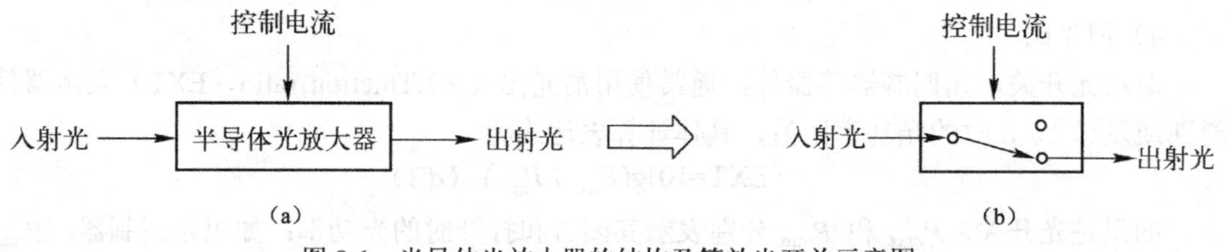

图 8-1 半导体光放大器的结构及等效光开关示意图

2）耦合波导光开关

耦合波导光开关属于电光开关，其原理一般是利用铁电体、化合物半导体、有机聚合物等材料的电光效应或电吸收效应，以及硅材料的等离子体色散效应，在电场的作用下改变材料的折射率和光的相位，再利用光的干涉或偏振等方法使光强突变或光路转变。这种开关是通过在电光材料如铌酸锂（$LiNbO_3$）的衬底上制作一对条形波导及一对电极构成的，如图 8-2 所示。当不加电压时，其为一个具有两条波导和四个端口的定向耦合器。一般称①—③和②—④为直通臂，①—④和②—③为交叉臂。

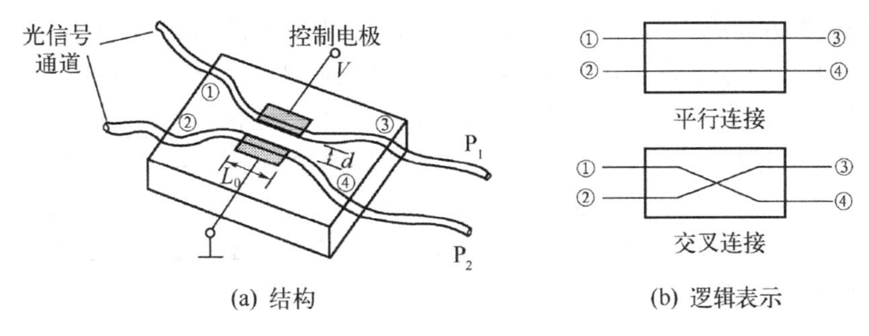

图 8-2　耦合波导光开关

铌酸锂是一种很好的电光材料，它具有折射率随外界电场变化而改变的光学特性。在铌酸锂基片上进行钛扩散，以形成折射率逐渐增加的光波导，再焊上电极，它便可以作为光交换元件了。当两个很接近的波导进行适当的耦合时，通过这两个波导的光束将发生能量交换，并且其能量交换的强度随着耦合系数、平行波导的长度和两波导之间的相位差而变化。只要所选的参数得当，那么光束将会在两个波导上完全交错。另外，若在电极上施加一定的电压，将会改变波导的折射率和相位差。由此可见，通过控制电极上的电压，将会获得如图 8-2 所示的平行和交叉两种交换状态。

3）M-Z 干涉型电光开关

马赫-曾德尔（Mach-Zehnder）干涉型电光开关是一种广泛应用的光开关。它由两个 3dB 定向耦合器 DC_1、DC_2 和两个长度相等的波导臂 L_1、L_2 组成，如图 8-3 所示。

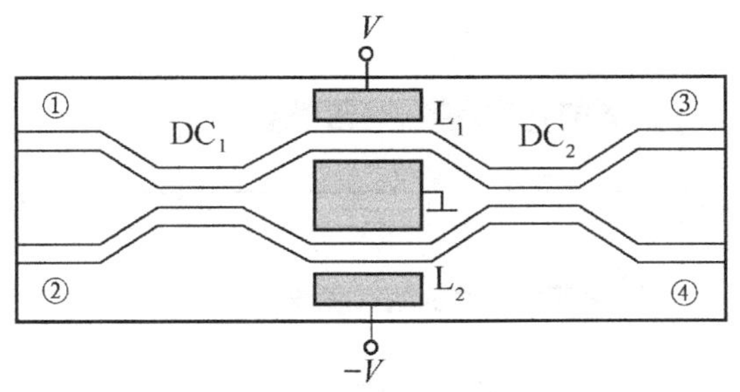

图 8-3　M-Z 干涉型电光开关

由端口①输入的光，被第一个定向耦合器按 1:1 的光强比例分成两束，通过干涉仪两臂进行相位调制。在两个光波导臂的电极上分别加上电压为 V 和 $-V$ 的偏置电压。

该器件的交换原理是基于硅介质波导内的热电效应。平时偏置电压为零时，器件处于交叉连接状态。当加上偏置电压时，由于每个波导臂上带有铬薄膜加热器，使得波导臂被加热，这时器件切换到平行连接状态。M-Z 干涉型电光开关的优点是插入损耗小（0.5dB）、稳定性好、可靠性高、成本低，适合于大规模集成，缺点是响应速度较慢，为 1～2ms。

4）液晶光开关

液晶光开关的原理是利用液晶材料的电光效应，即用外电场控制液晶分子的取向而实现开关功能。偏振光经过未加电压的液晶后，其偏振态将发生 90°改变；而经过施加了一定电压的液晶时，其偏振态将保持不变。

液晶光开关工作原理如图 8-4 所示。在液晶盒内装着相列液晶，通光的两端安置两块透明的电极。未加电场时，液晶分子沿电极平板方向排列，与液晶盒外的两块正交的偏振片 P 和 A 的偏振方向成 45°，P 为起偏器，A 为检偏器，如图 8-4（a）所示。这样液晶具有旋光性，入射光通过起偏器 P 先变为线偏光，经过液晶后，分解成偏振方向相互垂直的左旋光和右旋光，两者的折射率不同（速度不同），有一定相位差，在盒内传播盒长距离 *L* 之后，引起光的偏振面发生 90°旋转，因此不受检偏器 A 阻挡，器件为开启状态。当施加电场 *E* 时，液晶分子平行于电场方向，因此液晶不影响光的偏振特性，此时光的透射率接近于零，处于关闭状态，如图 8-4（b）所示。撤去电场，由于液晶分子的弹性和表面作用又恢复至原开启状态。

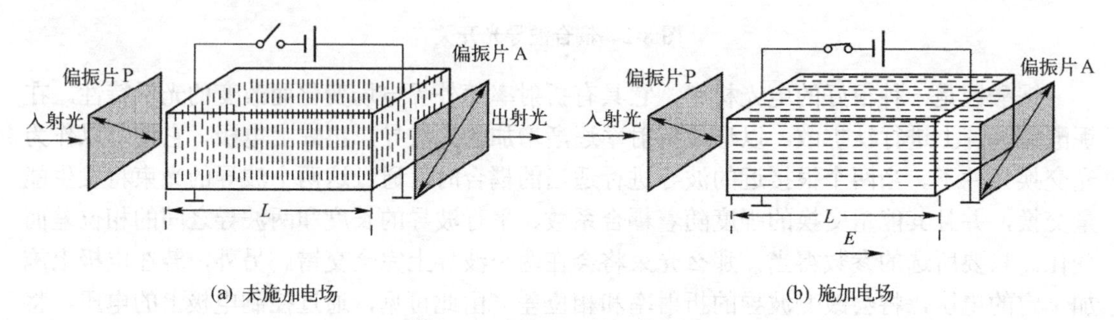

图 8-4　液晶光开关工作原理

5）微机电系统（MEMS）开关

微机电系统开关是靠微型电磁铁或压电器件驱动光纤或反射光的光学元件发生机械移动，使光信号改变光纤通道的光开关。其原理如图 8-5 和图 8-6 所示。

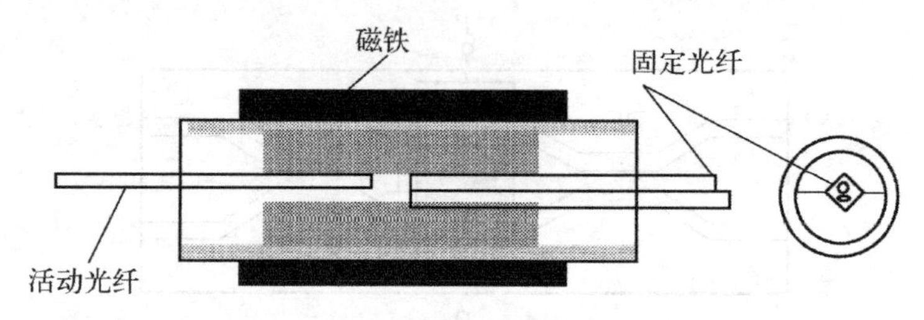

图 8-5　移动光纤式光开关

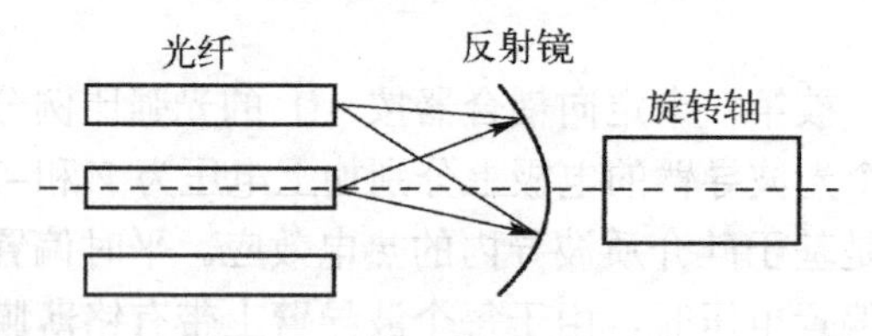

图 8-6　移动反射镜式光开关

以上这两种器件体积较大，很难实现并组成集成化的开关网络。近年来正大力发展一种由大量可移动的微型镜片构成的开关阵列，即微机电系统（MEMS）光开关。例如，采用硅在绝缘层上的硅片生长一层多晶硅，再镀金制成反射镜，然后通过化学刻蚀或反应离子刻蚀方法除去中间的氧化层，保留反射镜的转动支架，通过静电力使微镜发生转动。图 8-7 所示为一个 MEMS 实例，它采用 16 个可以转动的微型反射镜光开关，实现两组光纤束间的 4×4 光互连。

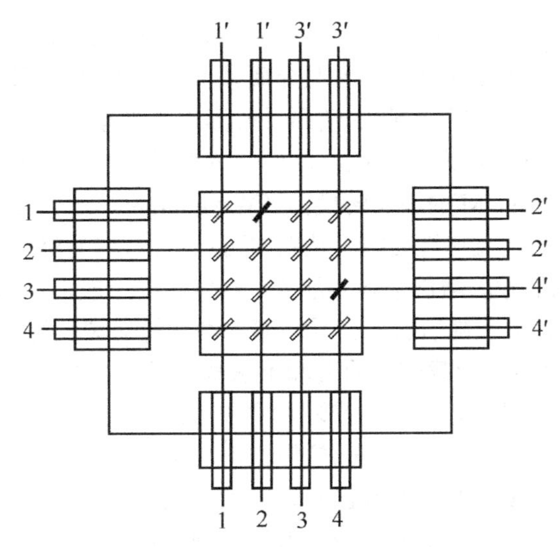

图 8-7　两组 4×4 MEMS 开关阵列

归纳起来，按照光束在开关中传输的媒质来分类，光开关可分为自由空间型和波导型光开关。自由空间型光开关主要利用各种透射镜、反射镜和折射镜的移动或旋转来实现开关动作。波导型光开关主要利用波导的热光、电光或磁光效应来改变波导性质，从而实现开关动作。按照开关实现技术的物理机制来分，可以分为机械开关、热光开关和电光开关。机械开关在插损、隔离度、消光比和偏振敏感性方面都有很好的性能，但它的开关尺寸比较大，开关动作时间比较长，不易集成。对波导开关而言，它的开关速度快，体积小，而且易于集成，但其插损、隔离度、消光比、偏振敏感性等指标都较差。因此如何在未来光网络中结合机械开关和波导开关两者的优点，以适应现代网络的要求，一直是研究的热点之一。

8.2.3　波长转换器

波长转换器是一种能把带有信号的光波从一个波长输入转换为另一个波长输出的器件。当相同波长的两个通道选择同一输出端口时，由于可能的波长争用将会出现阻塞，因此需要将光通道转移至其他波长。随着对复杂光网络的多重光通道管理需求的增加，人们对波长转换的兴趣也不断增长，波长转换器是解决相同波长争用同一个端口时的信息阻塞的关键。理想的光波长转换器应具备较高的速率、较宽的波长转换范围、高信噪比、高消光比且与偏振无关。

最直接的波长转换是光-电-光直接转换，即将波长为 λ_1 的输入光信号，由光电探测器转变为电信号，然后再去驱动一个波长为 λ_2 的激光器，使得出射光信号的输出波长为 λ_2。

全光波长转换器是目前光交换研究的重点。全光波长转换器的具体实现方法有多种，但基本都利用了各类光学器件的非线性效应。根据全光波长转换器的实现原理可以将其分为两个基本类别：一类是基于光调制原理，主要包括交叉增益调制（XGM）和交叉相位调制（XPM）等方式；另一类是基于光混频原理，主要包括四波混频（FWM）方式和差频产生（DFG）方式等。

在分析 XGM 工作机制之前，需要先介绍半导体光放大器（Semiconductor Optical

Amplifier，SOA）的基本工作原理。SOA 的工作原理与半导体激光器相似，它把 LD 结构作为光放大装置使用，当光波长处于其增益介质频谱范围内时，可以对其进行放大。SOA 与 LD 不同的是，LD 通过设计谐振腔的端面反射形成激光输出，而 SOA 增加了抗反射涂层，用于消除两个端面反射带来的噪声，从而将入射的特定频率的激光信号直接放大输出。图 8-8 所示的是基于 XGM 的波长转换器（Wavelength Converter，WC）的工作原理，图中上半部分为 SOA 的增益特性曲线。从图中可以看出，当 SOA 输入光信号功率很小时，其对波长为 λ_c 的光信号的增益基本为常数，稳定在一个较高的值；当输入光信号功率较大时，其进入饱和区，并且随着输入信号功率的增加针对波长为 λ_c 的光信号的增益迅速降低。对于 XGM-WC 来说，承载信号的 λ_s 和不承载信号的 λ_c 共同注入 XGM-WC，λ_s 是承载了“0”“1”信息的光脉冲，而 λ_c 是变换后的波长，注入的是连续光。调整二者的功率，使得 λ_s 波长上有光时，波长为 λ_c 的光信号输出功率由于 SOA 对其增益很小而降低；λ_s 波长上没有光时，波长为 λ_c 的光信号输出功率很大，从而使得 λ_c 上承载了 λ_s 上的信息（此时 λ_s 上承载的 0、1 与 λ_s 所承载的信号是反相的）。此时的 SOA 对外呈现出光控开关的工作状态。

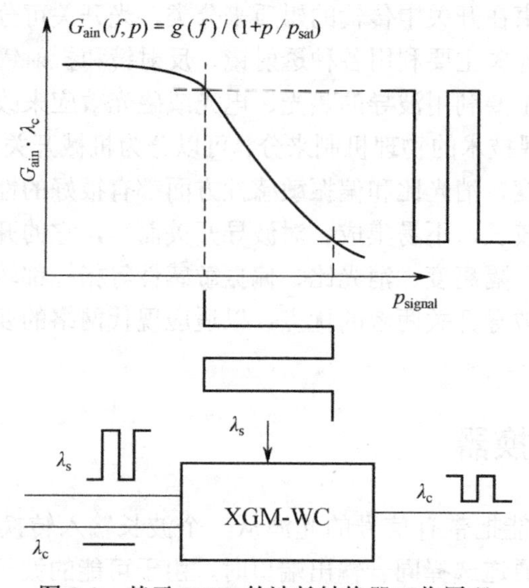

图 8-8　基于 XGM 的波长转换器工作原理

图 8-9 所示的是 XGM-WC 的具体实现方案之一，信号光（波长 λ_{Sig}）和泵浦光（λ_{cw}）通过光耦合器后进入 SOA，SOA 输出的光经过针对 λ_{cw} 的滤波器（BPF）后得到承载了 λ_{Sig} 上数据信息（反相的，converted）的输出光波，其波长为 λ_{cw}。

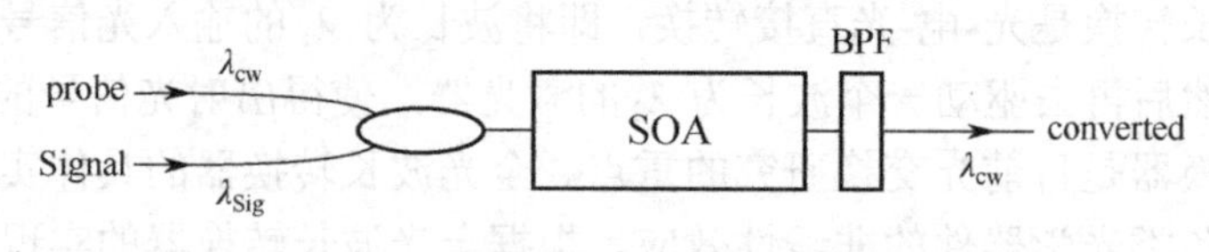

图 8-9　XGM-WC 典型实现方式

基于 FWM 的全光波长转换器利用的也是光器件的非线性效应。发生 FWM 时，两个或三个不同波长的光相互作用，会产生其他波长的光，这与无线电中的混频器工作原理相似。在波分系统中，如果光纤中的光功率过大，多个波长在光纤中传输时可能会出现

FWM，FWM 能够产生其他波长的光，形成串扰。两个不同波长的光进入 SOA 后，由于 SOA 有源层的非线性效应，会产生其他波长光，具体原理如图 8-10 所示。

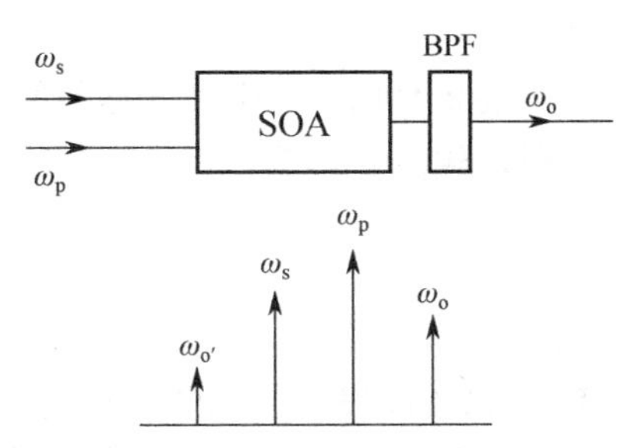

图 8-10　基于 FWM 的全光波长变换器工作原理

图中的 ω_s 为信号光频率，ω_p 为泵浦光频率，二者利用 SOA 的非线性效应产生了两个新的频率。

$$\omega_o=2\omega_p-\omega_s$$

$$\omega_o'=2\omega_s-\omega_p$$

在新生成的频率上承载了信号光所携带的信息，经过光滤波器后可以选出所需的工作波长 ω_o。经过不断改进，基于 FWM 的波长变换器的转换效率、稳定性都得到了不断提高，工程实用价值较高。

8.2.4　光存储器

在电交换中，存储器是常用的存储电信号的器件。在光交换中，同样需要存储器实现光信号的存储。常用的光存储器有光纤时延线光存储器和双稳态激光二极管光存储器。

1）光纤时延线光存储器

光纤时延线作为光存储器使用的原理较为简单。它利用光信号在光纤中传播时存在的时延，在长度不相同的光纤中传播可得到时域上不同的信号，这就使光信号在光纤中得到了存储。N 路信号形成的光时分复用信号被送入到 N 条光纤时延线，这些光纤的长度依次相差 Δl，这个长度正好是系统时钟周期内光信号在光纤中传输的时间。N 路时分复用的信号，要有 N 条时延线，这样，在任何时间光纤的输出端均包括一帧内所有 N 路信号，即间接地把信号存储一帧时间，这对光交换应用已足够了。

光纤时延线光存储法较简单，成本低，具有无源器件的所有特性，对速率几乎无限制。而且具有连续存储的特性，不受各比特之间的界限影响，在现代分组交换系统中应用较广。

时延线存储的缺点是，它的长度固定，时延也就不可变，故其灵活性和适应性受到了限制。

2）双稳态激光二极管光存储器

双稳态激光二极管光存储器的原理是利用双稳态激光二极管对输入光信号的响应和保持特性来存储光信号。

双稳态半导体激光器具有类似电子存储器的功能，即它可以存储数字光信号。光信号输入到双稳态激光器中，当光强超过阈值时，由于激光器事先有适当偏置，可产生受激辐射，对输入光进行放大。其响应时间小于 10^{-9}s，以后即使去掉输入光，其发光状态也可以保持，直到复位信号到来才停止发光。由于以上所述两种状态（受激辐射状态和复位状态）都可保持，因此它具有双稳特性。

用双稳态激光二极管作为光存储器件时，由于其光增益很高，可大大提高系统信噪比，并可进行脉冲整形。但由于存在剩余载流子影响，其反应时间较长，使速率受到一定限制。

8.2.5 光调制器

在光纤通信中，信息通过 LED 或 LD 发出的光波所携带，光波就是载波，把信息加载到光波上的过程就是调制。光调制器是实现从电信号到光信号转换的器件。

与电调制一样，调制方式有模拟调制和数字调制两大类。数字调制是光纤通信的主要调制方式，其优点是抗干扰能力强，中继时噪声及色散的影响不累积，因此可实现长距离传输。缺点是需要较宽的频带，设备也较复杂。按调制方式与光源的关系来分，有直接调制和外调制两种。直接调制是直接用电调制信号来控制半导体光源的振荡参数（光强、频率等），得到光频的调幅波或调频波，这种调制又称为内调制。外调制是让光源输出的幅度与频率等恒定的光载波通过光调制器，光信号通过调制器实现对光载波的幅度、频率及相位等进行调制。光源直接调制的优点是简单，但调制速率受到载流子寿命及高速率下的性能退化的限制（如频率啁啾等）。外调制方式需要调制器，结构复杂，但可获得优良的调制性能，尤其适合于高速率下的运用。常用的光调制器主要有铌酸锂（$LiNbO_3$）电光调制器、马赫-曾德尔（Mach-Zehnder）型光调制器和电吸收半导体光调制器。

电光调制的原理是基于线性电光效应，即光波导的折射率正比于外加电场变化的效应。利用电光效应的相位调制，光波导折射率的线性变化，使通过该波导的光波有了相位移动，从而实现相位调制。单纯的相位调制不能调制光的强度。由包含两个相位调制器和两个 Y 分支波导构成的马赫-曾德尔干涉仪型调制器即能调制光的强度。高速电光调制器有很多用途，如高速相位调制器可用于相干光纤通信系统，在密集波分系统中用于产生多光频的梳形发生器，也能用作激光束的电光移频器。

马赫-曾德尔型光调制器具有良好的特性，可用于光纤有线电视（CATV）系统和无线通信中基站与中继站之间的光链路等，还可在光时分复用（OTDM）系统中用于产生高重复频率、极窄的光脉冲或光孤子，在先进雷达的欺骗系统中用作光子宽带微波移相器和移频器，在微波相控阵雷达中用作光子时间时延器，用于高速光波元件分析仪，测量微弱的微波电场等。

电吸收半导体光调制器的原理是，利用量子阱中激子吸收的量子限制效应，当调制器无偏压时，调制器中的光波处于通状态；随着调制器上偏压的增加，原波长处吸收系数变大，调制器中的光波处于断状态。调制器的通断状态即为光强度调制。电吸收半导体光调制器的最大特点在于其调制速率可以达 100Gbps 以上，而且其消光比值非常高。

8.3 光交换网络

前面介绍的光交换器件是构成光交换网络的基础，随着技术的进步，光交换器件也在不断完善。在全光网络的发展过程中，光交换网络的结构也随着交换器件的发展而不断变化。本节介绍几种典型的光交换网络。

8.3.1 空分光交换网络

与空分电交换一样，空分光交换是几种光交换方式中最简单的一种。它通过机械、电或光 3 种方式对光开关及相应的光开关阵列/矩阵进行控制，为光交换提供物理通道，使输入端的任一信道与输出端的任一信道相连。空分光交换网络的最基本单元是 2×2 的光交换模块，如图 8-11 所示，输入端有两根光纤，输出端也有两根光纤，它有平行状态和交叉状态两种工作状态。

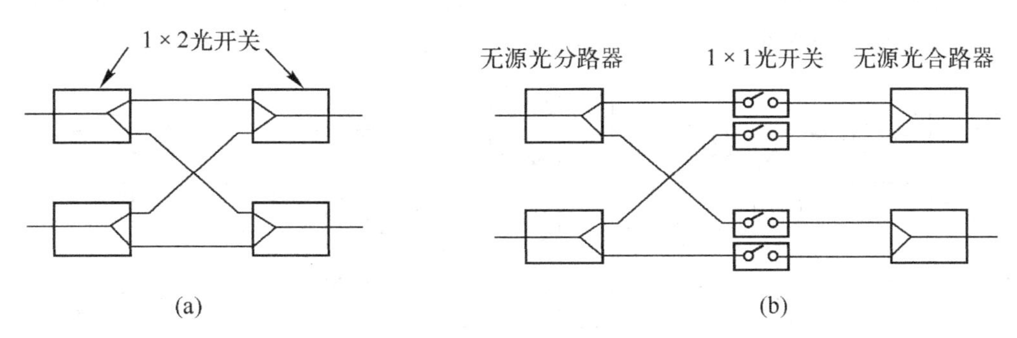

图 8-11 基本的 2×2 空分光交换模块

可以采用以下几种方式来组成空分交换模块。

（1）铌酸锂（$LiNbO_3$）晶体定向耦合器，其结构和工作原理已在 8.2 节中介绍。

（2）用 4 个 1×2 光开关（又可称为 Y 分叉器）组成 2×2 的光交换模块。1×2 光开关（Y 分叉器）可由铌酸锂耦合波导光开关来实现，只需少用一个输入端或输出端即可，如图 8-11（a）所示。

（3）用 4 个 1×1 光开关器件和 4 个无源光分路/合路器组成 2×2 的光交换模块，如图 8-11（b）所示。1×1 光开关器件可以是半导体光开关或光门电路等。无源光分路/合路器可采用 T 形无源光耦合器件，光分路器能把一个光输入分配给多个光输出，光合路器能把多个光输入合并到一个光输出。T 形无源光耦合器不影响光信号的波长，只是附加了损耗。在此方案中，T 形无源光耦合器不具备选路功能，选路功能由 1×1 光开关器件实现。另外由于光分路器的两个输出都具有同样的光信号输出，因此它具有同播功能。

通过对上面的基本交换模块进行扩展、多级复接，可以构成更大规模的光空分交换单元。

空分光交换的优点是各信道中传输的光信号相互独立，且与交换网络的开关速率无严格的对应关系，并可在空间进行高密度的并行处理，因此能较方便地构建容量大而体积小的光交换网络。空分光交换网络的主要指标是网络规模和阻塞性能。交换系统对阻塞要求越高，则对组网器件的单片集成度就越高，参与组网的单片器件数量越多，互连越复杂，损耗也越高。

8.3.2 时分光交换网络

在电时分交换方式中，普遍采用电存储器作为交换器件，通过顺序写入、控制读出，或者控制写入、顺序读出的读写操作，把时分复用信号从一个时隙交换到另一个时隙。对于时分光交换，则是按时间顺序安排的各路光信号进入时分交换网络后，在时间上进行存储或时延，对时序有选择地进行重新安排后输出，即基于光时分复用的时隙交换。

光时分复用与电时分复用类似，也是把一条复用信道分成若干个时隙，每个数据光脉冲流分配占用一个时隙，N 路数据信道复用成高速光数据流进行传输。时隙交换离不开存储器。由于光存储器及光计算机还没有达到实用阶段，因此一般采用光时延器件实现光存储。采用光时延器件实现时分光交换的原理是：先把时分复用光信号通过光分路器分成多个单路光信号，然后让这些信号分别经过不同的光时延器件，获得不同的时延，再把这些信号通过光合路器重新复用起来。上述光分路器、光合路器和光时延器件的工作都是在(电)计算机的控制下进行的，可以按照交换的要求完成各路时隙的交换功能，也就是光时隙互换。由时分光交换网络组成的交换系统如图 8-12 所示。

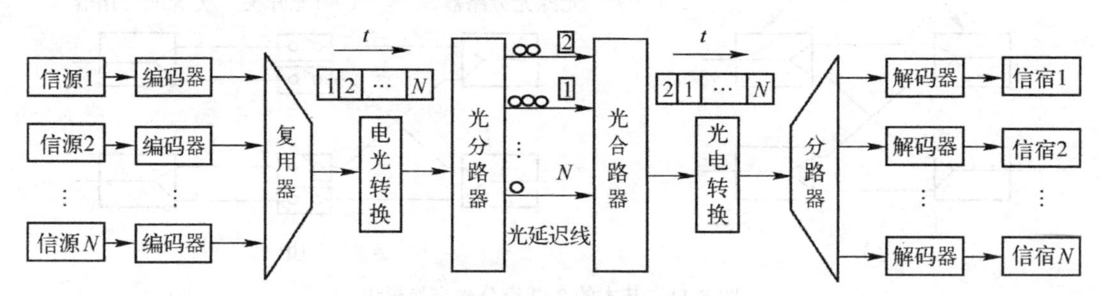

图 8-12　时分光交换系统

时分光交换的优点是能与现在广泛使用的时分数字通信体制相匹配，但它必须知道各路信号的比特率，即不透明。另外需要产生超短光脉冲的光源、光比特同步器、光时延器件、光时分合路/分路器、高速光开关等，技术难度较空分光交换大得多。

8.3.3 波分光交换网络

波分交换即信号通过不同的波长，选择不同的网络通路，由波长开关进行交换。波分光交换网络由波长复用/去复用器、波长选择空间开关和波长转换器（波长开关）组成。

在波分光交换网络中，采用不同的波长来区分各路信号，从而可以用波分交换的方法实现交换功能。其交换原理如图 8-13 所示。

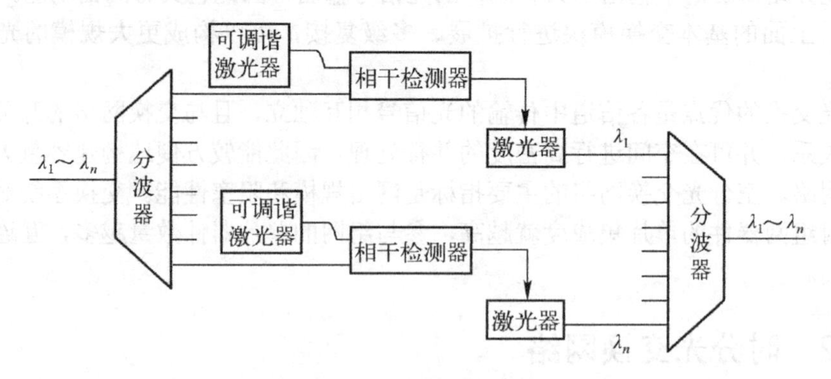

图 8-13　波分交换原理

波分交换的基本操作，是从波分复用信号中检测出某一波长信号，并把它调制到另一个波长上。信号检出由相干检测器完成，信号调制则由不同的激光器来完成。为了使得采用由波长交换构成的交换系统能够根据具体要求，在不同时刻实现不同的连接，各个相干检测器的检测波长可以由外加控制信号来改变。

图 8-14 所示为一个 $N \times N$ 阵列波长选择型波分交换网络结构。输入端的 N 路电信号分别去调制 N 个可变波长激光器，产生 N 个波长的光信号，经星形耦合器耦合后形成一个波分复用信号，并输出到 N 个输出端上，每个输出端可以利用光滤波器或相干光检测器检测出所需波长的信号。

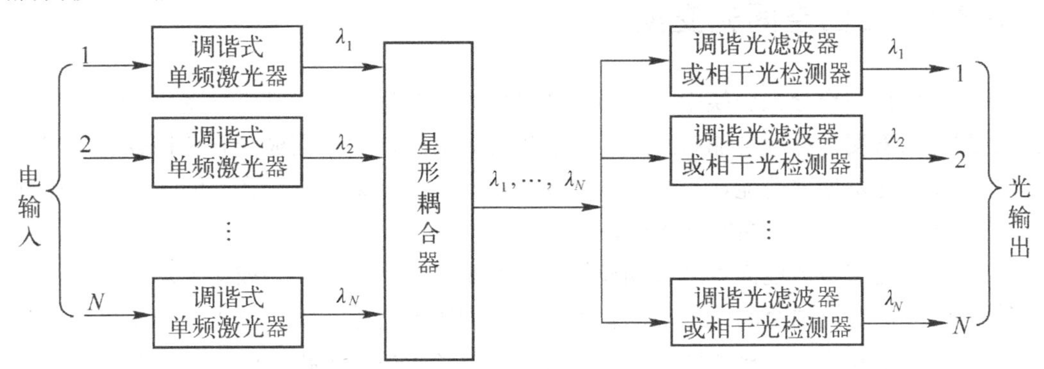

图 8-14　$N \times N$ 阵列波长选择型波分交换网络结构

图 8-14 中，输入端和输出端之间的选择（交换），既可以在输入端通过改变激光器波长来实现，也可以在输出端通过改变光滤波器的调谐电流或相干检测本振激光器的振荡波长来实现。

与光时分交换相比，光波分交换的优点是各个波长信道的比特率相互独立，各种速率的信号都能透明地进行交换，不需要特别高速的交换控制电路，可采用一般的低速电子电路作为控制器，另外它能与波分复用（WDM）传输系统相配合。

8.3.4　混合型光交换网络

将上述几种光交换方式结合起来，可以组成混合型光交换网络。例如，波分与空分光交换相结合组成波分—空分—波分混合型光交换网络，其结构如图 8-15 所示。

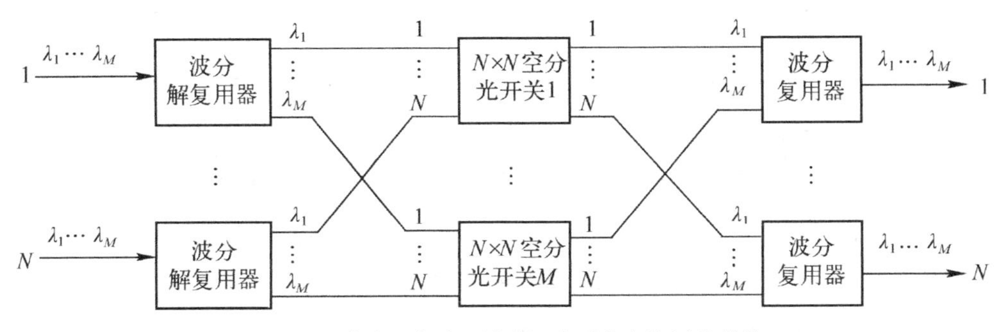

图 8-15　波分—空分—波分混合型光交换网络结构

图 8-15 中，将输入波分光信号进行解复用，得到 M 个波长分别为 $\lambda_1, \lambda_2, \ldots, \lambda_M$ 的光信

号；然后对每一个波长的信号分别应用空分光开关组成的空分光交换模块；完成空间交换后，再把不同波长的光信号波分复用起来，完成波分和空分混合光交换功能。

利用混合型光交换方式，扩大了光交换网络的容量，而且具有链路级数，交换元件较少，网络结构简单等优点。例如，图 8-15 中的混合型光交换网络，网络的总容量是空分交换网络容量与波分多路复用度的乘积（共 $N \times M$ 个信道）。另外，将时分光交换与波分光交换结合起来，又可以得到一种混合型光交换网络（时分-波分光交换网络），其复用度是时分多路复用与波分多路复用度的乘积。

8.3.5 自由空间光交换网络

在前面讨论的空分光交换中，光学通道是由光波导组成的，其带宽受材料特性限制，远未达到光高密度、并行传输时应该达到的程度。另外，由平面波导开关构成的光交换网络，一般没有逻辑处理功能，不能做到自寻路由。为此，采用一种在空间无干涉地控制光路径的光交换方式，即自由空间光交换。

自由空间光交换通过简单地移动棱镜或透镜来控制光束进而完成交换功能。自由空间光交换时，光通过自由空间或均匀的材料（如玻璃等）进行传输；而光空分波导交换时，光由波导所引导并受其材料特性的限制，远未发挥光的高密度和并行性的潜力。

自由空间光交换与光空分波导交换相比，具有高密度装配的能力。它采用可多达三维高密度组合的光束互连，来构成大规模的光交换网络。

自由空间光交换网络可由多个 2×2 光交换器件组成。除前面介绍的耦合光波导元件具有交叉连接和平行连接两种状态，可以构成 2×2 光交叉连接之外，极化控制的两块双折射片也具有该特性。由两块双折射片构成的空间光交叉连接元件如图 8-16 所示。前一块双折射片对两束正交极化的输入光束复用，后一块双折射片对其进行解复用。输入光束偏振方向由极化控制器控制，可以旋转 0°或 90°。旋转 0°时，输入光束的极化状态不会变化，而旋转 90°时，输入光束的极化状态发生变化，正常光束变为异常光束，异常光束变为正常光束，从而实现 2×2 的光束交换。

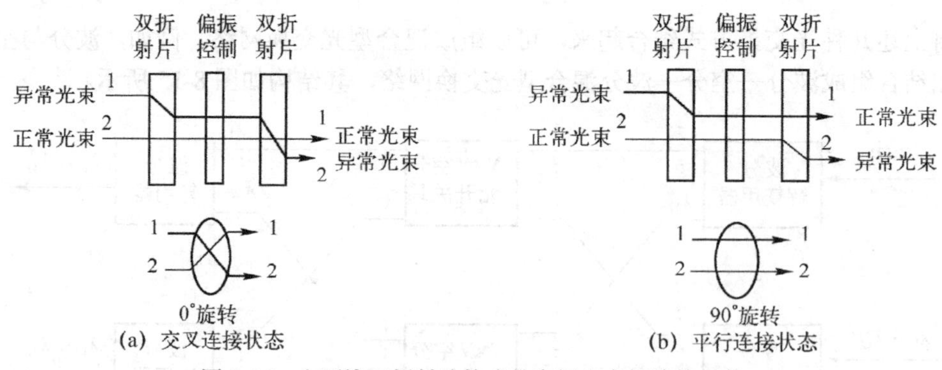

图 8-16 由两块双折射片构成的空间光交叉连接元件

如果把 4 个交换元件连接起来，就可得到一个 4×4 的交换单元。当需要更大规模的交换网络时，可以按照 Banyuan 网络的组网规则把多个 2×2 交换元件互连起来实现。

自由空间光交换网络也可以由光逻辑开关器件组成。自电光效应器件（S-SEED）就具有这种功能。其结构及其特性曲线如图 8-17 所示。自电光效应器件实际上是一个 i 区多量子阱结构的 PIN 光电二极管，在对它供电时，其出射光强并不完全正比于入射光强。当入射光强（偏置光强+信号光强）大到一定程度时，该器件变成一个光能吸收器，使出射光信号减小。利用这一性质，可以制成多种逻辑器件，如逻辑门。当偏置光强和信号光强足够大时，其总能量足以超过器件的非线性阈值电平，使器件的状态发生改变，输出光强从高电平“1”下降到低电平“0”。借助减少或增加偏置光束和信号光束的能量，即可构成一个光逻辑门。

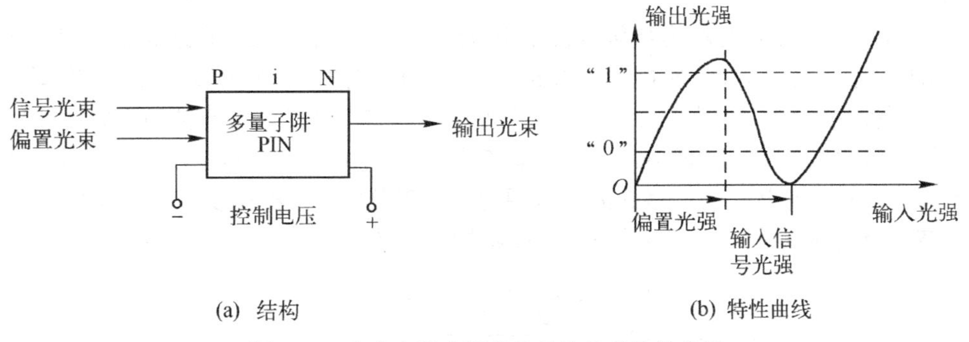

(a) 结构　　(b) 特性曲线

图 8-17　自电光效应器件的结构及其特性曲线

自由空间光交换的优点是光互连不需要物理接触，且串扰和损耗小；缺点是对光束的校准和准直精度有很高的要求。8.2 节介绍的微机电系统（MEMS）光开关，也可以组成自由空间光交换网络。其工作原理是：在入口光纤和出口光纤之间使用微镜阵列，阵列中的镜元通过在光纤之间任意变换角度来改变光束方向，达到实时对光信号进行重新选路的目的。这种网络同样具有容量大、串扰和损耗小、速度较快等特点。

8.4　光交换系统

与电交换技术类似，光交换技术按交换方式可分为光路光交换和分组光交换两大类型，如图 8-18 所示。

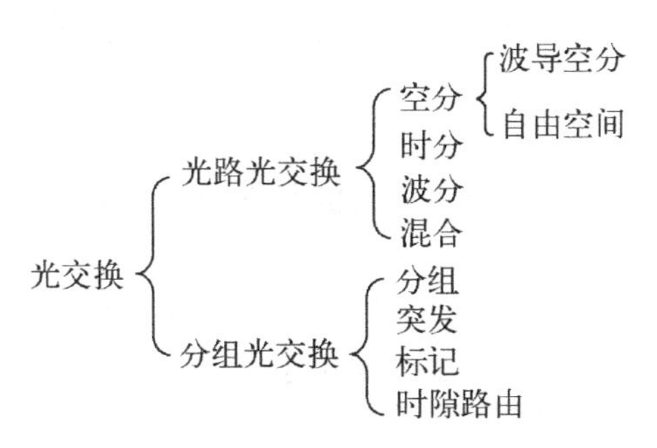

图 8-18　光交换方式

不同的光交换技术可以支持不同粒度的交换，其中，波导空分、自由空间和波分光交换类似于现存的电路交换，即光路交换（Optical Circuit Switch，OCS），是粗粒度的光交换；时分和分组光交换属于信道分割粒度较细的交换。

8.4.1 光分插复用器和光交叉连接

在基于 WDM 的光通信网中，光分插复用器（Optical Add-Drop Multiplexer，OADM）和光交叉连接设备（Optical Cross Connects，OXC）属于光纤和波长级的粗粒度节点设备，通常由 WDM 复用/解复用器、光交换矩阵（由光开关和控制部分组成）、波长转换器和节点管理系统组成，主要完成光路上下、光层的带宽管理、光网络的保护、恢复和动态重构等功能。

OADM 的功能是在光域内从传输设备中有选择地上、下波长或直通传输信号，实现类似于 SDH 的分插复用功能。它能从多波长通道中分出或插入一个或多个波长，有固定型和可重构型两种类型。固定型只能上、下一个或多个固定的波长，节点的路由是确定的，缺乏灵活性，但性能可靠，时延小。可重构型能动态交换 OADM 节点上、下通道的波长，可实现光网络的动态重构，使网络的波长资源得到合理分配，但结构复杂。图 8-19 所示为一种基于波分复用/解复用和光开关的 OADM 结构示意图。

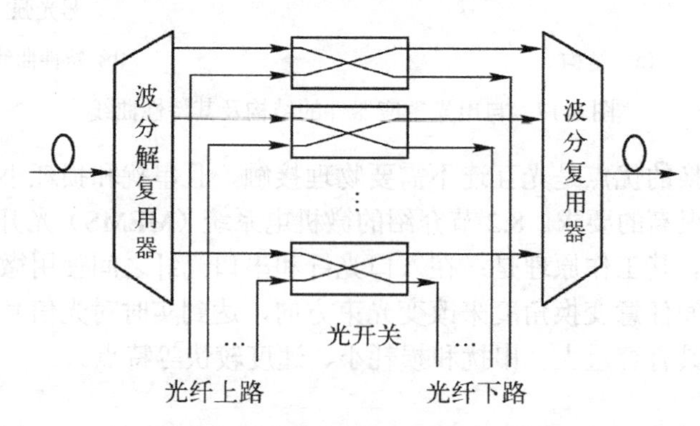

图 8-19 基于波分复用/解复用和光开关的 OADM 结构示意图

OXC 的功能与 SDH 中的数字交叉连接设备（SDXC）类似，它主要是在光纤和波长两个层次上提供带宽管理，如动态重构光网络，提供光信道的交叉连接，以及本地上、下话路功能，动态调整各个光纤中的流量分布，提高光纤的利用率。此外，OXC 还在光层提供网络保护和恢复等功能，如出现光纤中断时可通过光开关将光信号倒换至备用光纤上，实现光复用段的 1+1 保护。通过重新选择波长路由实现更复杂的网络恢复，处理包括节点故障在内的更广泛的网络故障。

OXC 有以下 3 种实现方式。

（1）光纤交叉连接：以一根光纤上所有波长的总容量为基础进行的交叉连接，容量大但灵活性差。

（2）波长交叉连接：可将一根光纤上的任何波长交叉连接到使用相同波长的另一根光纤上，它比光纤交叉具有更大的灵活性。但由于不进行波长变换，因此这种方式将受到了一定限制。其示意图如图 8-20 所示。

（3）波长变换交叉连接：可将任何输入光纤上的任何波长交叉连接到任何输出光纤上。由于采用了波长变换，这种方式可以实现波长之间的任意交叉连接，具有最高的灵活性。其示意图如图 8-21 所示。

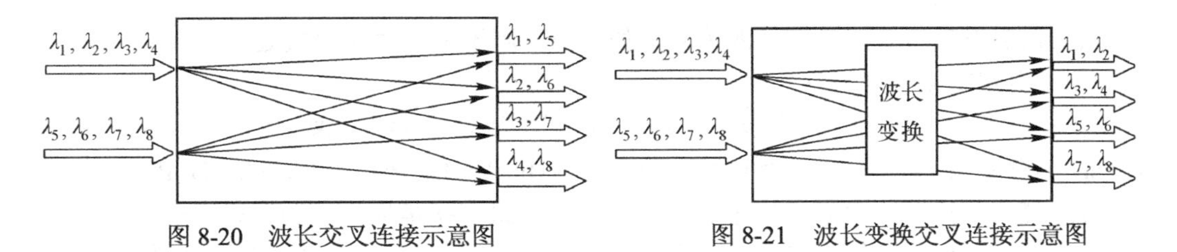

图 8-20　波长交叉连接示意图　　　　图 8-21　波长变换交叉连接示意图

8.4.2　光分组交换

光分组交换（Optical Packet Switch，OPS）能在细粒度上实现光交换/选路，极大地提高了光通信网的灵活性和带宽利用率，非常适合数据业务的传输，是未来全光网络的发展方向。

1）光分组交换节点的结构

光分组交换节点的结构如图 8-22 所示。它主要由输入/输出接口、交换模块和控制单元等部分组成。其关键技术主要包括光分组产生、同步、缓存、再生、光分组头重写及分组之间的光功率均衡等。

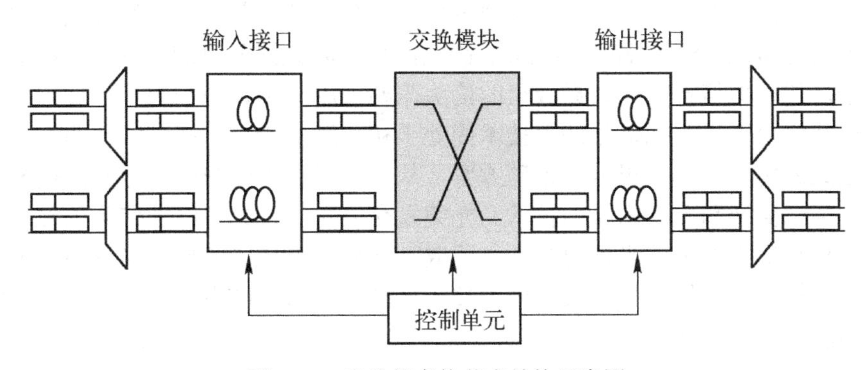

图 8-22　光分组交换节点结构示意图

输入接口完成的功能：①对输入的数据信号整形、定时和再生，形成质量完善的信号以便进行后续的处理和交换；②检测信号的漂移和抖动；③检测每一分组的开始和末尾、信头和有效负载；④使分组获取同步并与交换的时隙对准；⑤将信头分出，并传送给控制器，由它进行处理；⑥将外部 WDM 传输波长转换为交换模块内部使用的波长。

控制单元完成的功能：借助网络管理系统（NMS）的不断更新，参考在每一节点中保存的转发表，处理信头信息，进行信头更新（或标记交换），并将新的信头传给输出接口。目前这些控制功能都是由电子器件操作的。

交换模块完成的功能：按照控制单元的指示，对信息有效负载进行交换操作。

输出接口完成的功能：①对输出信号整形、定时和再生，以克服由于交换引起的串扰和损伤，恢复信号的质量；②给信息有效负载加上新的信头；③分组的描绘和再同步；④按需要将内部波长转换为外部使用的波长；⑤由于信号在交换模块内路程、插损不同，因此信号功率也不同，需要均衡输出功率。

由于分组业务具有很大的突发性，如果用光路交换的方式处理将会造成带宽资源的浪费。在这种情况下，采用光分组交换将是最为理想的选择，它将大大提高链路的利用率。在光分组交换网络中，每个分组都必须包含自己的选路信息，通常是放在信头中。交换机根据信头信息发送信号，而其他的信息（如净荷）则不需要由交换机处理。

2）光分组交换实现方法

光分组交换一般有两种实现方法：一种是比特序列分组交换（Bit Sequence Packet Switch，BSPS）；另一种是并行比特分组交换（Bit Parallel Packet Switch，BPPS）。BSPS由电分组交换直接演化而来，二进制的比特序列分组交换是最简单的分组交换方式。对于一个给定波长通道的分组交换，信头采用二进制比特顺序编码，通常使用开关信号。如果将这些二进制的比特序列进行波分复用，可以增加传输带宽，因为多个分组信号可以同时在不同的波道上传送。不过，这些通道信号必须在进入交换机之前解复用以便进行选路，然后在交换机输出端再复用。

BPPS可以采用两种编码技术来实现，一种是副载波复用，另一种是多波长的BPPS。在这两种情况中，并行比特分组交换的编码技术采用同一光纤中的不同波道来传送信头和负载信息，可保证负载和信头并行传送，因此可增加网络的吞吐量。多波长的分组交换比较适合于光通信网。首先，它可采用简单的无源光滤波器从分组信号中提取信头；其次，在交换机内对信头进行处理，使得分组路由对负载是透明的；最后，由于每波长使用单独的光源，信头和负载光源是分开的，因此没有功率损失。

光分组交换网络中的光数据分组主要分成两部分处理，其中光分组交换中的载荷部分采用不经过光电-电光处理的路由与转发，因此能够提高数据分组的转发速度和节点的吞吐量。载有地址和管理信息的光数据分组的信头需要采用同步、帧识别和地址识别等较复杂的光信号处理。由于目前光信号处理技术尚处于初步发展阶段，尚难实现非常复杂的光信号处理，因此采用多种光分组信头处理方案，从而形成了不同的光分组交换技术，如光突发交换、光标记交换和光时隙路由技术。光突发交换网中，光分组的信头处理采用电子处理技术；光标记交换网中，光标记写入、读取、删除和交换等简单的光信头处理功能采用光子技术，其他复杂的信头处理采用电子技术；光时隙路由网中，同步、地址识别和处理等复杂的功能均采用光子技术。

8.4.3 光突发交换

针对光电路交换（OCS）和光分组交换（OPS）存在的问题，人们提出了光突发交换（Optical Burst Switch，OBS），并迅速得到国内外学者的广泛关注。OBS是一种近期较为现实的实现分组交换的途径，它是一种兼顾了OCS和OPS优点的折中方案。

图8-23所示为一个光突发交换网络结构。在OBS网络中，基本交换单位是突发(Burst)，一个突发的持续时间通常较长，较大的突发长度可以达到毫秒级，这降低了对光开关和波长转换器件切换速度的要求。光突发交换网包括核心节点与边缘节点。边缘节点发送处理部分的原理结构如图8-24所示，它负责突发数据包的封装和分类，并提供各类业务接口。核心节点的原理结构如图8-25所示，它的任务是完成突发数据的转发与交换。边缘节点将具有相同出口路由器地址和QoS要求的IP按类别分组汇聚成突发，生成突发数据分组和相应的控制分组。突发数据分组和控制分组的传输在物理信道上（一般为同一光纤中不同波长）和时间上是分离的。突发数据分组直接在端到端的透明传输通道中传输和交换，控制分组先于数据分组在特定的通道中传送，核心节点对先期到达的控制分组进行电处理，根据控制分组中的路由信息和网络当前状态为相应的数据分组预约资源，并建立全光通道，因此，突发数据分组全程无须光电光转换处理。资源预约是单向的，而且不需要下游节点

的确认。数据分组经过一段延迟后，直接在预先设置好的全光通道中透明地传输，突发数据分组和控制分组发送的时间差称为偏置时间。出口边缘路由器将突发数据分组解封装以后发送至其他子网或终端用户。

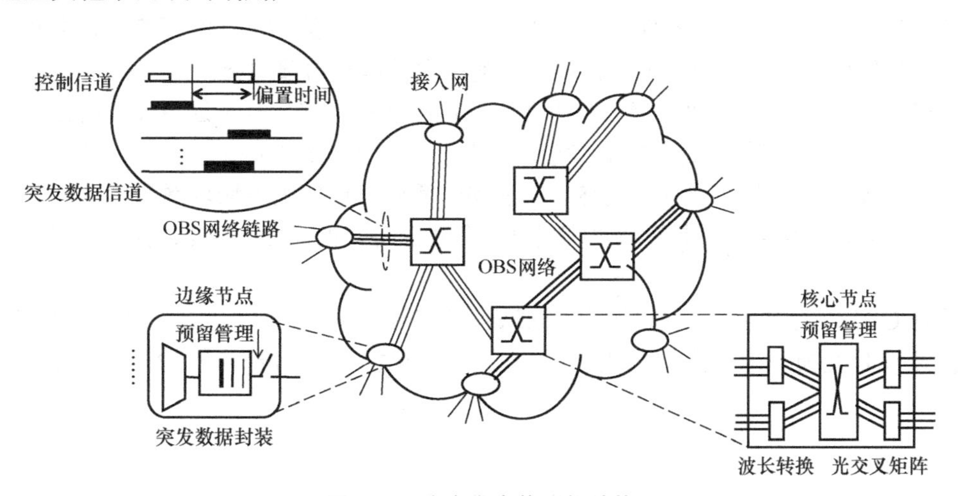

图 8-23　光突发交换网络结构

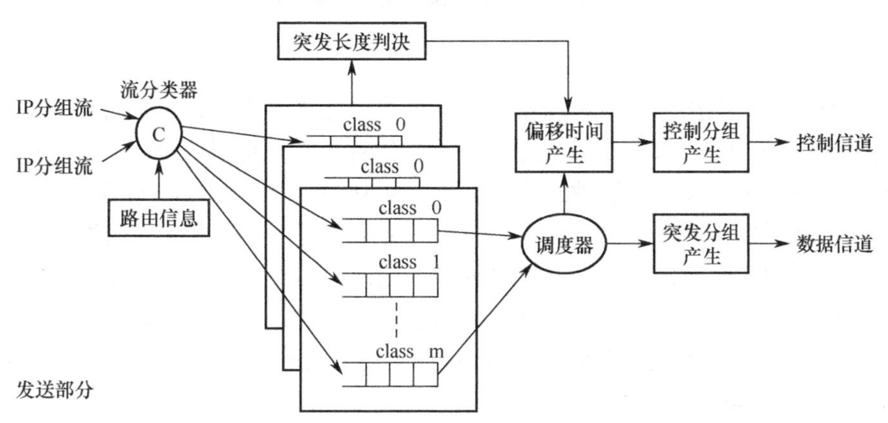

图 8-24　OBS 网络边缘节点原理结构

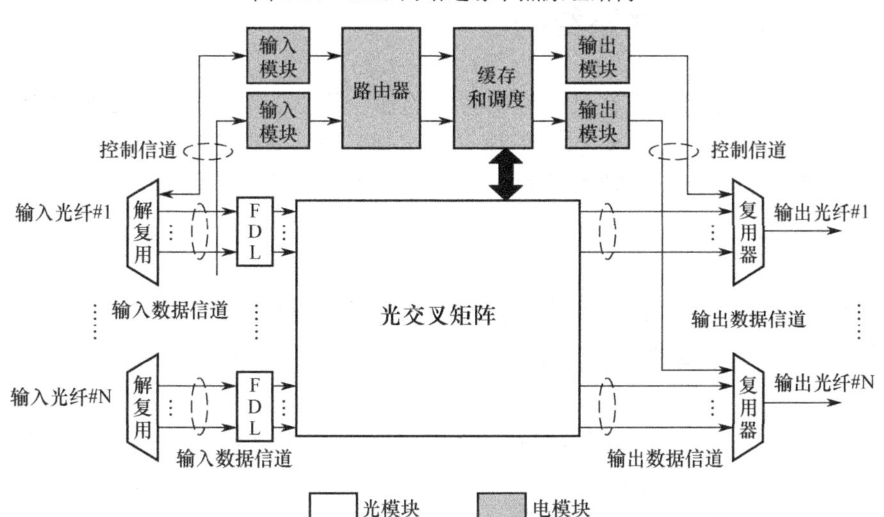

图 8-25　OBS 网络核心节点原理结构

OBS这种将数据通道与控制通道分离和单向资源预留的实现方法简化了突发数据交换的处理过程，减小了建立通道的延迟等待时间，进一步提高了带宽的利用率。由于控制分组长度很短，因此可以进行高速处理。数据分组与控制分组的分离、大小适中的交换粒度、较低的控制开销降低了对光器件的要求和中间节点的复杂度。在OBS网络中，中间节点内部的光交换矩阵可以使用光延迟器件和波长变换器件解决内部冲突。

OBS技术是为了满足业务增长的需要而发展起来的，它具有时延小（单向预留）、带宽利用率高、交换灵活、数据透明、交换容量大（电控光交换）等优点，可以达到太比特每秒级的交换容量。因此，OBS网络主要应用于不断发展的大型城域网和广域网。它可以支持传统业务，也可以支持具有较高突发性的各种业务，如FTP、Web、视频点播、视频会议等。

尽管OBS在标准和协议方面还不够成熟，但OBS仍是一种非常有前途的光交换技术，随着快速波长变换技术的成熟，光突发交换将得到进一步发展，成为光交换网络的核心技术。

8.5 自动交换光网络

光传送网一直被看作是一个为电层网络设备提供连接通道的传输平台。在传送网中，"智能"主要体现在电层，而光层仅仅是为信息传输提供波长通道。传统光通信网的控制功能是通过网管系统来实现的，这种结构带来了一系列的问题。例如，光通道的配置需要人工干预，开通时间长、效率低，不适应业务和网络的实时、动态变化。随着WDM技术的发展，单根光纤的传输容量可达太比特每秒级，由此也对交换系统产生了巨大的压力，尤其是在全光通信网中，交换系统所需处理的信息甚至可达几百至上千太比特每秒。为了有效地解决上述问题，一种新型的网络体系应运而生，这就是自动交换光网络（Automatically Switched Optical Network，ASON）。

8.5.1 ASON的体系结构

ASON体系结构主要体现在具有鲜明特色的3个平面、3种接口和3类连接方式上。与传统的光传送网相比，ASON引入了独立的控制平面，从而使光通信网络能够在信令的控制下完成资源的自动发现，连接的自动建立、维护和删除等，成为光通信网向智能化发展的必然趋势。

1）ASON的3个平面

根据ITU-T G.8080和G.807的定义，ASON包括如图8-26所示的3个独立平面，3个平面之间运行着一个传送管理和控制信息的数据承载网（Data Communication Network，DCN）。

传送平面由一系列的传送实体组成，为业务的传送提供端到端的单向或双向传输通道。传送平面采用网格化结构，也可构成环形结构，传送节点采用OXC、OADM、DXC和ADM等设备。此外，传送平面具有分层特点，并向支持多粒度交换的方向发展。

管理平面负责对传送平面和控制平面进行管理。相对于传统的网络管理系统，其部分功能被控制平面取代。ASON 的管理平面与控制平面互为补充，可以实现对资源的动态配置、性能监测、故障管理和路由规划等。ASON 网管系统是一个集中式管理与分布智能相结合、面向运营者维护管理需求和面向用户的动态服务需求相结合的综合解决方案。

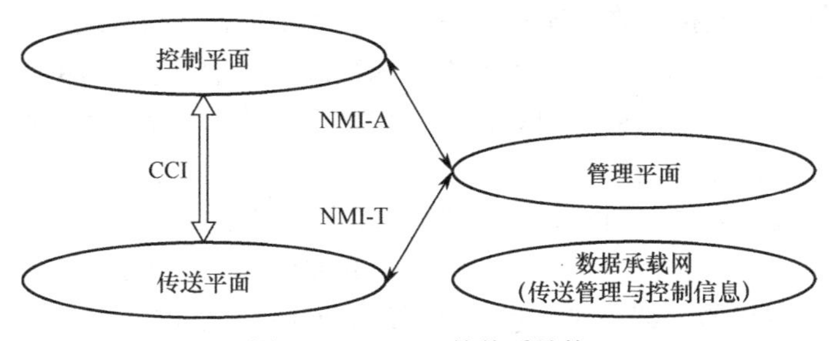

图 8-26　ASON 的体系结构

控制平面是 ASON 最具特色的核心部分，主要完成路由控制、连接及链路资源管理、协议处理和其他策略控制功能。控制平面的控制点由多个功能模块组成，它们之间通过信令进行交互协同，形成一个统一的整体，完成呼叫和连接的建立与释放，实现连接管理的自动化；在连接出现故障时，能够对业务进行快速而有效的恢复。ASON 的智能主要体现在控制平面。

2）ASON 的 3 种接口

3 个平面之间通过接口实现信息交互。控制平面和传送平面之间通过连接控制接口（Connection Control Interface，CCI）相连，交互的信息主要是从控制平面到传送平面的交换控制命令和从传送平面到控制平面的资源状态信息。管理平面通过网管接口 NMI-T（Network Management Information-T）和 NMI-A（Network Management Information-A）分别与传送平面和控制平面交互，实现管理功能。NMI-A 接口主要是对信令、路由和链路资源等功能模块进行配置、监视和管理。同时，控制平面发现的网络拓扑也通过该接口报告给网管。NMI-T 接口的管理功能包括基本的传送资源配置，日常维护过程中的性能检测和故障管理等。

3）ASON 的 3 类连接方式

如图 8-27 所示，ASON 网络提供的 3 类连接方式包括永久连接（PC）、交换式连接（SC）和软永久连接（SPC）。

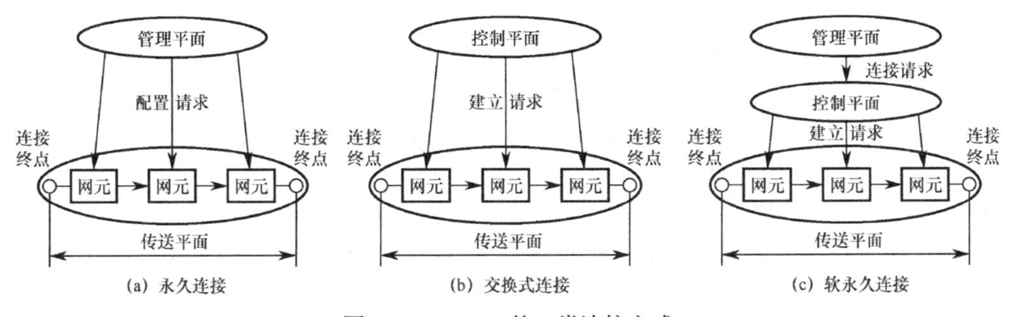

图 8-27　ASON 的 3 类连接方式

永久连接（PC）沿袭了传统光传送网的连接建立方式，整个连接是由网管系统指配的，控制平面不参与其中。一旦连接建立后，就一直存在直到管理平面下达拆除指令。PC 的

RWA 算法对实时性要求不高，属于静态连接。

交换式连接（SC）是根据源端用户呼叫请求，通过控制平面功能实体之间的信令交互而建立的连接。这种连接集中体现了 ASON 的本质特征。为了实现交换式连接，ASON 必须具备一些基本功能，包括自动发现（如邻居发现、业务发现）、路由、信令、保护和恢复、策略（链路管理、连接允许控制和业务优先级管理）等。相应地，针对 SC 的路由与波长分配算法（RWA）对路由建立的实时性要求很高，属于动态 RWA 问题。

软永久连接（SPC）介于 SC 和 PC 之间，这种连接请求、配置及在传送平面的路由均从管理平面发出，但具体实施由控制平面完成。同时，控制平面将实施情况报告给管理平面，对这种连接的维护需要控制平面与管理平面共同完成。

上述 3 类连接方式各具特色，进一步增强了光通信网络提供光通道的灵活性，同时，支持 ASON 与现有网络的无缝连接，也有利于现有网络向 ASON 的过渡和演进。

8.5.2 ASON 中的 GMPLS 协议

ASON 中引入的通用协议标记交换（Generalized Multi-Protocol Label Switch，GMPLS）协议是对 MPLS 的延伸，是实现 ASON 控制功能的协议。传统的 MPLS 支持以 IP 包为主的分组业务的交换，而 GMPLS 将其扩展到了支持 SDH 中的虚容器、OTN 电层 ODU 和光层波长的交换，此时 GMPLS 以时隙、波长、空间物理位置等为基础构成标识业务的标签。GMPLS 主要完成 ASON 中连接的建立、删除、查询、同步与恢复、重路由保护等功能，它包括信令协议（Resource Reservation Protocol-Traffic Engineering，RSVP-TE）、开放最短路径优先协议（Open Shortest Path First-Traffic Engineering，OSPF-TE）和链路管理协议（Link Management Protocol，LMP），它构成了 ASON 控制面的协议基础，这 3 个协议的基本功能和相互关系如图 8-28 所示。

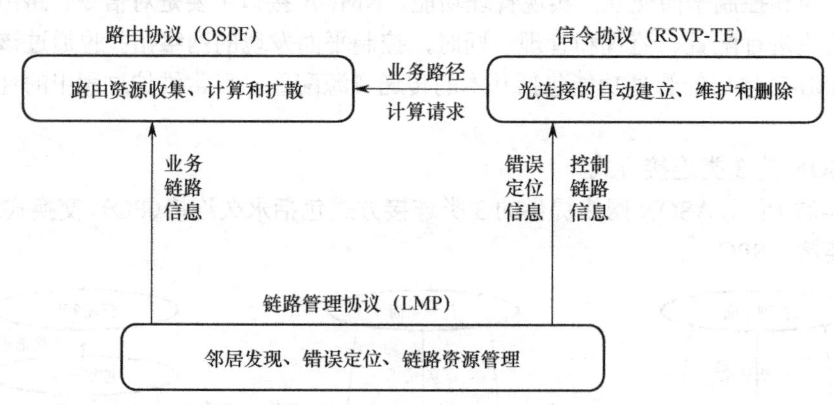

图 8-28　ASON 中 GMPLS 组成协议之间的关系

OSPF-TE 的主要功能包括：收集和分发网络控制平面的控制链路信息，产生控制平面路由信息，用于控制平面的消息转发；收集和分发业务平面的链路信息，为业务路径计算提供网络拓扑信息。与计算机网络中路由器采用的 OSPF 协议类似，网络中的每台传输设备（网元）都维护一个链路状态数据库，建立网络拓扑和链路代价，然后每个网元计算经过它到任意其他网元代价最小的路径，最终得到一个最小生成树。

RSVP-TE 源于 IP 网中的 RSVP，是其在流量工程方面的扩展，用于标记交换路径（LSP）

的建立、删除、属性修改、重路由和路径优化。图 8-29 给出了使用 RSVP-TE 建立 SDH 中 VC-4 通道的过程。

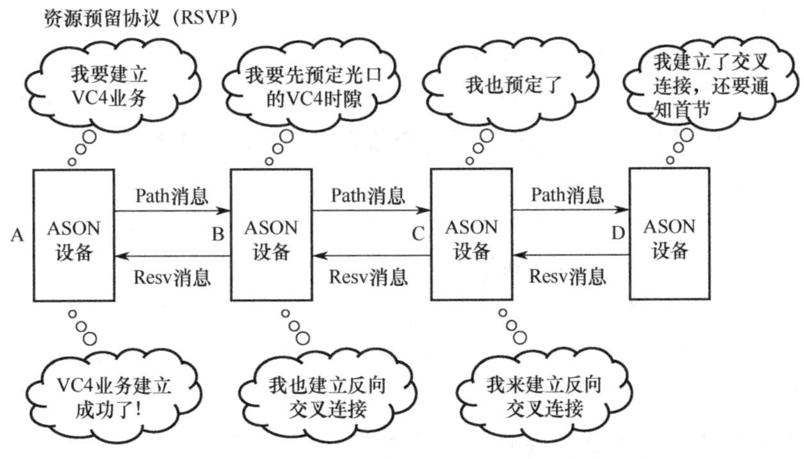

图 8-29　使用 RSVP-TE 建立 SDH 中 VC-4 通道的过程

LMP 协议的主要功能是发现本地节点的所有链路和邻居节点的连接状态、链路参数和属性，在相邻节点间建立控制信道并对其进行维护。它可为 OSPF-TE 和 RSVP-TE 提供所需的信息。

下一代 IP 通信网是一个具有高交换速率、高传输带宽的 IP 网。能做到这一点主要归功于密集波分复用技术的突破性进展及单波长传输速率的迅速提高，使得在一根光纤上传输数据的速率有了极大提高，其速度不仅超过了摩尔定律限定的交换机和路由器的发展速度，而且也超过了数据业务的增长速度。尽管 DWDM 技术实现了传输容量的突破，但普通的点到点 DWDM 系统只提供原始的传输带宽，为了将巨大的原始带宽转化为实际组网可以灵活应用的资源，需要在传输节点引入光节点设备实现灵活的光层联网，解决传输节点的容量扩展问题。

目前，传统光通信网向 ASON 演进主要有两种方式，一种是由 ITU、光互连论坛（OIF）和光域业务互连（ODSI）等组织提出的域业务模型（重叠模型）；另一种是由 IETF 提出的统一业务模型（集成模型）。它们的目标都是要解决 IP 网络和光网络融合的问题，其基本思想与 IP/ATM 互连的思路相似。

1）重叠模型

重叠模型的主要思想是将光传送层特定的智能控制功能完全放在光层实现，无须客户层干预，客户层和光传送层相互独立。这种模型有两个独立的控制平面，一个在光层（光网络层的控制平面），另一个在 IP 层（IP 设备和光层之间）。每个边缘设备利用标准的 UNI 接口直接与光网络通信，而光网络设备之间的互连利用标准的网络节点接口（NNI）。核心光网络为边缘客户（诸如路由器和交换机）提供波长业务。当边缘路由器拥塞后，网管系统或路由器将要求核心光网络提供动态波长指配，于是光节点实施交叉连接，为路由器提供所需的波长通路，即动态波长指配，可以自动适应业务流量的变化。

重叠模型的主要优点：可以实现统一、透明的光网络层，支持多种客户层信号，如支持 SDH、ATM、IP 路由器等客户信号；允许以类似于智能网和 No.7 信令方式实施光路的带内和带外控制；通过接口向用户屏蔽光层的拓扑细节，在一定程度上有利于光网络的安全和管理；允许光网络层和 IP 层各自演进；利用成熟、标准化的 UNI 和 NNI，比较容易实现多厂商光网络的互操作；重叠模型在光层和客户层信号间有一个清晰的分界点，允许网络按需控制等。

重叠模型也有不足，如两个平面都需配置网管，功能重叠；需要在边缘设备间建立点到点的网状连接，存在 N^2 问题，扩展性受限；同时两个平面存在两个分离的地址空间，相互之间的地址解析较复杂；需要同时管理两个独立的物理网，成本较高。

2）集成模型

集成模型的基本思想是将光层的智能转移到 IP 层，由 IP 层实施端到端的控制，此时 IP 网和光网络被看作是一个集成的网络，使用统一的管理和控制策略。其控制平面跨越核心光网络和边缘客户层设备（主要是路由器）。目前，主要采用基于 GMPLS 的 IP 控制平面，将 IP 层用于 GMPLS 通道的路由和信令，经适当改造后直接应用于包括光层在内的各层的连接控制。

集成模型的优点：具有无缝特性，光交换机和标记交换路由器（LSR）之间可以自由地交换信息，消除了不同网络间的壁垒，可提高网络资源利用率，降低网络建设和运营成本。

集成模型也有不足，与重叠模型支持多种客户信号的特性相比，这种模型只能支持单一的客户层设备——IP 路由器，从而失去了透明性，难以支持传统的非 IP 业务；无法维护光网络运营者的秘密和知识产权，因为要想实现路由器对光层的全面控制，就必须对客户层开放光层的拓扑细节；在进行互操作时，IP 层和光层之间会有大量的状态和控制信息交互，这也给标准化过程带来了一些困难。

重叠模型和集成模型各有优劣，其中重叠模型主要存在 N^2 和两个独立网络的管理问题；集成模型主要存在只支持 IP 路由器和光网络层不透明问题。已建有大量 SDH 和网管系统的传统运营商可采用重叠模型组网；相应地，那些同时拥有光网络和 IP 网络的新兴运营商可以采用集成模型，特别是基于 GMPLS 的 IP 控制平面出现以后，只支持 IP 路由器而不支持多种客户层信号的问题将得到很好的解决。当然，在具体应用时也可将这两种模型结合使用。

目前，通信网正在向全 IP 化方向演进，各种网络技术与解决方案层出不穷。其中，ASON 具有很好的优越性，将成为未来宽带通信网的综合传送平台。随着 IP 业务的快速发展，光网络与 IP 技术的结合越来越紧密。光网络未来的发展趋势将是适应数据业务发展的光分组网，在由电网络向全光网络的演进过程中，光交换技术具有重要的支撑作用。

本章小结

光纤具有信息传输容量大、对业务透明、不受电磁干扰、保密性好等优点，是现代通信网络中传送信息的极佳媒质。光交换被认为是为未来宽带通信网服务的新一代交换技术。

纯粹的光交换，是指不经过任何光电转换，在光域直接将输入光信号交换到不同的输出端。但由于目前光逻辑器件的功能还较简单，不能完成控制部分复杂的逻辑处理功能，因此现有的光交换控制单元还要由电信号来完成，即目前主要是电控光交换。随着光器件技术的发展，光交换技术的最终发展趋势将是光-控-光交换。

光交换的基础器件有各种类型光开关（半导体、耦合波导、M-Z 干涉型电光、液晶、微机电系统等）、波长转换器、半导体激光放大器、光耦合器、光调制器和光存储器等，通过这些基本器件的不同组合，可构成不同的光交换结构，如空分光交换、时分光交换、波分光交换、混合型光交换及自由空间光交换。

与电交换技术类似，光交换技术按交换方式可分为光路光交换和分组光交换两大类型。光路光交换系统所涉及的技术有空分交换、时分交换、波分交换和混合型交换，其中空分交换包括波导空分和自由空分光交换。分组光交换系统所涉及的技术主要包括光分组交换、光突发交换、光标记分组交换、光子时隙路由技术等。

不同的光交换技术可以支持不同粒度的交换，其中，波导空分、自由空间和波分光交换类似于电路交换，是粗粒度的信道分割。时分和分组光交换属于信道分割粒度较细的交换。

光路交换技术已经实用化，如在基于 WDM 的光网络中，使用光分插复用器和光交叉连接来完成光路上下、光层的带宽管理、光网络的保护、恢复和动态重构等功能。

在分组光交换领域，由于光信息处理技术还未成熟，目前比较通用的光交换还是 O/E/O（光-电-光）模式，即光信号首先经过光电转换成为电信号，然后通过高速的交换电路进行数据交换，最后再进行电光转换。光分组交换的实用化，取决于一些关键技术的进步，如光标记交换、微电子机械系统（MEMS）、光器件技术等。

随着全光通信网络技术及光交换器件的发展，光交换技术也日趋成熟。从光电和光机械的光交换机，发展到基于热学、液晶、声学、微机电技术的光交换机。

光传送网已经由过去的点到点系统发展到今天面向连接的 OADM / OXC 和 ASON。与传统的光传送网相比，ASON 在网络层次上引入了控制平面的概念，从而使光网络能够在信令的控制下完成资源的自动发现，以及连接的自动建立、维护和删除等，成为光传送网向智能化发展的必然趋势。在向全光通信网的发展过程中，光交换技术具有重要的支撑作用。

习题与思考题

8.1　简要说明光交换的特点。

8.2　简述交换时间、插入损耗、光放大增益、消光比、串扰、隔离度、回波损耗等光交换器件常用指标的基本含义。

8.3　试叙述几种主要的光交换器件实现光交换的基本原理。

8.4　光交换技术有哪些类型？涉及哪些光交换方式？

8.5　简要叙述光波分复用交换网络的工作原理。

8.6 在光时分交换网络中，为什么要使用光时延线或光存储器？

8.7 自由空间光交换网络的主要特点是什么？

8.8 OADM 和 OXC 分别完成什么功能？

8.9 目前光分组交换有哪些新的技术和方法？

8.10 简述光突发交换网络的构成及基本工作原理。

8.11 ASON 体系结构分为哪几个层面？向 ASON 演进方式主要有哪些模型，这些模型的特点是什么？

8.12 ASON 中 GMPLS 协议主要由哪些协议组成，各自的功能是什么？